本书由中国城市规划设计研究院资助出版

城市基础设施
生命线安全韧性

——2023年工程规划学术研讨会论文集

主　编　龚道孝

副主编　杨玉奎　李　婧

U0330286

中国城市出版社

图书在版编目（CIP）数据

城市基础设施生命线安全韧性 : 2023年工程规划学
术研讨会论文集 / 龚道孝主编 ; 杨玉奎, 李婧副主编.
北京 : 中国城市出版社, 2024. 12. -- ISBN 978-7
-5074-3767-6
　Ⅰ. TU99-53
中国国家版本馆CIP数据核字第2024CU8685号

本书为 2023 年工程规划学术研讨会论文集，研讨会以 "城市基础
设施生命线安全韧性" 为主题展开。本书收录了以城市基础设施生命线
安全韧性、城市能源综合规划、海绵城市与排水防涝、市政规划与实施
等议题的论文。总结近年来在工程规划领域的研究和规划实践，分享该
领域的研究成果，具有较强的理论价值和实践价值，力求为促进专项规
划、城市基础设施、海绵城市和排水防涝等领域的规划设计技术进步作
出贡献，与国内学术同仁共同探讨我国工程规划领域如何实现城市基础
设施生命线的韧性发展。

责任编辑：宋　凯　李闻智
责任校对：张　颖

城市基础设施生命线安全韧性——2023 年工程规划学术研讨会论文集
主　编　龚道孝
副主编　杨玉奎　李　婧
*
中国城市出版社出版、发行（北京海淀三里河路 9 号）
各地新华书店、建筑书店经销
北京点击世代文化传媒有限公司制版
建工社（河北）印刷有限公司印刷
*
开本 : 787 毫米 × 1092 毫米　1/16　印张 : 30¼　字数 : 559 千字
2024 年 12 月第一版　2024 年 12 月第一次印刷
定价 : **120.00** 元
ISBN 978-7-5074-3767-6
（904799）

城市基础设施生命线安全韧性

—— 2023年工程规划学术研讨会论文集

本届年会组织委员会

工程规划学术委员会： 龚道孝　李　婧　吴凤琳　马晓虹　张　琛

珠海市规划设计研究院： 杨玉奎　刘明宇　褚丽晶　詹玮璇　陈伟伟

本书编委会

主　编： 龚道孝

副主编： 杨玉奎　李　婧

编　委： 戴慎志　罗　翔　黄富民　赵　萍　洪昌富　郝天文

　　　　　吴凤琳　马晓虹

目 录

城市基础设施生命线安全韧性篇

城市能源综合规划篇

海绵城市与排水防涝篇

市政规划与实施篇

城市基础设施
生命线安全
韧性篇

韧性城市理论下的美国基础设施规划启示

袁　雯　鄂天畅　吴学增　戴南琪　肖　维

（北京市市政工程设计研究总院有限公司）

摘要： 美国在韧性基础设施领域的研究和实践处于世界前列，为了促进我国城市基础设施生命线安全韧性的建设，本文调查研究了美国韧性基础设施相关规划，希望能为我国城市规划带来启示。本文简述了美国基础设施面对的急性冲击与慢性压力，汇总了韧性基础设施相关的规划、政策、项目，进而归纳出四个美国基础设施韧性目标，并从基于气候的防灾规划、基于自然的生态性转向、基于社区的韧性提升、基于经济的技术创新四个方面举例分析美国基础设施的规划导向，涉及的关键内容包括风险评估、核心能力、生态修复、人地互动、清洁能源和数字智慧等。我国需要转换城市规划思维，重点研究韧性基础设施规划关键技术，发展韧性产业，推动韧性城市建设全面开展。

关键词： 韧性城市；基础设施；美国；启示

1　引言

全球气候灾害频发，许多城市的基础设施受到了巨大的冲击，出现了断水断电、坍塌损坏、交通中断、飞机高铁停运等现象，基础设施对于经济发展、城市安全、人民幸福起到了重要的支撑作用。习近平总书记在党的二十大报告中强调："加强城市基础设施建设，打造宜居、韧性、智慧城市。"我国高度重视韧性基础设施建设，在此背景下研究学习美国韧性基础设施建设经验，以期为我国城市规划带来启示，是非常重要的。

2 韧性城市与基础设施

2.1 韧性城市的内涵

随着城市空间和人口分布越来越密集，城市所承受突发应急事件带来的冲击和市政设施衰退累积的城市压力也越来越大。刚性管控的城市一旦遭受冲击，其应对能力、恢复能力都较为薄弱。因此联合国在《2030年可持续发展议程》中提出"城市韧性"（Resilience in Cities）理念，将城市韧性定义为城市对气候相关危害和自然灾害的复原力和适应能力。韧性城市是具备在逆变环境中承受、适应和快速恢复能力的城市，通过基础设施、城市空间、环境和经济等方面的管控建立起城市安全发展的新范式。

2.2 基础设施韧性机理

基础设施是城市经济的支柱，也是推动城市繁荣和发展的关键，近几年城市环境灾害频发，极端天气事件暴露了基础设施的脆弱性。据统计，当今全球每年用于灾后基础设施（包括交通、通信、能源、水利系统）修复及重建的支出约为5万亿美元，与全球房地产支出大致齐平。基础设施故障不仅造成财产损失，还会引起社会经济连锁反应。因此基础设施韧性是城市韧性的重要组成部分，在韧性思维中，韧性强调的是持久性和恢复性，而安全强调的是防护或对应风险的短期效应。韧性的城市基础设施，其易损点能够抵御不同性质和程度的风险与灾难，且灾后能够恢复，具备预防、防护、减灾和应对较大风险的威胁并从中恢复过来的能力（图1）。同时韧性的基础设施有助于减少城市对外界资源的依赖，加强城市的自给自足，降低对于外部援助的需求。

3 美国基础设施存在的威胁

3.1 急性冲击

急性的灾难冲击对城市基础设施的干扰尤其明显，猛烈的气候危害作为一种短时且强烈的干扰，导致基础设施坍塌损坏的现象屡见不鲜（图2）。

1）洪水

根据美国海洋和大气管理局（NOAA）评估，由于气候变化，美国近些年来已发生多次接近其至达到最大降水的降雨事件，2010—2019年美国至少发生了25次

图 1 城市基础设施韧性机理

图 2 美国经历的急性冲击

千年一遇的暴雨事件，暴雨直接导致了极端洪水事件的发生，由于泄洪能力不足而导致的漫顶成为大坝最常见的溃坝模式之一，此类事故约占美国溃坝案例的 34%（ASDSO，2020 年）。灾害对大坝、堤坝和其他水控制系统带来了超过承载范畴的急性压力，处于城市低地势的燃煤电厂设备受淹造成损坏。城市建筑底部结构将承受巨大的水压，同时还需承受洪水所带漂浮物的撞击。道路、桥梁与地下空间容易诱发地陷事故，基础设施的塌陷可能导致各项公共服务中断，对周边建筑物及行人造成生命危险，带来上千万美元的经济损失。

2）风暴

2012年桑迪飓风使准备不足的纽约遭受近800座建筑的损毁，风暴中被卷起的冰雹或石块不断击中建筑物，对低矮或老旧建筑物的外墙和屋顶造成了极大的损害。纽约大部分列车和公交线路被迫停运，电力和通信设施遭破坏，200万用户断电，8.4万用户无法使用天然气，近百人丧生、数千人无家可归，损失约190亿美元。

3）地震及次生灾害

强烈地震容易引起具有强破坏力的海啸、火山爆发、山体滑坡等，进而引起火灾、水灾、有毒气体泄漏、细菌及放射性物质扩散。地震对城市基础设施危害巨大，剧烈的震动导致建筑大面积破坏、水电气中断、道路桥梁损毁和各项公共服务暂停，各种管线和设备设施遭受冲击。

3.2 慢性压力

慢性压力是一种相对长期且缓慢的威胁，随着日积月累对城市基础设施产生影响（图3）。急性冲击和慢性压力就如同黑天鹅与灰犀牛，都需要得到重视。

1）全球气候变化

海平面上升、高温、干旱等全球气候变化问题同样对城市基础设施造成干扰。地形、植被、土壤、地质条件和气候等环境的制约和改变将影响基础设施的效能和安全。随着海平面上升速度增加，越来越多的城市基础设施陷入洪涝区，但其抗灾能力却未达到相应的要求，从而带来许多潜在风险。诺福克海平面预计到2100年将上升0.46~2.29m，25%的城市将陷入100年一遇的洪涝区中。高温、干旱、热浪加大了居民用电、用水量，不仅考验基础设施的运载力，而且考验其耐热性和稳定性。

2）设施老化故障

基础设施老龄化导致故障多发，美国很多现有基础设施即将进入有效生命周期的后期。美国约2/3的市政基础设施已有30多年历史，燃气管道约60%进入老龄化和事故多发阶段，需要不断维护和升级。2017年美国土木工程师协会将美国基础设施平均级别定为"D+"，通过改善基础设施，2021年的评级上升为"C-"，但还是表明存有严重缺陷。

3）设施超负荷运转

很多城市的基础设施因城市发展而负荷过重，导致应对气候危害抵抗力不足。

城市用户增长超过原始设计预期，基础设施的设计冗余被用尽。城市给水排水系统超负荷运转，导致合流制排水系统溢流。干旱频率增加使供水系统压力不断增加，飓风和洪水等急性冲击可导致超负荷运转的供水系统长期断供。

4）资源分配不均衡

美国当前存在着一些基础设施覆盖服务不到位的区域，老城区众多设施老旧和缺失，城市外源地区与城市内部基础设施水平差距明显（图3）。例如，芝加哥尽管是美国的主要交通枢纽城市，但是交通基础设施资源分配不均衡，导致城市外缘居民通勤和其他出行时间超过1h，城市中心则交通拥堵，资源紧张[1]。

图3　美国面临的慢性压力

4　美国韧性基础设施相关规划

4.1　美国韧性城市发展

韧性城市的建设与研究兴起于美国，目前美国基础韧性研究的数量与进度均位于世界前列[2]。韧性城市的建设涉及多方参与，包括政府有关部门、团体机构、社区和个人等。

国家和政府有关部门层面，从1950年美国制定第一部防灾计划开始，逐步建立起以联邦紧急事务管理局（FEMA）为核心的灾害防治管理体系。随着韧性理念的推广，政府部门出台了相关的政策文件和规划。2009年美国国家基础设施咨询委员会发布的《关键基础设施韧性最终报告和建议》首次将韧性与关键基础设施进行联系；2013年《关键基础设施安全和韧性》关注基础设施安全；2016年美国国土安全部发布了《国家备灾目标》，推动全灾种、多层次的国家备灾体系建设；2016年联邦紧急事务管理局发布《州减灾规划评审指南》，帮助地区政府整合地区资源并实施减灾计划。

在团体机构层面，美国洛克菲勒基金会于2013年建立的"100韧性城市网络"（100RC）是韧性城市方面最具有影响力的平台，于2016年最终确定了全球100个韧性城市，其中美国城市有25个，该项目支持地震、火灾、洪水等自然灾害以及社会问题导致的城市韧性问题的研究，并且编制了相应的韧性城市战略，较为典型的城市有芝加哥、洛杉矶、纽约、波士顿等。2020年该基金会结束了100RC项目，转而成立了两个独立的组织——全球韧性城市网络（GRCN）和韧性城市催化剂（Resilient Cities Catalyst），分别负责维护城市联盟和帮助城市及社区解决其最紧迫的挑战。

4.2 基础设施韧性相关规划与项目

基础设施韧性的理念已经融入美国各层级的规划之中，在国家战略、州级规划、城市规划、分区规划、专项规划、工程项目，以及机构组织、资助项目、社区建设等一系列的政策文件和行动实践中，构建了庞大的韧性基础设施建设体系（表1）。其中，联邦应急管理局（FEMA）在灾害防治管理的多个文件中，系统性地提出了针对不同层级基础设施的风险识别和减灾策略。基础设施的韧性水平既取决于工程基础设施系统的物理属性，也取决于影响这些系统运行和管理的组织的能力。

美国韧性基础设施规划相关内容　表1

名称	基础设施相关内容	备注
《关键基础设施安全和韧性》（PPD-21）	确定美国至关重要的16个行业的资产、系统和网络，分析其丧失能力或破坏将对社会安全、经济安全、国家安全等产生的重大影响	2013年，总统令
《国家备灾目标》（National Preparedness Goal）	基础设施系统需要具备救灾响应和灾后恢复的核心能力，保证基础设施的稳定、基础设施的恢复和振兴系统能够对韧性社区提供强力支持。运输基础设施设定为优先救灾目标[3]	2016年，美国国土安全部（DHS）
《州减灾规划评审指南》（FP 302-094-2）	包括州标准减灾计划与州强化减灾计划，内容有规划过程、风险识别与评估、减灾策略、州减灾能力、地方协调与减灾能力、规划审查评估与实施、采纳与保障以及重复性损失治理策略	2016年，联邦应急管理局（FEMA）
《2018年灾难恢复改革法案》（DRRA）	国家公共基础设施灾前减灾，韧性基础设施和社区赠款计划	2018年，联邦应急管理局（FEMA）
《基础设施韧性规划框架》（IRPF）	提供了将关键基础设施韧性纳入规划活动的流程和一系列资源，作为其他安全韧性规划指南和方法论的补充和完善，重点阐述了基础设施保护规划工作的五个步骤[4]	2023年，美国网络安全和基础设施安全局（CISA）

名称	基础设施相关内容	备注
"国防关键基础设施项目（DCIP）"	围绕国防关键基础设施进行公共设施补足和动态感知，以及必要的网络保护。围绕每个国防关键基础设施建立威胁清单，在三年期满进行一次全部范围的重新梳理，三年内滚动更新	美国国防部（DOD）
"韧性基础设施和社区（BRIC）"等项目	建设韧性基础设施和社区项目旨在明确地将联邦政府的重点从反应性灾难支出转向研究支持的、积极的社区韧性投资	国家级资助项目
"100韧性城市网络"（100RC）系列项目	基础设施及环境由3个部分组成：一是提升并保护自然和人工资产；二是保障关键服务的持续性；三是提升可靠的通信及流动性	2013年，洛克菲勒基金会项目
《一个纽约2050——建立一个强大且公平的城市》	"韧性城市"一章，推进基于自然的解决方案有助于恢复湿地、林地等区域绿色基础设施的气候调节与洪水调蓄能力，该倡议强调了未来沿海土地利用保护与生态系统服务功能优化的积极意义	2015年，城市总体规划
"纽约东海岸防洪韧性项目（ESCR）"	纽约市历史上规模最大、技术最繁复的基础设施项目，降低洪水对于社区、重要基础设施和公共户外空间的威胁，改善可达性，增加生态多元化，改进娱乐设施，从而提升社区活力和多样性	2021年，工程项目

4.3 基础设施韧性目标

1）准备和响应

随着灾害频率、严重程度和复杂性不断增加，要增强基础设施的感应、准备和适应未来气候条件的能力。一方面需要基础设施监测预测技术水平提升，基于过去的灾害活动运用先进气候预测技术预测灾害风险；另一方面要提升应急管理能力，增强有关机构和国家的准备，提高各级政府、私营部门、非营利部门和个人之间的基础设施应急管理能力。

2）公平与覆盖

在不同层级的规划编制中，"公平"是应急管理的原则之一，实现这一目标需要提高基础设施的覆盖率，解决城市慢性压力，满足不同区域、人群、阶层的使用和生活需求。

3）技术与创新

美国在战略规划层面不断强调韧性基础设施建设，并且与信息网络关系紧密且重大。利用数据和技术能够更好地协调基础设施投资，节约成本、缩短施工时间和频率、限制干扰等。

4）连接与合作

一方面强调规划过程，需要社会不同组织、规划、项目、公民之间的传递与合作，构建上下传递明晰的框架，提供相关资料，提升数据和模型对管理者和公民公开的可用性、可访问性以及可被理解的程度；另一方面增加人与基础设施相互联系和互动，实现人、自然、基础设施的共生。

5 韧性城市理论下美国基础设施规划导向

5.1 基于气候的防灾规划

1）风险评估

美国的韧性基础设施规划对于气候变化十分重视，气候变化被认为是影响基础设施的最重要的环境因素，针对全球气候变暖，海平面上升和潮汐灾害、洪水、飓风和其他陆地风暴、干旱、高温、野火等气候灾害，制定基础设施的防灾减灾规划。通过气候和灾害预测、基础设施识别和排序、风险识别和脆弱点分析、规划指引等，从规划到实施全流程关注气候风险问题。在灾害风险评估方面，美国按照"国家风险评估必须是最新的、相关的，并包括新的灾害数据，例如最近的事件、当前的概率数据、损失估计模型或新的洪水研究，以及适用的地方和部落减灾计划的信息，并考虑环境或气候条件的变化"的原则展开评估和预测，同时公开防灾技术和资源的网址。例如，基于"气候韧性"编制的《干旱和基础设施规划指南》（*Drought and Infrastructure: A Planning Guide*），介绍干旱性质、影响基础设施机制，并提供持续更新的减轻基础设施服务风险的联邦信息和资源。

2）核心能力

美国在城市安全韧性方面主要通过减灾、适灾、抗灾等方式对基础设施提出规划和设计。需要城市及其基础设施具备适应条件不断变化，以及准备、承受灾害破坏和迅速恢复的能力。提升减灾能力的同时也是对城市核心能力的整体考验。《国家减灾框架》等系列文件侧重于核心能力的完善，包括社区韧性，经济、住房、卫生和社会服务，基础设施以及自然和文化资源等城市核心能力的联系。

5.2 基于自然的生态性转向

1）生态修复

美国通过生态修复增强基础设施提供生态服务的能力，美国早期防灾采用硬性措施，随着韧性理论和防灾研究的深入，基础设施的建设方式由被动式向主动适应式转变，运用自然和生态的力量，修复生态系统。例如"基于自然的解决方案"

（Nature-based Solutions）是可持续的规划、设计、环境管理和工程实践，将自然特征或过程融入建筑环境，以促进适应和恢复能力，有助于应对气候变化、减少洪水风险、改善水质、保护海岸财产、恢复和保护湿地、稳定海岸线、减少城市热量、增加娱乐空间等。联邦应急管理局使用"基于自然的解决方案"这一术语，而其他组织则使用相关术语，如绿色基础设施、自然基础设施、自然和基于自然的特征，或美国陆军工程兵团的一个项目"自然工程"。

例如，在海岸线基础设施建设上围绕保护、恢复、缓解的设计理念，将被动式的硬性基础设施（风暴潮屏障、海堤等）向主动式的软性基础设施（沙丘、红树林、盐沼湿地、珊瑚礁以及沿海城市公共绿地等）转变（图4）。

图4　诺福克绿色基础设施

通过保护自然生态系统，充分发挥其抗灾、适灾、减灾的功能和价值。Georgia Cook Park 暴雨公园可以储存多达 1000 万加仑的雨水径流，同时为居民提供一个安全、清洁的空间（图5）。

图5　Georgia Cook Park 暴雨公园

2）人地互动

人地互动是希望建立人与自然友好的联系，扩展基础设施的游憩功能，给人类提供亲近自然的空间。公众参与和互动有助于绿色基础设施的建设，将可供游憩的基础设施向公众开放，提高步行适宜性。

将绿色基础设施融入城市居民与社区活动，创造绿色健康的生活方式，营造绿色开放空间，加入多种功能，体验多元文化（自然休闲设施、漫步栈道、文化设施、教育设施、体育设施等）。例如，《诺福克城绿色基础设施规划》为公众提供充分的开放空间，提升水域可达性，便于船只、钓鱼者、观鸟者和行人亲近水域。纽约曼哈顿城 BIG U 防护性景观规划能直接降低风暴潮灾害破坏，同时项目设计加入了丰富多彩的人地互动设施，例如种有海草的生态栖息地护堤、兼作滑板公园与露天剧场的堤岸、水下博物馆、桥下运动场等，既能减少灾害损失，又能创造出新的经济、旅游与休闲娱乐空间（图6～图9）。

图6　BIG U 南段工程示意图　　　　图7　BIG U 东河公园平面示意图

图8　BIG U 高架桥下防洪设施　　　　图9　BIG U 水下博物馆

5.3　基于社区的韧性提升

社区基础设施是与公众联系最紧密的服务系统，美国将韧性思维融入社区进行基础设施的投资、建设和运营。公众积极参与社区基础设施建设，有助于共建和维护简易的设施（例如雨水花园等绿色基础设施），或者鼓励更新各家的水管，从基础设施体系的末端推动整体基础设施的更新，以实现新技术、新理念的落实。

例如，芝加哥开展"成长空间"计划，在社区基础设施层面对学生和儿童使用的学校、游乐场等场所进行水体生态功能提升改造，包括雨水花园、可渗透沥青、可渗透摊铺机、停车场和草坪下的储水设施等，将绿色校园带到芝加哥社区，减少社区雨洪灾害（图10）。

图10　芝加哥"成长空间"计划

诺福克开展"留住雨水"计划，鼓励在家里使用小型的绿色基础设施，比如雨水桶能够储存庭院雨水，减少雨水进入街道排水和地下管道，减小街道和社区被淹的风险（图11）。

图11　家庭雨水管理措施

5.4 基于经济的技术创新

1）清洁能源

基础设施使用环境友好的清洁能源，既能减缓气候灾害的发生，又能推动新产业链的搭建，促进经济发展，推动新型电池材料、交通电气化、数字通信等相关产业的更新。

芝加哥已基本完成"芝加哥智慧路灯"计划，更换27万套城市街道智能照明设备，电力成本节约一半以上，使用寿命比以前长2~3倍，构建了美国最大、最可靠的物联网通信基础设施系统，其能够检测路灯故障、自动创建维修单、指派维修人员，更快响应需求（图12、图13）。

图12　"芝加哥智慧路灯"计划改造前　　图13　"芝加哥智慧路灯"计划改造后

2）数字智慧

美国在多个规划中强调持续投资城市基础设施网络安全的建设，通过城市物联网技术收集有关城市环境、基础设施、研究活动与公共用途的实时数据，加强网络安全和灾害韧性。美国的工厂、电网、水务等重要基础设施正逐步淘汰老旧的模拟控制系统，采用在线数字运营技术（OT）。通过无线技术、物联网和天基资产（包括定位、导航、环境与气象监测等各种日常互联网活动），推动基础系统联网。

加利福尼亚州芳泉谷建立了Sensus智能水网系统，包括FlexNet通信系统、iPERLTME民用和OMNITM商用水表。远程无线网络连接可扩展的通信基础设施，形成了智能水网，通过智能水网数据监控，统筹制定节水计划且能感知漏水点，有效降低漏水率（图14）。

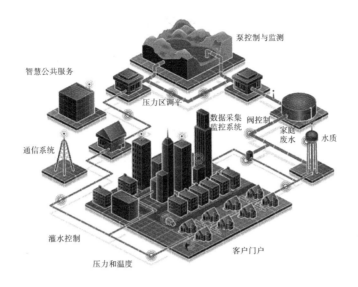

图 14　Sensus 智能水网系统

6　启示

6.1　转化城市规划思维

美国基础设施规划的韧性特征较为鲜明，韧性理论贯穿了庞大的城市基础设施行业。国家战略层面上加强城市基础设施准备和响应的能力，提升基础设施建设的公平性和覆盖性，将传统的规划思维向气候适应、自然解决方式、动态规划转变。不仅要推动技术创新，更要推广新技术的广泛使用，深入社区建设，强化部门连接与合作，以及产业协同发展。

6.2　重点研究韧性基础设施规划关键技术

工程基础设施系统的物理属性是决定城市基础设施韧性水平的重要因素，重点研究城市监测技术、空间分析技术、综合评价技术、设计与建造技术、全生命周期管理技术等韧性城市规划关键技术，整体统筹各项技术融合形成连贯互通的韧性体系。

6.3　发展韧性产业推动韧性城市建设全面开展

基础设施行业的进步依靠的是建造、能源、信息行业等的共同推动，不能仅局限于传统基础设施行业，还要拓宽到相关行业共同发展，发展韧性产业推动韧性城市建设全面开展。

参 考 文 献

[1] 王江波，沈天宇，苟爱萍 . 美国芝加哥韧性城市战略与启示 [J]. 住宅与房地产，2020（4）：3-5.

[2] 邬尚霖，刘少瑜 . 基础设施韧性的研究现状与发展趋势——基于国际文献综述的解析 [J]. 国际城市规划，2023，38（2）：31-38.

[3] 运迎霞，马超 . 美国国家备灾框架研究及相关思考 [J]. 国际城市规划，2019，34（6）：149-155.

[4] 陈炳昊，孔勇 . 美国《基础设施韧性规划框架》解读 [J]. 中国信息化，2023（2）：37-42.

城市竖向系统研究与规划运用

钟远岳　朱乃轩　吕　绛

（中国城市规划设计研究院深圳分院）

摘要： 城镇化快速发展时期，我国城市面临暴雨洪涝灾害威胁，城市竖向的合理性直接影响到城市安全、生态景观、基础设施运行等诸多方面，其是城市建设发展的基石，也是保障城市可持续发展的关键部分，而目前传统城市竖向规划仍存在缺乏系统理论与方法支撑、各子系统各自为政、缺乏全过程跟踪等问题。作者团队通过多年的项目实践经验，总结梳理城市竖向系统特征及规划方法，按照内陆平原地区、低洼平坦地区、山地丘陵地区和城市建成区分类，举例说明城市竖向规划在不同地域情况下的实践运用。

关键词： 城市竖向系统；竖向规划；防洪排涝；城市安全

1　引言

随着我国城镇化进程的快速推进以及人口数量的不断增长，如何对场地进行合理利用，提高建设用地质量与成效成为城市规划学科需要积极应对的课题。当前我国城市竖向系统规划存在的普遍问题包括：暴雨时期城市安全以及道路交通设施安全难以保证，主要原因在于场地规划没有与城市竖向高程系统相互结合，各自为政，造成高边坡滑塌、土方事故、水土流失、地下空间进水、城市内涝等一系列问题；市政基础设施难以可持续高效运行，供水分区的划分未结合竖向规划、排水路径的设计未按照自然地势，使得城市供水运营成本居高不下，排水泵站无法应对极端降雨，地下市政设施被淹等；城市风貌形态不理想，蓝绿生态空间预留不足，由于缺乏城市竖向的有效规划设计及管控，产生了大量的挡土墙、断头路等，存在安全隐患，不利于提升城市居住品质，难以彰显区域环境特色。

竖向规划作为城市规划序列的重要内容，与城市性质、功能定位、用地规划、产业布局、防洪排涝、城市风貌控制密切相关。道路及场地的竖向合理性直接影响到城市安全、生态景观、基础设施运行等诸多方面[1]，其是城市建设发展的基石，也是保障城市可持续发展的关键部分。高品质、高规格地处理城市竖向问题，对于建设生态文明城市，提高城市安全韧性水平，助力城市高质量发展具有重大意义。

2 传统竖向规划存在的问题

2.1 城市竖向规划缺乏系统理论和方法支撑

传统的竖向规划作为城市工程规划的子项之一，往往只着眼于某一片区或某一地块，没有专门的主管责任部门，缺乏整体、系统地考虑场地和道路标高，也缺乏较为全面和成熟的理论支撑和方法支持[2]。目前已有的规划设计方法以微观、小尺度（小区、地块）表达为主，将微观层面使用的竖向方法直接应用在城市尺度的竖向规划中，容易产生难以操作、建设实施难度大、工程代价高、城市风貌特色缺失、"千城一面"等问题。

2.2 市政工程各子系统之间缺乏抓手，各自为政

各系统对竖向的要求不尽相同，甚至存在相互矛盾。竖向规划与其他市政工程专项之间各自为政[3, 4]，未研究彼此的制约关系与影响程度，难以处理场地与防洪、竖向与排水、市政工程设施系统布局之间的关系，未与城市规划、城市设计进行良好的互动结合，实施性、操作性不强。

2.3 竖向规划缺乏全过程跟踪服务，上层次规划意图难以落实

竖向规划从总体规划到控制性，再到施工图设计，由于各自关注的侧重点不同，缺乏中间环节的传导和过渡，使总体规划的意图难以贯彻落实，并产生工程建设推进缓慢、建设质量不足等一系列问题。在总体规划阶段，对生态格局、城市安全运行、特色景观资源等前置性分析不足，难以体现生态文明的内涵。同时，缺少从施工设计倒推规划方案合理与否的过程，造成项目建成后不合理、工程方案存在重大安全隐患、建设成本和市政系统运行成本增加等一系列问题。

3 城市竖向规划系统构建

城市竖向规划内涵不仅在于标定地表高程，更具有锚固城市安全基点、守住自然生态底线、塑造城市特色的重要意义，与城市性质、功能定位、用地规划、产业布局、防洪排涝、城市风貌控制密切相关。竖向规划应在满足生态保护、用地功能、防洪排涝、道路交通、管线布置等要求的基础上，充分尊重地形条件，适当因地制宜利用或改造地形，使城市用地高程协调、平面和谐，适当降低土方工程总量，合理调配土方，塑造优美城市风貌，达到工程合理、造价经济、景观美好的目标。

3.1 城市竖向规划的基本原则

城市竖向规划应突出七大方面原则：

（1）安全为重。坚持底线思维，充分考虑保障城市排水防涝安全、杜绝山体滑坡，保证城市生命线正常运行。

（2）生态为底。强调对现有自然山体、水体和重要生态资源的尊重，贯彻落实低碳、绿色、生态的工程规划理念，实现对当地特色景观资源的合理保护和利用。

（3）突出传导。以竖向专项规划为抓手，构建全流程的过程管控体系，为规划、工程、运营提供有针对性的技术支持，承上启下，传导、落实上层次规划思想，提高规划方案成果的可操作性。

（4）面向实施。竖向规划应强化对现状市政管网、场地地形、河流水系控制标高等工程因素的准确掌握，满足城市工程规划的规范要求，符合当地实际需要，达到易于实施的目标。

（5）经济节约。整体考虑城市开发工程量，降低城市开发成本，减少土石方外界调配量，实现城市低碳、可持续开发。

（6）系统集成。竖向规划强调系统整体性，综合考虑土地利用、道路交通、防洪排水、景观风貌、市政管线和实施条件等因素，多专业协调互动。

（7）刚柔并济。强调刚性管控，通过道路竖向标高指导城市道路规划。结合规划区资源环境特点，适度保持方案弹性，应对城市发展的不确定性。

3.2 城市竖向主要技术方法

城市竖向系统规划遵循"生态优先、安全为基"的理念，支撑城市建设空间与生态空间的有机融合，实现城市发展与环境保护的共生共赢。该技术方法的核心理念为"生态""安全"和"系统"。生态方面注重延续和保留自然生态本底，通过流域分析、多因子叠加分析、生态敏感性分析等技术方法，识别城市重点蓝绿空间，锚固城市生态安全格局，从生态和竖向工程角度提出适宜建设的城市空间，作为用地规划的前置条件。安全方面明确以城市防洪排涝安全为基石，全面对接城市防洪排涝系统，保障城市防涝排涝安全。系统方面强调城市市政基础设施的统筹布局，满足重力流城市道路市政管网控制要求和城市安全防护要求，实现城市场地、道路、市政管网竖向控制的全面协调，支撑城市安全有序运转。

规划因地制宜，可采取多种融入地域特色的竖向设计手法。山地丘陵地区结合城市特色和用地需求，通过合理利用现状地形条件，局部进行小规模土方填挖调配及土石方的资源化利用，形成灵动自然、具有特色的城市竖向风貌，实现城市开发建设与环境保护的协调。河网密布地区倡导"以水为源、治水为前"的水环境修复策略，在竖向规划中锚定水系空间，确保水系连续，构建城乡一体的"水生态经络"，作为城市生态和景观廊道，打造人居城市样板。

3.3 城市竖向规划设计要点

城市开发建设可概括为"三阶段五层次"，即规划、工程、运营三阶段。规划阶段可分为总体规划与详细规划，工程阶段可分为施工图绘制和工程建设。竖向规划作为城市开发的基础规划，应从初始阶段就尽可能地考虑后续规划、施工图绘制、建设、管理等阶段的多种要求，兼顾各个利益方的诉求，进行通盘考量。规划中要落实一个理念，即竖向规划不是终点式规划，而是全流程的过程管控，要在各层次中起到"基准规划"的引领作用，满足城市发展的不同需求。

总体规划阶段对竖向规划的要求为：配合自然地形优化城市干路选线；确定干路交叉点的控制标高和控制纵坡度；确定一些主要控制点的控制标高，包括铁路、防洪堤、桥梁等标高。详细规划阶段运用设计等高线法、高程箭头法和纵横断面法，出具高程方案，估算土方平衡，落实各项市政基础设施用地和管道。城市设计从竖向塑造的角度，基于空间场所的维度考量竖向设计，使之更加有力支撑用地规划的愿景，打造富有特色的竖向城市空间景观。施工图绘制阶段更多地关注竖向纵横断面图，核实设计方案，给出具体的土方工程措施。工程建设阶段从工程实施条件、难度和成本出发，对竖向规划的实施性和可操作性有更高的要求。运营管理阶段对竖向主要关注防洪排涝、无障碍设施和立体城市环境的营造维护。由此可见，不同阶段对竖向规划有不尽相同的要求，可以竖向工程专项规划为抓手构建全链条竖向规划设计服务体系，有针对性地提供技术支持，承上启下，传导、落实上层次规划思想，增强规划方案成果的可操作性。

4 城市竖向规划的"多地域"实践运用

多年来，项目组通过专项规划，结合不同地域特点，对城市竖向规划进行了持续研究与跟踪服务，涉及区域涵盖珠三角、四川、贵州、新疆、山东、内蒙古、河北等地，在数个国家级新区以及国家级开发区中得以运用。大规模科学指导了道路、场地竖向，以及土石方工程的有序开展。帮助当地解决了场地利用、排水防涝、景观塑造、基础设施可持续运行等一系列重大问题。

4.1 内陆平原地区——某新区起步区道路工程及场地竖向专项规划

内陆平原地区的场地一般较为平坦，其竖向系统规划应重点考虑蓝绿空间的合理布局、城市基础设施系统的高效衔接及防洪排涝安全的有效保障等因素。

专项规划以安全可靠、顺应自然、经济可行为原则，因地制宜，随形就势，设计城水相融、灵动自然、平缓舒展、起伏有序的总体竖向形态，实现对防洪排涝、土地利用、道路交通、景观风貌和市政管线等系统合理布局的有效支撑。

在防洪安全堤的前提下，规划区建设用地场地竖向设计依据50年一遇内涝防治设计标准，100年一遇降雨进行校核。充分利用北高、中低、南平的现状地形，随形就势，精巧布局，形成北高南低，叶脉状起伏有序、缓坡为主的整体竖向形态。通过现有河道疏浚及低洼地带的土地整治规划水系，减少填土规模，合理确定公园绿地休闲活动空间的场地建设高程，满足排水防涝安全要求。

4.2 低洼平坦地区——东莞生态园市政工程专项规划

项目所在地地势相对较低，现状用地标高难以满足防洪排涝安全标高要求，成为洪涝灾害严重的低洼地，更受垃圾堆填、污水排放等影响，成为生态环境品质的"低洼地"。

专项规划遵循生态性、延续性、共享、可实施性的原则，以竖向规划作为抓手，通过水系改造、水生态修复和水体景观塑造等，不仅实现水系的科学运行、合理保护和利用，更加强调维护区域生态平衡、改进环境质量、实现生态资源的多样化。

　　项目优先划定生态修复的非建设区（占园区总面积的50%）。园内生态绿地的汇碳能力可以基本平衡未来园区的碳排放。在进行水系整治过程中，以防洪和排涝安全为基础，协调竖向规划与排涝关系，基于区域普遍低洼、土方缺乏的现状，采用适当填高与增大排涝能力双管齐下的办法，保障了场地安全。同时，强调竖向系统的整体性，生态园与周边各镇道路及市政管网形成良好衔接，实现重大基础设施的区域共享（图1~图3）。

图1　生态园区空间划分图

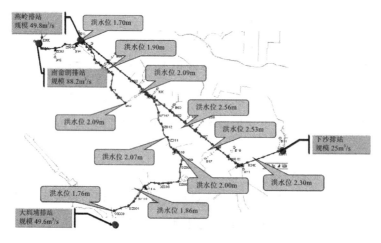

图2　道路竖向与洪水位计算分析图

图 3　东莞生态园效果图

4.3　山地丘陵地区——贵安新区核心区道路工程与场地竖向专项规划

贵安新区是典型的丘陵山地型城市，地形起伏、冲沟密布，场地条件较为复杂，新区前期建设中，由于缺乏相关规划指导，且建设进度较快，城市局部出现了排水不畅、地块与道路标高衔接困难、土石方开挖量大、无序弃土等现象。开展整体竖向系统研究，重新审视、校核和优化完善道路、场地、水系及市政系统，保障道路、市政管网与场地合理衔接，有效指导了新区的开发建设（图 4）。

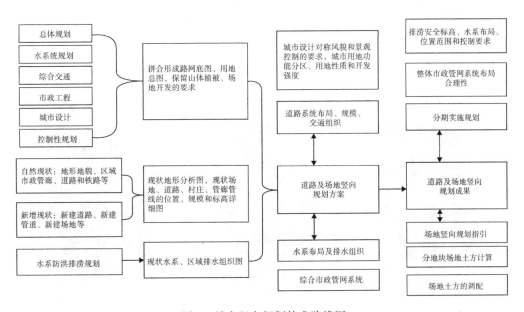

图 4　城市竖向规划技术路线图

　　城市竖向统筹了竖向与排水的关系。保留自然排水通道，结合海绵城市和防洪要求，将道路、场地标高控制在防洪水位1m以上。同时，控制道路交叉口及变坡点标高，满足重力排水需要（图5）。

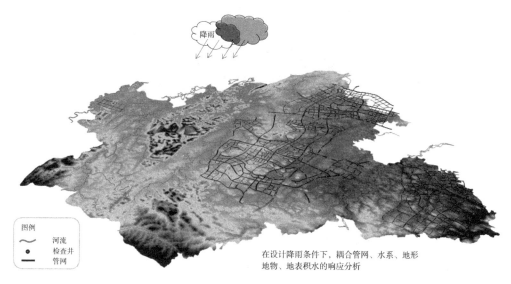

在设计降雨条件下，耦合管网、水系、地形地物、地表积水的响应分析

图5　排水系统竖向叠加分系图

　　根据道路及场地竖向方案，结合给水工程设施现状建设情况，确定供水运营方式的最优布局，节约出厂水头，降低工程建设成本，提高供水的安全性和稳定性，同时校核场地竖向方案的合理性（图6）。

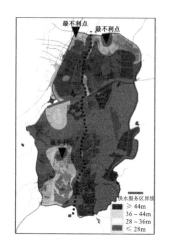

图6　供水自由水压分布示意图

协调竖向与中心区地下空间的竖向控制，保障地下空间与市政设施协调。地面道路、场地、水系标高与地下管廊、环路、地铁 S1 线、地下车站协调，保障各类设施不冲突（图 7）。

图 7　中心区地下空间竖向对接案例

与各类重大基础设施充分衔接，刚性控制，满足安全防护距离、净空等要求。道路：最小净空不小于 4.5m，一般情况大于 5m。铁路：净空大于 9.5m，防护距离大于 15m。桥梁：无绿道下穿，保障防洪要求；有绿道，净空大于 3m。高压走廊：220kV 大于 20m 防护距离，110kV 大于 15m。

4.4　城市建成区——龙华区竖向策略研究

深圳龙华区作为高度建成区，由于地形条件、区位及历史建设原因，在过去的城市建设中出现了较多问题，特别是在场地交通衔接、场地内涝及土方管理等方面尤为突出。针对龙华区面临的现状问题，开展对龙华区竖向规划的全面研究，提出六大策略，为城市综合改善提升行动计划提供了重要依据。

规划识别了不同类型的城市空间，采用差别化竖向策略：生态空间或区域重大基础设施做好竖向高程、排水的协调工作；存在重大安全隐患的区域可合理改造场地地形，与周边道路衔接；现状地形条件较好的区域仅需局部适度改造，满足开发建设要求。

遵循安全、生态和经济等原则，通过场地改造，构建城市待建区合理的竖向规划方案。从排水防涝、交通组织及建筑设计角度局部优化场地标高，重视城市更新区场地的竖向优化设计。打通断头路，完善道路交通微循环，对现状道路局部节点进行改造，解决现状建设场地与周边道路不衔接的问题，保障场地出入交通的有效组织。因地制宜，整体形成抽排和自排相结合的排涝模式。现状建设区可优化排水管网、加强排涝泵站建设；城市待建区和城市更新区可根据需要采用地形改造方式，调整场地竖向标高，实现重力自排。建立龙华区土石方管控平台，实现土石方信息化共享、资源化利用、科学化管控（图8）。

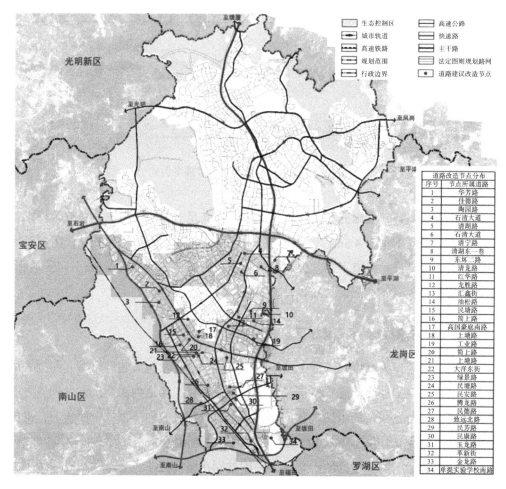

图 8　龙华区道路竖向改造节点规划图

5　结语

竖向规划作为城市规划序列的重要内容，与城市性质、功能定位、用地规划、产业布局、防洪排涝、城市风貌控制密切相关。依托"全链条"规划服务体系，从宏观、中微观和实施建设层面有侧重地提出竖向控制要求和规划对策，从系统、长远的角度统筹土地利用规划、统筹建设管理、统筹实施各类工程项目，保障城市用地得到科学合理的有序建设。其对于建设生态文明、韧性安全的宜居城市有着举足轻重的意义。

参 考 文 献

[1] 谢映霞. 城市基础设施与公共安全专题会议综述 [J]. 城市规划，2012，36（1）：69-72.

[2] 孙宏扬. 南沙新区万顷沙联围重点片区海绵城市竖向规划研究 [J]. 环境工程，2020，38（4）：114-118.

[3] 李晓宇. 基于大排水系统构建的城市竖向规划研究 [D]. 北京：北京建筑大学，2020.

[4] 王永，郝新宇，赵萍. 山区、平原、感潮等典型城市防涝规划研究 [J]. 中国给水排水，2017，33（18）：28-32.

存量背景下城市竖向规划新路径与困境研究

王盛强

（厦门大学）

摘要： 存量背景下，包括竖向规划建设的许多规划实践都面对着新时代的转型要求。在过去，竖向规划设计以针对净地进行功能设计与工程规划为主要工作内容。而在存量语境下，竖向规划建设往往要结合城市土地立体开发进行竖向空间的设计，同时探索功能在竖向空间上的叠加，进行全更新过程中工程、功能设置、空间设计以及经济测算平衡等多方面探索的规划实践。本文以旧城区中具有更新潜力的划拨类型用地作为切入点，从厦门大学访客中心竖向空间更新这一在城市旧城区具有成功更新经验的案例入手，对竖向空间规划设计在存量语境中的空间设计合理性与经济可行性进行分析并总结成功经验。同时，结合厦门大学访客中心竖向空间的更新实践，提出竖向空间功能叠加后的土地利用法律效益、划拨用地立体空间开发中的土地收益问题以及竖向空间设计中的规范调整，是未来存量空间竖向规划更新中存在的困境。最后，提出城市政策应当完善对划拨类型的竖向空间开发模式的相关政策，同时针对具体的规划实践进行差异化的规范设计与应用，是解决当前存量背景下竖向规划更新在划拨类型土地当中应用时所面临困境的主要办法。

关键词： 城市更新；竖向规划建设；城市立体开发

1 引言

伴随城市化水平突破"65%"大关，城市化逐渐由过去增量模式转向存量发展。随着发展模式的改变，城市土地供给、设施提供以及物业建设等各方面都将迎来新的转变。在新的存量背景下，城市建设的更多目的是基于已建成物业，探索城市新功能、新需求的植入。城市功能提供的不断修正与完善的过程，即是新存量背景下正在探索的城市更新模式。

在新模式的探索中，城市竖向规划与建设也需要进行存量模式的探索。过去的城市竖向规划，面对城市未进行开发建设的净地，土地供应量充足，土方处置成本也较低，往往能够在规划前通过预先确定的工程方案、高程点确认以及土方测算等设计，实现填挖方平衡，并结合地形设计满足排水防涝等城市基础安全的需求；然而在存量背景下，竖向规划的设计方式发生了改变。在不涉及城市征拆重建的前提下，竖向规划的工作对象从原有的净地转变为城市已建成的空间。这样一来，新的竖向规划需求要么是以"绣花功夫"对城市进行更精细的微更新织补，抑或结合城市立体空间改造，创造出新的竖向规划需求。

这样的"立体开发＋竖向规划"模式，需要改变传统竖向规划普遍存在的研究深度不足问题，探索规划工作的空间合理与经济可行，才能够最基本地保证具体规划工作的实现。厦门大学访客中心地下空间的改造案例便是这一模式行之有效的规划实践。同时，在具体的空间竖向建设的过程中，也面临着新时代下竖向规划建设更新的困境，亟须通过对现有实践的分析，尝试出新的规划探索。

2 案例参考——厦门大学访客中心

2.1 规划缘起

2.1.1 二维空间的更新困境

1）旧城区的新设施需求

厦门大学所在的城市区域，无法获得新的用地满足各类设施增长的需求。同大多城市旧城区一样，由于早期城市规划与服务提供的时空不一致，厦门大学周边区域同样面临着"停车难"的城市问题。厦门市的诸多城市旅游热点汇聚在厦门大学及其周边的区域，沙坡尾、白城沙滩等厦门网红旅游地点，加以厦门大学每年数百万计的游客量，成就了思明区人流聚集的高地。面对已经形成的旧城区，城市无法获得新的土地来满足这部分新的人流量所带来的停车需求。在二维空间探索用地潜力难度极大。

同时，面对厦门大学校园内存在的人车矛盾问题，校园内部也需要配备新的用地空间来解放校园车辆，营造安全的游览、教学空间。因此，厦门大学借助城市设施提供与校园品质提升的契机，开始在竖向空间中进行土地潜力的挖掘，推动竖向工程建设。

2）拆建模式不可持续

若以过去增量的方式，在厦门大学周边区域探索二维平面的土地产权重置模式（拆迁后重新规划建设），需要付出相当的代价。厦门大学所在的厦门市思明区，是厦门"岛内"具有标志性的高房价地区之一。若按照地下访客中心已建成的 2600 个地下停车位计算，如此规模的停车提供至少需要腾挪出 91000m² 的建筑面积[1]。那么，在不考虑房地产开发困境的前提下，以思明区平均每平方米面积 2 万～3 万元的土地楼面价估算，将原有的城市土地拆迁成为净地，重新创造出如此面积的停车设施用地，至少需要付出 22 亿元的土地建安成本[2]。

在现今政府财政吃紧，城市土地紧张的情况下，在思明区这样高地价的区域进行土地的重置而实现净地开发的旧模式已然不可以持续。结合立体空间开发，探索土地的竖向空间潜力，便成为思明区尝试建设与更新的新模式。

2.1.2 依托高校用地的竖向空间潜力

1）划拨土地更新难度更低

在进行竖向空间更新的探索中，需要识别出城市中哪些土地具有更新潜力——划拨用地是当前具有潜力但被忽视的一类土地资产。以厦门大学类似的划拨方式使用的土地，一般用于城市公共服务的提供，是将城市土地无偿无限期交予城市对应部门使用的方式。相比在城市中以出让方式使用的土地，划拨用地土地使用不收取费用（土地出让金），土地使用权属仍在政府各部门间流转。在需要进行更新时，政府部门间的协商难度要远小于出让用地"付费使用"后与私人主体的协商难度，能够以更高的效率实现政府部门空间更新的规划意图。

2）运动场竖向改造效益显著

在划拨用地类型当中，高校设施用地在进行竖向空间更新时具有更大的空间潜力。厦门大学校园内的各类土地使用当中，运动场由于地面建筑容量低，在进行改造时基本不涉及地面建筑物业的征迁。结合运动场进行地下空间的竖向更新工程施工时，对地面建筑功能的使用影响更小；同时，厦门大学选址位于厦门老城区服务提供的关键区位，运动场在校园空间布局中属于外向空间，能够更好地对城市进行功能关联。因此结合校园运动场探索地下空间开发，能够使新植入的功能具有更优

1　以地下空间停车位 35m²/泊估算，2600 个停车位需要的建筑面积为 91000m²。
2　以 25000 元/m² 的土地楼面价作为土地拆迁赔偿的要价参考，估算拆迁建安支出下限。

的对外服务能力，从而保证竖向空间更新后的服务提供效率（图1）。

图1　演武运动场改造前后对比

图片来源：网络

2.2　规划建设概况

2.2.1　空间合理性

厦门大学演武运动场的竖向空间更新，包括其地面运动场改造与地下空间访客中心开发两部分，涉及的总建筑面积107085m²，其中地上2135m²，地下104950m²。其中：①地面运动场改造将演武运动场由东西向改为南北向，改变运动场使用不便的现状；②地下空间则在运动场下挖11m，用地性质为教育科研用地，依次建设访客中心和地下车库，具体包括28759.15m²的教育科研服务配套设施（商业营业厅）和2600个车位的地下车库。地下涉及总用地面积91224.955m²。

最终历时3年（实际建造工期不到2年），厦门大学演武运动场实现了地上与地下访客中心全部物业的开发，并正式投入使用（图2、图3）。

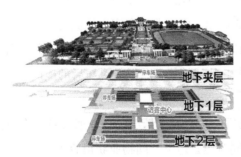

图2　厦门大学访客中心地下空间开发概况　　图3　厦门大学访客中心建成现状

图片来源：《厦门日报》　　　　　　　　图片来源：作者自摄

2.2.2 经济可行性

1）更新建造模式

整体项目采用 BOT 模式，即校方与社会主体合作，企业出资负责更新建设，在特许 15 年专营期内由企业进行地下空间物业运营，最终获得收益进行分配的方式，完成了访客中心全部物业的开发。

在整个项目开发过程中，校方向政府以用地划拨的方式，获取了地下空间的土地使用权，并以地下空间物业 15 年的专营权进行项目招标。最终由中汇宝网络科技有限公司作为市场主体承担项目的全部开发投入，建成后代替校方运营地下空间资产（图 4）。

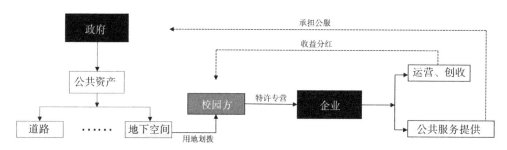

图 4　访客中心改造中多主体合作关系
图片来源：作者自绘

2）经济测算

在此更新项目15年期限[1]中，对厦门大学演武运动场及其地下访客中心的改造建立资产与负债表和利润表的关系，用以进行项目的实际财务情况分析（图 5）。

在资产负债表中，主要反映项目前期的资金投入与对应的工程建造关系。负债端对应项目工程涉及的总建设成本为 7.5 亿元，由企业出资实现地面运动场与地下空间全部物业的建设，资金来源为企业自筹融资（资产负债表中体现为债务与所有者权益）。生成的对应资产包括地下访客中心的建筑物业，以及更新后的地面运动场物业资产。

而在利润表中，反映的是项目落成后的运营收入情况。企业通过特许专营的方式出资建设并持有地下空间全部资产，同时运营地下空间物业获得收入。

1　特许专营的15年期限是改造后多主体投入、运营并盈利的一个完整周期，故以此为模型建立财务分析。

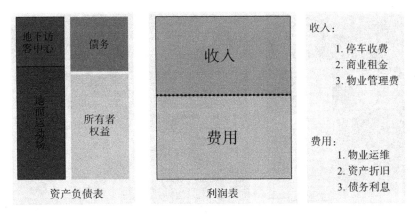

图 5　访客中心改造的资产负债表与利润表

图片来源：作者自绘

从收益端来看，项目收入主要是物业运营收入，包括停车费、商业租金及物业管理费三部分[1]。其中：①停车费。对于目前地下车库 2600 个停车位以现行的收费标准 10 元 /h 计，平日的停车位使用率约 50%，每年能够实现 1423 万元的收入。②商业租金。访客中心商业面积 28759.15m²，店面以 500 元 /（月·m²）进行出租，基于目前 90% 的商铺出租率计算，每年能够获得的租金收益为 1.55 亿元。③物业管理费。物业管理费用按照 28 元 /（月·m²）计算，商业空间物业管理年收益达到近 900 万元。从费用端来看，项目运营中带来的费用支出主要包括物业运营支出、物业折旧费用以及债务利息三部分[2]。其中：①物业运营费。包括地上与地下两部分的物业运营费用。地下访客中心物业运营可通过物业管理费实现全部覆盖，而地面物业（演武运动场）运营费用根据调查可忽略不计[3]。②物业折旧费用。对于 7.5 亿元的投入形成的停车场、商铺以及地面运动场等固定资产，以 20 年为使用年限计算，资产折旧带来的每年折旧费用[4]为 3750 万元。③债务利息。债务利息部分由资金构成不同存在差异。若以 5% 的年利率计算，当融资构成全部为借债的形式时，利息达到最大值，为 3750 万元 / 年（等同于项目机会收益）。访客中心停车场及商业空间使用情况如图 6、图 7 所示。

1　项目成本与收益数据，均来自厦门大学访客中心开发单位中汇宝网络科技有限公司。

2　数据来自厦门大学访客中心、中汇宝网络科技有限公司座谈。

3　地面运动场运营支出即保证覆盖管理人员支出，记在物业管理费用当中。跑道、草皮等维护费用甚微，不影响项目整体财务分析。

4　每年折旧费用 $= \dfrac{投入资金}{折旧总年限}$。

图6　访客中心停车场使用情况　　　　　图7　访客中心商业空间使用情况
　　　图片来源：作者自摄　　　　　　　　　　　图片来源：作者自摄

最终，将各收入项与费用项进行平衡测算，访客中心项目开发运营能够获得的利润为9423万元/年，收入覆盖所需费用仍有盈余。可见在15年特许专营期止，厦门大学访客中心的竖向空间更新项目在经济层面是可行的，能够实现地下空间项目的开发资金平衡，并为更新主体创造资产收益。

2.2.3　规划建设效益

1）高效补充城市服务

厦门大学访客中心竖向空间开发的模式，探索出了对老城区进行功能补充的新模式。访客中心的竖向空间开发，实现了地下2600个车位提供，若以3000元/个的地下停车造价计[1]，政府省去了近780万元的设施建设投入。平日使用率达50%的停车场，满足了厦门大学周边片区以及校内师生千余辆的日常停车需求；同时访客中心在一定程度上解决了城市就业问题，带来了厦门大学及周边区域近2000人次的就业[2]，为校内师生以及周边人群带来了显著的社会效益。

厦门大学访客中心，在竖向的空间上实现了"商业+停车+运动场"的平面功能叠加，是基于原有用地平面的三倍土地效益开发。在厦门大学所在的思明旧城区，若要获得新的土地来进行如此规模的服务设施开发，按照每平方米2万~3万元的土地楼面价计算，至少需要额外付出近十亿元的土地建安成本。这种立体空间开

1　以一般性的地下停车位造价计算。
2　数据来自厦门大学访客中心、中汇宝网络科技有限公司座谈。

发加竖向空间设计的方式，为城市旧城服务设施的完配提供了更小的更新难度，撬动了旧城土地更高效利用的空间新模式。

2）提升空间服务品质

厦门大学访客中心立体空间的开发，强化了校园内部的交通管理。以 2017 年厦门大学日均接待游客 2.5 万人次，车辆达 6600 车次 / 日为参考，厦门大学是厦门仅次于鼓浪屿的第二热门景点。自 2018 年投入使用后，访客中心成为校外游客进校的通道，实现了"校门为师生，访客中心为游客"的校园有序管理。为厦门大学带来旅游效益的同时，解决了游客深入校园教学区域的问题。

同时，厦门大学访客中心完善了校园及周边的服务配套。通过为校内师生提供停车服务，解决了校内车辆穿行的问题，校园慢行空间的组织得到更好实现；商业设施的提供，星巴克、八合里、名创优品等品牌商业的入驻，满足了师生日常消费需求，也为校内师生提供了课堂之外的交往空间，丰富了师生的课余生活。

3）缓解校园内涝问题

厦门大学访客中心的竖向工程建设，通过借助地下自然地形，同时也强化了区域的蓄水能力。基于最小限度改变地势的原则，访客中心地下空间工程采取"自然放坡"的"无填挖方"方式，最小限度地改造地势，使得整个地下访客中心借助自然地形成为一个"天然蓄水池"。据调查，访客中心能够达到 6 万 m^3 的蓄水能力，并能够有效采集雨水进行二次利用，"厦大看海"的校园内涝问题得到了有效缓解（图 8）。

图 8　厦门大学西村校门内涝现状图
图片来源：网络

3 规划管理困境

3.1 竖向空间开发中的用地审批困境

首先，厦门大学访客中心的竖向空间开发，将导致其用地性质在平面上发生重叠，在进行规划审批时，需要考量三维空间土地使用的规划法定效益问题。在改造过程中，校方针对地下空间的功能进行了单独的项目报批，获得了规划部门的规划许可背书。但在实际管理中，该用地地面使用性质属于高校设施用地的体育设施，而地下用地作为教育设施配套用地性质使用，包括商业服务设施与停车场站设施两类用地。针对土地使用性质在不同平面层上存在的不一致，如何实现二维用地规划管控向三维用地管理的转变，在"一张图"中明确具体的规划管理方式进而保证规划的法律效力，是针对此类划拨用地进行竖向空间更新时所面临的问题。

其次，针对划拨土地进行竖向空间规划建设时，划拨用地更新的便利也将带来政策制度的挑战。划拨土地属于无偿无限期使用的土地，是为城市公共服务事业无偿使用的土地。这就意味着绕过收取土地出让金的划拨用地，其土地使用应该是非营利性的。但在城市更新的具体实践中，若更新主体不获得收益来覆盖建设建造的投入，甚至需要额外向政府缴交高额的土地出让使用金，那么任何更新项目都无法在离开政府财政的支持下成功实施。因此，更新难度低，更新带来的效益高，且结合竖向空间开发具有巨大潜力的划拨用地更新，尤其是针对校园设施的立体空间开发模式，需要在针对划拨土地进行使用与获得收益时，政策上进行新的探索与突破，从而避免更新实践可能面临的审计问题。

3.2 立体开发中的设计规范制约

地下空间的开发，还面临规范调整问题。厦门大学访客中心地下空间采取采光天井的方式，实现了通风与采光效益提升，同时自然通风的采光天井，也为地下空间建筑使用降低了能耗。类似商品住房阳台计容规则，地下空间建筑面积开发一般不计容积率，但由于地下设置采光通风天井，地下空间实际上与地面空间无异，这也就带来地下空间的"地面化"争议——是否应该对地下部分建筑面积开发收取土地出让金。

同时，地下空间对消防规范也存在一定突破。厦门大学访客中心在柱网设计中，以圆柱替换方柱的方式，获得了更多的地下车位提供。更高效的设施提供却需要针对旧有的消防政策进行协商与突破。针对旧城服务提供，竖向空间更新的新应用应当更多地协调与统筹旧有的管理规范。

4　策略提出

4.1　划拨用地利用政策突破

划拨用地在进行竖向空间更新时，在合理的范围内进行空间运营获得收益，是符合划拨土地使用本底逻辑的。参考厦门大学访客中心更新前后的空间资产财务分析，更新后访客中心将原有的不断带来费用的资产，转变成了为校园不断提供维护成本支持的资产（图9）。

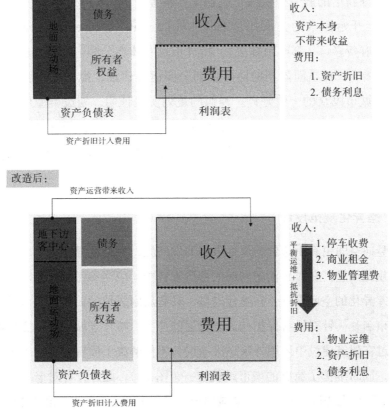

图9　访客中心改造前后项目财务测算分析

图片来源：作者自绘

从更大的城市更新视角来看，对于政府财政而言，城市中各种公共服务设施自建成之日起，就会随着时间不断推移出现资产折旧，同时需要城市财政提供源源不断的运营维护支持，如学校与医院的职工工资、运动场的日常维护费用、公共建筑的立面结构维护支出以及公园道路树木植被的养护成本。这部分的成本对于政府而言是无边际的现金流支出。对于公共服务提供而言，其自身价值的体现外溢到了城市的房价中，城市商品房因为周边拥有公园、学校、地铁等设施不断升值。将公共服务的建设作为一个整体来看，其本身带来不断的现金流支出，却无法收取相应的现金流收入来抵消这部分的支出，对于城市财政而言，是一种不可持续的城市服务提供方式。

因此，政策层面应当重新对划拨用地的"非营利性"进行解读。对于旧城区中普遍存在的划拨类型用地，应当结合土地混合使用，在竖向空间上进行潜力挖掘，同时允许新增的服务提供获得收益来抵消原有的公共服务设施支出。参考日本在2017年开始探索的公园用地Park-PFI（Private Finance Initiative）公私合营制度，由政府新修订《都市园林法》，特许市场主体在公园内"长线经营"和"放宽建筑覆盖率"，在空间盈利的同时反哺公园运维建设，提升公园服务能力的同时，也受到城市民众的一致好评。类似的规划实践证明，划拨类型用地存在巨大的空间潜力。在新存量背景下，结合竖向设计进行土地混合开发挖掘土地潜在效益，是实现城市人民更高生活品质的新路径，也是稳固城市财政与经济可持续的新模式。

4.2　差异化规范设计

针对竖向空间更新中遇到的规范限制开发问题，应当差异化地针对具体的规划实践进行规范调整。在对于消防问题的协调设计中，应当参考喀什老城更新的消防设置进行差异化的空间设计：在喀什老城，具有新疆风情的旧城区风貌是喀什独具特色的城市名片。针对风貌保护和消防设置的冲突，喀什老城采用了更细微的消防措施。通过在建筑建设中采用外涂防火涂层，不仅解决了原有建筑过于密集产生的防火风险，同时维护了原有的城市风貌统一（图10）。此外，针对老城区内消防通道狭窄，消防车无法进入的问题，老城内统一采用100m一个消火栓结合小型消防车的协同工作方式，解决了老城区内消防隐患问题（图11）。

图 10　喀什老城城市风貌

图片来源：喀什市老城区保护综合治理展览馆

图 11　老城内小型消防车

图片来源：喀什市老城区保护综合治理展览馆

因此,在具体的竖向空间开发中,可以对旧有的规划进行灵活设计。针对不同的城市规划意图,在保障最基本的防火排涝等基础建设安全的前提下,进行差异化的规范设计,为城市存量背景下,更多的旧城空间更新带来工程技术层面的支持。

5. 结语

存量更新,是所有城市发展进程不可避免的阶段。在存量的新语境下,所有的规划实践都要经受新的挑战,城市竖向规划设计也是如此。在存量背景下,竖向规划"再就业"问题要结合存量更新,特别是老城区中的土地再开发展开。针对划拨用地这一重要旧城更新的土地资源,总结先进旧城更新经验,突破旧城更新困境,是对未来竖向规划结合城市立体空间开发,向新的规划工作内容转型的探索。随着城市存量建设的开展,规划工作内容应与相应政策不断协调适应,才能够让城市更好地为使用者提供愈发适配与高品质的城市服务。

参 考 文 献

[1] 赵燕菁,邱爽,沈洁,等.城市用地的财务属性——从用地平衡表到资产负债表[J].城市规划,2023,47(3):4-14,55.

[2] 曹艳涛.面向实施的新时代竖向规划探索与实践——以深圳市为例[C]//中国城市规划学会.人民城市,规划赋能——2023中国城市规划年会论文集(03城市工程规划).北京:中国建筑工业出版社,2023:8.

[3] 卫芷言.划拨土地使用权制度之归整[D].上海:华东政法大学,2014.

[4] 赵燕菁.城市公共空间的更新[J].北京规划建设,2023(5):175-177.

[5] 宗敏,彭利达,孙旻恺,等.Park-PFI制度在日本都市公园建设管理中的应用——以南池袋公园为例[J].中国园林,2020,36(8):90-94.

[6] 津声.城市更新 从存量中创造增量[N].天津日报,2023-9-11(1).

管线综合规划研究
——以沈阳市为例

云露阳

（沈阳市规划设计研究院有限公司）

摘要： 随着城市化进程的快速推进，城市管线建设和管理面临着诸多挑战。传统的单一管线规划方法已经无法满足城市发展的需求，因此，制定综合规划成为解决现代城市管线问题的重要途径之一。本研究首先对管线综合规划进行概述，包括定义、目标与原则、步骤与方法。其次以沈阳市地下管线综合规划为例，从背景、现状、目标、规划方案等方面，探讨并实践了在城市管线建设和管理中解决问题的有效途径。该研究成果对于其他城市的管线综合规划和优化提供了有益的经验和借鉴，有助于提升城市管线网络的质量和可持续发展能力。

关键词： 管线综合规划；城市管线管理；沈阳市；GIS与大数据；管线网络布局；可持续城市发展

1 引言

随着城市化进程的加速，城市规模不断扩大，城市基础设施的建设和管理面临着越来越大的挑战。作为城市基础设施的重要组成部分，管线设施的规划和管理显得尤为重要。传统的管线管理方式往往各自为政，缺乏协调，导致资源的浪费和管理的混乱。为了解决这个问题，管线综合规划应运而生。本文将详细介绍管线综合规划的原理、实施步骤和可能遇到的问题，并通过案例分析来说明其应用和效果。

在城市规划和建设中，管线综合规划具有非常重要的作用。它可以实现资源的优化配置，提高城市运行效率，增强安全性，促进城市发展。具体来说，管线综合规划可以避免资源的浪费和重复建设，节省建设成本；通过优化管线的布局和运行方式，提高管线的运行效率，减少能源消耗；同时也可以减少安全隐患，提高安全性；此外还可以为城市的可持续发展提供支持，促进城市的整体发展。

然而，管线综合规划的实施过程中可能会遇到一些问题。例如，不同管线之间的协调和合作存在困难；数据收集和处理方面存在挑战；以及规划方案制定和评估过程中的不确定性和复杂性。为了解决这些问题，需要加强各管线之间的沟通和合作，建立完善的数据收集和处理机制，制定科学合理的规划方案，并引入专业的评估和优化方法。

2 管线综合规划概述

2.1 管线综合规划定义

管线综合规划是对城市中各种管线设施进行全面管理和规划的过程，包括电力、通信、给水排水、燃气等管线。它旨在优化管线的布局和运行，以提高城市资源的利用效率，降低意外事故的风险，并促进城市的可持续发展。管线综合规划的范围涵盖了城市的各个区域，包括市区、郊区和工业区等。其内容包括对各种管线的布局规划、建设规划、运行规划和管理规划等。在规划过程中，需要考虑各种管线的性质、用途、规模和分布等因素，同时还需要考虑城市的发展趋势和未来需求。

2.2 目标与原则

管线综合规划的目标包括以下几个方面：①高效利用土地资源：通过合理的管线布局，避免土地资源的浪费和过度占用，提高土地利用效率。②协调不同类别管线的布局：不同类别的管线有其特定的布局要求和运行特点，需要相互协调以避免干扰和矛盾，通过管线综合规划，可以实现不同类别管线之间的协调布局。③提高城市运行效率：合理的管线布局和高效的运行方式可以减少能源消耗和浪费，提高城市运行效率。④增强安全性：通过对管线设施的监测和维护，及时发现和处理安全隐患，减少事故发生的概率和影响范围。⑤促进城市发展：合理的管线综合规划可以为城市的可持续发展提供支持，促进城市的整体发展。

管线综合规划的原则包括以下几个方面：①协调性原则：各种管线设施之间应相互协调，避免相互干扰和矛盾，在布局上需要考虑不同类别管线的特点和使用要求，以达到最优的组合效果。②系统性原则：管线综合规划应从城市整体的角度出发，全面考虑各种管线的布局和运行，避免局部最优而影响整体效益，在规划过程中需要对各种管线进行整体考虑，优化组合和布局。③可持续性原则：管线综合规划应考虑城市的可持续发展，为未来的城市发展预留空间，在规划过程中需要考虑城市的发展趋势和未来需求，为未来的扩展和升级提供便利，同时还需要考虑环境保护和资源利用等方面的因素，促进可持续发展。④经济性原则：管线综合规划应考虑建设成本和维护成本，选择经济合理的方案，在规划过程中需要考虑各种管线的建设材料、施工工艺、维护费用等方面的因素，选择合适的方案以降低成本。⑤可操作性原则：管线综合规划应考虑实际可操作性，避免过于复杂和不切实际的方案，在规划过程中需要考虑各种管线的施工难度、维护难度和技术要求等方面的因素，选择可行的方案以保证实施效果。

2.3 管线综合规划的步骤与方法

2.3.1 数据收集和分析

（1）收集关于城市地形、土地利用、建筑物分布、交通状况等基础数据。这些数据反映了城市的现状和特点，为后续的管线布局提供基础信息。通过 GIS 技术等手段，将各类数据进行整合和分析，提取出与管线布局相关的信息。

（2）通过调查和测绘等方式，收集现有管线的位置、类型、规模、运行状况等信息。这些数据可以反映当前管线的状况和存在的问题。在收集现有管线数据时，需要注意数据的准确性和完整性。同时，可以利用一些先进的探测技术，如地下雷达、金属探测等辅助数据的收集。

（3）根据城市规划、经济发展等因素，预测未来一定时期内的管线需求，为规划提供参考。通过分析历史数据和趋势，可以对未来的需求进行预测。同时，也可以通过与相关部门和企业的合作，获取更准确的需求信息。

（4）对收集到的数据进行整理和分析，包括数据的清洗、整理、归纳和提炼等，提取出有用的信息。通过数据分析，可以发现潜在的问题和挑战，并为后续的规划提供依据。例如，可以通过分析现有管线的运行数据，发现能源消耗高的区域或时间段，为优化管线布局提供参考。

2.3.2 目标确定

（1）提高资源利用效率。通过优化管线布局和运行方式，提高能源、水资源等重要资源的利用效率。这可以减少能源浪费和资源消耗，为城市发展提供可持续的动力。

（2）保障城市安全。管线综合规划需要确保城市的安全稳定运行。通过对管线的监测和维护，及时发现和处理潜在的安全隐患，减少事故发生的概率和影响范围。同时，需要考虑应对突发事件的能力，确保城市在紧急情况下能够快速响应。

（3）促进城市发展。合理的管线综合规划可以为城市的可持续发展提供支持，促进城市的整体发展。通过优化管线布局和建设规模，满足城市发展需求的同时，也为未来的扩展和升级预留空间。同时，可以考虑与相关政策和规划相结合，推动城市的绿色发展和低碳建设。

（4）经济性。在满足功能需求的前提下，选择经济合理的方案可以降低建设成本和维护成本。这需要考虑管线的使用寿命和更新维护的需求，以实现长期的经济效益。

（5）可操作性。考虑实际可操作性，选择可行的方案以保证实施效果。这需要考虑施工难度、技术要求、时间安排等因素，以确保规划方案能够在实践中得到有效实施。

2.3.3　规划实施和监测

规划实施是将规划方案转化为现实的过程，是管线综合规划的重要环节。在规划实施过程中，需要注意以下几点：①确保实施过程符合相关法规和标准；②合理安排施工时间和顺序；③加强工程质量管理；④注重环境保护和安全生产；⑤对实施过程中出现的问题及时进行调整和处理。同时，为了保障管线综合规划目标的实现，需要对规划实施过程进行监测和管理。这包括以下几个方面：①监测实施过程：通过定期检查和测量等方式，监测实施过程是否符合规划方案的要求；②评估实施效果：对实施后的效果进行评估，包括管线运行效率、安全性、经济性等方面的评估；③反馈与调整：根据监测和评估结果，及时反馈和调整规划方案，不断完善和提高规划效果。

3　以沈阳市地下管线综合规划为例

3.1　规划背景

3.1.1　国家层面

习近平总书记在党的二十大报告中强调："坚持人民城市人民建、人民城市为人民，提高城市规划、建设、治理水平，加快转变超大特大城市发展方式，实施城市更新行动，加强城市基础设施建设，打造宜居、韧性、智慧城市。"《中华人民共和国国民经济和社会发展第十四个五年规划和2035年远景目标纲要》提出推进新型城市建设。顺应城市发展新理念新趋势，开展城市现代化试点示范，建设宜居、创新、智慧、绿色、人文、韧性城市。提升城市智慧化水平，推行城市楼宇、公共空间、地下管网等"一张图"数字化管理和城市运行一网统管。编制全市管线综合规划，是加强城市基础设施建设的重要举措，有助于提高建设效率，提升城市安全韧性。

3.1.2 沈阳市层面

2020年10月，沈阳市印发《沈阳市城市地下管线管理办法》（沈阳市人民政府令第85号），提出"市、县（市）自然资源主管部门应当根据城市总体规划，组织编制本行政区域城市地下管线综合规划，报同级人民政府批准实施"。编制工作结合《沈阳市城市地下管线普查行动计划三年工作方案（2021—2023年）》开展，在地下管线普查阶段性成果的基础上，于2022年底完成规划编制阶段性成果，最终规划成果结合地下管线普查数据于2023年完成。

3.2 规划总则

3.2.1 主要作用

确立管线综合规划体系，明确各级管线综合规划的主要任务和深度，层层传导，全面指导管线规划建设。确定重要市政廊道布局，统筹和衔接各专项规划，控制主干管线和敏感型管线的敷设空间，形成"一张图"，纳入信息平台。提出管线综合协调原则，确立总体协调、综合布置、管线更新的规划原则。支撑管线工程规划管理，在重要市政管线建设、管线规划管理等方面作为依据。

3.2.2 范围期限

以沈阳市中心城区为规划范围，统筹考虑市域范围重要市政管线廊道，涵盖地上及地下管线，包括给水、污水、雨水、电力电缆和高压架空线、通信、供热、天然气、石油、再生水管线，规划期限近期至2025年，远期至2035年。总体框架图如图1所示。

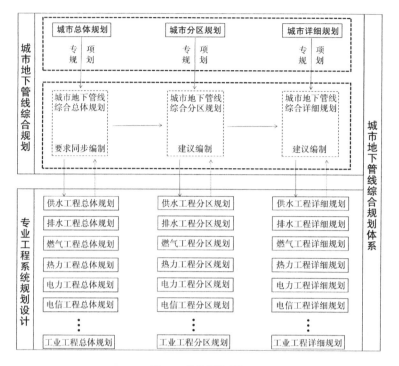

图 1　总体框架图

3.3　现状评价

3.3.1　现状发展基础

管线系统搭建方面：市域综合承载能力逐渐增强，多方向、多线路引入水源、电源和气源，能源资源网络基本形成，输水、输气总量分别达到 6.5 亿 m³/ 年、12.41 亿 m³/ 年，用电总计 398 亿 kW·h，规模总量满足现状需求。中心城区系统功能逐步完善，地表水供水比例达到 85%，66kV 系统容载比达到 1.9，大型热电联产集中供热比例达到 42.2%，有序推进合流制地区排水系统改造，建设地下综合管廊 58km，给水、污水、燃气等干线骨架基本稳定形成。

综合管廊建设方面：现状综合管廊初具规模，兼顾老城区和新城区，布局在各分散的片区。现状已建成综合管廊 17 条，合计长度约 58km，其中老城区 2 条、浑南区 5 条、经开区 10 条。除老城区内南运河综合管廊为双圆盾构形式外，其余均为矩形断面明挖施工方式。

管线综合规划编制方面：落实工程建设项目审批制度改革工作要求，探索编制出让地块管线综合规划，有效缩短和简化开发项目配套工程的工作流程，2022 年编制完成 56 块，总占地约 455hm²。新建道路管线综合规划，结合核心发展板块、做地试点片区，集中编制丁香湖滨湖区、上沙单元、高管台东等片区道路管线综合规划，对各专业管线进行统筹和落位，加强城市地下管线的精细化管理。街路更新管线综合规划，综合考虑老旧管线改造、新建管线需求、飞线入地等因素，保障街路更新实施效果，避免道路重复开挖。

3.3.2 现状问题分析

1）针对主干系统搭建的问题分析

长输及敏感线路规划管控不足。输水、输油、输气、输热、高压电力线等长输干线及敏感型线路，不掌握现状线路基础数据和规划线路空间需求，在城市安全运行、线路规划与用地规划协调、廊道控制方面考虑不足。

管线空间规划预留、协调不足。尚未开展过主干管线廊道梳理工作，缺少与地下空间、轨道交通等地下设施协同的指导原则和管控要求，对主干管线建设空间的规划预留不足。

各专业系统建设仍然存在短板。主干管线互联互通能力不足，应急调度能力差；南部浑南新城、西部经开区等区域缺少输水管线，二环内缺少次高压气源联络线，66kV 及以上网架供应能力不足；现状雨水管渠设计标准偏低，合流制地区雨水系统尚未建立，易涝积水区域依然存在。

2）基于管线普查成果的问题分析

地下空间集约利用率低。二环内普遍存在道路管线总数大于等于 20 条的情况，同专业管线重复建设问题突出，地下空间资源浪费严重。管线系统发展不均衡。太原街、北站、北关、西塔控规单元管线密度较高，和平大街、北海街、东西快速干道等街路管线较为集中，管线敷设空间紧张；城市外围控规单元管线建设滞后。

3）规划建设管理方面的问题分析

管线规划编制体系不完善，缺少全市范围的空间统筹、各专业间的系统协调、由上至下的规划传导。缺少实施层面的技术指引，在管线建设协调原则、管线布置技术原则、组织管理、审批流程等方面缺少依据和指引。管线建设协调机制不健全，信息共享程度较差，统筹道路与管线同步建设、建设路径与时序协调能力不足。

3.4 目标与思路

3.4.1 规划目标

以满足城市发展需求为根本目的，统筹和协调重要市政管线通道，优化管线系统的空间结构和功能布局；提出管线综合规划总体原则，推进管线系统有序建设和有机更新，构建系统完备、集约高效、安全可靠、可持续发展的管线系统，为国家中心城市建设和城市高质量发展奠定坚实基础。

3.4.2 规划思路

满需求、理路由。按照国土空间规划确定城市规模与定位，完善市政供给体系，梳理并控制主干管线廊道布局，满足城市高质量发展。

强统筹、重管控。加强各专业管线、地下空间、轨道交通之间的空间协调，提出总体原则和控制要求，预留管线建设条件。

建体系、保实施。加强顶层设计，完善管线综合规划编制体系，强化规划传导，配套出台实施细则，完善协调机制，保障管线建设有序落位、有序实施。

3.5 规划方案

3.5.1 构建规划编制体系

结合沈阳市实际情况，完善管线综合规划编制体系，确保管线建设在宏观层面有统筹、微观层面有落位（图2）。落实上位规划，结合区域基础设施情况，确定片区外部引源、管线布局、规划线位等内容。结合土地出让计划，在土地出让前完成市政配套管线规划方案，并纳入土地出让条件。对道路下方各专业管线，在平面和竖向上进行落位和统筹，作为后续管线工程定线的依据。结合地铁、高架桥、地下道路、地下空间等建设工程，为主体工程腾挪建设空间，统筹考虑规划管线预留。针对长距离、重要市政管线，需进行方案比选，规划确定管线路径方案、规划线位和管径。

3.5.2 市域重要廊道布局规划

综合考虑自然保护地、生态保护红线、矿产资源、地质灾害等因素，规划重要

图 2　规划编制体系

市政廊道，禁止进入自然保护地核心区；避让生态保护红线、矿产资源重点开采区、地质灾害高易发区；避让现状林地和历史文化遗存。规划控制 5 路输气廊道、6 路输水廊道、7 路输油廊道、N 条 500kV 电力廊道，保障全市资源能源输送通道，市域范围重要市政廊道总长约 1581km。

3.5.3　中心城区主干管线规划

梳理"道路＋绿化"的管线敷设空间，依托五环、四环、开发大路、浑南大道等主干道路，规划形成 2940km 主干管线廊道布局。

综合考虑建设投资与收益成效，重点考虑支撑核心板块区域发展，重点结合高压架空线入地、新建 66kV 及以上变电所电源进线、地下空间复合开发利用、老城区管线更新整合、城市快速路建设等方面的建设需求，有序推进地下综合管廊建设。

3.5.4　管线综合协调规划指引

分区管控原则。密集区以管线更新、空间整理为重点，解决管线重复建设、敷设空间不足、老旧管线安全隐患问题。稀疏区以道路管线综合规划为抓手，强化管线有序建设、集约发展。

管线空间整理原则。重点解决通信、电力、燃气管线重复建设问题，释放地下管线空间，实现可持续发展。

　　管线与其他地下设施空间协调原则。新建设施避让现状设施，远期项目避让近期项目；综合技术经济比较，实施难度低的设施避让实施难度高的设施；优先保障重要管线、重力流管线敷设空间，在地下空间资源紧张的区域，因地制宜推进综合管廊（电力隧道）建设。

　　与道路系统规划协同原则。针对道路不同断面形式，制定管线布置原则及标准断面，按照标准道路断面，具备敷设全专业管线的道路红线宽度应≥18m；具备敷设全专业管线的单侧绿化带宽度应≥10m；双侧绿化带布置时，单侧绿化带宽度应≥5m。

　　与轨道交通规划协同原则。远期实施地铁线路应在规划线路初步方案阶段，统一考虑躲避现状市政管线，避免对现状主干排水、电力隧道等重要管线进行迁移，降低实施难度。

　　与地下空间规划协同原则。按照分层利用、由浅入深的原则，划分为浅层、次浅层、次深层、深层四个分层，市政管线优先敷设在浅层空间；给水、排水支线，电力排管，通信排管，供热、燃气管线宜布置在 -4～0m；排水主干管线、电力隧道、综合管廊宜布置在 -15～-4m。

3.6　实施保障

3.6.1　编制管线综合规划管理技术规定

　　参照上海、天津、长春等城市做法，配套出台管线综合规划管理技术规定，明确管线工程规划、管理、实施等相关具体要求（图3）。

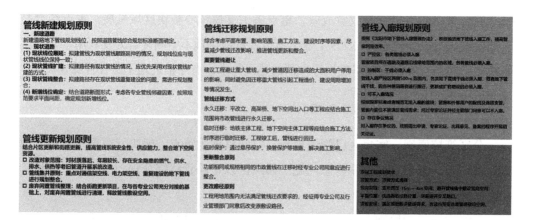

图 3　管线综合规划管理技术规定

3.6.2 推进平台建设、完善协调机制

建设全市统一的"1+1+1+N"地下管线综合管理信息平台,实现对地下管线信息的统一管理、共建共享,为城市规划、建设、管理以及应急抢险提供服务(图4)。

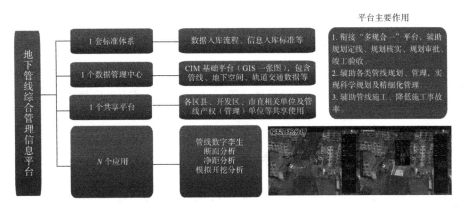

图4 地下管线综合管理信息平台框架

4 结论与展望

4.1 结论

管线综合规划是解决现代城市管线问题的关键之一。随着城市化进程的加速和城市功能的不断扩张,城市管线网络的建设和管理面临前所未有的挑战。而综合规划作为一种综合考虑各个因素的方法,能够有效地协调不同类型管线的布局、优化管线的规划,提高管线网络的可靠性和可持续性发展。

运用综合规划方法解决管线问题可以取得显著的成效。沈阳市地下管线综合规划的案例分析表明,通过构建规划编制体系、市域重要廊道布局规划、中心城区主干管线规划、管线综合协调规划指引等综合规划方法,可以更好地满足城市管线的需求,降低规划与建设的风险,提高城市运营效率。

4.2 展望

尽管研究已经取得了一些创新成果,但管线综合规划的研究仍存在一些挑战和亟待解决的问题。

数据质量和一致性问题是综合规划研究中的重要课题。当前,各部门和机构的

管线数据来源各异，存在不同格式、不同精度和不完整的情况。因此，如何沟通和整合这些数据，确保数据质量和一致性，是需要进一步研究和探索的方向。

技术和人才需求是综合规划研究的关键问题。综合规划需要综合运用 GIS、遥感、大数据、人工智能等技术手段，但目前相关技术的应用和人才的培养仍存在一定的瓶颈。因此，需要加强相关技术的研发和推广，并培养更多具备综合规划专业知识和技能的人才。

综合规划与城市规划的协同发展是解决城市管线问题的根本。城市管线应该与城市整体规划相互协调，以满足城市不断变化与发展的需求。因此，人们需要更加注重城市的综合规划和布局，以确保城市管线的建设符合城市发展规划。

参 考 文 献

[1] 董驹萍. 窄密路网市政管线综合规划及评估方法 [J]. 给水排水，2022，58（S1）：480-485.

[2] 汪超群，陈懿，迟长云，等. 考虑拓扑规划与管线选型的区域综合能源系统优化配置方法 [J]. 科学技术与工程，2021，21（35）：15061-15071.

[3] 吴娇，范咸威，林慧敏. 复杂环境下的管线综合规划研究——以广州鹤洞东地铁站为例 [C]// 中国城市规划学会，成都市人民政府. 面向高质量发展的空间治理——2020 中国城市规划年会论文集（03 城市工程规划）. 北京：中国建筑工业出版社，2021：9.

[4] 吴娇. 面向实施的地下管线综合专项规划——广州广钢新城案例 [J]. 中国给水排水，2021，37（4）：26-28，36.

[5] 精细化管理视角下的上海轨道交通车站管线综合规划 [J]. 上海城市规划，2020（4）：126-131.

[6] 刘江涛. 空间管控视角下的老城区市政管线综合规划方法探索 [J]. 城市勘测，2018（S1）：1-4.

[7] 刘光媛，袁博. 地下综合管线大数据在城市管网综合规划中的应用研究 [J]. 城市勘测，2018（S1）：33-36.

[8] 奚江波，郑晓莉. 基于 GIS 的市政管线综合及道路定线规划信息系统研究 [J]. 科学技术与工程，2011，11（3）：654-660.

[9] 程志萍，张志翔，张浩彬. 面向精细化管理的市政管线规划信息化研究 [C]//

中国城市规划学会城市规划新技术应用学术委员会，广州市规划和自然资源自动化中心.共享与韧性：数字技术支撑空间治理：2020年中国城市规划信息化年会论文集.2020：6.

[10] 刘瑶，刘应明，姜科.管线综合规划编制难点及策略探讨——以深圳市为例 [C]// 中国城市规划学会，杭州市人民政府.共享与品质——2018中国城市规划年会论文集（03城市工程规划）.北京：中国建筑工业出版社，2018：11.

国土空间规划体系下的城市安全韧性规划编制策略初探

陈智乾

（江苏省城镇与乡村规划设计院有限公司）

摘要：历经数十年的规划编制实践，传统的防灾减灾规划编制方法已基本成型并形成一定范式，但依旧存在编制时序滞后、对空间布局反馈不足，各类单灾种防灾规划衔接不够、协调不足，编制所需基础数据薄弱、技术方法尚不成熟等问题。伴随着国土空间规划体系的构建，新时期的安全韧性规划编制应与时俱进，贯彻落实"一张图"传导、多规合一、韧性城市建设等要求和理念，为此作者提出构建"1+N"的安全韧性规划编制体系、建立"三类规划"韧性内容传导机制、加强实景数据采集和数字技术应用等策略，为进一步推动国土空间规划体系下的安全韧性规划编制工作提供借鉴。

关键词：国土空间规划；安全韧性；防灾减灾；传导机制

1 引言

众所周知，随着世界气候的不断变化、城市建设的不断发展、产业类型的不断丰富，城市所面临的灾害也愈加多元、愈加复杂。据不完全统计，城市所面临的灾害类型至少包括洪涝、干旱、风暴潮、冰雹、雪灾、雷电、沙尘暴、地震、地质灾害、海啸、病虫害、疫病、火灾、重大危险源灾害、空袭等类型[1]，若结合构成灾害的三要素——孕灾环境、致灾因子、受灾体再进一步细分的话，灾害类型则更加复杂，如火灾就包括建筑火灾、森林火灾、海洋火灾、隧道火灾等。面对如此多元复杂的灾害形势，制定好顶层设计，编制科学合理的防灾减灾规划显得尤为重要。当前国土空间规划体系已初步构建，过去的防灾减灾规划也已经纳入安全韧性规划的范畴，如何顺应形势，在国土空间规划体系构建的大背景下编制好城市安全韧性规划，是做好灾害风险防范、提升城市安全水平的重要课题。

2 防灾减灾规划编制现状及困境

2.1 单灾种防灾减灾规划编制方法已形成一定范式

目前的防灾减灾规划编制包括了防洪排涝、抗震防灾、消防工程、人防工程等在内的各类单灾种防灾减灾规划，历经数十年的编制实践，很多规划类型已经形成一定范式，国家或地方也出台了相应的编制导则、技术指南和规范标准（表1）。如抗震防灾规划、消防规划出台了国家层面的规范标准，排水防涝规划、防洪规划、人防工程规划出台了相关的行业标准或者地方标准，这些规范标准对于各类防灾减灾规划的主要内容、编制深度都有相对明确的规定，尽管部分规范标准现在看已不能完全满足发展需求，但客观上它们还是保障了各类规划编制的基本质量，为指导相关工作开展提供了较好的支撑。

主要防灾减灾规划编制规范标准列表　　　　　　　　　　表 1

防灾减灾规划类型	现行编制主要依据	标准类型
抗震防灾规划	《城市抗震防灾规划标准》GB 50413—2007	国家标准
防洪规划	《城市防洪规划编制规程》	地方标准
人防工程规划	《城市人民防空工程专项规划编制指南》	地方标准
消防规划	《城市消防规划规范》GB 51080—2015	国家标准
排水防涝规划	《城市排水（雨水）防涝综合规划编制大纲》（建城〔2013〕98 号）	行业标准

2.2 防灾减灾专项规划编制滞后，对空间布局反馈较弱

目前防灾减灾专项规划一般都是在总体规划编制完成后才开始编制，这就大大削弱了其对于空间布局的反馈作用。尽管总体规划编制阶段也会考虑禁建区、限建区等三区划定的工作，但由于其本身研究深度受限，在布局安全方面的研究并不够，加上过去以经济发展为主要目标的城市发展模式，布局的经济性、功能性等往往是首要考虑因素，因此如果从城市安全视角看，会有诸多不是特别合理的地方，所以过去的防灾减灾规划更侧重于防灾基础设施建设等方面内容。但从城市安全的角度看，"轻布局、重设施"其实是一件舍本求末的事情，因为选址安全往往是防灾

减灾规划中最重要的环节，如一些重要用地、高强度开发区选择布局在地质条件良好、地势较高的区域，会大大降低其受到地震灾害、洪涝灾害破坏的风险[2]。

2.3 各类单灾种规划之间协调不足、衔接不够

2.3.1 各类专项规划内容未能充分衔接

抗震防灾专项规划由住房和城乡建设部门主管，消防工程专项规划一般由消防救援部门主管，人防工程专项规划则由人防主管部门主管，防洪规划由水利部门主管，由于各类防灾减灾规划的组织编制主体不同、编制时序不同，所以也导致专项规划内容上很难做到充分衔接。各类防灾减灾规划中的防灾空间，如果不能充分衔接，便会出现功能定位不清晰的问题，如排水防涝规划中，会将部分公园绿地作为雨水的蓄滞空间，但在抗震防灾规划中，很可能又将这些公园绿地作为疏散场地（图1）。不同的功能定位对于场地建设形式要求差别很大，所以当规划之间没有进行很好的协调和衔接时，就会出现冲突，现在尽管采用一些技术手段可以进行一定的功能复合设计，但毕竟也是退而求其次，事倍功半。

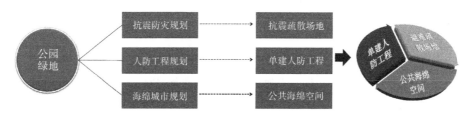

图1 公园绿地在各类防灾规划中功能定位

图片来源：作者自绘

2.3.2 综合防灾规划未能起到很好的统筹作用

城市综合防灾规划的综合性是区别于其他防灾规划的重要因素，主要体现在灾害防御的全灾种属性与规划管控的全过程属性两方面。过去的综合防灾规划未能真正体现综合的作用，城市总体规划的综合防灾内容，实质上是各单灾种防灾规划的拼合，一般包括防洪规划、抗震规划、消防规划和人防工程规划等几部分；单独编制的综合防灾专项规划，尽管有综合风险评估的内容，但主流做法包括两种：第一种是对各个单灾种分别进行风险评估，作为综合评估的内容；第二种考虑到各灾种的叠加关系，在对各单灾种进行风险等级区划的基础上，对不同的灾种风险区分别

进行人工赋值，在 GIS 中进行叠加，用来划定综合风险等级。但由于人工赋值、图斑叠加等方法主观性、机械性太强，并没有真正考虑到各灾种之间的链式关系、并发关系，所以也未能很好地统筹各灾种。

2.4 编制所需的基础数据薄弱、技术方法尚不成熟

2.4.1 各类基础数据缺失

各类灾害的风险评估需要大量的基础数据作支撑，但由于各方面原因，很多基础数据或缺失或采集不到，如进行内涝风险评估时，需要根据 30 年的日降雨数据来分析降雨规律，需要近 10 年的内涝积水点分布、积水点深度等数据来核验内涝评估的准确性等，但这些海量的历史数据很难有城市能完整地提供；如做火灾风险评估的时候，需要各种不同建筑类型、建筑结构的火灾燃烧时间、火灾蔓延时间等数据，而这些数据目前大部分也是空白。

2.4.2 技术方法不成熟

国土空间规划提出的"双评价"侧重于区域资源禀赋分析和约束性指标，但评估思路、技术方法、内容框架仍不够明确和深入。灾害评估仍侧重于单灾种灾害风险评估，涉及暴雨洪涝、地震地质灾害等，多学科交叉的多灾种综合风险评估仍显薄弱，尤其是对于城市特殊背景下自然灾害与不安全生产、突发事件耦合引发的伴生性串（链）式、并发式灾害风险关注不够，风险预警和应急处置的衔接也不紧密。

自然资源部发布的《市级国土空间总体规划编制指南（试行）》首次提出"洪涝风险控制线"的概念，并给予了"洪水风险控制线"基本的定义，但实际划定中仍然会有很多问题。如行洪河道的风险控制线应该以哪个边界为准，有的认为是蓝线，有的认为是河道管理线，有的认为是堤顶线；"为雨洪水蓄滞和行泄划定的自然空间"在划定时也没有明确规则。以上种种，也导致许多主管部门要么不知道如何划定[3]，要么"宁少勿多"规避风险。

3 国土空间规划体系下安全韧性规划编制要求

3.1 "一张图"传导：横向到边、纵向到底

"一张图"传导是国土空间规划体系构建的基本逻辑，作者认为至少应包括以下

三方面传导。一是横向传导：总体规划、详细规划、专项规划之间的传导，专项规划是总体规划的特定领域的专门安排。详细规划是规划体系的"最后一公里"，是管控内容的最终落实。二是纵向传导：国土空间规划要求全域全要素覆盖，市、县、镇三级必然存在空间的重叠，这就会产生规划编制事权交叉的问题。市级专项规划必须体现自上而下的全域统筹和市、县、镇三级传导，县级专项规划必须体现县、镇二级传导。三是内在传导：规划本身也需要满足"风险识别—目标制定—方案构建—建设管控"类似较强的逻辑联系，加强规划中各部分内容的内在传导，提高逻辑响应度，才能使得规划成为有机的整体。

3.2 多规合一：统筹好各类单灾害防灾规划

国土空间规划体系的构建，明确了国土空间规划作为统一各类空间规划的唯一性空间规划的地位，要求"多规合一"，基于这样的原则，各类防灾减灾专项规划需要进行更好的统筹，加强各类防灾空间唯一性的管控，强化"一张图"的落实。按照戴慎志等学者对防灾规划的分类，防灾减灾规划又可以划分为《国土空间水旱灾害防治专项规划》《国土空间防震减灾专项规划》《国土空间地质灾害防治专项规划》《国土空间森林草原防火专项规划》《国土空间消防专项规划》《国土空间重大危险源防治专项规划》等10项单灾种防灾减灾规划[4]，而各单灾种防灾减灾规划之间是相互关联的，如重大危险源一旦发生灾害，很可能引发火灾等，就涉及消防专项规划内容等。因此各类单灾种防灾减灾规划之间一定要加强衔接，这里尤其需要做好两部分工作，一是编制统筹各类单灾种防灾减灾规划的综合防灾规划，二是任何单灾种规划编制时，需要与已编或在编的其他单灾种防灾减灾规划做好衔接。

3.3 从传统防灾到韧性城市规划理念的转变

"韧性城市"作为近年来的热词，在学术界和社会层面都受到广泛重视。党的二十大报告中就明确提出，加强城市基础设施建设，打造宜居、韧性、智慧城市。韧性有着丰富的内涵，基于诸多学者的研究，大家认为韧性特征至少包括七个方面：鲁棒性、冗余性、多样性、连接性、恢复力、转化力、学习力。这些特征也可以紧密对应到韧性城市遭遇冲击时的三种作用机理。一是拥有鲁棒性、冗余性，城市系统在遭受冲击的情形下，才能在一定时期内维持基本功能的运转。二是拥有多样性、连接性、恢复力等特征，城市作为一个复杂的巨系统，才能够快速恢复。三是拥有转化力、学习力，城市才能从一次又一次的灾害中不断总结、不断升级，从而不断提升自身防灾减灾能力[5]。韧性城市的这些特征和传统防灾减灾理念相比，内涵又有较大的拓展，过去的防灾减灾可能更多强调的是鲁棒性、恢复力等特征，而对于冗余性、多样性、转化力、学习力等方面关注并不是太多，因此新时期编制安全韧性规划时，一定要深入贯彻韧性城市的规划理念。

4 安全韧性规划编制策略及建议

4.1 构建"1+N"的安全韧性规划编制体系

构建"1+N"的安全韧性规划体系，其中"1"指统筹各类单灾种防灾减灾规划的综合防灾规划，当然有条件的城市还可以将其外延扩大，编制内涵更为丰富的韧性城市专项规划，这里的"1"一定要突出其综合性、统筹性。综合防灾专项规划绝对不是各类单灾种防灾减灾规划的简单机械叠加，而是对各类防灾减灾专项规划的耦合和统筹，形成综合性更强的综合防灾专项规划。"N"指的是各单灾种防灾减灾规划，不过编制国土空间规划体系下防灾减灾专项规划应聚焦于自然灾害、公共卫生安全等对空间布局影响较大的灾害类型，避免将研究范畴过于扩大化，而导致无法统筹的内部崩溃。从城市空间布局安全的角度而言，台风、暴雨、洪涝、地震、地质灾害、火灾是影响城市空间布局的主要灾种[6]。

4.2 建立"三类规划"安全韧性内容传导机制

4.2.1 明确三类规划编制的内容要点和逻辑关系

国土空间规划体系下的安全韧性规划编制体系由以下几个部分组成：国土空间总体规划中的安全韧性内容、"1+N"的安全韧性专项规划体系、国土空间详细规划中的安全韧性内容（图2）。近期发布的《国土空间综合防灾规划编制指南》中对以上三类规划也作出了相对清晰的梳理。城市国土空间总体规划主要向各防灾专项规划传导防灾安全策略、主要灾害防灾标准、防灾安全格局等，各防灾专项规划则进一步深化防灾标准、防灾安全格局、防灾空间、防灾设施等，城市防灾专项规划向国土空间详细规划则进一步传导防灾空间、防灾设施管控规定。梳理清楚三类规划中安全韧性内容的关系，明确、清楚各自关注的重点，清晰划定各自内容的边界，对于构建科学合理的安全韧性规划编制体系非常重要。

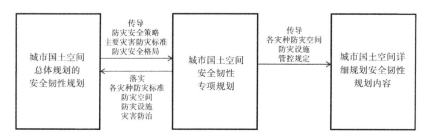

图 2　国土空间安全韧性规划传导关系图
图片来源：作者根据《国土空间综合防灾规划编制规程》绘制

4.2.2　充分发挥安全韧性专项规划承上启下的串联作用

在"三类规划"的传导体系中，安全韧性专项规划是其中最重要的一环，它不仅体现了安全韧性规划的核心内容，而且在整个规划体系中起到了承上启下的作用。原则上安全韧性专项规划的编制应与国土空间总体规划编制同步，其中关于用地安全布局、重大防灾空间选址等内容应与国土空间总体规划的用地进行充分衔接，举例而言，编制抗震防灾规划时，会对规划范围进行城市用地抗震防灾适宜性评价，其中会划定适宜区、较适宜区、有条件适宜区和危险区等，如果在进行用地布局的时候，可以充分考虑用地适宜性区划，可以更好地提升城市的整体安全。同样，安全韧性专项规划本身对于详细规划又有着重要的传导作用，在专项规划层面对于重要防灾空间都会有明确的用地布局要求，这些规划内容则需要在详细规划层面作出明确的管控，如果专项规划的深度不够，对于必要的设施空间未规划或者规划不准确，就会导致在详细规划中无法合理落实，所以安全韧性专项规划的深度和合理性将会成为韧性规划体系构建的关键。

4.2.3　加强详细规划层面韧性指标的落实

详细规划是国土空间规划体系的最后一环，是保障各类设施落地的法定依据。详细规划中落实安全韧性规划内容包括两个层面：第一个层面是对安全韧性规划中已经明确的地质灾害易发区、地震断裂带、重点安全敏感设施等防灾空间直接传导，对未明确的空间、设施结合详细规划细化落实[6]；第二个层面是对地块提出韧性建设指标，韧性建设指标结合用地和建筑指标合理制定，既需要传导从专项规划中分解过来的指标，又需要进一步核实这些指标的落地可行性。今年，江苏省国防动员办公室和江苏省自然资源厅共同印发了《关于做好人防工程规划建设管理工作的通知》，对于将人防工程规划的指标纳入详细规划做了初步探索，文件中就明确规定详细规划中应该深化落实人防工程专项规划中的要求，明确重要人防工程的具体位置和规模。只有将重要的韧性建设指标纳入用地规划出让条件中，才能真正做到可管控、可落实。

4.3 加强实景数据采集和数字技术应用

4.3.1 加强基础数据的收集和采集

基础数据的收集和采集对于风险灾害的准确评估至关重要，各类灾害防治主管部门平时就应做好各种气候变化、灾害风险的数据收集和采集工作，如气象部门平时要收集全年降雨全历时的数据，住房和城乡建设部门要收集降雨时城市的内涝分布情况等，这些数据的收集对于提升排水防涝专项规划中的安全风险评估的准确度会有很大帮助，如果有可能，消防救援部门在救援的时候，也能够收集各类建筑的火灾蔓延时间、火灾燃烧负荷等数据，对于后期制定消防相关专项规划也会有很大帮助。目前国家也已经关注到这个方面，2020—2022 年，我国开展了第一次全国自然灾害综合风险普查工作，共获取全国灾害风险要素数据数十亿条，全面完成了普查调查、数据质检和汇交任务，形成了一批重要成果，基本摸清了全国自然灾害风险隐患底数，普查成果在社会治理各领域，尤其是灾害防治事业中应用广泛，成效显著，得到社会广泛认可。

4.3.2 加强各类情境下的数字模型应用

近年来，由于"城市看海"现象的频繁爆发，各级政府及社会大众都非常重视，因此各个城市的排水防涝规划编制也备受重视，住房和城乡建设部在 2013 年印发了城市排水（雨水）防涝综合规划编制大纲，其中就明确提到推荐使用水力模型进行城市内涝风险评估。通过计算机模拟获得雨水径流的流态、水位变化、积水范围和淹没时间等信息。由此可见，过去单一的人工计算方式已经不太能适应灾害发生时多因素叠加的复杂情景，加上计算机技术的不断进步，在应对机理复杂的灾害场景时，仿真模型将会越来越受到重视。目前不论是内涝，还是地震灾害、洪水灾害、火灾等都已有相应的数字仿真软件，尽管部分软件尚不成熟，但其对于各种复杂要素的耦合处理是人工计算所无法实现的，所以尽可能将数字模型应用到安全韧性规划编制中，设置合理的边界条件，将模拟出来的结果与现实收集到的结果校验、率定校准参数，不断提高模型模拟的准确性是未来安全韧性规划编制的必然方向。

4.3.3　依托数字孪生城市提供终极方案

通过天空、地面、地下、河道等各层面的传感器布设，实现对城市道路、桥梁、建筑等基础设施的全面数字化建模，以及对城市运行状态的充分感知、动态监测，形成虚拟城市在信息维度上对实体城市的精准信息表达和映射，数字孪生城市作为现实城市的数字克隆体，未来将会在城市治理中大放异彩。与传统智慧城市相比，数字孪生城市不仅覆盖新型测绘、地理信息、语义建模、模拟仿真、智能控制、深度学习、协同计算、虚拟现实等多种技术门类，而且对物联网、人工智能也提出了更高要求[7]。

灾害场景是数字孪生城市中的一种特殊场景，在这种场景中，情况发展迅速、复杂。在受灾害影响的城市中，数字孪生技术除了模拟灾害破坏场景外，还可为增强态势评估、决策、协调和资源分配提供许多益处。在灾难城市数字孪生模型中，各类灾害的综合影响、灾害发生和人为行动的时空动态被集成到一个分析平台中，通过与各种救援行为体的时空信息融合、学习和交换以及虚拟协调，以寻找最好的应对策略和救灾机制[8]。

5　结论与展望

安全韧性规划是城市应对各类灾害的顶层设计，是维护城市安全运行的基本保障，在极端气候日益频繁、灾害类型日趋复杂的今天，结合国土空间规划体系构建的窗口期，构建更加合理、更加科学的安全韧性规划体系非常迫切。近年来智慧城市、人工智能、数字孪生、元宇宙等最新技术的发展，给城市的防灾减灾工作的开展进一步拓宽了思路，因此如何在新时期的安全韧性规划编制中融入相应的技术和理念，以便更好地指导实际防灾减灾工作的开展，是我们作为规划从业者需要更加关注的内容。

参 考 文 献

[1] 中华人民共和国自然资源部.国土空间综合防灾规划编制规程：TD/T 1086—2023[S].2023.

[2] 夏陈红，翟国方.国土空间规划体系下的综合防灾规划发展路径研究[J].上海城市规划，2023（2）：67-73.

[3] 秦静. 应对气候变化的国土空间规划洪涝适应性策略研究 [J]. 规划师，2023，39（2）：30-37.

[4] 戴慎志，刘婷婷，高晓昱，等. 国土空间防灾减灾规划编制体系与实施机制 [J]. 城市规划学刊，2023（1）：48-53.

[5] 陈智乾. 韧性城市理念下的市政基础设施规划策略初探 [J]. 城市与减灾，2021（6）：36-42.

[6] 陈智乾，胡剑双，王华伟. 韧性城市规划理念融入国土空间规划体系的思考 [J]. 规划师，2021，37（1）：72-76，92.

[7] 仇保兴，陈蒙. 数字孪生城市及其应用 [J]. 城市发展研究，2022，29（11）：1-9.

[8] FAN C, ZHANG C, YAHJA A, et al. Disaster city figital twin：a vision for integrating artificial and human intelligence for disaster management[J]. International Journal of Information Management, 2021, 56：102049.

济南市中心城市政设施统筹规划研究

牛晓雷　于星涛　于　涛　王　喆

（济南市规划设计研究院）

摘要： 市政设施是城市赖以生存和发展的重要基础，是保障城市健康运行的"生命线"工程。济南市中心城市政设施面临总量偏低、设施落后、发展不均衡等问题，同时各类市政厂站设施建设缺乏统筹引领，缺乏统一的管理平台，市政基础设施用地标准不一，各自为政，未体现整合或集约利用理念，造成用地的浪费等问题，因此，有必要树立系统思维，对市政设施进行长远性、前瞻性、综合性的整体谋划和统筹规划。本规划研究对市政设施摸清家底、问明需求、查准问题，厘定方法，以问题为导向综合施策，对各类市政设施统筹规划适应性进行分析，以目标为指引，通过区域优化、专业统筹和综合布局，进行市政设施统筹规划，落实设施位置，明确设施边界，确保用地控制法定化，有效解决落地难的问题，达到"精细化、系统化、法定化、信息化"的规划创新要求，使得市政设施都能"落得下、建得上、控得住、用得好"。

关键词： 市政设施；集约利用；统筹规划

1　引言

市政设施是城市赖以生存和发展的重要基础，是保障城市健康运行的"生命线"工程。市政设施的发展水平直接影响国民经济的发展、投资环境的改善和人民生活水平的提高，是衡量城市发展水平和城市综合实力的重要标志。综合来看，济南的市政设施发展存在总量偏低、设施落后、发展不均衡等问题。

按照"强、新、优、富、美、高"的奋斗目标，济南市迫切需要加快市政设施统筹布局和规划建设。市政设施统筹规划是新时期城乡规划的创新要求，是指导城市建设管理的重要依据和重要的支撑性工作，对于完善城市基础设施功能，提高城市韧性，推进济南转型发展具有重要意义。当前，济南转型发展进入关键时期，新旧动能转换先行先试、省会战略全面展开等重大举措，为市政基础设施提供了新的发展机遇。

综上所述，迫切需要践行公共价值引导城市发展的价值观，更新规划理念和方法，跳出传统市政设施规划的从属思维模式，开展济南中心城市政基础设施统筹规划，优化市政设施综合布局，构筑市政设施统筹规划"一张图"，推进市政设施法定化，整体提升市政设施规划管理、建设实施和运营服务水平。

2　规划研究重点和技术路线

2.1　开展现状和规划双评估，完善市政设施规划体系

掌握规划区域内各类市政基础设施现状资料，调研要实、要细、要准，为市政统筹规划提供基础数据支撑。对比先进城市发展经验，考虑未来发展趋势，研究济南市政基础设施的发展面临的问题和挑战，理顺市政设施统筹发展思路。

对市政基础设施与用地布局、规模、供需平衡[1]等进行系统研究，结合城市发展需求对市政基础设施分布和用地布局调整优化、深化提出建议。

汇总整合已编制的各专项规划数据及片区控制性详细规划市政设施内容，针对实施情况、实施环境进行系统审视，逐一校核实施与规划不一致的情况，对城市市政设施发展现实和建设状况进行综合评价。

在各类市政基础设施规划数据叠合分析的基础上，研判规划设施落地实施情况和存在问题，研究探讨已有各类市政基础设施建设、规划同城市新的发展形势之间的不相适应之处。按照统筹协调[2]、系统整合、集约用地的原则，提出市政基础设施统筹优化策略和措施。

2.2　统筹优化设施用地，纳入控规管理

按照统筹布局、节约用地、安全可用的原则，统筹城市市政基础设施体系功能组织，整合市政设施用地及功能，做好市政设施用地兼容功能分析以及与周边环境的协调性分析，集约控制，统筹布置。通过系统化、一体化的规划、建设和管理，使城市需要的市政设施都能"落得下、建得上、控得住、用得好"，确保城市健康、可持续发展。

开展市政基础设施综合评估，加快补齐短板，优化空间布局，控制与保护重大基础设施综合用地。按照"融合、集约"要求，强化市政设施公共政策属性和支撑引领作用，提升市政设施规划法定效力，实现城市急需的市政设施"可落地、可实施、可满足"。

在中心城范围内系统落实各类市政基础设施建设用地规模和建设控制指标，控制与保护重大基础设施综合用地。系统梳理各类规划间市政设施的种类、数量、规模、用地和布局等方面的内容。对设施发展和建设状况进行评价，分析规划落地实施情况和存在问题，探讨已有市政设施规划同城市发展融合之间的联系。优化设施用地，纳入控规管理。

2.3 加强市政设施规划管理法定化和信息化

充分学习和借鉴先进城市现代化基础设施规划建设经验，结合济南建设实际，明确市政基础设施资源配置原则。针对现有的市政设施规范对新的城市发展需求适应性不足，不同行业制定的专业规范不统一，甚至出现冲突等问题，编制各类市政基础设施规划指标和用地控制标准，构建济南市市政基础设施用地指标体系，经各部门征求意见、社会公示、专家评审，形成在今后规划中可依据的规划用地控制标准。

建立市政基础设施现状和规划数据库，按照数据统一的原则，将市政基础设施统筹规划成果建立在市政基础设施数据管理子平台上，实现各类市政基础设施规划"一张图"。保持城市市政设施规划建设管理的整体性、系统性，避免条块分割、多头管理。按照创新、可用、有利于规划实施和管理的原则，充分利用城市规划数据平台，实现市政基础设施规划管理的数字化、标准化、信息化，并纳入城市规划管理（云）平台系统，推动部门协同、高效管理，做到可控、可用，动态更新，程序合法。把握城市发展趋势，提升市政基础设施智慧化水平。

2.4 编制框架和技术路线

在现状调研和规划整合基础上，通过综合评估和控制性规划成果整合，构建市政设施规划数据库；借鉴现代城市市政统筹规划经验，确定济南市市政设施统筹规划目标与支撑策略。

通过市政设施需求综合预测和市政设施统筹用地标准研究，支撑重大市政基础设施区域统筹布局和中心城市政设施统筹规划；落实中心城市政设施规划用地管控，提出近期建设实施计划和制定规划管理保障措施；通过将成果纳入市政设施规划管理平台，促进市政设施统筹规划有效实施。规划编制工作将按照图1的技术路线展开。

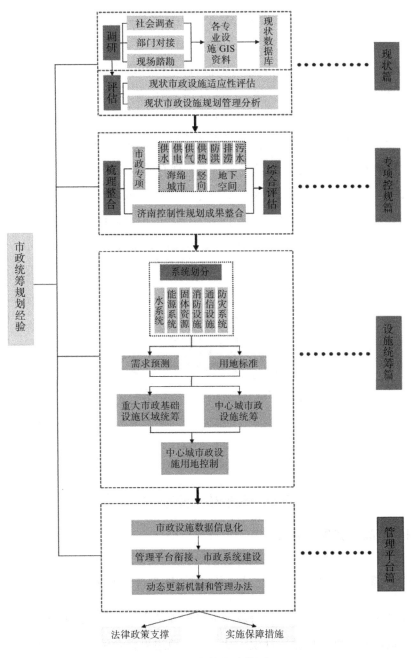

图 1　研究技术路线图

3 市政设施现状及评估

3.1 现状市政设施

济南市深入推进供给侧结构性改革，加快推动供水、排水、燃气、供热、电力、通信、环卫、消防等市政设施的建设，为保障济南市的社会、经济高速发展发挥了重要的作用。给水排水设施方面，供水水厂 22 处，设计供水能力 160 万 m³/d，供水普及率 98.5%。济南中心城主要的现状污水设施总计 39 座，其中大型污水处理厂 3 座，中小型污水处理厂 19 座，污水处理站 10 座，污水泵站 7 座，城市污水处理率超过 96%，污水再生利用率达到 23.3%。能源相关设施方面，集中供热设施 30 处，集中供热普及率超过 70%，现状已投产运行的 110kV 及以上变电站共 78 处，燃气设施有 10 处，能够满足中心城能源需求。现有环卫设施 21 处，全市垃圾无害化处理率 100%。城市消防站共 29 个，基本能够满足消防需求。

市政设施空间分布密度中心高于两翼。二环以内市政设施密度明显高于东部与西部，其中东部又高于西部。中心城市政设施空间分布密度图如图 2 所示。

图 2　中心城市政设施空间分布密度图

3.2 市政设施现状评估

3.2.1 系统容量满足基本需求，但局部超负荷，应急调峰能力不足

对各专业的现状市政设施调研数据进行梳理整合，利用 GIS 技术建立空间数据库，将现状市政设施的位置、规模、功能、用地边界整合到一起，进行汇总和数据分析。

总体来看，各市政系统容量基本满足需求，但局部存在超负荷情况，遇到负荷尖峰或紧急情况，调峰和应急备用能力尚有不足。例如水质净化二厂、三厂，金牛公园中水站，西圩子豪中水站等多处老城污水处理设施超负荷运行，扩容需求迫切；燃气调峰设施欠缺，应对冬季气源紧张局面时非常困难；冬季供热高峰期间全部供热设施满负荷运行，缺少备用热源，存在供热安全隐患；老城区电网容载比过低，供电可靠性下降。

3.2.2 市政用地占比较低，中心集中，两翼分散

济南中心城市政用地占总建设用地比例明显偏低，市政设施密度中心高于两翼。中心城实际市政设施用地约 $6.1km^2$（约占总建设用地1.36%），与总体规划目标 $10.6km^2$（占比2.59%）还有较大差距。

3.2.3 不同市政设施用地面积占比、数量占比差异较大

独立占地现状市政设施共351处，总用地为 $5.5km^2$，每处设施平均占地约 $1.57hm^2$（表1）。

现状各类市政设施数量、占地汇总表　　　　　　　　表1

用地分类	数量	累计占地面积（m²）
U11	69	1049961.3
U12	78	657100.0
U13	9	113691.3
U14	30	1820379.9
U15	25	243799.3
U16	5	220722.4
U21	76	940767.5
U22	22	141336.5
U31	37	318977.4
总计	351	5506735.6

现状市政设施数量最多的为电力设施，总计78处，最少的为广播电视用地，总计5处。

现状市政设施占地面积最大的为供热类设施，总占地约 $182hm^2$；占地面积最小

的为燃气类设施，占地面积约 11.4hm^2。

3.2.4 空间布局不均衡，系统需优化，新区待加强

老城区市政设施布局相对完善，但新区市政设施较为缺乏。例如，城市主要水源和水厂设施主要分布在地势较低的西北部，向南供水需多级加压，东部城区供水设施建设滞后，缺水严重；东、西部新区缺乏消防站，责任区面积过大，远远超过规范规定的 4~7km^2 的范围。

3.2.5 部分市政设施防护距离小，新规难落实

市政设施防护距离按不同角度理解可以分为安全防护距离、卫生防护距离、环境防护距离。安全防护距离主要指为了保证设施周边群众生命及财产安全设置的空间距离，如为防止燃气储配站、调压站等危险设施爆炸而设置的与其他建筑物的距离要求。卫生防护距离指避免产生噪声、恶臭等物理化学类污染对周边居民健康影响而设置的与周边建筑物（如污水厂、垃圾转运站等）的距离。

《城市给水工程规划规范》GB 50282—2016 要求水厂和泵站周围设宽度不小于10m 的绿化带，现状供水设施大部分不满足。特别是供水加压站，多位于居民区内，与其他用地一墙之隔，面积狭小。

4 统筹规划适应性分析及设施布局

4.1 统筹规划适应性分析

基于保障各市政设施安全运行、集约用地的原则分析各类市政设施集中建设的适宜性。

燃气设施：因燃气的易燃易爆性，规范有强制条文规定了防火距离要求，与其他设施不宜邻近建设。

排水设施：排水设施周边不应放置供水设施，也不宜放置有常驻人员的市政设施，如消防站。

环卫设施：周边不应放置供水设施，也不宜放置有常驻人员的市政设施，如消防站。

供电设施：自动化程度较高，无人值守情况较多，除燃气外与其他市政设施兼容性较好，但应考虑高压变电站与微波地球站等无线通信设施的干扰问题。

供热设施：除燃气外，与其他市政设施兼容性较好。

通信设施：独立占地较少，与其他市政设施兼容性较好，但应考虑高压变电站与微波地球站等无线通信设施的干扰问题。

各专业统筹限制与需求如表2所示。

各专业统筹限制与需求 表2

序号	专业类别	限制条件	宜统筹设施
1	供水设施	水源地，地面高程	消防、电力、通信、供热设施
2	污水设施	地面高程，防护距离	电力、供热、通信、环卫设施
3	排涝设施	地面高程	排涝泵站
4	电力设施	负荷需求，服务半径	消防、给水、排水、供热、环卫设施
5	燃气设施	强制防火距离	不宜统筹
6	供热设施	负荷需求，地面高程	消防、给水、排水、电力、环卫、通信设施
7	通信设施	无线通信设施受高压变电站的干扰	消防、给水、排水、供热、环卫、通信设施
8	环卫设施	避免靠近人员密集区域	排水、供热、电力、通信设施
9	消防设施	责任分区适中位置，远离危险设施	供水、电力、通信、供热设施

4.2　统筹规划布局方案

4.2.1　充分挖潜已规划市政用地进行内部调整

已规划控制的市政用地之间进行用地功能的置换，属于小类市政用地性质的变化，不会引起大类用地性质的改变，程序便捷，应予以优先考虑。根据分析，中心城范围内具备挖潜条件的主要有污水、供热、通信类设施用地，用地需求较大的主要为环卫设施。

1）污水设施

总计污水设施土地挖潜3.96hm²，可作为其他市政设施用地。

盛福庄片区：盛福庄片区2座污水设施（共2.8hm²），由于布局优化，建议取消，规划用地可作其他市政用地或市政备用地。

贤文片区：现状高新区污水处理厂控规控制面积比实际面积大，多控制用地约0.8hm²，多余用地可建设其他市政设施。

八里桥片区：现状八里桥污水泵站控规控制面积比实际面积大，多控制用地约 0.36hm²，多余用地可建设其他市政设施。

2）供热设施

保留停运供热设施用地 5 处，总计供热设施土地挖潜 1.41hm²，作为供热设施备用地。岔路街供热中心挖潜 0.41hm²；林南供热站挖潜 0.13hm²；燕山供热站挖潜 0.21hm²；经三纬九供热中心挖潜 0.29hm²；东关锅炉房挖潜 0.37hm²。

3）通信设施

总计通信设施土地挖潜 9.8hm²，作为其他市政设施用地。主要挖潜用地如下：

北湖片区：本片区通信设施不独立占地，原规划垃圾转运站（0.37hm²）位于已批项目难以实施，建议利用东部原通信用地（0.51hm²）。

济泺路片区：堤口路片区通信设施不独立占地，规划泺南垃圾转运站（0.12hm²）位于已批项目"宝华街片区建设项目"（济南旧城开发投资集团有限公司），难以实施，建议规划垃圾转运站就近迁移至堤口路片区通信用地（0.5hm²）。

西客站片区：本片区通信设施不独立占地，规划垃圾转运站（1.12hm²）规划位置为现状西客站人民法庭用地，难以实施，建议调整环卫设施位置至南部通信用地（0.72hm²）。

4.2.2　充分利用大型污水设施的防护距离要求

结合大型污水处理厂周边的防护绿地，合理布置适宜的其他市政设施，提高土地利用效率。

水质净化三厂周边（图 3）：结合新东站片区现状水质净化三厂东侧防护用地设置 110kV 变电站、环卫设施和交通设施，实现用地集约。

水质净化二厂（图 4）：内部集约布置城肥处理厂、污水源能源站、垃圾转运站与环卫停车场。

4.2.3　发挥市政设施集聚效应

在资源紧约束条件下，济南的发展需要走精明收缩、存量发展的道路，对城市市政设施用地进行优化整合，总结下来主要包括以下几种模式：①同类型设施通过整合布局，减少防护距离，实现共建共享。如环卫设施间的整合、公交充电设施与公交场站等。②对于邻避型设施可以通过以下方式减少邻避效应：将电厂、污水处理厂等设施整合布局，循环利用消解各自废弃物；还可将邻避设施进行地下化建设。

图3 水质净化三厂周边防护绿地利用（截取自《济南市王舍人片区控制性详细规划》土地使用规划图）

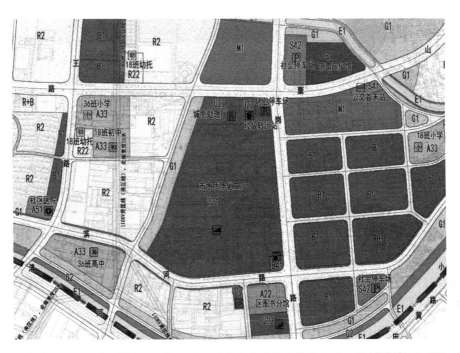

图4 水质净化二厂内部市政用地集约利用（截取自《济南市药山片区控制性详细规划》土地使用规划图）

③不同类型基础设施整合，多种市政、交通和防灾设施组合布置已经成为空间资源紧张的大城市常用规划手法，例如大型综合体的地下换乘枢纽、商业街、人防设施、变电站等组合，高层居住区中地下车库结合配电房、水泵房并兼为附建式人防掩蔽所等。

中心城市政设施进行专业内、专业间空间统筹后，市政设施相较现状呈现出更强烈的聚集，形成了区域"市政综合体"，主要分布在龙洞片区中部、济泺路片区东北、药山片区南部、八里桥片区东北等区域（图5）。

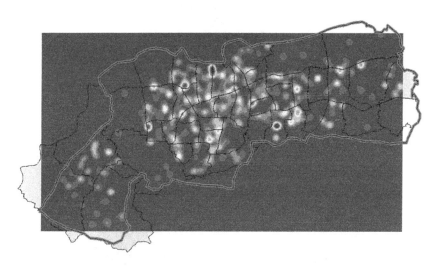

图 5 市政设施统筹后集聚度分析图（1km 半径）

5 市政设施统筹规划管控要求

5.1 市政设施统筹管控重点

由规划编制成果指导规划实施是个动态的过程，伴随规划的实施，受各种因素的影响，如形势的变化、政策的调整、市场的需求等，往往需要对规划进行完善与补充，局部调整容积率、建筑限高等用地指标和改变用地性质，势必带来局部地块的市政容量需求变化。需要从系统性、区域性角度加以调整并有效适应，避免设施布局不合理、设施供应不足、服务效率不高等问题。

在规划范围内落实供水、供电、供气、供热、污水、排水、通信、消防、环卫九个专业的各类市政设施建设用地规模和建设控制指标，探索不同专项设施和不同控规范围内市政设施的布局优化措施。控制与保护重大基础设施综合用地，整合市政设施用地及功能，做好市政设施用地兼容功能分析以及与周边环境的协调性分析，集约控制，使城市需要的市政设施都能"落得下、建得上、控得住、用得好"。

5.2 市政设施统筹规划分类

针对"控什么、怎么控"的问题，对市政设施进行统筹分类，逐一落实设施用地，保障设施控制的有效性。

首先是对现状市政设施进行详细调研，对控规中未保留或遗漏（部分是近期新建）的现状市政设施进行综合分析，确定是否进行保留，并纳入规划统筹成果中的现状补充类；对控规中落实无问题的现状市政设施（如控规与现状基本一致，已经按控规实施，规划扩建无疑问的）定义为现状控规类；对控规规划用地与现状情况不符、边界差别较大、影响设施运行的市政设施进行深化研究，确定为现状优化类。

其次是对规划的市政设施进行可实施性分析，并分为两类：

一是规划调整类，主要是控规中规划的市政设施实施中具有问题或项目选址进行位置调整的设施，建议进行市政设施规划调整；

二是规划新增类，主要是结合最新的规划项目或策划方案等进展和要求，以及根据各专业部门项目选址新增的市政设施。

对研究确定的市政设施进行规划控制，明确提出五方面的管控要求：定位置、定功能、定规模、定用地、定要求。

市政设施统筹分类如表3所示。

市政设施统筹分类   表3

现状情况	规划情况	综合认定	设施统筹类型及要求
有	无	功能可进行调整	统筹备用
有	无	建议按现状纳入	现状补充
有	有	控规或专项可落地	控规一致
有	有	控规或专项需调整	现状优化
无	有	控规或专项可落地	规划确认
无	有	控规或专项需调整	规划调整
无	无	规划研究后需增加	规划新增

按照"尊重现状，优化边界；引导需求，增加设施；综合优化，生态安全；结合项目，集约建设"的要求，确定各类设施统筹类型，如图6所示。

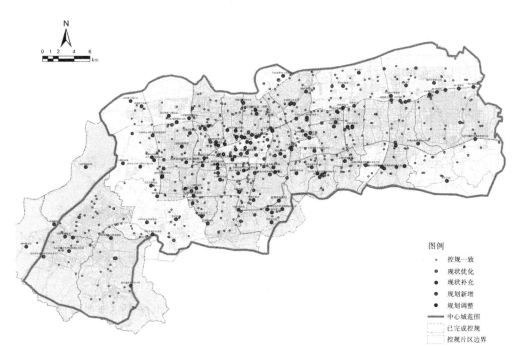

图6　市政设施统筹布局示意图

5.3　市政设施统筹用地管控

根据专项规划给出的市政规模控制指标，明确定量与定位要求，结合控制性规划确定的用地布局和专业部门建设计划等因素，提出明确的设施控制边界规划意见（表4）。

市政设施统筹边界控制类型　　　　　　　　　　　　表4

代码	现状	控规	建设情况	综合认定	设施边界	设施统筹类型
0	—	—	结建	结合其他项目建设的	结建	结合建设
1	无	无	规划	部门计划新增未选址的	规划预留	规划新增
2	无	无	规划	专项规划中需要落实的	规划预留	规划新增
3	无	无	规划	新规划选址的市政设施	规划选址	规划新增
4	无	有	规划	控规边界可落地实施的	控规边界	规划确认
5	无	有	规划	本次建议控规优化的	规划拟定	规划调整
6	无	有	规划	控规需结合项目调整的	规划拟定	规划调整
7	无	有	规划	控规需按规划选址落实的	规划选址	规划调整
8	有	无	现状／规划	设施用地功能可调整的	现状备用	统筹备用

续表

代码	现状	控规	建设情况	综合认定	设施边界	设施统筹类型
9	有	无	现状	现状保留并纳入规划的	现状边界	现状补充
10	有	无	现状	现状结合周边地块微调的	现状微调	现状补充
11	有	有	现状	实际建设位置与控规不同	现状边界	现状补充
12	有	有	现状	控规影响运行或需调整的	综合拟定	现状优化
13	有	有	规划扩建	控规基于现状设施扩改建	控规边界	控规一致
14	有	有	现状	控规有明显变动但可接受	控规边界	控规一致
15	有	有	现状	控规边界与现状基本一致	控规边界	控规一致

6 总结

经过多年的发展，济南市中心城市政设施已经取得了较好的成绩，为济南社会经济发展、人居环境改善、公共服务提升和城市安全运转提供有力保障，但在市政设施的统筹规划衔接方向仍有一定的不足。本研究在对现状市政设施评估的基础上对市政设施间适应性进行分析，提出了统筹规划布局方案，同时对市政设施统筹提出了管控要求，对于当前城区内市政设施统筹发展具有一定的借鉴作用。

参 考 文 献

[1] 谢榕峰. 国土空间规划体系下的市政设施布局分析 [J]. 住宅与房地产，2021（18）：119-120.

[2] 舒瑞清，孙海波. 关于北京市城市市政设施综合协调管理体制机制的实践与思考 [J]. 城市管理与科技，2021，22（4）：48-50.

深圳市大尺度竖向系统规划实践

刘　芳[1]　钟远岳[1]　陈光年[1]　钟广鹏[2]

（1.中国城市规划设计研究院深圳分院；2.广东省交通规划设计研究院集团股份有限公司）

摘要：城市竖向系统与防洪排涝、城市基础设施建设、城乡生态环境保护、景观塑造、城市更新建设、地下空间开发等息息相关，是影响城市安全底线的重要因素。而传统的竖向规划存在聚焦尺度小、与其他专业间协同不足等问题。本文以深圳为例，在重点识别了深圳市存在的竖向安全四大风险的基础上，提出了构建覆盖深圳全域、以竖向安全管控为抓手、多专业协同的大尺度城市竖向规划方法。深圳的大尺度竖向规划以城市整体作为研究对象，从搭建综合竖向管控体系、基于流域划定竖向分区及优化策略、对城市重点项目和生命线工程进行竖向校核、统筹土石方资源的消纳与调配等方面探索城市宏观尺度下的竖向规划技术，切实织密筑牢城市安全防线，助力打造宜居韧性城市。

关键词：竖向规划；大尺度竖向规划；土石方优化；防洪排涝

1　引言

近年来，受全球气候变化影响，暴雨频发，洪、涝、潮灾害常常发生，超大城市、特大城市频繁出现道路、场地受淹的问题。其主要原因在于快速城市化过程中，城市基础设施规划、排水防涝体系、城市生态空间布局等与城市竖向高程系统未充分配合，各自为政。城市全域缺乏系统性的竖向规划管控，涉及竖向规划的多专业协同不足，未全面协调竖向高程与排水防涝的需求，部分排水设施无法应对极端降雨导致轨道及其他地下空间被淹。因城市扩张导致城市自然风貌受到破坏、蓄滞雨洪的天然空间预留不足，以及存在影响区域环境特色和安全的潜在风险，不利于城市高质量发展。未来随着高强度、高密度的城市更新建设，特别是地下空间大规模开发，竖向安全将面临更为严峻的挑战。

传统已有的竖向规划以片区级别、地块级别的微观小尺度竖向设计为主，聚焦地块的场平和建设[1]。小尺度竖向规划由于处于下层次规划，难以与用地规划、防洪排涝等全域性规划形成良好互动，只能以落实上位规划为主[2]。最终竖向规划不成系统，难以实现全面有效的竖向管控实施建设，安全隐患增加，局部自然风貌特色缺失，城市建设"千城一面"。

深圳市地处广东南部低纬度滨海台风频繁登陆地区，受海岸山脉地貌带及锋面雨、台风雨影响，经常面临台风暴雨及洪涝等灾害风险。本文重点识别了深圳市存在的竖向安全四大风险，提出了以城市安全运行为基本底线，构建全覆盖、多专业协同的大尺度城市竖向系统规划，消除城市场地、地下空间、重大交通设施等存在的安全隐患，支撑生态底线管控与城市风貌特色塑造。大尺度竖向规划尺度更广大、内容更综合。大尺度竖向规划可以与城市总体规划、城市更新规划等用地规划互动，解决城市建设用地总体布局、发展方向的问题；大尺度竖向规划可以与防洪排涝规划互动，解决城市内涝频发的问题；大尺度竖向规划可以与市政专项规划互动，保障市政设施的安全运行及市政管线的敷设空间。同时，通过编制大尺度竖向规划，能够弥补宏观层面竖向规划的缺失，为控制性详细规划、修建性详细规划中的竖向内容提供系统性指导和有力支撑。

2　深圳竖向安全风险

2.1　防洪排涝安全

深圳市洪、涝、潮灾害发生频次较高。据统计，深圳近 60 年总共受洪、涝、潮灾害影响共计 111 次，合计 156 天，平均每年近 2 次，造成经济损失 28 亿元，死亡 167 人，成灾面积 124 万亩。深圳市现状易涝风险区共 557 处，总计 25.3km²，占全市总面积的 1.3%[3, 4]。场地低洼、竖向设计不合理是导致内涝的重要原因，如茅洲河干流中下游段两岸低洼地区及西部沿海低洼地区，现状地面高程在 1.5~4.5m 之间，加之潮位的顶托，易形成区域性涝灾。深圳目前 446 个内涝点中有 191 个内涝点是由于地势低洼而导致的，占比为 42.8%。

2.2　道路交通竖向安全

深圳道路竖向主要存在部分道路纵坡偏大、道路之间竖向无法衔接的问题。深圳市道路纵坡偏大主要出现在早期修建的小区和城中村内部道路。如龙岗区某城中村内部路全长约600m，纵向坡度约10%，最大坡度达到15%，行人摔跤事故、车辆碰撞事故时有发生。深圳存在大量城中村和旧工业区，其内部道路未充分考虑与周边市政路网的衔接关系，导致出现竖向无法衔接的现象，影响道路交通组织运行安全和效率（图1）。

图1　道路竖向无法衔接问题

2.3　场地竖向安全

深圳早期工业厂房和城中村建设时场地竖向以内部局部平整为主，未过多系统性考虑与周边道路的竖向衔接问题，导致出现场地与道路竖向无法衔接的问题。根据《城乡建设用地竖向规划规范》CJJ 83—2016，建设用地场地竖向的规划高程宜比周边道路的最低路段的地面高程高出0.2m。若道路标高高于场地，将导致场地排水不畅，形成内涝点，威胁人民的生产生活安全。若道路标高比场地高程低1m以上且建筑退线空间有限的情况下，需采取护栏、硬质台阶、挡土墙等工程措施，不利于场地机动车和行人交通组织，对城市风貌也有消极的影响（图2、图3）。

图2　道路高于场地问题

陶元路低于居住小区　福龙路低于工业园

图 3　道路低于场地问题

2.4　土方工程安全

近年来，深圳城市开发建设体量巨大，每年产生约 1 亿 m^3 的建筑废弃物，废弃物以外运为主。据统计，深圳市 2019 年工地产生建筑废弃物约 8560 万 m^3，通过外运处置约 6720 万 m^3（约占 78.5%），工程回填约 1230 万 m^3（约占 14.4%），综合利用和受纳场填埋的方式处置的建筑废弃物仅占 7.1%。未来随着现状 9 处受纳场饱和，余泥渣土只能依靠外运解决，但由于余土码头产生的浮尘和噪声对周边居民的影响，全市余土码头将由现状的 7 座减为 3 座。未来余土处理能力将远远滞后于社会经济发展的实际需求，城市建设将长期面临余泥渣土无处可倒的问题。

3　大尺度竖向系统规划方法

为更好解决传统竖向规划尺度较小、缺乏系统性考虑的局限性问题，本文提出以竖向安全管控为抓手，多专业协同的大尺度竖向系统规划方法。大尺度竖向系统规划以城市作为规划对象，其规划内涵在于从宏观层面识别城市安全底线标高，划定竖向分区，统筹土石方调配，建立竖向规划与管控体系，解决因竖向设计不合理带来的防洪、道路、场地、土石方问题，锚固城市竖向安全格局，并向下传导至中微观层面竖向规划方案中 [5]。

3.1　构建竖向管控体系

构建覆盖全域的竖向管控体系，以城市竖向规划为抓手，梳理整合防洪、排水防涝、海绵城市、地下空间、市政管网、道路交通、城市更新等现状和规划数据，纳入竖向管控平台，形成全市竖向管控分区，并集成竖向方案校核、重大基础设施标高管控、土石方调配等相关应用。

同时，在城市规划委员会下增设城市竖向管理领导小组，以规划和自然资源局、水利局为牵头主导部门，联动住房和城乡建设局、城市更新局、交通运输局和发展改革委等多个部门，统筹国土空间规划、市政工程、防洪排涝、控制性详细规划等多专业，组织全域的竖向规划编制和管理工作（图4）。

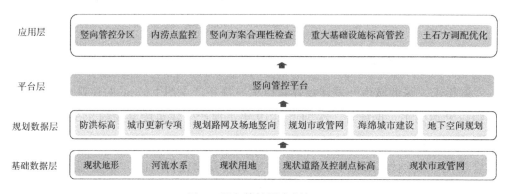

图4　竖向管控平台框架

3.2　基于流域划分竖向规划分区

按照传统行政区划的方法进行竖向规划分区可能受到行政界限的限制，统筹性不足，缺乏整体性和综合性。按照流域进行的竖向规划分区通过跨界合作和协调促进了各个行政区之间的资源共享、信息交流和协同发展，充分考虑了自然地理、水资源和环境的特点，同时兼顾水资源的长远利用和保护，能够更好地保护水资源、提升生态环境，并推动城市的高质量发展。

构建以流域分区管控的竖向规划方案，明确各流域分区的防洪安全标高底线，并根据不同区域的竖向规划技术方法，划分为生态控制区、保持现状区、竖向改造区和策略性开发区四类。

（1）生态控制区为国土空间规划中划定的生态红线区，是城市的生态底线，是人居环境的重要保障，对于维护城市的生态安全有重要意义。该区域内竖向标高以原始地形地貌为主，新建道路、高压廊道等线性要素为生态要素让路，局部必要的开发建设应采用生态开发模式，尊重雨水自然的组织形式，确保城市开发前后水文条件不会发生大的改变。

（2）保持现状区是指建设成熟、一定时期内不会进行大拆大建的区域。保持现状区的竖向规划应充分与区外做好整体竖向高程、排水的协调工作，保障区域排水安全，避免与周边新建场地不协调，从而形成"新洼点"。

（3）竖向改造区是指近期会进行城市更新改造的区域。竖向改造区应结合用地布局规划、雨水汇水分区规划、现状自然地形条件等综合考虑，确定合理的场地利用形式和坡度。

（4）策略性开发区一般为山地丘陵等地形条件较为复杂的区域。在进行开发建设时，尽量不进行大规模地形改造，仅需适度对局部地形进行改造，满足开发建设需求，其建设用地产出量具有一定弹性。

3.3　加强重点片区及重大设施的竖向校核

城市重点片区往往是一个城市高强度开发，特别是地下空间大规模开发的重点区域。面向重点片区应编制竖向详细规划，力求达到重点片区竖向系统的科学合理，实现建设场地竖向与周边区域防洪排涝、市政管网、道路交通及城市风貌的系统衔接。

重大设施一般包括交通、通信、供水、排水、供电、供气、输油等对居民社会生活、生产有重大影响的城市基础设施。城市重大设施的竖向安全是城市管理和发展中不可忽视的重要方面，其作用在于保障公共安全和城市功能的正常运行，防止事故和灾害发生[6]。因此，要加强重点片区及重大设施的竖向校核，以确保城市的安全和可持续发展。

3.4　统筹优化土石方资源

建立区域土石方管控平台，实现土石方信息规模化共享。通过科学管控，降低建设工程对周边环境影响，有效防止水土流失，降低工程造价。倡导循环经济，积极探索土石方资源化再利用，变废为宝，实现土石方减量与社会效益最大化的双赢。

4　深圳市大尺度竖向系统规划实践

4.1　建立竖向管控平台，接入国土空间"一张图"

构建全域竖向、排水管网、河流水系和地形的模型，纳入国土空间信息平台建设。通过国土空间信息平台，加强城市竖向系统规划与深圳国土空间规划的对接，完善规划体系，明确城市开发建设的竖向管控要求。

4.2 构建基于竖向分区的规划方案

基于深圳六大流域，将深圳全域划分为六大竖向空间分区，明确分区管控涉及的防洪（潮）安全标高和区域蓄滞空间及生态敏感区（表1）。流域划分时协调和对接莞惠相关区域，一体化考虑竖向安全管控。

深圳六大流域防洪标准及防洪标高 表 1

序号	流域名称	级别	防洪标准（年）	防洪标高（m）
1	深圳河流域	干流	200	3.86～6.76
		支流	100	5.33～26.14
2	茅洲河流域	干流	200	3.70～22.71
		支流	100	1.41～33.43
3	观澜河流域	干流	200	31.58～51.86
		支流	100	32.33～84.5
4	龙岗河流域	干流	200	27.21～41.77
		支流	100	24.01～115.25
5	坪山河流域	干流	200	30.05～46.69
		支流	100	30.26～63.19
6	深汕特别合作区赤石河流域	干流	200	2.91～44.86
		支流	100	4.62～52.94

深圳市生态控制区落实国土空间规划中的生态保护红线划定范围，共计477km²，包括田头山—大鹏半岛自然保护区、梧桐山—三洲田片区、塘朗山—梅林山郊野公园、凤凰山森林公园等地区，占全市面积的24.5%。生态保护红线内按照国家相关规定进行管控，增强生态系统服务功能，注重保护重要生态空间，严格控制人为活动尤其是开发建设对生态系统的破坏和扰动。

保持现状区共计929.5km²，主要集中在福田中心区、南山科技园片区、宝安中心区、龙岗中心城等。保持现状区应注重与周边新建区域的竖向衔接，同时做好区内排水管网升级改造工作，提升管网排水能力，以应对未来极端天气的冲击。

竖向改造区共计95km²，主要为城市更新改造区域。通过校核该区域的现状场地竖向与周边道路、市政管网设施的竖向衔接情况，分析现状建设场地的防洪及排涝安全条件，从排水组织、交通组织及建筑设计角度局部优化场地标高，避免内涝产生，保障交通组织。具体措施包括优化提升改建场地排涝能力，对现状场地提出局部优化改造要求；优化设计改建场地出入口交通组织，局部设计绿化空间、人行阶梯、天桥等设施，保障改建项目场地与现状道路、外部交通设施的有效衔接；优化地下停车场建设模式，从建筑设计角度优化场地竖向设计，从源头上消减土石方产生量等。

策略性开发区为现状地形起伏、竖向高差大的规划建设场地。该类场地对开发规模要求不高，可结合现状地形条件依山就势灵活布置建筑，无须大规模进行土方工程作业。策略性开发区以局部地形竖向改造为主，且在地块内实现土方填挖的自我平衡，结合现状地形条件灵活采取平行或垂直于等高线式的建筑布局（图5）。

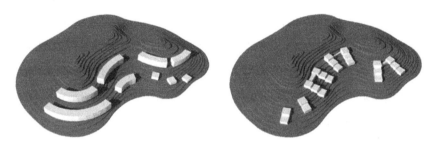

图 5　策略性开发区开发示意图

（左：平行等高线式山地建筑布局示意图；右：垂直等高线式山地建筑布局示意图）

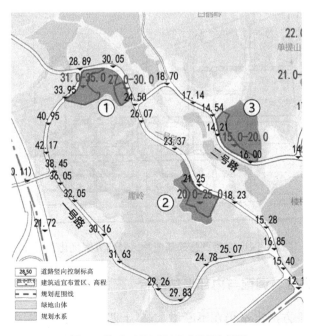

图 6　策略开发区竖向规划示意图

例如在光明新区某片区结合现状地形划出 3 处策略开发区（图 6）。1 号分区单元有 2 处适宜布局建筑区域，竖向控制高程分别为 31～35m、27～30m，排水方向为规划一号路东段。2 号分区单元有 1 处适宜布局建筑区域，竖向控制高程为 20～25m，排水方向为规划一号路东段方向。3 号分区单元有 1 处适宜布局建筑区域，竖向控制高程为 15～20m，排水方向主要为规划二号路方向。

4.3 校核市级重点片区和重大生命线工程竖向方案

本文对全市 18 个重点片区及市级市政交通基础设施的竖向方案进行校核。以深圳湾超级总部基地为例，该片区位于南山区华侨城片区南部的滨海地区，面临风暴潮、内涝双重风险。该片区地下空间开发规模大，产生土石方规模约 1020 万 m³，土方外运成本较高。本文通过建立排涝模型，模拟设计暴雨条件下道路积水深度，优化积水低洼点（图 7）。结合滨海大道下沉方案和景观设计，优化相交道路标高。本文经过合理论证后，适当抬高部分场地与道路，消纳土石方约 20 万 m³，结合中央绿轴、滨海公园、西侧公园堆山造景，消纳余土约 30 万 m³，总节约土石方成本约 3250 万元。

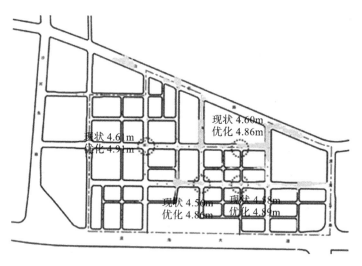

图 7 深圳湾超级总部基地片区竖向方案优化示意图

4.4 土石方区域调配与内部消纳结合

深圳市未来土方产生量仍在不断增加。"十四五"期间，深圳市城市更新项目总面积为 95km²，按照地下空间开发强度取 50%，按平均开挖三层（12m）计算，全市城市更新单元共产生基坑土总量约 5.7 亿 m^3。深圳市在建及规划轨道线路长约 297.6km，参照深圳轨道建设经验，轨道交通建设产生基坑土总量约 2946 万 m^3。深圳市远景规划综合管廊总规模 520.5km，估算综合管廊建设产生基坑土总量约 1723 万 m^3。

余土外运仍是深圳未来土方消纳的最主要途径。当前，粤港澳其他城市正处于大规模填海建设阶段。多个重点建设区域，如广州南沙区、中山马鞍岛和珠海横琴岛都有大规模填海的需求，需要大量土石方。深圳已在积极开展区域土方供需及调配研究，加强区域沟通对接，建立有效畅通的余土海运途径，切实解决余土外运需求。

同时，加强土石方资源化利用，实现土石方的内部消化。结合绿地公园规划设计，建设人造微地形景观，消纳余泥渣土的同时，建设供市民游玩休憩、健身锻炼的公共场所。余土还能作为市政管网系统的回填材料，进行熟土培育后再利用或改造为环保建材。结合城市给水、雨水、污水、电力、通信、燃气等市政管网敷设，将余泥渣土加工后制成回填材料进行回填；余土中分选出砂砾土、砂土、粉砂土等压实性能良好、易于施工的土石方，结合海绵城市建设，进行熟土培育，如建筑物立体绿化改造、透水铺装材料等；熟土培育市场可以从源头消减土方量，同时种植绿植，缓解大气浮尘，净化空气。贯彻绿色建筑理念，通过对土石方的科学分类、分拣、破碎及筛分，结合各种产品质量要求，加入适量的水泥和添加剂，生产出各种新型环保建材，就地利用。

5 结语

本文从排水防涝、道路交通组织、场地竖向、土方工程四方面系统分析了深圳现状竖向存在的安全问题。为解决以上问题和现有竖向规划的不足，提出大尺度城市竖向规划的概念，以城市作为研究对象，开展城市级别的竖向规划，提出搭建竖向管控体系、构建以流域分区管控的竖向规划、加强重要片区和设施的竖向校核、统筹消纳与调配土石方资源四大规划策略，并结合深圳进行实践，力求解决深圳竖向安全存在的突出问题，消除地下空间、重大交通设施、重要地区等存在的竖向安全隐患，使市政管网运行通畅、土方调配合理有序、生态格局更优、城市风貌更尊重自然顺应自然，营造具有安全高效的生产空间、舒适宜居的生活空间、碧水蓝天的生态空间的社会主义先行示范区，将深圳打造为全国生态城市标杆。

参 考 文 献

[1] 曹艳涛.面向实施的新时代竖向规划探索与实践——以深圳市为例[C]//中国城市规划学会.人民城市,规划赋能——2023中国城市规划年会论文集(03城市工程规划).北京:中国建筑工业出版社,2023:8.

[2] 陈泽生,盛志前,钟远岳,等.山地城市建设用地竖向规划系统优化探索[J].城市规划,2023,47(7):111-118.

[3] 李永清.分析深圳公共安全问题独特性的五个维度[J].特区实践与理论,2017(2):72-76.

[4] 深圳市水务规划设计院股份有限公司.深圳市城市公共安全(自然灾害类)评估报告[R].2013.

[5] 李妍汀,魏伟,谢晓欢.国土空间规划视角下的城市大尺度景观规划途径[J].规划师,2022,38(11):132-137.

[6] 张尚武,潘鑫.新时期我国跨区域重大基础设施规划建设的战略思考[J].城市规划学刊,2021(2):38-44.

太原市城市供水安全提升研究

姜晋波　韩　宇　曹玥锋

（太原市城乡规划设计研究院）

摘要：随着太原市的快速发展，城市供水规模、服务人口、服务范围相应增大，自然灾害与人为活动对供水系统的影响进一步放大，城市供水工程风险增加，水安全问题突出，迫切要求城市供水系统尽快做出有效调整。本文重点分析城市供水面临的干旱风险、水质污染风险、地震风险，聚焦水源水量短板，提出构建多源共济的供水抗旱体系；聚焦水质污染预防，提出构建从源头到龙头的供水防污染体系；聚焦水源韧性需求、供水生命线强化需求和快速抢修需求，提出构建安全韧性的供水抗震体系。

关键词：供水风险；干旱；污染；地震；供水安全

《太原市国民经济和社会发展第十四个五年规划和 2035 年远景目标纲要》提出，坚持人民至上、生命至上，始终把人民群众生命安全放在首位，加强安全能力建设，健全完善应急管理体制机制和灾害事故预防体系，全面提高公共安全保障能力。城市供水安全不仅与人民群众的生命安全密切相关，更是城市可持续发展的重要支撑。随着城市供水系统规模的增大，自然灾害与人为影响对供水系统的影响加重，干旱、水质污染与地震成为影响太原市城市供水安全的主要风险，如何破题成为本研究的出发点。

1　太原市城市供水基本情况

汾河水库是太原市主要地表水饮用水源地，位于汾河上游娄烦县境内，总库容

7.3 亿 m³。引黄入并工程自万家寨水利枢纽取水后经五级提升至头马营，再利用约 80km 的汾河河道输入汾河水库，之后全线采用管渠方式送水至呼延水厂。兰村岩溶水水源地、西张孔隙水水源地、三给地垒岩溶水水源地、枣沟岩溶水水源地为太原市主要地下水饮用水源地，位于中心城区北部，其中兰村水源地和三给地垒水源地水质属优良水，枣沟水源地水质最优。

太原市中心城区现状水厂 7 座，均位于城市北部，其中呼延水厂为地表水厂，供水能力 80 万 m³/d；兰村水厂、五水厂、枣沟水厂、七水厂、八水厂、十水厂为地下水厂，供水能力 70 万 m³/d。现状加压泵站 16 座，主要分布在太原市东山、西山区域，日供水量约 20 万 m³。供水管网总里程现状已突破 2000km，最大管径 DN2200mm，供水主干管沿南北向布置，已形成北水南供的重力流供水。二供用户约 23 万户，分布在 300 余个小区。

2 城市供水风险分析

2.1 干旱风险

太原市干旱程度严重。1961 年至今，我国华北区域干旱发生年份最多，一年四季干旱程度都较严重，重旱主要集中在 5～6 月 [1]。山西省是一个多旱省份，1870—1984 年山西省干旱规律为：年年局部旱，两年一小旱，五年一中旱，相隔 20 年一次全省性特旱 [2]。气候干旱对河川径流量影响显著，连续旱期使河川径流形成连续的枯水年，进而影响可用水资源量。山西的中度干旱和重度干旱地区主要集中在北部，轻度干旱地区主要为山西中部地区和东部地区 [3]，位于山西中北部的汾河水库及其上游受干旱影响更加严重。

本地水资源短缺、水库调蓄能力下降、岩溶大泉衰减进一步削弱了太原市应对干旱灾害的能力。第一，本地地表水资源量短缺，特大干旱年本地地表水仅可维持河道基本生态流量。第二，汾河水库上游处于低植被的黄土高原，严重的水土流失导致淤积库容达 3.8 亿 m³，严重减低了水库抵御干旱风险能力。第三，长期超量开采地下水导致兰村泉 1986 年断流，1965—2019 年，兰村水源地岩溶地下水位下降约 35m，含水岩组地下水疏干导致兰村水源地产水能力衰减。

2.2 污染风险

汾河水库上游河道沿线点状污染源已全面监控，由于污水处理厂出水一级 A 标准与地表水Ⅲ类水质标准差距较大，水库上游宁武、静乐、岚县、娄烦4个县城污水处理厂出水对汾河水库水质的影响仍然存在。涧河、岚河、汾河干流已实施河道垃圾清理、河床清理、河床清淤及油罐防渗改造、垃圾分类改造等工程，城镇雨季合流污水溢流以及农业面源污染的影响上升为库区水质的主要影响因素，汾河干流川胡屯断面2020年1月COD指标23mg/L，2022年7月高锰酸盐指数7.6mg/L，这表明汾河水库上游河道污染风险依然存在。库区两侧公路运输污染风险未得到治理，库区周边村民利用滩地耕种施加的化肥农药以及私自在水库捕鱼虾泄漏的油污都直接进入库区。目前汾河水库为中营养状态，总氮单独评价为Ⅴ类或劣Ⅴ类，夏季水库蓝藻水华强度增加，导致异臭、消毒副产物增加等问题尚未根治，同时抗生素、微塑料等新型污染物的检出又对供水安全造成新的威胁。

地下水水源地面临的风险增加，一是城市新增建设用地外扩对泉域一级保护区形成合围之势，拟入驻半导体生产企业对饮水安全威胁较大；二是受城市发展影响，穿越水源地的现状公路交通量大增，交通事故导致的水源污染风险加剧。

水厂出厂水水质均满足饮用水水质标准，但是在配水及二供环节容易产生水质下降、色度、铁等水质指标升高等问题，供水设施污染风险来源多样，一是老旧铸铁管、镀锌管等锈蚀污染水质；二是二供环节水龄过长导致自来水中的余氯不足；三是老旧小区的地下水池开裂或防渗不合格，导致外部受污染水进入供水系统。

2.3 地震风险

活动断层的分布对给水厂站产生重大影响。山西地震带是全国重要的地震活动区，由一系列断陷盆地构成，由北向南呈"S"形分布，历来是国家重点监测防御区之一。太原市位于山西地震带中部的太原盆地内，历史上是中强破坏性地震多发区。交城断层柴村段作为太原盆地的西部边界断层，由3条平行的断层组成，从后缘到前缘3条断层的活动时代分别为：晚更新世、晚更新世晚期—全新世早期、全新世[4]。呼延水厂位于中间的晚更新世晚期—全新世早期断层上，进厂原水干管穿越后缘的晚更新世断层，出厂清水干管穿越前缘的全新世断层。

砂土液化区的分布对给水管网产生重大影响。汾河城区段河床与漫滩区地基土液化等级为中等～严重，一级阶地地基土液化等级为轻微～中等[5]。汾河两岸阶地部分土质为卵石、砾石土，颗粒极不均匀，无法在地震时为管道提供有效支撑，部分土质含砂量较高，富水程度高，土壤液化导致管道破坏或引起埋设于河底的过河管断裂、移位或冲毁。城市供水主干管基本位于沿汾河两侧1～2km范围内的砂土液化区，发生地震时场地液化会加重管道破坏，且震后临时供水导致的水压突变将进一步破坏管道。

3 城市供水安全提升措施

针对干旱灾害、水质污染、地震灾害的特征，太原市通过构建多源共济的供水抗旱体系、从源头到龙头的供水防污染体系、安全韧性的供水抗震体系提升城市供水安全能力。

3.1 构建多源共济的供水抗旱体系

3.1.1 构建以引黄水为主要水源的地表水抗旱体系

对太原市河流径流与黄河干流径流进行相关性分析，相关系数仅为 0.12。黄河中游段的径流量大部分源自青海、甘肃，其洪涝丰枯与华北地区基本不同频，且有龙羊峡、刘家峡、万家寨等大型水利枢纽的调节，水源可靠，因此引黄水是太原市应对严重干旱和特大干旱的主要水源保障（表 1）。

黄河河口站与太原市丰枯遭遇统计（单位：%）　　　表 1

分区		黄河河口以上					
		丰	偏丰	平	偏枯	枯	合计
太原市	丰	4	0	4	4	2	14
	偏丰	1	11	7	2	2	23
	平	9	2	2	4	2	19
	偏枯	5	2	7	13	4	31
	枯	3	2	2	4	2	13
	合计	22	17	22	27	12	100

完善外调水配套工程，形成多源济并的水源格局。一是继续实施汾河水库上游水土流失治理，通过水库清淤恢复水库调蓄容积，充分发挥引黄南干线向太原供水的安全作用。二是加快实施中部引黄太原供水工程，并将其作为太原市重要的水源补充工程。中部引黄工程取用黄河干流地表水和山西省天桥泉域岩溶地下水，取水规模 6 亿 m^3，太原工程的起点为离柳分水口，终点至规划西山水厂，年供水规模

0.71 亿 m³。三是加快实施滹沱河供水工程，在已建坪上应急引水工程的基础上，从滹沱河支流清水河上取水，终点至规划东山水厂，年供水规模 0.45 亿 m³（图 1）。

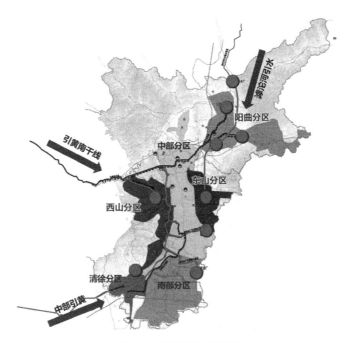

图 1　多源济并示意图

3.1.2　建设平急两用的地下水供水体系

建设平急两用的地下水供水体系，充分发挥地下水源稳定供给的作用。应急供水按照先生活、后生产、再生态的顺序，居民基本生活用水指标不宜低于 80L/（人·d）。将兰村水厂、五水厂、十水厂、枣沟水厂作为应急备用水源，平时压采涵养，灾时应急供水，最高产水能力约 60 万 m³，可满足太原市 2035 年规划人口的基本生活用水需求。

3.2　构建从源头到龙头的供水防污染体系

3.2.1　水源污染防治

严格执行山西省汾河保护条例，汾河水库上游宁武、静乐、岚县、娄烦 4 县实施县城污水处理厂提升改造。优先实施县城主要道路雨污分流改造，提高污水收集率。重点开展 4 个县城的大海绵设施建设，在雨水干管末端设置初期雨水收集池，削减城市面源污染。实施洞河、岚河、汾河干流河道治理工程，落实已划定的河道生态功能保护线。农田退水处理后方可直排河道，同时减少农业化肥农药使用，削减农村面源污染。汾河水库西侧罗马线、水库东侧宁白线禁止危化品运输车通行，增设事故应急池10处。

地震灾区饮用水水源保护工作的重点是防止水源被有毒化学物质和各种病原体污染，合理引导产业用地，并迁出兰村水源地内产生危废的企业，降低厂房、储罐等破裂造成水源地污染的风险。

3.2.2 供水设施污染防治

实施供水设施改造工程，一是呼延水厂原水总氮超标，实施一期工程（规模40万 m^3/d ）改造，增设预处理及深度处理单元；二是淘汰水泥管道、石棉管道、无防腐内衬的灰口铸铁管道等劣质管材，并建立老旧管网动态更新机制，按2%全长/每年的速度改造老旧供水管；三是在各水厂内部及武宿机场、南中环街等9处现状水质在线监测点的基础上，结合太原市供水一级分区和二级分区的构建，增设37处水质在线监测点，收集并分析水质数据，对相应管段实施年度评估并作为管网改造依据。

重点补齐老旧小区二供短板。太原市2025年之前完成3000余个老旧小区改造，在未完成改造的1000余个老旧小区中优先建立居民小区供水加压调蓄设施台账，明确养护主体，增加消毒剂余量、浊度等常规水质指标考核。

3.3 构建安全韧性的供水抗震体系

3.3.1 构建平急结合的监测体系

1）构建常态化供水监测体系

现状水厂已完成供水系统自动化建设，实现了流量、压力、机泵开停、水位等生产运行参数实时监测和控制。分步实施城市供水智慧化改造，优先实施重要节点运行参数监测。在城市现状6处管网流量监测点基础上，结合供水分区布置流量监测设备，增设太原市16个一级分区入口流量计和37个二级分区入口流量计。根据水力模型进行分区控压，在现状管网测压点30余处基础上，增设16个一级分区内部测压点。

2）构建应急供水监测体系

强化水质应急监测能力，为安全供水提供预警。灾后存在大量牲畜、医疗废弃物、粪便无法及时处理，敌敌畏、马拉硫磷、溴氰菊酯等杀虫剂大量使用，加油站和车辆油品泄漏等问题，联合环保、水利部门建立水源在线水质监测点，并实现数据共享。在市级抢修中心配套移动水质应急监测设备，包括便携水质检测仪（包括目测比色计、便携式水质细菌检验箱、便携式水质理化检验箱、一体化现场多参数水质分析仪、便携式综合多参数水质分析仪、便携式浊度仪分析器、便携式溶解氧测定仪、便携式电导率仪、便携式氧化还原电位测定仪、便携式大肠杆菌快速检测仪等），实现重点水质指标的快速检查。

利用常态化供水监测体系提供的流量数据与水压数据，实现灾后供水管网状况的快速评估，作为供水抢修的重要依据。灾后管网破损严重，需要通过供水调度逐渐削减供水量，减低管网运行压力，利用常态化供水监测体系持续提供流量监测数据、压力监测数据，作为供水应急调度的依据。

3.3.2 构建源网坚强的保供体系

1）提高水源韧性

地震发生后，汾河水库上游的生物污染、消毒剂、杀虫剂、农药以及各类有机污染物会严重影响水库水质，呼延水厂及其进出水管受活动断层影响可能出现较大破坏，因此地震发生后不宜依靠引黄水作为应急水源。根据汶川特大地震相关调查报告，在采用地表水水源的城镇，保留地下水的供水系统对维持城市供水特别重要。太原市四个地下水水源地开采奥陶系马家沟组岩溶水、奥陶系中厚层灰岩裂隙溶洞水、汾河沿岸松散层孔隙水，开采深度60～700m，可以作为地震后的应急水源。

采用地下水作为应急水源，对兰村水厂、五水厂、十水厂、枣沟水厂进行改造。一是增加重力投药、吸附、预氧化等应急处理设施；二是供电电源改造为双电源＋自备应急电源；三是水厂构筑物之间采用双管连接并优化阀门布置，灾时快速关闭断管、启用备用管道；四是设置流量控制自动关闭阀，防止消毒间氯气泄漏，满足地震后提高加氯量的生产需求。

利用拟废弃泵站，增加城市应急供水分散水源。保留并改造西山水厂覆盖区域的西山、焦化、东社加压站，东山水厂覆盖区域的东山过境、马庄、东峰路加压站，在水厂停产后仍然可以利用清水池中宝贵水源，通过消防车向受灾人群供水。

2）强化重要供水生命线通道

选择划定主要输水配水生命线通道（图2）。灾时供水情形发生重大变化，将医院、消防站、指挥中心、各级避难场所列为优先供应对象，实施双路径应急供水。鉴于汶川地震中成都市重力流供水效果良好，太原市在易液化区域之外沿建设路、西中环布置主要输水生命线通道，形成北水南送的重力流应急供水格局。主要配水生命线通道从输水生命线通道引出后东西向以管廊形式敷设，提高应急水厂向优先保供对象供水的可靠性。

图 2　主要输配水生命线通道示意图

实施供水主干管网抗震能力提升。一是新建供水干管位于汾河两岸易液化区的，采用球墨铸铁管和聚乙烯（PE）管为代表的柔性管道材质与接口，避免采用抗震能力差的刚性管材与刚性接口。二是实施呼延水厂至新兰路的清水输水管复线为引黄水厂至地下水厂联络管，管径 DN1500mm，长度 3000m。三是呼延水厂出厂管穿越交城断裂柴村段，在断层两侧增设自动紧急关断阀门。四是实施 5 处穿越汾河东断层、汾河西断层供水联络管改造，增设自动紧急关断阀门。

3.3.3 构建韧性传导的抢修体系

地震通常会造成公共通信网络中断、交通受阻，严重影响供水抢修。快速修复受损管道是恢复市政供水的前提，现场人工关阀开阀是灾后调度不可缺少的环节，构建人员易达、材料储备、分区分级的抢修体系可提高城市供水灾后恢复能力。三级抢修体系图如图3所示。

图3 三级抢修体系图

1）构建7处市级抢修中心

市级抢修中心依托现状供水营销部构建，包括现状河西、小店（唐明路）、城南、城北、草坪5处抢修中心，规划晋源、潇河2处抢修中心，服务半径约8km。

抢修中心承担服务范围内的管网抢修、应急供水、应急检测、应急通信功能，同时承担大宗应急物资储备、应急车辆停放等功能。

震后应急供水、应急检测、应急通信功能由应急净水车、应急监测车、应急保障车承担。应急净水车含预处理、超滤等功能，在选定取水点后实现快速供水。应急监测车具备便携检测、车载检测、在线监测、筛查分析功能，对有机污染物、重金属与生物污染物等水质指标进行检测。应急保障车承担指挥中心、抢修中心、抢修基地之间的通信需求。

物资储备主要考虑震后消毒剂、临时管道、阀门等设备的需求以及供水资料的查阅。震后漂白粉、次氯酸钠使用量大增，震前应做充足储备。存储主要供水管网资料及震后可能取水点资料供管网完整度评估使用，加快灾后恢复进度。

2）构建15处区级抢修基地

区级抢修基地依托中心避难场所建设抢修场地创建，包括兰伙、向阳、小王、长风、汾东等15处抢修基地，服务半径约4km。设置应急净水装置，应急监测装置、应急保障装备和应急电源，并存储适量的消毒剂、管件等物资。各类应急装置以固定设施为主，当水源没有被化学物质污染时，采用超滤设备可快速实现定点供水。

3）构建社区抢修场所

社区抢修场所依托固定避难场所和紧急避难场所创建，主要承担构建无线电应急通信网分布式节点的功能，保证灾后应急组织体系的良好运作。存储瓶装水、便携式户外净水器、消毒剂、手持电台及少量管道，保证抢修人员的基本供给。

4　结论

从上述研究中得出如下结论：

（1）基于太原市城市供水基本情况，本文认为干旱风险、水质污染风险与地震风险是影响太原市城市供水安全的主要风险，并将长期存在。

（2）引黄水是太原市应对严重干旱和特大干旱的主要水源保障，通过引黄南干线太原供水工程、中部引黄太原工程、滹沱河供水工程共同向太原市供水，并将地下水厂改造为平急两用水厂，构建多源共济的供水抗旱体系，应对干旱风险。

（3）从水源、水厂、管网、二供四个方面提出污染防治措施，构建从源头到龙头的供水防污染体系，应对水质污染风险。

（4）通过分步实施的供水智慧化改造，构建平急结合的监测体系；通过地下应急水源和城市分散水源的确定、主要输水配水生命线通道的划定、供水主干管网的抗震改造，构建源网坚强的保供体系；通过避难场所建设市级抢修中心、区级抢修基地、社区抢修场所三级抢修体系，共同建设水源韧性、管网强化、抢修有力的供水抗震体系，应对地震风险。

参 考 文 献

[1] 马鹏里，韩兰英，张旭东，等.气候变暖背景下中国干旱变化的区域特征 [J].中国沙漠，2019，39（6）：209-215.

[2] 毛芬芳，徐宝珊，段长英.山西干旱对水资源开发利用的影响 [J].山西师范大学学报（自然科学版），1989（3）：73-78.

[3] 李腊平，李小强，杨春仓，等.山西农业干旱与气象因子的相关性分析 [J].农业与技术，2019（39）：122-126.

[4] 李自红，曾金艳，史燕玲.太原市活动断层探测工作及其在地方经济建设中的应用 [J].城市与减灾，2018：55-59.

[5] 孙宝忠，潘瑞林.太原地铁1号线工程地质条件及主要地质问题研究 [J].铁道标准设计，2015，59（2）：95-99.

安全高效的水资源规划策略研究

——以天津市临港经济区为例

刘晓琳　谭春晓　周思汝　付　强　殷大桢　滕秀玲

（天津市城市规划设计研究总院有限公司）

摘要： 立足新发展阶段，贯彻新发展理念，融入新发展格局，围绕水资源和基础设施安全高效利用这个核心，以天津市临港经济区为例，结合临港经济区的发展基础、规划情况和现状供水体系，展开水资源规划策略研究。根据产业发展规划及发展阶段，创造性地提出工业用水量预测方法。依托现状供水格局，统筹水资源配置，巩固再生水利用基础，大力发展淡化海水。探索淡化海水的利用场景及运营方式，盘活闲置低效的供水设施，促进供水企业健康良性发展。从而，构建安全高效的水资源利用和供给体系，支持临港经济区高质量发展。

关键词： 安全高效；水资源规划；水资源配置；非常规水源；淡化海水；基础设施；盘活存量

1　前言

水是生命之源，水资源规划关乎长远发展。习近平总书记提出"节水优先、空间均衡、系统治理、两手发力"的治水思路。李国英部长[1]在第三十五届"中国水周"的重要讲话中提出，坚持节水优先、量水而行，全面贯彻"四水四定"原则，推进水资源总量管理、科学配置、全面节约、循环利用，从严从细管好水资源，精打细算用好水资源。《"十四五"节水型社会建设规划》提出，以实现水资源节约集约安全利用为目标，以农业、工业和城镇生活节水以及非常规水源利用为重点，以节水基础设施建设为抓手，以节水科技创新和市场机制改革为动力，深入实施国家节水行动，强化水资源刚性约束，提高水资源利用效率，加快形成节水型生产生活方式，全面建设节水型社会，推动经济社会高质量发展。本文以天津市临港经济区为例，探索安全高效的水资源规划编制策略。

2 临港经济区基本情况

临港经济区位于天津市滨海新区海河入海口南侧滩涂浅海区，始建于2005年，是通过围海造地而形成的港口工业一体化海上工业新城（图1）。

《天津滨海新区临港经济区分区规划（2010—2020年）》	天津滨海新区临港经济区航拍图（2021年）	《天津保税区临港经济区国土空间规划（2021—2035年）》
规划用地面积：200km²	现状建设用地规模：47km²	规划用地面积：约107km²
人口：40万就业人口	现状人口：1.5万居住人口	人口：约4万居住人口，27.7万就业人口
定位：国家级重型装备制造基地	产业：高端装备制造、粮油食品加工、港口物流和石油化工等四大主导产业	定位：环渤海大湾区的开发前沿，港城一体化发展标杆区
产业：以大型、重型、成套装备制造为龙头，带动配套产品和通用设备制造，完善装备研发转化和现代物流，形成重型装备优势产业集群		产业：围绕新能源、智能制造、生命科学、海洋经济等九大产业集群，打造战略产业、主导产业、基础产业，形成临港片区有活力的新兴产业体系

图1 临港经济区的发展情况

发展初期，《天津滨海新区临港经济区分区规划（2010—2020年）》中明确，临港经济区规划用地面积200km²，就业人口40万人。产业发展方向以大型、重型、成套装备制造为龙头，带动配套产品和通用设备制造，完善装备研发转化和现代物流，形成重型装备优势产业集群。发展定位为国家级重型装备制造基地。

经过15年的发展建设，临港经济区现状建成47km²，现状居住人口1.5万人，形成高端装备制造、粮油食品加工、港口物流和石油化工四大主导产业。

目前，在国土空间规划体系下，临港经济区顺应新形势新要求，面临由高速发展转变为高质量发展，由增量发展转变为存量发展的转型。《天津保税区临港经济区国土空间规划（2021—2035 年）》[①]明确将临港经济区规划用地面积降为约 107km²，规划人口降为约 4 万居住人口、27.7 万就业人口，产业发展围绕新能源、智能制造、生命科学、海洋经济等九大产业集群，打造战略产业、主导产业、基础产业，形成临港片区有活力的新兴产业体系。空间格局发生很大变化，由原来的"北中南工业区"，发展为"北工业南休闲"。

3 临港经济区现状供水系统评价

3.1 供水情况

经过数十载的发展建设，临港经济区已形成相对稳定的供水体系，现状水源包括自来水和再生水（图 2）。临港经济区与华滨水务签署了 25 万 m³/d 的供水协议，由华滨水务运营自来水，建成 2 座自来水加压泵站，完成主要输配水管网建设，整体输水能力可达 25 万 m³/d。与多家再生水供水企业达成供水协议，包括青沄水务、临港水务和渤化永利再生水厂。

3.2 用水情况

近几年，临港经济区的用水情况较为平稳，年用水总量保持在 3662 万 ~ 3897 万 m³。其中，自来水日均使用量为 8.23 万 ~ 9.18 万 m³，最高日使用量为 12.6 万 m³/d，使用总量逐年下降，大部分自来水用于工业，占比达到 98%；再生水使用量呈现逐年上升趋势，2020 年达到 657 万 m³，占总用水量的 10.8% ~ 17.9%，青沄水务和渤化永利再生水直供企业用水量比较平稳，主要供城市杂用的临港水务，用水量随季节变化比较明显。

3.3 供水系统评价

经分析发现，临港经济区供水市场多元而复杂。现状基础设施存在存量过剩问题，利用率不足一半，受到用水红线约束[②]，供水设施进一步利用受限，供水市场也面临拓展不足等发展挑战。再生水使用量比较大，青沄水务、临港水务和渤化永利再生水厂等供水企业运行平稳，已形成良好的再生水市场基础。

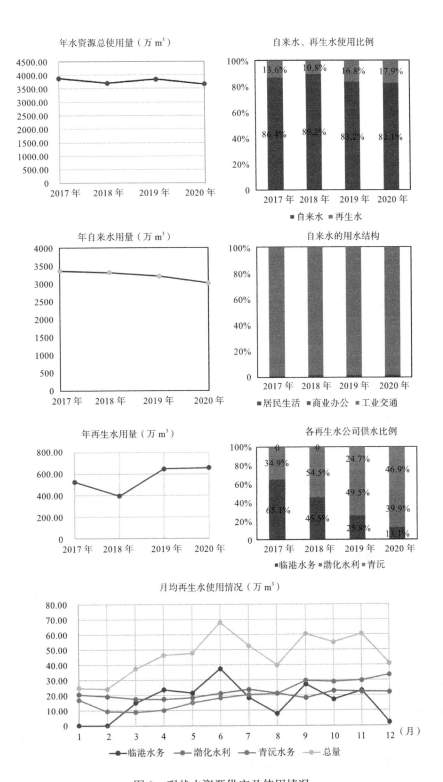

图 2　现状水资源供应及使用情况

4 规划策略

4.1 规划思想和基本原则

4.1.1 规划思想

深入贯彻习近平总书记"十六字"治水思路和关于治水重要讲话及指示批示精神，坚持新发展理念和可持续发展战略，深刻领会、全面贯彻高质量发展新要求，完整准确把握当前临港经济区水资源供给端面临的严峻形势，落实国家节水行动，把抓节水、保供水作为保增长、保稳定、保民生的重要措施，确保水安全有力保障、资源高效利用，为做好"六稳""六保"工作、稳定区域经济大盘提供有力支撑。

4.1.2 基本原则

（1）节水优先，严控总量。统筹现状及目标用水，坚持实事求是的原则，科学选取指标，精准预测总量，在严谨合理的基础上设置一定的安全系数，为系统规划提供可靠基础。

（2）统筹配置，保障发展。多水源协调发展，守住外调水用水红线，自力更生开发新水源，巩固提升临港经济区再生水利用基础优势，全面优化水资源配置和利用格局。

（3）立足现状，高效利用。盘活现有供水、输配水设施及管网，寻求水资源及基础设施高效利用的最优解。

4.2 规划策略

4.2.1 策略一：因地制宜，科学选取指标，精准预测工业需水量

临港经济区属于工业园区，主要的用水大户是工业用水，工业用水量对片区总水量的影响很大，因此，工业用水量的精准预测至关重要。彭丽娜[2]指出，不同阶段城市供水规划的目标重点不同，基础资料不同，因此用水量指标类型及指标值的选取应因地制宜。

虽然在《城市给水工程规划规范》GB 50282—2016中规定工业用地用水指标为$30 \sim 150 \mathrm{m}^3 /(\mathrm{hm}^2 \cdot \mathrm{d})$，但是指标跨度过大，选择不同的指标，对于整个供水系统影响很大。工业用水量指标与不同地区、不同时期，以及不同的工业类型、产业结

构、工业技术水平和节水水平密切相关。因此，本文分析了天津市不同行业的用水指标，同时也调查了临港经济区现状分布相对集中、运行良好、用水条件相对稳定的工业企业的用水情况。

天津市的工业园区和经济区开发区数量较多，发展也较为成熟，本文调查了不同产业类型（表1），包括高新技术、能源、石油化工等行业的用水指标，作为行业用水量预测的参考。

天津市部分工业现状用水量指标　　[单位：$m^3/(hm^2 \cdot d)$]　　表1

单位名称	工业性质	平均用水量指标
天津经济技术开发区	高新技术工业区	26
西青开发区	高新技术	30
北辰开发区	高新技术	14
汉沽工业区	以化工为主的海洋泰达现代产业园区	90
天津钢管公司	现代大型钢管企业	77
天津石化公司	综合性石油化工企业	113

根据临港经济区现状企业的用水情况分析（表2），不同行业之间用水指标差异很大，高耗水的化工企业单位工业用地水量明显高于《城市给水工程规划规范》GB 50282—2016 指标，低耗水的车船机械、装备和粮油等企业单位工业用地水量明显低于《城市给水工程规划规范》GB 50282—2016 指标，因此，如果采用统一的单位面积用水量指标来预测工业用水量，将严重影响供水系统的科学合理性。

临港经济区分行业现状用水量指标情况　　[单位：$m^3/(hm^2 \cdot d)$]　　表2

类型	企业	平均用水量
化工生物	天津渤化永利化工股份有限公司	260
	天津大沽化股份有限公司	94
	天津乐金渤海化学有限公司	113
	艾地盟生物科技（天津）有限公司	228
	液化空气（天津）滨海有限公司	117
	天津津能临港热电有限公司	162
	华能临港（天津）煤气化发电有限公司	196
工业生产	天津新龙桥工程塑料有限公司	48
	龙蟠润滑新材料（天津）有限公司	69

续表

类型	企业	平均用水量
工业生产	天津国际联合轮胎橡胶有限公司	13
车船机械	天津电力机车有限公司（大机车）	6
	天津新港船舶重工有限责任公司	3
	太重（天津）滨海重型机械有限公司	5
装备制造	天津博迈科海洋工程有限公司	6
食品粮油	京粮（天津）粮油工业有限公司	17
	路易达孚（天津）食品科技有限责任公司	10
	中粮佳悦（天津）有限公司	18.7

园区现状用水量较大的石化企业和用水量较少的船舶企业为数较少，不能以个例提高或者降低用水指标，从而放大或缩小整体供水规模。同时，根据临港经济区的产业规划，区内不再新建化工项目，因此采用个性化水量定制和传统单一指标预测的方法对现状特殊用水企业与其他工业的用水量分别进行预测（图3）。特殊用水企业主要包括化工、能源类高耗水企业，以及船舶机械制造、维修类低耗水企业。对于特殊用水企业，通过与企业座谈，引导企业根据自身的技术水平和发展规划提出用水需求（表3）。对于其他普通工业，参考天津市部分工业现状用水指标和临港经济区现状用水指标，采取 $35m^3/(hm^2 \cdot d)$ 作为用水指标。

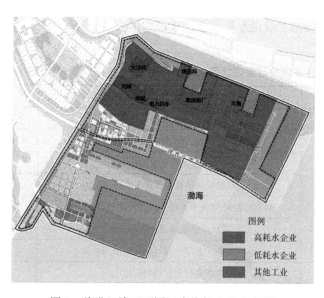

图3　临港经济区不同用水指标企业分布图

临港经济区特殊企业用水需求   表 3

类型	企业	占地（km²）	现状高日用水（万 m³/d）	预测 2035 年高日用水量（万 m³/d）
高耗水企业	天津渤化永利化工股份有限公司	1.96	6.0	6.7
	天津大沽化股份有限公司	1.11	2.0	3.2
	华能临港（天津）煤气化发电有限公司	0.33	0.8	0.9
	合计	3.4	8.8	10.8
低耗水企业	天津新港船舶重工有限责任公司	3.65	0.16	0.24
	天津博迈科海洋工程有限公司	0.67	0.12	0.12
	天津电力机车有限公司（大机车）	0.69	0.06	0.06
	太重（天津）滨海重型机械有限公司	0.89	0.03	0.05
	合计	5.9	0.37	0.47

4.2.2 策略二：统筹资源配置，突出节水优先，大力发展非传统水源

合理的水资源配置是从水质、水量的保障和供与需的平衡两个方面综合考虑，实现水资源高效利用和区域供水安全保障。

1）水资源分析

天津属于资源型缺水城市，主要依赖外调水。《天津市供水规划（2020—2035年）》提出，落实最严格水资源管理制度，严控总量（不含淡化海水），海河南片区高日需外调水 13 万 m³/d。临港经济区作为海河南片区主要用水区域，上位规划已明确提出了这一区域外调水（自来水）的用水红线。

天津具有临海优势，资源禀赋，可以"靠海吃海"。为了缓解水资源紧缺，天津已发展淡化海水产业，但是由于制水成本高和浓盐水排放等因素影响，淡化海水还没有全面得到推广应用[3]。为了支持淡化海水产业的发展，《天津市滨海新区"十四五"海水淡化产业高质量发展及应用场景实施方案》提出，以消化现有海水淡化产能和推进新增海水淡化水应用为重点，拓展海水淡化应用场景，统筹海水淡化作为工业用水、市政供水、园林灌溉及景观用水，推进海水淡化水规模化应用，优

化用水结构，构建多水源供水体系。在临港经济区规划的海水淡化厂，是自然资源部天津临港海水淡化与综合利用示范基地，自然资源部天津海水淡化与综合利用研究所在此研发国产海水淡化技术，降低制水成本，近期规模 10 万 m^3/d，远期规模 20 万 m^3/d。

2）水资源配置原则

守住外调水利用红线，巩固再生水利用市场，探索淡化海水利用场景，维护供水企业协调发展，多源保障用水需求，提高水资源安全保障。

外调水利用量不突破上位约束，保持现状自来水使用量不增加，优先保障生活、公建用水，同时用于港口的船舶供给以及工业中的职工日常使用。

再生水为保障现状再生水企业良好运营发展，用足现有及近期建设的供水规模。高品质再生水继续满足工业生产需求，中低品质再生水主要用于市政杂用及其他低品质用水需求场景。

淡化海水作为区内的战略补充水源，优先用于工业生产，适度补充生活和生态。创建国家海水资源利用技术创新中心，将海水淡化作为临港支柱产业，引育龙头企业，打造产业环境、产业集聚优势。

3）水资源配置方案

根据水资源配置原则，临港经济区非常规水源（包括再生水和淡化海水）的利用率显著提升，高达71%，是临港现状值的 5 倍，是临港原规划值的 1.5 倍，是华北区平均值的 14 倍，是华北区先进值的 3 倍，是苏州工业园区的 4 倍。节水水平突出，达到全国领先水平。

4.2.3 策略三：创新运营模式，盘活闲置资源，形成存量增量良性循环

淡化海水的饮用安全性、供水适应性和用水经济性一直是备受关注的问题。为此，开展了临港地区海淡水利用方案研究[③]。通过综合分析淡化海水水质、成本，现有自来水供水格局，产业分布情况和用水情况，制定了不同时期淡化海水利用方案。阶段一，当总供水量 < 10 万 t/d 时，以 1:5 ~ 1:4 掺混比，直接将淡化海水与自来水在泵站清水池中掺混。阶段二，自来水量不变，淡化海水量继续上升，为提升淡化海水使用效率，对加压泵站和管网工艺进行调整，尽量利用专线对可直接利用淡化海水的工业大户进行供水。从而解决了饮用安全性和供水适应性问题，实现淡化海水与既有市政管网的衔接。

规划连通管道，淡化海水与现状供水体系连通，构建可复制、可推广的淡化海

水供应模式（图4）。第一，淡化海水优先作为工业水源，利用调整后的供水加压泵站和管网，供应工业用水大户，实现高水高用。第二，淡化海水作为备用水源，通过市政泵站及管网，补充生活及市政杂用水。第三，淡化海水作为战略水源，通过区域供水联络管，成为京津冀战略储备水源。

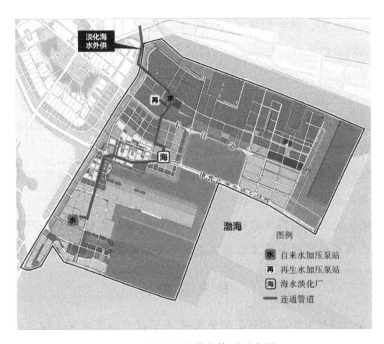

图4 淡化海水供水体系示意图

利用现状存量供水设施输配新增淡化海水，第一，解决了新增20万t淡化海水的滞销问题；第二，盘活了严重闲置的现状供水设施，使用率由36%近期提升至60%，远期全面使用；第三，调配市场，维护了各水务公司在临港经济区的供水市场，使供水企业经营扭亏为盈。最终"一石三鸟"，使淡化海水产能得到充分消解，闲置供水设施得到充分利用，供水企业生存得到充分保障，实现多方受益。

5 结论

我们的城市建设，无论面对新城规划建设，还是旧城更新改造，都应该全面考量，基础设施适度超前规划，统筹用好现状资源，合理增加新建基础设施，避免高速发展背景下资源的低效使用甚至闲置浪费，要积极引导撬动市场资源建强供水链条，推动城市水资源、供水设施的科学配置、良性循环、高效利用。

安全高效的水资源规划，更应坚持"四水四定"原则，开源节流，加大非常规水源的开发利用，特别是大力推广非常规水源在工业中的利用；以最低的成本探索淡化海水在生活、生产和生态中的应用，使淡化海水成为重要的战略水资源。强化节水管控，精准指标管控，根据城市不同发展阶段和实际用水量数据，合理选择水量指标类型及指标值，科学预测水量，持续实施水资源消耗总量和强度双控行动，提高水资源集约节约能力，为经济社会高质量发展提供水安全保障。

注 释

①《天津保税区临港经济区国土空间规划（2021—2035年）》为阶段方案，不是最终批复成果。

②用水红线指《天津市供水规划（2020—2035年）》明确临港片区所在区域的外调水高日量不能超过13万 m^3/d。

③临港地区海淡水利用方案研究，由我单位与国家级研究所自然资源部天津海水淡化与综合利用研究所和天津临港工业区华滨水务有限公司共同研究。

参 考 文 献

[1] 李国英. 推动新阶段水利高质量发展 全面提升国家水安全保障能力.

[2] 彭丽娜. 城市供水规划中需水量预测方法的探讨 [J]. 上海水务，2012（28）：22-31.

[3] 闫佳伟，王红瑞，朱中凡，等. 我国海水淡化若干问题及对策 [J]. 南水北调与水利科技（中英文），2020，18（2）：199-210.

安全韧性发展背景下厦门优质供水系统研究

高 政

（厦门市城市规划设计研究院）

摘要： 我国城镇化的快速发展，对市政基础设施的高质量发展提出了更高要求，供水系统的优质和安全是城市市政基础设施高质量发展的重要组成部分。本文以构建厦门优质饮用水技术路线为出发点，参考典型城市水质提升案例，以城市供水系统可直饮为长远目标，通过原水系统安全韧性提升、水厂深度处理建设、管网安全保障体系建设，在提升城市供水安全韧性的同时，全面实现优质饮用水供应。研究还提出了城市水质提升的技术路线，强化城市供水系统安全韧性、应急保障能力等内容。

关键词： 优质饮用水；供水系统；安全韧性

1 引言

1.1 背景

历史证明，人类寿命能大幅度提高最重要的原因是疫苗和清洁的饮用水。我们不但要做好应急防控准备的卫生安全，还要高度重视饮用水质量，有效应对水质污染，提升供水安全韧性水平。饮用水安全是人类发展和福祉的根本所在，提供优质饮用水是促进居民健康和经济社会发展的最有效手段之一。近年来，党中央的多项文件明确指出，要提升基础设施供给质量，要求构建安全可靠、供应充裕、水质优良的城市供水系统。

目前，水环境中具有"三致"（致畸性、致癌、致突变）或其他致病作用的有机污染物种类日新月异，浓度不断提升，现行水质国家标准《生活饮用水卫生标准》GB 5749—2022对此类污染物指标规定较少或限值较宽松，而常规水处理工艺对这些污染物去除效果欠佳，且抗水源水质突变能力差。面对新时代下供水环境的变化，如何提供优质饮用水、提高供水安全韧性成为多数先进城市共同的研究课题。厦门经济社会平稳健康发展，人民对高水质的需求也不断发展，但由于水污染情况复杂、标准滞后、水处理工艺落后等因素，都给厦门市现行供水系统带来了前所未有的考验。

1.2 厦门市供水系统现状

根据供水流程，多数城市供水系统可以划分为供水水源、原水管渠、净水设施、供水管网、用水户五大环节，厦门市也不例外，但每个环节有各自的特点和不足。

①供水水源环节，厦门市现状水资源 6.18 亿 m^3，在建 2.47 亿 m^3，近期总计 8.65 亿 m^3，根据城市发展需水量预测，仅能满足 2025 年城市用水需求；并且外部水源依赖性高，市外调水占 76%，本地水占 24%；且部分原水因富营养化而导致藻类暴发，从而造成水中"臭和味"指标超标。②原水管渠环节，各水源间的互联互通还待完善，部分骨干水厂原水通道水源单一，风险应对能力弱。③净水设施环节，厦门市共有净水设施 18 座，现状总规模 191.2 万 t/d，其中水务水厂 12 座，乡镇水厂 6 座，水厂规模不能满足发展需求，小水厂偏多；均采用常规水处理工艺，制水工艺总体落后，难以有效应对突发性水源污染事件。④供水管网环节，全市老旧管网待改造量总计约 1000km。⑤用水户主主要针对生活用水用户，主要为小区、农村和二次供水用户，用水用户是供水系统的"最后一公里"，但也是问题最多、最难管控的环节。老旧小区和农村地区主要问题为给水管管材落后（镀锌钢管、灰口铸铁管）；约 30% 二次供水设施运行时间超过 20 年，储水设施、管道材质落后，使用镀锌管作为二次供水主要管材的小区占比约 40%，使用年限多在 10 年或以上，漏损锈蚀严重，突发停水、管道破裂等现象多有发生。目前居民住宅二次供水设施主要由物业单位进行日常维护管理，不同物业公司管理水平差异较大，部分住宅小区管理措施不到位甚至处于无管理状态，威胁到居民的供水安全。

2 典型城市案例

本次研究是从全市层面考虑优质饮用水的实现，不再针对个别小区或地块，因此在研究过程中，深入分析深圳、上海、包头这三个国内在优质饮用水工作方面有成功经验的典型城市。

深圳市 2018 年最高日供水量 588 万 m³，深圳市有水厂 47 座，其中已有 5 座建成深度处理工艺，其余水厂正在进行改造。深圳市于 2018 年提出了建设直饮水城市的目标。深圳在 1998 年对梅林一村进行管道直饮水试点，用户 7000 户，入住约 3 万人，至 2015 年开通率约为 85%，但由于水健康风险、经济效益、产销差过大等原因，这种小区二次净化供水模式没有推广。深圳市直饮水入户采用了现状供水系统整体提升的模式，目前直饮水已进入推广普及阶段，该市盐田区于 2019 年 4 月 30 日实现全区自来水直饮。盐田区完成直饮水建设工作后，管网漏失率降至 10% 左右，自来水多项指标出现明显改善（包括铁、游离氯、浊度、细菌总数等），2018 年，盐田区居民对供水水质、供水保障、供水信息服务三项指标的满意率较改造前大幅提升，满意度在全市各行政区中排名第一，居民对自来水直饮的信任显著增加。

《上海市城市总体规划（2016—2040）》中提出："至 2040 年，全市供水水质达到国际先进标准"。截至 2018 年底，上海市共有自来水厂 37 家，供水能力为 1250 万 m³/d。截至 2018 年，全市深度处理水厂达到了 14 座，供水规模 442 万 m³/d，占全市总供水规模的 35.36%，规划 2020 年全市水厂深度处理率达到 60%，2025 年全市水厂深度处理率达到 100%。多年来，上海市为提升供水水质开展了一系列的探索与实践。过程中，一方面认识到水源是制约上海市自来水水质的重要因素，故早在 1987 年就开始了水源工程建设，截至目前已经形成"两江并举、集中取水、水库供水、一网调度"的原水供应模式，使得原水水质和安全保障都得到大幅提升。另一方面认识到应该重视龙头水质，故针对影响龙头水质的两项关键因素（出厂水质和管网）分别采取措施：对以黄浦江水系为原水的水厂（常规工艺下出厂水色度、臭和味、消毒副产物等会出现超标现象）进行深度处理工艺改造，现已全面完成；对现有市政老旧管网进行改造，目前主要针对服役超过 50 年和管材为混凝土的供水管，计划 2030 年全部完成；进行二次供水设施改造，2018 年底全部改造完成。2019 年上海首个高品质饮用水试点工程——闵行区马桥大居高品质饮用水试点工程已经启动，进展顺利。

包头市属我国北方内陆干旱城市，以黄河水为主要城市供水水源，近年来黄河水量减少，污染加剧导致水质逐年恶化，严重影响城市居民饮水安全。2003 年，包头市在原有城市自来水管道基础上，开始实施"健康水工程"，以水质良好的深层地下水为主要水源，新增一套优质饮用水供水系统，发展直饮水供居民饮用。包头市管道直饮水的水源，以地下优质承压水为主，占管道直饮水市场份额的 85% 以上。

包头市由于不同水源水质差异大、优质水源不足的客观情况，故采用直饮水和自来水两套市政供水系统，并制定完全不同的水价。

3 优质供水系统提升研究

3.1 优质供水模式建议

近些年，以管道直饮为焦点的分质供水引起了广泛关注。目前上海、深圳、包头、宁波等地都有居民区实行分质供水的实际工程，一些城市甚至有实施城市整体分质供水的设想。

分质供水在国外有着长期的应用历史。国外现有的分质供水都是以可饮用水系统作为城市主体供水系统，而将低品质水、污水厂再生水或海水（即非饮用水）另设管网供应，用作园林绿化、清洗车辆、冲洗厕所、喷洒道路以及工业冷却等。向居民家庭提供的所有生活用水，直至用户的每一只水龙头，都是可饮用的，非饮用水在户内只用于冲洗厕所。非饮用水系统通常是局部或区域性的，作为主体供水系统的补充。设立非饮用水系统的着眼点在于节约水资源及降低处理费用。目前成为关注热点的"分质供水"，是指另设管网供应少量专供饮（食）用的"纯净水"，而将城市供水作为"一般用水"，这同国内外现有的，或者说一般意义上的分质供水有着很大的区别。

在欧美发达国家，城市管网供应的清水就是可直接饮用的，不存在可直饮管网和非直接饮用生活用水管网之分。我国由于发展和习惯等历史原因，并未达到管网供水可直接饮用的标准，当务之急应是针对供水系统进行整体提升，提高供水水平，对标国际主流做法，实现城市管网的可直饮目标。而"分质供水"概念运用于城市供水，寄希望以此来解决城市供水水质问题，是一种"走捷径"的方式，存在较多问题，主要如下：①"分质供水"需在现状用户家庭内新增一套直饮水管网，该系统独立于现状生活用水管网，改造工程量大，社会影响大。②需重新培养用户用水习惯，区分饮用水、生活用水，且易产生混淆，带来一定的卫生风险。③单纯饮用的水量较小，管网的流动性变化幅度大，造成水龄不可控，从而增加了二次污染的风险。④整个城市两套供水系统，导致整个城市的实际供水成本增加；与此同时，低收入家庭的饮水健康条件难以提升。⑤可能在指导思想上和操作上，放弃保护水源和改善水处理技术的努力，造成现有管网供水水质逐渐下降，可能对未来城市的可持续发展造成长远的损害。

这种分质供水是受目前经济实力限制而采取的一种过渡性方法，有明显的局限。在一些生活小区试行这种分质供水，在现阶段有一定的实用意义；在整个城市实行是不合理的，不利于未来城市的可持续发展；同时此种分质供水模式很可能会强化水的商品属性，差异化供应而产生社会矛盾。因此建议厦门市学习深圳和上海，采用整体提升模式，以管网可直饮为长远目标，提高整个城市主体供水系统的水质，以满足可持续发展要求。厦门市可根据城市实际情况，依轻重、分阶段解决城市供水水质问题，逐步提高城市总体供水水平。

3.2 标准体系建立

城市优质水的实施应"标准先行"。2018 年深圳市开始编制《深圳市生活饮用水水质标准》，并于 2019 年 7 月完成编制。上海市提出"高品质饮用水"的概念，2018 年出台了我国第一部饮用水地方标准《上海市生活饮用水标准》，并以 2035 年为全市提供龙头水质可达到地方标准的高品质水为目标。2023 年 4 月 1 日，新版《生活饮用水卫生标准》GB 5749—2022 正式实施，替代了沿用 16 年之久的《生活饮用水卫生标准》GB 5749—2006，提升了部分感官指标、消毒剂副产物指标的重要程度，总体来说新版标准对生活饮用水水质要求更为严格。以生活饮用水感官指标举例，部分地区因藻类暴发，水中"臭和味"指标超标，相关研究表明，藻类暴发会产生土溴素等物质，当水体中浓度超过每升 10 纳克时即可使水体产生明显的臭味。

为更好地推进厦门优质饮用水工程建设，参考国内外先进的供水工程标准，根据厦门当地特色，构建涵盖供水系统全流程、全方位的标准及监管体系（表 1）。

优质供水系统标准体系   表 1

	序号	标准体系	建议编制单位
水质	1	厦门市优质生活饮用水水质标准	建议由卫生监督部门牵头编制
水厂	2	厦门市优质饮用水供水厂站工程技术规程	建议由住房和城乡建设、水务部门牵头编制
管网	3	厦门市优质饮用水输配水管网工程技术规程	建议由住房和城乡建设、水务部门牵头编制
用户	4	厦门市优质饮用水入户工程技术导则	建议由住房和城乡建设、水务部门牵头编制
管理	5	厦门市优质饮用水厂站管网运行管理规程	由水务管理部门牵头编制
服务	6	厦门市供水行业服务规范	建议由工商物价部门牵头编制

3.3 水质提升技术路线

纵观国内外先进城市的供水系统全流程高质量发展，主要体现在水安全、水质量、水智慧三个方面（图1）。"水安全"是实现优质饮用水的前提，根据厦门市目前的供水系统现状，建议强化域外调水，加强再生水回用，开辟海水水源以丰富水源结构；优化原水输送系统，提高互联互通能力；实施原水安全保障和供水安全保障系统建设。"水质量"是实现优质饮用水的核心，在常规工艺的基础上，必须通过增加"深度处理"工艺来提高产水品质，各水厂新建或改造时，应结合实际情况考虑预留用地。"水智慧"是实现优质饮用水的保障，实施集约化支撑建设、体系化感知建设、智慧化应用建设、无人泵站建设、智慧水厂建设、网络安全建设、保障环境建设等，实现整体供水系统升级，提高优质水内涵，让居民对优质饮用水建立信心。

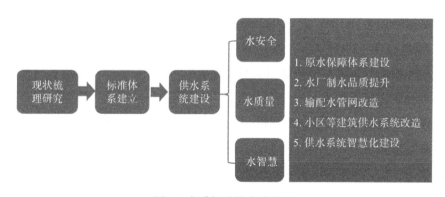

图 1　水质提升技术路线图

4　供水系统安全韧性提升

4.1　原水系统安全韧性提升

4.1.1　加强水资源供应能力和水平

1）多源并举，构建多层次水资源格局

鉴于本地水资源匮乏，进一步开发利用难度大，厦门市的水源系统应加强对外域水源的开发利用。在目前九龙江引水的基础上，加快建设闽西南水资源调配工程，丰富水资源结构。随着海水淡化技术的成熟，新加坡、以色列等缺水国家广泛将海水作为水源，在国内的青岛、天津及部分海岛也多有实施。厦门作为淡水资源匮乏、海水资源丰富的临海城市，可适当考虑开发海水作为供水水源。丰富水资源结构，提高城市水源多样性和安全性。

2）优化原水系统，有机整合不同水源体系

在九龙江水源、坂头石兜水源、枋洋水源等现状水源系统间构建互联互通体系，通过多库串联、水库联网的方式，规划构建多水源连通总体布局，满足本地需水工程与跨地区引水工程联合调度。同时，通过互联互通，实现应急工况下各水源互补，保证城市原水供应安全。

3）强化水源地的保护

加大管护措施，根据水源地特点可采用修建隔离墙、隔离网和安装监控设备等措施，有效杜绝人类活动对城市饮水源造成污染；对城市饮用水水源地进行24h全天候值守，确保城市饮用水水源地安全。修订饮用水水源地应急预案，加强部门、街镇联动，定期开展水源地突发环境事件应急演练。环境监测站应对城市集中式饮用水水源地水质进行监测，密切掌握水质情况；环境行政执法支队定期或不定期开展集中式饮用水源专项执法行动，依法查处环境违法行为；严格把控环评审批，对水源地保护区外可能影响水质安全的项目予以否决，切实保障水源地水质安全。

4）构建完整的应急备用水源体系

充分挖掘本地水库潜力，分别建设以湖边水库、坂头水库、杏林湾水库等为主的西部系统应急水源和以汀溪水库、竹坝水库、曾溪水厂为主的东部系统应急水源，建立健全城市水源安全保障体系。

4.1.2　原水安全保障系统建设

针对可能遇到的应急事故，建立系统响应和处理方案，包括对水质事件分级、预案及事故应急措施等。

1）一般水质事件

由于大量降雨，原水含有大量泥沙和悬浮物质，造成原水浊度增高时，可通过合理调整净水剂投加量的方法来达到满意的净水效果。高藻期原水藻类含量高，处理难度大，沉淀后水和出厂水难以达标时，水厂应立即在原水中投加氯，并适当提高加氯量，提高预氯化效果。

2）较大水质事件

当发生不明原因的水质恶化、污染物严重超标及水源性疾病暴发时，接到报告或发现原水水质问题的第一负责人，应立即向公司主管领导报告，同时向市卫生监督部门和市环保局报告，中心化验室要加强对水源水的水质监测，增加检测频率和检测项目，并协同市卫生监督部门、市环保局尽快查明原因。同时水厂要提高液氯投加量，增加杀毒效果，采取必要的特殊处理措施，确保出厂水水质达标，如果水质不达标，确需停止供水的，应当报经城市供水主管部门批准，并通知用水单位和个人，直到水质达标后恢复供水。

3）重大水质事件

原水水体发生突发性化学污染事故时，如投毒、运输车辆侧翻、化工厂泄漏等，接到报告的第一负责人，应立即向公司总经理报告，同时向市卫生监督部门和市环保局报告。中心化验室要协同市卫生监督部门、市环保局迅速了解清楚污染物的种类、包装、数量及出事地点等有关情况。应加强对出厂水水质的检测，对水源水质的监测应沿着原水上游在接近被污染的断面采集水样检测或在取水口上游断面采水检测，同时可采取生物监测措施，若生物监测出现异常情况或化学检测超出允许浓度时，应立即停止供水，并通过新闻媒体告知市民停止用水，直至水质达标后恢复供水。

4.2 因地制宜新增水厂深度处理

在目前厦门市水厂常规工艺的基础上，必须通过增加"深度处理"工艺来提高产水品质。结合厦门水源和水厂用地的客观条件，当用地条件受限时，改造水厂的深度处理工艺可考虑以粉炭和炭滤为核心的化学安全性保障工艺或以膜为核心的生物安全性保障工艺；当改造条件允许或新建水厂时，建议可采用臭氧活性炭和超滤膜系统联用的全流程工艺，保证产水的生物安全性和化学安全性，实现优质产水。此外，纳滤作为高品质供水的先进工艺，是行业发展的趋势，但目前在国内供水工程领域应用较少且运行费用较高，建议作为水厂远期进一步提升水质的处理工艺，各水厂新建或改造时，应结合实际情况适当考虑预留用地。

4.3 管网安全保障系统建设

对城市供水管网的水质状况进行有效的监测，使之能够最大限度地反映整个管网的水质状况，这是管网水质监测点布置的主要依据。为了进一步保障供水管网安全性，应增加管网中水质监测点个数，进而促进供水系统应急监测体系建设。水质监测点布置可分为常规监测点布置和突发污染事故监测点布置，在考虑监测点布置时应权衡两方面的因素。常规监测点布置是为了了解管网在正常运行情况下的水质情况；突发污染事故监测点布置是为了能有效监测到突发污染事故，并给出及时的报警。

5 试点区选择

优质饮用水入户工作体系复杂、涉及环节多、参与部门多、工作量巨大，是一项长期而艰巨的任务。试点区建设对于全面建成优质饮用水供水系统意义重大，通过试点能够及时凸显工作中的难点和问题，可以不断完善优质饮用水入户工作的方法和机制，累积可复制、可推广的经验做法，试点区建成对于优质饮用水入户工作具有正面宣传效益。因此，建议厦门市及时开展试点工作，为后期全面顺利铺开优质饮用水入户工作打下基础。

参照先进城市案例，并考虑试点区的代表意义，试点区宜具备以下条件：①片区范围适度，用水用户有代表性。②片区相对独立，避免受到周边管线回水影响，并以单一水厂供水区域为佳。③片区供水水厂近期具有实施深度处理改造的条件。④片区用户对水质提升有较大的需求。⑤水质提升后效果明显，宣传效益大。经过比选，最后推荐厦门本岛东部片区约 $3km^2$ 商住区作为试点片区。

6 结论和建议

优质饮用水工程是最广泛改善民生的工程，深圳、上海两市均已启动并取得了较大进展，厦门市应学习深圳、上海采用全网提升的高品质供水模式，包头的模式有其特殊性，不适用于厦门。以可直饮为长远目标，根据城市实际情况，依轻重、分阶段解决城市供水水质问题的同时，全面提高城市总体供水系统的安全韧性水平。随着优质饮用水工作的开展，将有力推动城市节水工作，总体节约水资源，提高再生水回用于道路浇洒、绿化浇灌、工业等领域的比例。优质饮用水入户工程是一项系统性工程，应当从源头至龙头全流程推进，从试点区到全市推广，循序渐进，逐步完善。优质饮用水系统不仅是供水水质的提升，更是供水系统安全韧性的提升。

参 考 文 献

[1] 秦可先，贺文，周玉喜.包头市旧小区管道直饮水改造工程技术分析.给水排水，2015（10）：21-24.

[2] 蔡蕾.深圳市管道直饮水系统设计研究.给水排水，2002（6）：67-68.

[3] 刘起香，陈华.深圳市梅林一村管道直饮水设计体会——中国给水排水，2000（3）：31-33.

[4] 林明利，张桂花，张全，等.我国典型城市管道直饮水特征及启示.给水排水，2015（3）：30-33.

城市安全信息采集与管理系统设计与应用

靳 升

（沈阳市规划设计研究院有限公司）

摘要： 随着城市化进程的不断推进，城市安全问题日益突出，如何高效地采集和管理城市安全信息成为一个关键的挑战。本文提出了一种基于街景激光点云的城市安全信息采集与管理系统，旨在通过利用激光点云技术实现对城市空间的三维重建，从而实现对城市安全信息的全面获取和智能管理。本文首先介绍了系统的设计原理和关键技术，包括激光点云采集、数据处理和安全信息管理等方面；其次详细阐述了系统的实施过程和效果评估，验证了系统的可行性和有效性；最后结合实际案例，分析了系统在城市安全监控、交通管理等领域的应用情况，并对系统的优化和改进提出了展望。

关键词： 城市安全信息；激光点云；三维重建；数据处理；安全信息管理

1 引言

城市安全是一个庞大而复杂的系统工程，涉及人民的生命财产安全、社会秩序和城市可持续发展等多个方面。传统的城市安全管理方案往往依赖于人工巡逻和传感器设备，存在效率低下、信息不完整和维护成本高等问题。因此，基于街景激光点云的城市安全信息采集与管理系统具有重要的研究和应用价值。该系统旨在利用激光点云技术，结合街道监控相机和传感器数据，以提供实时的城市安全信息采集和管理。系统通过收集、分析和展示城市中的激光点云数据，可以帮助城市管理者和执法机构快速发现问题，并及时采取措施。

2 系统设计原理

系统设计原理可以从激光点云采集、数据处理和安全信息管理三个方面进行详细说明。

2.1 激光点云采集

激光扫描仪利用发射激光束并记录反射点的位置，通过旋转扫描获得街景的激光点云数据（图1）。基于激光扫描仪进行街景数据采集，实现城市空间的三维重建。在硬件设备选择方面，需要考虑其扫描速度、精度、分辨率和范围是否满足城市环境的需求。在扫描策略与数据采集方面，需要制定数据采集计划，包括采集区域、时间段等。为保证采集到的点云数据质量，需要设计质量控制流程，例如噪声过滤、数据配准等。

图 1 车载三维激光点云采集

2.2 数据处理

对激光点云数据进行预处理，包括去噪、配准和滤波等步骤，提高数据的准确性和稳定性。同时，通过分割和分类算法，将激光点云数据分为建筑物、道路、车辆等不同类别，为后续的安全信息提取和管理提供基础（图2）。在数据配准与对

图 2 点云分类

齐方面，需要将不同时间点或不同来源的数据进行配准和对齐。在点云分割与分类方面，需要利用点云数据的几何和语义信息进行分割和分类。在特征提取与分析方面，可以使用特征提取算法提取有用的特征。

2.3 安全信息管理

通过建立数据库和管理平台，对城市安全信息进行集中存储和管理。安全信息包括视频监控数据、交通流量数据、环境监测数据等，通过对这些数据的分析和挖掘，实现对城市安全态势的实时监控和预警。在数据存储与管理方面，需要确定合适的数据库或文件系统用于存储和管理大量的点云数据。在安全与隐私保护方面，需要在数据传输、存储和处理过程中采取相应的安全措施以确保数据的机密性和完整性。在可视化与决策支持方面，需要提供用户友好的界面和可视化工具以展示和呈现城市安全信息。

3 系统实施过程与效果评估

3.1 实施过程

（1）部署激光扫描仪：首先，需要在城市的关键地点部署激光扫描仪，如公共广场、重要交叉口等。激光扫描仪可以记录周围环境的三维点云数据。

（2）数据采集与整合：激光扫描仪定期对周围环境进行扫描，并将点云数据传输到数据中心。同时，系统还可以与街道监控相机和传感器等设备集成，将多个数据源的信息整合到一起。

（3）数据处理与分析：接收到点云数据后，系统将进行数据处理和分析（图3）。首先进行点云数据处理，包括点云配准、滤波、分割等操作，以提高数据质量和准确性。然后利用机器学习和图像处理算法对点云数据进行分析，以检测可能的安全事件，如车辆堵塞、交通事故、恶劣天气条件等，并生成相应的报警和提醒信息。系统还可以实时监控城市中的安全状况，

图3　点云处理

并基于预设的规则和模型，发出警报和预警通知，以便相关部门及时采取行动。此外，系统将分析和处理后的数据可视化展示，以便城市管理者和执法机构了解城市的安全状况，从而能够做出相应的决策。

（4）城市安全信息管理：系统将处理和分析后的数据保存在安全的数据库中，并提供灵活的数据检索和查询功能。同时，系统可以与其他相关的城市安全信息管理系统进行数据共享和协作，以实现更高效的城市安全管理。此外，系统会定期对城市安全信息采集与管理系统的运行情况进行监测和评估，包括数据准确性、报警及时性、系统稳定性等方面的评估，以确保系统的有效运行和持续改进。

3.2 效果评估

对城市安全信息采集与管理系统的效果评估可以从以下几个方面进行：

（1）安全事件响应时间：通过统计和分析系统报警和预警的响应时间，评估系统的实时性和响应灵敏度。

（2）安全事件检测准确性：运用标准数据集和真实场景验证，对系统的安全事件检测算法进行准确率和误报率等方面的评估。

（3）决策支持能力：评估系统提供的数据可视化和分析功能对城市管理者和执法机构做出决策的帮助程度。

（4）数据完整性和稳定性：对系统中保存的数据进行验证，确保数据的完整性和稳定性，以及系统的可靠性。

通过以上的实施过程和效果评估，基于街景激光点云的城市安全信息采集与管理系统可以有效地提升城市的安全管理水平，提供实时的安全信息采集和决策支持。

4 应用案例分析

当将基于街景激光点云的城市安全信息采集与管理系统应用于城市安全监控和交通管理领域时，以下是一些实际案例，以详细分析该系统的应用情况。

1）城市安全监控

自动事件检测：通过分析，基于街景激光点云的系统可以自动检测交通事故、恶劣天气情况下的道路状况、行人和车辆冲突等安全事件。系统会即时发送警报通知相关部门，以及时采取措施，加强城市的安全监控能力。

实时监控与预警：通过数据处理和分析，系统可以实时地监控城市中的安全状况，例如监控城市的入口、重要交叉口等地点，以及追踪特定区域内的人流和车流情况。一旦发现异常活动或危险行为，系统会立即触发预警，并向相关部门发送通知，以便及时处置紧急情况。

此外基于街景激光点云的系统可以帮助调查人员进行安全事件现场的重现和分析。通过回放特定时间段的点云数据可以准确了解安全事件发生的过程为调查提供有力的证据和参考。

2）交通管理

实时交通流量分析：将街景激光点云与交通相机数据相结合，系统能够实现对交通流量的实时监测和分析。通过点云数据的配准和分割，可以准确计算车辆的数量、速度和密度等交通流量信息，指导交通信号控制和道路规划的优化。

交通拥堵检测与缓解：基于激光点云的系统可以实时检测交通拥堵情况，并向导航应用程序或交通管理中心提供拥堵报告。相关部门可以根据这些数据调整交通信号灯的时序或指示交通参与者绕行，以缓解拥堵状况。

交通事故分析与预防：通过分析交通事故发生的位置和原因，系统可以提供交通事故热点区域的识别和预防措施建议。交通管理部门可以利用这些数据，采取针对性的安全措施，如增加标志、改善路面情况或调整交通流量以减少事故发生。

这些实际案例展示了基于街景激光点云的城市安全信息采集与管理系统在城市安全监控和交通管理领域的应用情况。通过数据的实时采集、处理和分析，这个系统可以提供有效的城市安全信息和决策支持，为城市管理者、交通管理部门和相关执法机构提供宝贵的参考和支持，有助于提升城市的安全性和交通效率。

通过使用街景激光点云进行三维重建，该系统能够实时获取城市每个角落的图像和空间信息（图4）。结合视频监控数据和其他传感器数据，该系统可以准确地识别出异常行为和不安全因素，例如犯罪活动和交通违法行为等。这使得执法人员能够更快地响应和处理突发事件，从而提高了城市的安全水平。

综上所述，基于街景激光点云的城市安全信息采集与管理系统具有广泛的应用前景和发展空间。通过收集和分析城市的空间信息，可

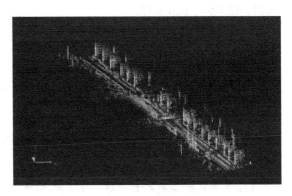

图4 点云三维重建

以实现对城市安全的实时监测和预警，提高城市管理的科学性和高效性，为居民创造一个更安全、更便捷的城市生活环境。

在系统的进一步优化和改进方面，可以考虑以下几个问题：

首先，加强数据处理和算法优化。激光点云数据的处理对系统的准确性和效率至关重要。因此，可以探索更高效的激光点云数据处理方法，例如优化去噪算法、改进配准和滤波算法，以提高数据的质量和准确性。同时，可以研究和开发更精确的分割和分类算法，提高对激光点云数据的自动化处理能力。

其次，加强安全信息的智能提取和管理。当前城市安全信息非常庞大和复杂，系统需要具备智能化的能力来提取和分析这些信息。因此，可以引入机器学习和深度学习技术，实现对安全信息的自动识别和分类。此外，可以建立强大的分析和决策模型以支持城市管理者进行安全风险评估和决策制定。

再次，加强系统的实时性和交互性。城市安全信息的及时响应与交互对于快速应对紧急情况至关重要。因此，系统可以引入实时数据传输和处理技术，使得安全信息可以实时传输和分析。此外还可以开发用户友好的交互界面从而便于城市管理者和执法人员高效地查询和处理安全信息。

最后，加强系统的数据隐私保护和安全性。城市安全信息采集涉及大量的个人和敏感数据，因此要保证数据的隐私安全。系统需要建立严格的数据隐私保护机制，例如数据加密和访问控制等以确保用户数据的安全性和隐私性。

参 考 文 献

[1] 何志富，王塑.基于激光雷达的城市安全监测技术研究综述 [J].图学学报，2021，42（5）：820-835.

[2] 规维瑾，杨宝文，陈章江.基于智能激光雷达的道路交通标志识别 [J].实验技术与管理，2021，38（6）：163-169.

[3] 邢慧丽，程大为.基于激光雷达的城市道路交通标志识别算法 [J].计算机科学，2021，48（9）：25-30.

[4] 杨福美，徐志功，鲁玺.基于 LiDAR 数据的城市建筑物高精度三维重建研究 [J].测绘通报，2021，2：67-71.

[5] 邱睿，谭志豪，李和骏.基于激光雷达的城市车辆停车位检测算法 [J].智能计算机与应用，2020，10（12）：36-41.

[6] 王洁, 杨宝文, 许逊伊. 基于深度学习和激光雷达的城市交通标志检测 [J]. 软件导刊, 2020, 19（12）: 77-78.

[7] 袁博, 柴雄, 宋娟, 等. 基于深度学习和激光雷达的城市固定物遮挡物检测研究 [J]. 测绘工程, 2020, 29（1）: 29-33.

[8] 刘梦琪, 贺萌, 姚宇. 基于全球定位系统和灰色关联分析的城市出租车群体运营风险预测 [J]. 系统工程与电子技术, 2020, 42（1）: 200-204.

[9] 王秉义, 谢冰桥, 王鹏飞. 基于激光雷达数据的城市交通行人检测方法 [J]. 光学精密工程, 2020, 28（2）: 502-510.

[10] 李福草, 张祥, 王琬婷. 基于激光雷达的城市安全感知技术 [J]. 激光杂志, 2019, 40（11）: 1-8.

城市电力系统安全韧性评价指标体系研究

李瑞奇 蒋艳灵 洪昌富 唐川东 吴 松

（中国城市规划设计研究院）

摘要：能源是现代城市赖以生存和发展的关键要素，电力系统是维系城市功能运转的重要生命线工程。城市电力系统易受地震、台风、洪涝、雨雪冰冻、高温等灾害影响，全球气候变化、能源转型与新能源发展等也给电力稳定供给与系统安全运行带来了新的挑战，提升城市电力系统安全韧性已成为保障城市安全发展的重要议题。本文从城市电力系统规划设计的视角出发，提出了考虑常规、设防、极端等不同强度灾害情景的城市电力系统安全韧性评价框架，在对城市电力系统现行规划设计及标准规范体系中安全韧性有关要求进行梳理的基础上，提出了覆盖源、网、储、荷以及综合保障等不同环节的电力系统安全韧性评价指标体系与评价方法，并选取我国两座城市作为评价对象进行实证应用。结果表明，测评城市在新型储能设施及电网灾害监测预警系统建设等方面需要进一步提升。本文提出的城市电力系统安全韧性评价指标体系及评价方法具有很好的可操作性和实用性，可为开展城市安全韧性专项体检等工作提供指导与参考。

关键词：城市电力系统；安全韧性；指标体系；规划设计

1 引言

城市电力系统是城市发展的重要基础设施，现代城市运行高度依赖电力供给，电力系统安全稳定运行对于保障城市生产、生活秩序具有重要意义。电力的生产、储存、传输、调节、使用以及应急状态下的保障与恢复涉及环节众多，各环节耦合

资助项目：住房和城乡建设部科技计划项目（2022-K-033）

密切、传导迅速，具备"牵一发而动全身"的区域性、系统性特征，易成为各类灾害事件的脆弱性受体。例如，2008 年，我国华中、华东部分地区出现长时间持续的大强度、大范围低温雨雪冰冻天气，湖南、江西、浙江、安徽、湖北等多地电网发生倒塌、断线、舞动、覆冰闪络等情况，造成区域电网大面积损毁、解列[1]；2020年、2021 年，美国加州与德州分别由于极端高温和冻雨、冰凌、降雪等气象灾害影响，用电负荷突增，但电力生产能力因设备运转工况变差而下降，发生大面积停电事件[2, 3]。与此同时，在"双碳"背景下，新型电力系统中新能源供电占比攀升，电力系统也呈现出更强的"天气强耦合性"和"运行弱支撑性"[4, 5]，供电安全面临着新的风险挑战。

在日益复杂而严峻的灾害风险环境中，提升系统韧性已成为国际防灾减灾领域备受关注的公共话题。联合国国际减灾战略将韧性定义为暴露于灾害下的系统、社区或社会通过及时有效的方法抵抗、吸收、适应、消除灾害影响以维护和恢复其基本结构和功能的能力。ISO/TC 292 安全与韧性技术委员会将城市韧性定义为城市系统及其居民在变化的环境中预测、准备、应对、吸收冲击，在压力和挑战面前积极适应和转变，同时促进包容性和可持续发展的能力，并将能源系统韧性作为城市韧性的首要要素之一。我国近年来也高度重视城市基础设施系统的安全韧性。党的二十大报告明确指出"加强城市基础设施建设，打造宜居、韧性、智慧城市"。北京市印发《关于加快推进韧性城市建设的指导意见》，并要求"统筹输入能源和自产能源，完善应急电源、热源调度和热、电、气联调联供机制，采用新型储能技术建立安全可靠的多层次分布式储能系统，提高能源安全保障能力"。国家标准化管理委员会发布了《安全韧性城市评价指南》GB/T 40947—2021，为我国城市安全韧性评价工作提供了指导工具，并将"生命线工程设施"作为一项重要的评价领域。

参考《安全韧性城市评价指南》GB/T 40947—2021 的规定，本文将城市电力系统安全韧性定义为城市电力系统在灾害环境中承受、适应和恢复的能力。当前，对于城市电力系统安全韧性的分析与评价多建立在"韧性曲线"框架[6]下，研究者多基于城市电力系统拓扑结构开展建模，并通过断点、断链等方式以及潮流模型等模拟各类灾害对电力系统的破坏作用[7]，进而分析系统功能随时间的变化情况和韧性水平。例如 Fu G 等提出了考虑气候灾害的潜在变化的电力系统安全韧性建模方法，并以英国国家区域电网为例进行了模拟[8]；Landegren F 等提出了综合考虑稳健性、快速性和系统损失的电力系统韧性评价模型，并以瑞典某南部城镇配电系统网络为例进行了应用[9]。但限于计算资源，此类研究在系统建模时往往会忽视系统不同环节设防要求等因素，无法全面反映电力系统源、网、储、荷各环节要素特征，且建模需要根据系统本地特征而设计，对数据要求较高，异地拓展应用的成本较高。相较模拟评价方法，指标评价方法具有可拓展性强、操作简单、不同测评对象横向的优势，但《安全韧性城市评价指南》GB/T 40947—2021侧重于城市安全韧性的整体评价，其中关于电力系统安全韧性的指标设置较少，有必要进一步开展研究。

本文针对领域内尚缺少全面反映城市电力系统各环节要素的安全韧性评价指标体系研究现状，从城市电力系统规划设计的有关要求出发，分析不同强度灾害下城市电力系统安全韧性评价的侧重点，构建考虑不同强度灾害情景与系统不同环节的城市电力系统安全韧性评价指标体系与评价方法，并选取典型城市作为案例进行实证应用。

2 城市电力系统安全韧性评价框架

对城市电力系统开展研究，可将其进一步划分为电源系统、输配电系统、负荷管理系统、储能系统、综合保障系统等环节。其中，电源系统为包括城市发电厂和接受市域外电力系统电能的电源变电所等城市公共电源，以及小尺度网络中的应急电源，是电力供给的源头；输配电系统包括城市内各类输电、变电、配电的管网和设施，是电力从电源输送到用户端的传输渠道；负荷管理系统为电力用户端，侧重于电力使用的调控；储能系统接收并储存电源系统产生的多余电力，并在电力供给不足时释放，作为系统的缓冲组件；综合保障系统包括对电力安全运行的日常维护监管以及应急状态下的抢修、恢复保障。

城市电力系统易受到地震、洪涝、极端气温、台风等各类灾害的影响，各类灾害的破坏机理不同，主要影响的电力系统不同环节也不同，本文对各类灾害对城市电力系统造成影响的主要原因进行了归纳，如表1所示。

各类灾害对城市电力系统造成影响的主要原因 表 1

灾害类别	对城市电力系统造成影响的主要原因
地震	引起供电线路、场站等设施破坏等
洪涝	强降雨、积水等引起的线路及场站设施故障等
极端气温	极端高温引起的系统失灵、极端低温引起的冻损等，同时极大影响用电需求
台风	架空线路直接损伤以及海潮引起的系统性损伤等

由于各城市面临的灾害风险本底特征不同，各类灾害对电力系统的影响机理也不同，为提出适用于不同城市的电力系统安全韧性评估指标体系，本文对各类灾害影响电力系统运行的共性的规律进行了提炼。城市电力系统规划设计具有一定的安全设防要求，灾害强度是影响城市电力系统受破坏程度的关键因素，对照电力系统安全设防的要求，本文将灾害强度划分为常规、设防、极端三大类情形。常规情形指设防标准以下的低强度、高频次灾害事件，设防情形指接近或达到设防标准的高强度、低频次灾害事件，极端情形指超出系统设防能力的超高强度、罕遇灾害事件。以地震灾害为例，参照《电力设施抗震设计规范》GB 50260—2013 第 1.0.4 条要求"按本规范设计的电力设施中的电气设施，当遭受到相当于本地区抗震设防烈度及以下的地震影响时，不应损坏仍可继续使用；当遭受到高于本地区抗震设防烈度相应的罕遇地震影响时，不应严重损坏，经修理后即可恢复使用"及第 1.0.5 条要求"按本规范设计的电力设施的建（构）筑物，当遭受到低于本地区抗震设防烈度的多遇地震影响时，主体结构不受损坏或不需修理仍可继续使用；当遭受到相当于本地区抗震设防烈度的设防地震影响时，可能发生损坏，但经一般修理或不需修理仍可继续使用；当遭受到高于本地区抗震设防烈度相应的罕遇地震影响时，不应倒塌或发生危及生命的严重破坏"，则本文中城市电力系统所遇到的常规情形的地震灾害可界定为"低于本地区抗震设防烈度的多遇地震"，设计情形的地震灾害可界定为"相当于本地区抗震设防烈度的设防地震"，极端情形的地震灾害可界定为"高于本地区抗震设防烈度相应的罕遇地震"。

对于城市电力系统而言，发生强度为常规情形的各类灾害时，系统在日常运行过程中已积累了应对此种灾害情景的有效经验，各环节不会产生严重破坏情况，系统整体功能不受影响或受损程度控制在可接受的有限范围内，对此类灾害情形开展系统安全韧性评估应侧重于选用能反映系统运行效能与可靠度的综合性指标；发生强度为设防情形的各类灾害时，系统的关键部件与整体结构一般能够保持稳定，但系统中的脆弱环节将成为制约系统整体功能的瓶颈，对此类灾害情形开展系统安全韧性评估应深入剖析系统各环节的脆弱性因素，分别选取能表征系统各环节安全韧性特征的指标；发生强度为极端情形的各类灾害时，系统运行环节将不可避免地发生破坏，灾害影响控制能力、分区恢复能力等将成为提升城市电力系统安全韧性的关键，对此类灾害情形开展系统安全韧性评估应重点考虑系统冗余性、快速恢复性等关键特征。据此，本文提出了考虑不同强度灾害的城市电力系统安全韧性评估框架，如图 1 所示。

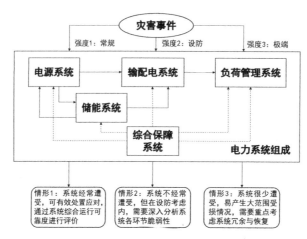

图1　考虑不同灾害强度的城市电力系统安全韧性评价框架

3　城市电力系统安全韧性评价指标体系与方法

3.1　评价指标体系

城市电力系统规划设计安全设防与管理的相关要求分散在《城市电力规划规范》GB/T 50293—2014、《供配电系统设计规范》GB 50052—2009、《电力系统安全稳定导则》GB 38755—2019 等相关标准中，国家电网、南方电网等行业企业在内部技术文件中也对各环节要求做出了相关规定，此外国家层面以及各地电力系统规划、应急管理实践中亦有相关规定。

本文在对各类标准规范、规划方案、应急预案等相关文件电力系统安全设防与管理要求进行全面梳理的基础上，从中提炼关键环节与指标，提出了综合考虑常规、设防、极端三类灾害强度的城市电力系统安全韧性评价指标体系，共包含16项指标，其中常规情景下指标2项，设计情景下指标7项，极端情景下指标7项。指标覆盖电源系统、输配电系统、负荷管理系统、储能系统、综合保障系统等各环节，各指标的含义、计算方法、分级标准、参考依据以及所反映的电力系统安全韧性特征如表2所示。

3.2　结果计算方法

参照《安全韧性城市评价指南》GB/T 40947—2021 做法，指标体系将各项指标的评价结果划分为 A、B、C、D 四个等级，A 级取值 90～100 分，B 级取值 76～89分，C 级取值 60～75 分，D 级取值 60 分以下。在进行测评时，首先依据表2给出

城市电力系统安全韧性评价指标体系

表 2

序号	灾害强度	系统环节	评价指标	指标含义	指标计算方法	分级标准				参考依据	韧性特征
						A	B	C	D		
1	常规	综合保障系统	电力系统用户供电可靠率	在统计期内因为不计及因系统电源不足而限电的情况	根据运行数据确定	≥ 99.90%	99.85%~99.90%	99.80%~99.85%	< 99.80%	《城市配电网规划设计规范》GB 50613—2010	适应
2	常规	综合保障系统	累计平均停电次数	用户在统计期间内的平均停电次数	累计平均停电次数＝Σ统计期内每次停电用户数／总供电用户数	≤ 3	3 ~ 5	5 ~ 8	> 8	《城市配电网规划设计规范》GB 50613—2010	适应
3	设防	电源系统	电源类型多样性	城市电源种类及其占比情况，以实现多种电源互补	根据城市电源种类及其占比情况，电源种类包括燃煤机组、燃气机组、水电机组、其他清洁能源、专用调峰机组等	有两种及以上主要电源类型，实现多种能源互补的局面，灵活调峰能力较强	有两种及以上主要电源类型，但灵活调峰能力不足	主要电源类型单一，但一次能源供应能力较强	主要电源类型单一，且存在较大的一次能源断供风险	《城市电力规划规范》GB/T 50293—2014	承受
4	设防	电源系统	电源一次能源供应风险监测	对城市主要电源一次能源供应情况监测，确定警戒线	根据供电企业实际情况制定	对城市全部主要电源进行次能源供应情况进行监测并确定警戒线	对城市大部分主要电源进行次能源供应情况确定监测并确定警戒线	对城市少部分主要电源进行次能源供应情况监测并确定警戒线	未对城市全部主要电源进行次能源供应情况进行监测并确定警戒线	《电网企业应急能力建设评估规范》DL/T 1920—2018	承受

续表

序号	灾害强度	系统环节	评价指标	指标含义	指标计算方法	分级标准				参考依据	韧性特征
						A	B	C	D		
5	设防	输配电系统	电网容载比达标率	城市配电网变电设备额定总容量与所供负荷的平均最高有功功率之比值满足《城市电力规划规范》GB/T 50293—2014等相关标准的比例	某电压等级的容载比（MVA/kW）=该电压等级变电站的主变容量总和（MVA）/该电压等级年最高预测（或现状）负荷（MW）本指标取各电压等级电网容载比达标率的最低值	≥99%	98%~99%	97%~98%	<97%	《城市电力规划规范》GB/T 50293—2014	承受
6	设防	输配电系统	满足N-1校验线路	城市高压配电网、城市中压电缆网、中压架空网的设计符合N-1安全准则的要求	根据相关设计资料、运行数据及N-1测试情况确定	城市高压配电网、城市中压电缆网、中压架空网的设计均完全符合N-1安全准则的要求	—	城市高压配电网、城市中压电缆网的设计均符合N-1安全准则的要求，城市中压架空网的设计符合N-1安全准则的要求	城市高压配电网或城市中压电缆网的设计不完全符合N-1安全准则的要求	《城市配电网规划设计规范》GB 50613—2010	承受
7	设防	负荷管理系统	负荷管理能力（或错避峰调控能力）（%）	已通过建立负荷管理机制，在电力供应存在缺口时可进行错避峰用电管理的响应负荷占最大用电负荷的比例	负荷管理能力（%）=可进行错避峰用电管理的响应负荷/最大用电负荷	≥30%	20%~30%	10%~20%	<10%	《陕西省发展和改革委员会关于印发〈陕西省2021年迎峰度冬有序用电方案〉的通知》；《河南省发展和改革委员会关于印发〈河南省2022年有序用电方案〉的通知》；国网浙江电力相关资讯	适应

续表

序号	灾害强度	系统环节	评价指标	指标含义	指标计算方法	分级标准				参考依据	韧性特征
						A	B	C	D		
8	设防	储能系统	新型储能设施装机容量（%）	新能源发电配备的储能设施装机容量占新能源发电装机容量的百分比	新型储能设施装机容量（%）=新能源配备的储能设施装机容量/新能源发电装机容量	≥10%	5%~10%	0~5%	0	四川省电源电网发展规划（2022—2025年）	承受
9	设防	综合保障系统	智能电网调度控制系统建设情况	参照智能电网调度控制系统建设要求，实现实时监控与预警、调度计划与安全校核、调度管理、电网运行与驾驶舱等功能的情况	依据智能电网调度控制系统功能实现及性能指标，可用率实际情况确定	智能电网调度功能控制系统功能完备，相应性能指标及功能可用率符合设计要求	智能电网调度控制系统功能较为完备，相应性能指标及功能可用率基本符合设计要求	智能电网调度控制系统功能有一定欠缺，相应性能指标及功能可用率不能满足设计要求	无智能电网调度控制系统	《智能电网调度控制系统总体框架》GB/T 33607—2017	承受
10	极端	电源系统	重要电力用户自备应急电源配置率（%）	按照《重要电力用户供电电源及自备应急电源配置技术规范》GB/T 29328—2018要求，配置自备应急电源的重要电力用户占比	重要电力用户自备应急电源配置率（%）=按规范要求配置自备应急电源的重要电力用户数（个）/全部重要电力用户数（个）	≥95%	90%~95%	85%~90%	<85%	《国家电监会关于加强重要电力用户供电电源及自备应急电源配置监督管理的意见》；《重要电力用户供电电源及自备应急电源配置技术规范》GB/T 29328—2018	恢复

续表

序号	灾害强度	系统环节	评价指标	指标含义	指标计算方法	分级标准				参考依据	韧性特征
						A	B	C	D		
11	极端	电源系统	重点燃煤电厂煤炭库存量	燃煤电厂存煤量达到最低库存标准的情况	根据重点燃煤电厂煤炭存量实际情况确定	重点燃煤电厂煤炭存量达到规定的最低库存量标准	—	—	重点燃煤电厂煤炭库存量未达到规定的最低库存存量标准	《国家发展改革委国家能源局印发〈关于建立健全煤炭最低库存和最高库存制度的指导意见（试行）〉及考核办法的通知》	承受
12	极端	电源系统	电力系统事故备用容量占比	电力系统事故备用容量占最大发电负荷的百分比（%）	电力系统事故备用容量占最大发电负荷的百分比（%）=电力系统事故备用容量/最大发电负荷	≥12%	10%～12%	8%～10%	<8%	《安全韧性城市评价指南》GB/T 40947—2021	承受
13	极端	综合保障系统	电网灾害监测预警系统覆盖率（%）	可实现对气象灾害、覆冰等进行监测预警的市政电力管线长度占全部市政电力管线长度的百分比	可实现对气象灾害、覆冰等进行监测预警的市政电力管线长度/全部市政电力管线长度	≥99%	95%～99%	90%～95%	<90%	《电网气象灾害预警系统技术规范》DL/T 1500—2016；国网江苏、南方电网贵州电网等相关情况	适应
14	极端	综合保障系统	电力系统黑启动能力	出现电力系统全停情况后，电力系统可以通过黑启动实现逐步恢复的能力	根据黑启动机组，系统全停后恢复方案，开展黑启动测试的情况确定	分区域设置具备黑启动能力的机组，系统全停后的恢复方案，开展黑启动测试	分区域设置具备黑启动能力的机组，制定系统全停后的恢复方案，但未开展黑启动测试	分区域设置具备黑启动能力的机组，但未制定系统全停后的恢复方案	未分区域设置具备黑启动能力的机组	《电力系统安全稳定导则》GB 38755—2019；《微电网工程设计标准》GB/T 51341—2018	恢复

续表

序号	灾害强度	系统环节	评价指标	指标含义	指标计算方法	分级标准 A	B	C	D	参考依据	韧性特征
15	极端	综合保障系统	电力保障专业应急救援队伍建设及应急救援装备物资配备情况	承担电力系统应急救援任务的专业化救援队伍能力建设以及相应装备物资配置及应急救援装备物资配备情况	根据实际情况确定	电力救援队伍人员数量充足，满足相应资质条件、物资配置齐全，队伍站点分布可满足辖区电力可供应突发事件快速处置需求	电力救援队伍人员数量基本充足、基本满足相应资质条件、物资配置基本齐全，队伍站点分布基本满足辖区电力供应突发事件快速处置需求	电力救援队伍人员数量不足、不能基本满足相应资质条件、物资配置相对不全，队伍站点分布不能很好满足辖区电力供应突发事件处置需求	电力救援队伍人员数量严重不足、不满足相应资质条件，物资配置不齐全，队伍站点分布不能满足辖区电力供应突发事件快速处置需求	《电力保障专业应急救援队伍建设规范》T/BJWSA 0003—2020	恢复
16	极端	综合保障系统	电力应急预案体系建立情况	电力建设企业应根据本单位组织管理体系、生产规模、存在的风险以及可能发生的事故类型，建立包含综合应急预案、专项应急预案和现场应急处置方案的应急预案体系的情况	根据应急预案建立情况确定	建立了包含综合应急预案、专项应急预案和现场应急处置方案的应急预案体系，预案深度及修编程序符合编制要求	基本建立了包含综合应急预案、专项应急预案、应急预案和现场应急处置应急预案体系，预案深度及修编程序基本符合要求	应急预案体系存在一定缺漏，预案深度及修编程序存在不足和规范之处	应急预案体系不完善，预案深度及编制程序不能达到要求	《电力建设企业应急预案编制导则》DL/T 2519—2022	恢复

的分级标准确定测评对象各项指标的得分等级，进而在每个等级的赋分范围内确定指标具体得分（取值为整数）。

城市电力系统安全韧性评价的总体结果由各指标得分加权平均得到。

4 城市电力系统安全韧性评价应用

4.1 测评对象

为进一步验证指标体系的可操作性和实用性，本文选取了A、B两座城市作为测评对象，应用本文提出的城市电力系统安全韧性评价指标体系与方法对两座城市的电力系统安全韧性情况进行了评价应用。

A市位于我国西北地区，本地电源以火电为主，风电、光电等多种发电形式为补充，全市发电装机容量10917MW，全市用电量539.5亿kW·h，全社会最大用电负荷659.9万kW。目前A市已建成4座750kV变电站，总变电容量12000MVA，建成220kV公用变电站17座，变电容量7320MVA；220kV专用变电站11座，变电容量4182MVA。110kV变电站59座，变电容量5705MVA。

B市位于我国西南地区，供电电源主要来自火电厂、天然气发电厂和500kV变电站。城市电网由国家电网和地方电网构成，国家电网供电量约占70%，地方电网占30%，城市最大用电负荷34.6万kW，总用电量为15.13亿kW·h。目前B市已建成500kV变电站2座，总变电容量3500MVA。建成220kV公用变电站5座，变电容量2130MVA。110kV变电站23座，变电容量2250MVA。

4.2 测评结果

本次城市电力系统安全韧性评价基于研究团队参与A市、B市国土空间专项规划及专题研究工作所掌握的相关数据，数据来自于发展改革委、电力局等部门、单位及第三方团队。A市、B市电力系统安全韧性各项评价指标结果如表3所示。

A市、B市电力系统安全韧性评价结果 表3

序号	灾害强度	系统环节	评价指标	韧性特征	A市得分	B市得分
1	常规	综合保障系统	电力系统用户供电可靠率	适应	90	92
2	常规	综合保障系统	累计平均停电次数	适应	85	86

续表

序号	灾害强度	系统环节	评价指标	韧性特征	A市得分	B市得分
3	设计	电源系统	电源类型多样性	承受	92	85
4	设计	电源系统	电源一次能源供应风险监测	承受	78	82
5	设计	输配电系统	电网容载比达标率	承受	71	88
6	设计	输配电系统	满足 N-1 校验线路	承受	65	73
7	设计	负荷管理系统	负荷管理能力（或错避峰调控能力）（%）	适应	83	75
8	设计	储能系统	新型储能设施装机容量（%）	承受	60	65
9	设计	综合保障系统	智能电网调度控制系统建设情况	承受	88	85
10	极端	电源系统	重要电力用户自备应急电源配置率（%）	恢复	92	88
11	极端	电源系统	重点燃煤电厂煤炭库存量	承受	96	92
12	极端	电源系统	电力系统事故备用容量占比	承受	78	75
13	极端	综合保障系统	电网灾害监测预警系统覆盖率（%）	适应	50	68
14	极端	综合保障系统	电力系统黑启动能力	恢复	76	72
15	极端	综合保障系统	电力保障专业应急救援队伍建设及应急救援装备物资配备情况	恢复	90	76
16	极端	综合保障系统	电力应急预案体系建立情况	恢复	80	76

基于各项指标得分，加权得到 A 市电力系统安全韧性评价得分为 79.6 分，B 市电力系统安全韧性评价得分为 79.9 分。

4.3　结果分析

测评结果表明，A 市、B 市电力系统安全韧性总体情况良好，但亦有较大提升空间。两市最终得分相若，但 A 市在电网容载比达标率、电网灾害监测预警系统覆盖率等指标上与 B 市相比有较大差距，是 A 市进一步提升电力系统安全韧性的可改进方向；而 B 市则在电力保障专业应急救援队伍建设及应急救援装备物资配备情况、负荷管理能力等指标上与 A 市有较大差距，是 B 市进一步提升电力系统安全韧性的可改进方向。此外，新型储能设施装机容量指标两市得分均不高，在进一步建设新型电力系统的过程中应予以重点考虑。

5 总结与讨论

本文围绕城市电力系统可能遭受灾害的强度特征，划分了常规、设防、极端三大类灾害情形，并依据不同情形下城市电力系统受损与运行状况特点，提出了考虑不同灾害强度的城市电力系统安全韧性评价框架，进而依据我国标准规划、规划体系、应急管理领域关于电力系统安全设防与管理的相关要求，提炼形成了包含16项评价指标的城市电力系统安全韧性评价指标体系，规定了各项指标的含义、计算方法、分级标准，给出了评价方法，并选取我国两座城市开展了验证性应用。

本文提出的城市电力系统安全韧性评价指标体系与方法可应用于城市级电力系统安全韧性评价，具有很好的可操作性和实用性，为进一步开展城市安全韧性专项体检工作提供了电力系统领域的评估工具支撑。在下一步工作中，可进一步考虑热力、燃气等能源基础设施系统及其与电力系统的相互影响关系，构建综合性的城市能源系统安全韧性评估指标体系与方法，为我国城市安全韧性提升以及新型能源系统安全发展提供助力。

参 考 文 献

[1] 陈鹏云，王羽，文习山，等．低温雨雪冰冻灾害对我国电网损毁性影响概述 [J]．电网技术，2010，34（10）：135-139．

[2] 熊华文．把握能源发展安全和效率的平衡——美国德州、加州两次大停电事故分析及对我国的启示和建议 [J]．中国经贸导刊，2021（19）：37-39．

[3] 倪宇凡，郑漳华，冯利民，等．近年来国外严重停电事故对我国构建新型电力系统的启示 [J]．电器与能效管理技术，2023（5）：1-8．

[4] 潘小海，梁双，张茗洋．碳达峰碳中和背景下电力系统安全稳定运行的风险挑战与对策研究 [J]．中国工程咨询，2021（8）：37-42．

[5] 梁双，严超，厉瑜，等．电力系统应对极端天气自然灾害存在的薄弱环节及对策建议 [J]．中国工程咨询，2022（9）：27-31．

[6] BRUNEAU M，CHANG S E，EGUCHI R T, et al. A framework to quantitatively assess and enhance the seismic resilience of communities[J]. Earthquake Spectra，2003，19（4）：733-752．

[7] 孙为民，孙华东，何剑，等．面向严重自然灾害的电力系统韧性评估技术综述 [J]．电网技术，2024，48（1）：129-139．

[8] FU G, WILKINSON S, DAWSON R J, et al. Integrated approach to assess the resilience of future electricity infrastructure networks to climate hazards[J]. IEEE Systems Journal, 2017, 12（4）: 3169-3180.

[9] LANDEGREN F, SAMUELSSON O, JOHANSSON J. A hybrid modell for assessing resilience of electricity networks[C]//2016 IEEE 16th International Conference on Environment and Electrical Engineering（EEEIC）. IEEE, 2016: 1-6.

基于全生命周期评价指标体系的城市供水安全韧性提升研究

安玉敏[1]　蒋艳灵[1]　李瑞奇[1]　孔　鑫[2]　吴凤琳[1]

（1.中国城市规划设计研究院；2.中国矿业大学（北京）应急管理与安全工程学院）

摘要： 提高城市供水系统安全保障能力，建设安全韧性的城市供水系统，深刻贯彻了新时代以人民为中心的发展理念。针对当前城市供水系统安全韧性评价指标体系系统性不足的问题，从城市供水水源、净水厂、输配水、龙头水、综合保障等供水全流程出发，结合城市供水系统在不同突发事件中的承受能力、适应能力和恢复能力，构建城市供水系统全生命周期安全韧性评价指标体系。评价识别城市供水系统安全韧性的突出问题和短板弱项，提出城市供水系统安全韧性提升策略，以期为我国建设安全韧性的城市供水系统提供参考。

关键词： 城市供水系统；安全韧性；评价指标；提升策略

1　研究背景

近年来，随着城镇化进程不断加快，城市人口、建筑、产业等不断集聚，导致城市内部风险不断加大[1]，特别是在全球自然灾害、事故灾害、公共卫生等各类事件频发的背景下，城市市政基础设施的安全风险不断加大。供水系统作为城市的生命线工程，供水安全面临着更加严峻的考验。例如在地震、干旱、高温、疫情等突发事件下，城市供水系统往往表现出极大的脆弱性，供水中断，供水能力不足、供

住房和城乡建设部2022年度科学技术计划项目 [韧性城市构建顶层设计技术方法研究—中国韧性城市构建理论与基础设施韧性提升方法研究（2022-K-033）]

水服务受阻等问题集中爆发，导致城市供水安全风险显著增大[2]，进而影响城市供水系统的稳定性[3]。如何通过建设安全韧性的城市供水系统，有效提高城市供水安全保障能力成为国内外学者的研究重点。

在城市供水系统安全韧性研究方面，Jayaram 等[4]提出通过建立供水管网循环拓扑结构，可有效保证地震期间城市供水的稳定性；Wang 等[5]在分析供水系统重要用水节点地震可靠度的基础上，提出了提高供水系统地震安全性的有效措施和建议；David 等[6]、Rehak 等[7]对城市供水系统重要点、线、面设施元素进行非线性聚合，以此识别供水系统的薄弱环节，针对性提出增强供水系统安全韧性的措施和建议；李倩等[8]提出在灾害发生时，从供水系统的易损性、震害率、功能损失、经济损失、恢复时间、恢复程度、恢复路径等方面来提高城市供水安全韧性水平；张国晟等[9]从城市供水系统常态下的抗性以及突发事件下的韧性建设技术着手，并结合城市供水系统建设实例，提出了城市供水系统安全韧性能力提升的技术和手段；刘威等[10]将遗传算法、遗传—模拟退火算法、蚁群算法和微粒群算法等现代组合优化算法应用在供水系统安全性拓扑优化中，通过算例对各种算法的优劣进行对比分析；郭恩栋等[11]基于汶川地震，分析对比了地下输水管道的抗震性能，提出应根据区域地震发生的频率和剧烈程度配套建设相应的供水管道。如针对汶川地震中受损严重的输水管道，应及时增加区域输水管道的地震安全韧性。

在城市供水安全韧性评价方面，主要通过不断优化和完善评价指标和评价模型来分析城市供水系统的安全韧性水平。Mahmood 等[12]、Abbas 等[13]、何双华等[14]、周晓帆等[15]通过供水管材、管径、水量、压力、水质、管网拓扑结构、供水分区等评价指标，分析了城市供水系统的安全韧性水平。Tabucchi 等[16]采用仿真模拟与实际对比的方法，建立了城市供水系统地震安全评价性评价模型，即地震安全性指数 = 可恢复性–致灾因子 × 脆弱性。杨铭威等[17]通过对城市水源水量、水源水质、输配水管网等因素进行分析，建立了城市供水系统安全综合评价指标体系及评价模型，分析明确了城市供水的安全等级。杨芳等[18]以旅游城市三亚市供水系统为研究目标，引入流动当量人口概念，准确评价供水系统实际服务人口、旅游人口的现状生活用水水平，提出了针对实际服务人口、旅游高峰人口的韧性供水策略。

总体上，目前国内外城市供水系统安全韧性研究主要集中在供水管网拓扑结构、灾害关联性、评价指标、评价模型等方面，取得了一系列研究成果，丰富了城市供水系统安全韧性的内涵，但这些研究多处于起步阶段，研究范围和深度多具有一定的局限性。例如城市供水系统一般包括水源、净水厂、输配水管网、龙头水等多个子系统[19]，但这些研究往往只关注供水系统中的某个子系统，对整个供水系统的安全韧性研究比较少见。此外，在城市供水安全韧性评价指标选取上，多选取供水系统中的某一子系统指标进行评价，缺少对供水全流程相关指标的系统性评价，导致城市供水安全韧性的评价结果相对片面，对针对性提升城市供水安全韧性能力的支撑和指导相对有限。

鉴于此，本文从城市供水水源、净水厂、输配水管网、二次供水（龙头水）、综合保障等供水全流程系统安全韧性评价指标出发，统筹考虑城市突发事件的不同情景，以及城市供水系统在不同突发事件情景中的承受能力、适应能力和恢复能力，构建城市供水系统全生命周期安全韧性评价指标体系，并以评价结果为导向，识别城市供水系统在不同突发事件中的突出问题和短板弱项，针对性提出城市供水系统安全韧性能力提升的措施和建议，以期为我国建设安全韧性的城市供水系统提供一定的借鉴和指导。

2 城市供水系统关联影响分析

2.1 突发事件对城市供水系统的影响

影响城市供水系统安全性的因素主要包括地震、洪涝、干旱、台风、咸潮等自然灾害，水污染、地面塌陷、爆炸、供水设施运行等事故，以及重大传染病的突发公共卫生事件。各类突发事件对于城市供水系统安全性的影响各有不同。

2.1.1 自然灾害对城市供水系统的影响

自然灾害易对城市供水系统造成严重破坏，给城市居民饮水安全带来威胁。首先是对城市供水水源水质的影响，以地震为例，由于地震重灾区大量人员和动物伤亡，救治区医疗废物及临时安置点污水及排泄物未及时清理，灾后防疫大量使用消杀药物等都有可能导致城市下游地表水源污染；其次是对净水厂构筑物、关联基础设施等的破坏，导致城市净水厂难以正常运行；最后是对输配水管网的破坏，易导致整个供水系统的瘫痪。

2.1.2 事故灾害对城市供水系统的影响

水污染、供水管网爆管等事故灾害常导致城市供水危机，给城市供水安全带来隐患。例如，城市供水水源附近工矿企业生产事故导致大量污染物排放，交通事故导致的有毒有害物质排放等均会不同程度影响城市供水水源安全,以及市政道路开挖施工过程中对供水管网的破坏、生产过程中因操作不当或违章操作导致的供水事故、恐怖袭击造成的供水设施损坏等。

2.1.3 卫生防疫对城市供水系统的影响

公共卫生防疫事件对城市供水系统的影响涉及供水系统的多个方面(图1)。首先供水水源污染风险显著提升,对城市供水水源管控、调度等提出了更高要求;其次受应急突发事件影响,城市用水人口及用水结构发生变化,城市供水量及售水量明显降低。在安全保供、净水厂压力不变的情况下,市政供水管网压力上升,供水管网漏损增加。同时,应急突发事件期间,城市居民活动途径和范围受到限制,为保证供水服务质量和服务效率,要求供水服务更趋智能化、便捷性。

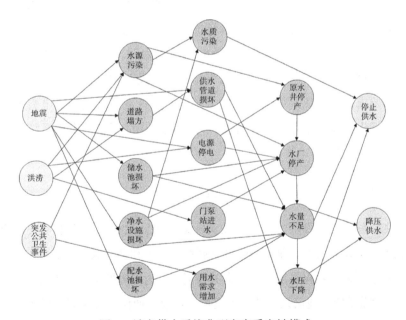

图1 城市供水系统典型灾害受灾链模式

2.2 城市供水系统受损对其他系统的影响

城市消防、避难场所供水是城市供水系统的重要组成部分,也是衡量城市应急供水能力的重要标志,城市供水系统受损将直接影响城市消防供水和避难场所供水。城市供水系统对消防供水的影响主要体现在供水量和供水水压两个方面。城市供水系统受损往往造成消防供水水源不足，导致城市火灾事故救援延误，甚至小火灾酿成大火灾，易给城市造成重大的人员伤亡和经济损失。城市供水水压不足，难以满足消防供水的安全性和可靠性要求，给城市消防安全带来一定隐患；城市应急避难场所是城市居民应对灾难的重要场所，其区域内供水系统的建设和运行关系到避难场所相关功能的发挥。为此，在对城市供水系统进行设计时，应充分考虑应急避难场所应对灾害时的供水能力，充分保障城市应急避难场所的供水安全。

2.3 城市供水系统对其他系统的依赖

城市供水系统的正常运转，需要依赖城市其他基础设施，特别是电力系统和通信系统的支撑。

2.3.1 供水系统对电力系统的依赖

城市供水系统的运转高度依赖电力系统，供水系统涉及的水源取水、净水厂制水、管网加压输水等过程都需要电力系统提供保障，电力系统功能受损或崩溃将直接影响供水系统的正常运行。以城市净水厂供水为例，净水厂出水输送至供水管网、蓄水池等过程中，需在输水、配水节点等位置设置增压泵站，以保证供水流速和供水水压要求，而增压泵站的运行则需要电力系统支持。同时，电力系统中发电站的正常运行也需要供水系统提供冷却用水，这就构成了城市供水系统和电力系统双向反哺的关联关系。

2.3.2 供水系统对通信系统的依赖

城市供水系统是个复杂的系统。在实际运行中，供水系统积累了大量静态数据（净水厂构筑物、供水管网、泵站等附属物属性信息）和动态数据（供水水量、水压、水质、节点流量等），数据量庞大，数据关系复杂。为保障城市供水系统高效、安全、有序运行，就需要依靠通信系统的技术支持。目前，通信系统在城市供水系统信息管理和调度中的地位愈发重要。通信系统在城市供水系统中的应用主要集中在地理信息系统、供水营业收费系统、在线监测及控制系统、运行工况分析及辅助决策系统、办公自动化系统5个系统。通过建设智慧城市供水系统，实现城市供水系统信息调度管理的信息化、规范化，不断提高城市供水系统的建设运行水平和服务质量。

3 城市供水系统安全韧性评价指标体系

3.1 供水系统安全韧性评价指标体系构建

从城市供水水源、水厂、输配水、龙头水、综合保障等供水全流程出发，构建城市供水系统全生命周期安全韧性评价指标体系（图2），具体可细分为水源系统、水厂系统、输配水系统、龙头水系统和综合保障系统的16个指标。

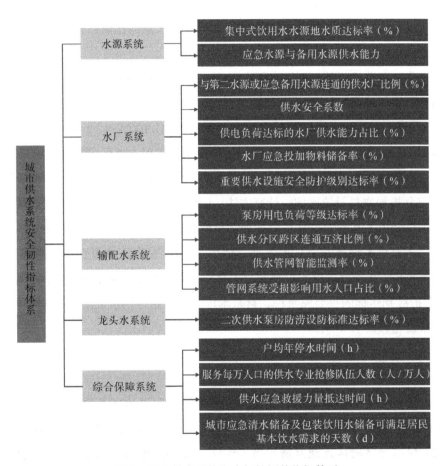

图 2　城市供水系统安全韧性评价指标体系

3.1.1 水源系统

（1）集中式饮用水水源地水质达标率（%）：集中式饮用水水源地控制断面水质达标的比例；计算方法：[水源地水质达标控制断面数（个）/水源地控制断面数（个）]×100%。

（2）应急水源与备用水源供水能力：城市供水应急水源和备用水源工程供水能力可

满足城市居民基本生活用水和其他必要供水量需求的情况；计算方法为半定量评价。

3.1.2 水厂系统

（1）与第二水源或应急备用水源连通的供水厂比例（％）：与第二水源或应急备用水源相连通的供水厂的日供水能力占全部供水厂的日供水能力的比例；计算方法：[与第二水源或应急备用水源相连通的供水厂的日供水能力（万 m^3/d）/全部供水厂日供水能力（万 m^3/d）]×100％。

（2）供水安全系数：城市供水能力与日平均需水量的比值；计算方法：水厂最大供水能力（万 m^3/d）/日平均需水量（万 m^3/d）。

（3）供电负荷达标的水厂供水能力占比（％）：供电负荷等级达标的水厂日供水能力占全部水厂日供水能力的百分比；计算方法：[供电负荷等级达标的水厂日供水能力（万 m^3/d）/全部水厂日供水总能力（万 m^3/d）]×100％。

（4）水厂应急投加物料储备率（％）：城市水厂按照本地区可能造成水源污染的突发事件而储备的粉末活性炭、化学试剂等应急投加物料量占可供城市 7d 应急净水需求的应急投加物料量的比例；计算方法：[水厂应急投加物料储备量（t）/（各水厂日供水总能力（万 m^3/d）× 应急投加物料投放标准（t/万 t）×7d）]×100％。

（5）重要供水设施安全防护级别达标率（％）：安全防护级别达标的重要原水厂、自来水厂、加压站等供水设施数量占全部重要供水设施数量的比例；计算方法：[安全防护级别达标的重要原水厂、自来水厂、加压站等供水设施数量（个）/全部重要供水设施数量]×100％。

3.1.3 输配水系统

（1）泵房用电负荷等级达标率（％）：用电负荷等级达标的泵房数量占全部泵房数量的比例；计算方法：[用电负荷等级达标的泵房数量（个）/全部泵房数量（个）]×100％。

（2）供水分区跨区连通互济比例（％）：可以从分区外补充调配用水的供水分区占全部供水分区的比例；计算方法：[可以从分区外补充调配用水的供水分区数（个）/全部供水分区数量（个）]×100％。

（3）供水管网智能监测率（％）：市辖区内城市供水管线中可由物联网等技术进行智能化监测管理的管线长度占市辖区内供水管线总长度的比例；计算方法：（市辖区内城市供水管线中可由物联网等技术进行智能化监测管理的管线长度/市辖区内供水管线总长度）×100％。

（4）管网系统受损影响用水人口占比（%）：通过系统模拟极端工况（超设防地震等）下，受损供水管网影响人口占城市总供水人口的比例；计算方法：[管网受损影响人口（万人）/全部常住人口（万人）]×100%。

3.1.4 龙头水系统

二次供水泵房防涝设防标准达标率（%）：防涝达标的二次供水泵房数量占全部二次供水泵房数量的比例（注：可抽样统计，防涝达标指防涝设防标准不低于城镇内涝防治设防重现期目标）；计算方法：[防涝达标的二次供水泵房数（间）/二次供水泵房总数（间）]×100%。

3.1.5 综合保障系统

（1）户均年停水时间（h）：城市供水用户每年平均供水中断的时间，计算主要采取上一年度数据。

（2）服务每万人口的供水专业抢修队伍人数（人/万人）：供水专业抢险队伍人数与城市常住人口数的比例；计算方法：供水专业抢险队伍总人数（人）/城市常住人口（万人）。

（3）供水应急救援力量抵达时间（h）：距离城市最近的供水应急救援力量抵达的时间；计算方法：城市与距离最近的供水应急救援力量驻地的车程时间。

（4）城市应急清水储备及包装饮用水储备可满足居民基本饮水需求的天数（d）：城市应急清水储备以及可统一调配的包装饮用水储备量可供应城市居民基本饮水需求的天数（注：应急清水储备包括净水厂应急清水池或者管网内的高位水池中储备的清水；包装饮用水包括桶装水、矿泉水和纯净水等）；计算方法：城市应急清水储备及包装饮用水储备量（万L）/[城市常住人口（万人）/人日均基本饮水需求量（L/人·d）]。注：人日均基本饮水需求量可取2L/（人·d）。

3.2 供水系统安全韧性指标评价

以城市供水系统安全韧性评价指标体系为基础，结合城市供水系统建设运行实际，按照水源系统、水厂系统、输配水系统、龙头水系统和综合保障系统相应指标，对城市供水系统的安全韧性能力进行评价（表1）。在具体评价时，根据每个指标A、B、C、D四档的相应特征及其对应的等级，结合城市供水系统实际确定其对应的指标档位，其中，A档为90~100分，B档为76~89分，C档为60~75分，D

城市供水系统安全韧性评价指标表

表 1

序号	系统环节	评价指标	分级标准			
			A（90～100分）	B（76～89分）	C（60～75分）	D（60分以下）
1	水源系统	集中式饮用水水源地水质达标率	≥99%	97.5%～99%	96%～97.5%	≤96%
2		应急水源与备用水源供水能力	供水应急水源和备用用水源工程供水能力可满足城市居民基本生活用水及其他用水需求	供水应急水源与备用水源可满足城市居民基本生活用水需求，其他用水完全满足	供水应急水源与备用用水源供水可满足城市居民基本生活用水需求，但未考虑其他供水需求	供水应急水源与备用用水应急水源供水能力不能满足城市居民基本生活用水需求
3	水厂系统	与第二水源或应急备用水源连通的供水厂比例	≥90%	75%～90%	60%～75%	≤60%
4		供水安全系数	≥1.3	1.2～1.3	1.1～1.2	≤1.1
5		供电负荷达标的水厂供水能力占比	≥95%	90%～95%	85%～90%	≤85%
6		水厂应急投加物料储备率	≥95%	90%～95%	85%～90%	≤85%
7		重要供水设施安全防护级别达标率	≥90%	85%～90%	80%～85%	≤80%
8	输配水系统	泵房用电负荷等级达标率	≥95%	90%～95%	85%～90%	≤85%
9		供水分区跨区连通互济比例	≥90%	75%～90%	60%～75%	≤60%
10		供水管网智能监测率	≥30%	20%～30%	10%～20%	≤10%
11		管网系统受损影响用水人口占比	<5%	5%～10%	10%～20%	≥20%
12	龙头水系统	二次供水泵房防涝设防标准达标率	≥90%	85%～90%	80%～85%	≤80%
13		户均年停水时间	≤24h	24～36h	36～48h	≥48h
14	综合保障系统	服务每万人口的供水专业抢修队伍人数	≥1人/万人	0.75～1人/万人	0.5～0.75人/万人	≤0.5人/万人
15		供水应急救援力量抵达时间	≤3h	3～6h	6～9h	>9h
16		城市应急清水储备及包装饮用水储备可满足居民基本饮水需求的天数	≥7d	5～7d	3～5d	≤3d

档为 60 分以下，最后再在相应档位的得分范围内确定该指标的具体百分制得分。

4 城市供水系统安全韧性提升策略

根据城市供水系统安全韧性评价指标体系对城市供水系统安全韧性进行评价时，评价结果会因城市地域、地形、气候等不同而有所差异。但总体上，提升城市供水全过程安全韧性能力可重点从以下六个方面着手。

4.1 构建"多源共济、区域互补、互补互备"供水体系

城市供水具有很强的系统性，任何部分出现问题都可能造成区域性的供水紧张，甚至断水问题。为保障供水分区的供水安全，在现状供水管网的基础上，结合区域用水特点，强化多水源全域调配，实现区域净水厂互联互通，加强市级供水骨干网络与区域供水网络连通，构建区域多水源供水、多水厂互联、多管网互联的区域供水互补互备体系，不断增强城市供水系统安全韧性，提高供水系统的可靠性，确保城市全域供水安全。

4.2 提高常规水源和应急备用水源统筹切换能力

健康的城市供水水源应包括常规水源、应急水源和备用水源三个体系，高效调度城市常规水源、应急水源和备用水源，可有效提高城市供水系统的安全韧性能力。目前，我国城市供水系统布局缺乏系统化、建设时序缺乏统筹、正常供水与应急供水缺乏有效衔接及非工程性措施不足等问题。针对此类问题，城市在建设和改造供水系统时，应统筹考虑常规水源、应急水源和备用水源的联调联控，全面保障居民供水需求和供水安全。

4.3 完善城市净水工艺和供水水质监管制度

为保障城市供水水质安全，应以现状水源水质状况为依据，针对性更新改造净水厂滞后设施、工艺，强化净水厂日常运行管理。同时，城市供水主管部门应不定时对城市供水企业供水水质进行抽样检测，核查供水企业相关报表、数据等文件资料，对于供水水质不达标的供水企业，责令企业提供书面材料说明，并限期整改。对于涉及违反法律、法规的供水企业，情节较轻的，应对供水企业和相关责任人进行处罚；情节较为严重的，应提交城市公安机关进行处理。

4.4　提高城市供水系统智能化精细化管理水平

为提高城市供水设施建设、运行和管理效率，实现城市供水设施建设运行的智能化和精细化，城市应建立供水设施从规划、设计、投资、建设、运行、养护等全生命周期一体化的管理机制，不断提高城市供水设施的运行管理水平。同时，应结合城市智慧水务建设工作，聚焦重点，完善城市供水管网漏损治理工作，进一步提高城市供水系统安全韧性能力。

4.5　推进城市供水应急模式由被动反应向主动引导转变

进一步强化城市供水系统风险评估工作。利用大数据、人工智能等技术开展城市供水数据分析和自我深度学习工作，建立城市全域供水系统灾害评估数据库，预测评估城市供水系统可能存在的应急供水情况、安全隐患和薄弱环节进行系统性评价，按照轻重缓急、先易后难的原则，针对性提前采取应急防御措施。完善的评估预警机制有利于城市供水韧性基础设施发挥最大的供水功效，进一步提高城市供水系统的安全韧性能力。

4.6　强化城市应急供水设施建设管理

城市应急供水是用于维持城市受灾居民基本生活用水及救灾用水，应急供水设施建设包括应急供水管网建设、应急供水点建设和应急供水车配备。为便于应急供水设施的快速运行，应急供水设施要有稳定可靠的供水水源，为应急供水管网输送充足的水源。应急供水设施中，应急供水管网主要针对避难场所、居住区进行规划建设，要求有较强的抗灾能力，并能连接应急供水设备；应急供水点主要设置在需要应急供水的地段，由应急供水管网提供水源；应急供水车主要配备在应急供水管网未通达地区，确保对受灾特定场所供水，以全方位保障城市供水安全。

5　结语

供水系统是城市的生命线工程，城市供水系统的安全韧性是城市安全、健康、稳定运行的重要保障。以目前国内外关于城市供水系统安全韧性评价体系的研究为基础，结合城市实际，提出城市供水系统全生命周期安全韧性评价指标体系，识别城市供水系统安全韧性的短板不足，针对性提出城市安全韧性能力提升策略，为我国打造高质量的安全韧性城市提供一定支撑。但目前由于受研究进展、数据获取等因素影响，本文在典型城市案例、分区域城市场景等研究上有所不足，后期将随着研究的持续深入，进一步强化城市供水安全韧性指标体系及安全韧性提升策略的针对性、典型性研究。

参 考 文 献

[1] 范维澄. 以安全韧性城市建设推进公共安全治理现代化 [J]. 人民论坛·学术前沿，2022（Z1）：14-24.

[2] 刘晴靓，王如菲，马军. 碳中和愿景下城市供水面临的挑战、安全保障对策与技术研究进展 [J]. 给水排水，2022，48（1）：1-12.

[3] 王俊佳，崔东亮. 韧性城市视角下的城市供水系统评价体系研究 [J]. 城镇供水，2021（2）：100-106，124.

[4] JAYARAM N，SRINIVASAN K. Performance-based optimal design and rehabilitation of water distribution networks using life cycle costing[J].Water Resour Res，2008，44（1）：W01，417.

[5] WANG Y，AU S K. Spatial distribution of water supply eliability and critical links of water supply to crucial water consumers under an earthquake[J].Reliability Engineering and System Safety，2009，94（2）：534-541.

[6] DAVID R，PAVEL S，SIMONA S. Resilience of critical infrastructure elements and its main factors [J]. Systems，2018，6（2）：21.

[7] REHAK D，SENOVSKY P，HROMADA M，et al. Complex approach to assessing resilience of critical infrastructure elements[J]. International Journal of Critical Infrastructure Protection，2019，25：125-138.

[8] 李倩，郭恩栋，李玉芹，等. 供水系统地震韧性评价关键问题分析 [J]. 灾害学，2019，34（2）：83-88.

[9] 张国晟，刘洪波，张显忠. 供水系统安全保障与韧性城市建设综述 [J/OL]. 净水技术，2022.

[10] 刘威，徐良，李杰. 供水管网抗震拓扑优化算法研究 [J]. 中国科学：技术科学，2012，42（11）：1351-1360.

[11] 郭恩栋，杨丹，高霖，等. 地下管线震害预测实用方法研究 [J]. 世界地震工程，2012，28（2）：8-13.

[12] MAHMOOD H, SAMIRA J. Assessment of the nonlinear behavior of connections in water distribution networks for their seismic evaluation[J]. Procedia Engineering, 2011, 14: 2878-2883.

[13] ABBAS R, BANAFSHEH Z, MASSOUD T. Integrated risk assessment of urban water supply system from source to tap[J].Stochastic Environmental Research and Risk Assessment, 2013, 27 (4): 923-944.

[14] 何双华, 柳春光, 赵顺波. 供水管网系统地震易损性风险评估 [J]. 自然灾害学报, 2012, 21 (2): 95-101.

[15] 周晓帆, 李升才, 张玉芳. 城市供水管网抗震功能可靠性分析 [J]. 郑州轻工业学院学报, 2012, 27 (1): 49-52.

[16] HALFAYA F Z, BENSAIBI M, DAVENNE L. Vulnerability assessment of water supply network [J]. Energy Procedia, 2012, 18: 772-783.

[17] 杨铭威, 石亚东, 盛东, 等. 城市供水安全评价指标体系初探 [J]. 水利经济, 2009, 27 (6): 32-35.

[18] 杨芳, 蒋艳灵, 田川, 等. 三亚市基于韧性理念的旅游城市供水策略研究 [J]. 中国给水排水, 2022, 38 (12): 14-21.

[19] 刘金宁, 王伟, 邵志国. 水旱灾害下青岛市供水系统韧性能力评估及提升 [J]. 防灾科技学院学报, 2020, 22 (4): 9-19.

基于城市安全运行的沈阳市综合防灾设施规划策略研究

——从综合防灾到韧性城市的升级治理

王媛媛　李　菁

（沈阳市规划设计研究院有限公司）

摘要：由于城市系统更加复杂，公共安全风险叠加放大，极端气候更加频繁，城市综合防灾理念概念宜向韧性城市理念转变，为提升沈阳市安全韧性，沈阳市开展了城市公共安全与综合防灾系统研究，以安全韧性城市为理念，推进沈阳市防灾减灾设施建设，守住沈阳市的安全底线。本研究涵盖城市防洪、抗震及地质灾害防治、消防救援、人民防空、公共卫生防疫、危险品管控及公共安全体系建设等多个层面，立足沈阳市实际，明确各类重大防灾设施目标、指标、布局要求与防灾减灾措施，提升城市空间韧性、工程韧性和管理韧性，构筑沈阳生命安全防线。

关键词：安全韧性；综合防灾；应急救援；沈阳

1　引言

随着城市的不断扩张与发展，城市在应对自然灾害、安全事故、卫生防疫、空袭恐袭等方面呈现出明显的脆弱性，给城市发展安全和居民生产生活带来风险和威胁。2020 年 8 月 18 日，习近平总书记在安徽省考察调研时强调"我们要提高抗御灾害能力，在抗御自然灾害方面要达到现代化水平"。由于城市系统更加复杂，公共安全风险叠加放大，极端气候更加频繁，对生产、生活、生态、生命威胁加剧，城市综合防灾理念概念宜向韧性城市理念转变，对分散隔离、集中避险等不同场景提出了更高的需求。

依据《安全韧性城市评价指南》GB/T 40947—2021，"安全韧性城市"成为对安全城市内涵的最新诠释，其是指具备在灾害环境中承受、适应和快速恢复能力的城市，是城市安全发展的新范式。顺应城市发展新理念，把韧性城市要求融入城市规划、建设、管理之中，全方位提高城市安全韧性水平[1]。坚持系统观念和预防原则，衔接国土空间总体规划，以交通、供排水、能源、通信、医疗等城市生命线为核心提升工程韧性，以数字赋能为支撑提升管理韧性，全面提升沈阳在灾害环境中的承受力、适应力和恢复力，保障人民群众生命财产安全[2]。

2 沈阳市城市安全风险分析

2.1 沈阳现状概况

沈阳市域面积 12860km^2，下辖 10 区、2 县、1 市，中心城区总面积 1353km^2，常住人口约 590 万人。沈阳地处我国三大平原之一的东北平原，全市最高海拔点 447.2m，最低海拔点 5.3m。地势由东北向西南缓缓倾斜，整体呈现"东山西水"的山水格局，"东山"主要指浑河以北的哈达岭余脉及浑河以南的千山余脉区域，"西水"主要指在城市西部地区以辽河为骨干，汇集浑河、蒲河等河流形成的密集水网、湖泊和水田区域。

2.2 沈阳安全风险分析

沈阳地区地质情况比较简单，但断裂带较多，市域内有浑河、蒲河等 26 条主要河流，林地主要分布在东、西、北部地区，存在着一定的地震、防洪、森林火灾等隐患。地震风险方面，沈阳现状规模较大的断裂有两条，分别为伊兰—依通断裂和密山—敦化断裂。沈阳已查明的地质灾害主要包括地面塌陷和山体崩塌两类，地质灾害高易发区总面积 263km^2，面塌陷主要为采煤地面沉陷区，约 67.4km^2，均由煤矿地下井工开采引发。沈阳市采煤沉陷区分布范围广，在一定程度破坏了生态环境、基础设施及土地资源。洪水风险方面，1995 年浑河发生 250 年一遇洪水，损失较大。火灾风险方面，2019 年 4 月，村民焚烧秸秆引发浑南区、沈北新区森林火灾，8km^2 林地受灾。

为加强自然灾害综合监测预警，沈阳市减灾委制定了《沈阳市建立健全自然灾害监测预警制度的实施意见》，组织多部门联合对地震、地质、水旱、气象、森林草原火灾等自然灾害，开展研判预测灾害趋势及灾害风险评估会商。2020 年市应急委印发了《沈阳市突发事件应急指挥与处置工作办法》，建立了突发事件 "1+M+N"

应急指挥体系，我市已组建市级应急救援队伍 41 支 34439 人，区县级队伍 263 支 12556 人，形成了覆盖城乡的应急救援队伍体系。2020 年沈阳市应急避难场所由 2019 年的 254 个，增加到 349 个。避难场所面积由 520 万 m²，大幅增加到 1643 万 m²。现有市级应急物资储备库 2 个，防汛抗旱物资储备库 1 个，森林防火物资储备库 1 个，储备应急物资 8300 万元。

城市公共安全事故灾害风险评估流程如图 1 所示。

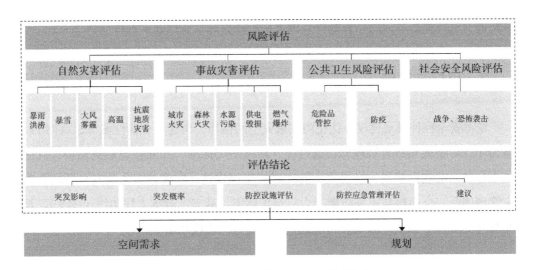

图 1　城市公共安全事故灾害风险评估流程

2.3　沈阳韧性城市建设短板

随着沈阳安全基础设施建设步伐的加快，城市基础设施安全管理水平与建设国家中心城市和创建国家安全发展示范城的要求不适应、不协调的矛盾日趋凸显，部分地区仍存在总量不足、标准不高、运行管理粗放等问题，我们应厘清短板，积极采取措施提升沈阳基础设施安全运行水平，全力建设国家安全示范城市。

1）规划编制体系有待完善，对城市安全发展支撑不足

目前沈阳涉及基础设施安全运行的相关规划门类不全，对影响城市公共安全的基础设施布局、建设、运行情况缺少总体考虑，急需进一步健全规划编制体系，补全各类基础设施建设、运行、管理专项规划的编制。

2）基础设施建设标准偏低，供需矛盾问题突出

浑河局部段、秀水河、北沙河等河流防洪标准偏低，不能满足城市快速发展需求。沈阳市防火设施不足，全市现有消防站 76 座，不满足 5min 救援时间内覆盖城

市建设区的要求，消防站辖区面积过大。沈阳城市供水水源以大伙房水库地表水源为主，地下水源为辅，存在单一源头断供导致大面积停水风险；老城区排水防涝设施落后，中心城区三环内积水较为严重，沈阳为全国60个内涝灾害严重、社会关注度高的城市之一。

3）综合防灾体系有待完善

中心城区内缺少市级应急物资储备库；全市应急避难场所254处，未达到规范规定的短期（15d）人均有效避难面积 $\geqslant 2.0m^2$ 要求。部分防灾设施存在监测、预警、管控能力有待提高等问题，智能化管理水平有待提高，管理效率有待加强。

3　目标与思路

统筹安全控件规划建设，优化防灾减灾空间格局，构建安全韧性城市，贯彻"以防为主、防抗救相结合"理念，通过提升防灾减灾标准，加强智慧监测预警，优化城市公共安全空间格局，推进重大防灾减灾工程建设，完善城市公共安全及综合防灾管理体系，全面提高灾害防御能力，筑牢防灾、减灾、救灾人民防线（图2）。至2035年，防灾、减灾、救灾能力达到科学、高效的现代化水平。

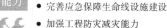

空间格局	统筹城市应急避难所和救灾、疏散通道等安全控件规划建设，优化城市综合防灾减灾空间格局。	建设能力	加强防汛抗旱、防震减灾等防灾减灾骨干工程建设，提高重大建设工程、生命线工程的抗灾能力和设防水平。
	● 完善疏散通道体系 ● 优化避难场所布局 ● 构建应急管理单元		● 完善应急保障生命线设施建设 ● 加强工程防灾减灾能力 ● 提高应急救灾、恢复重建能力
评估预警	针对气象、地质、生命线系统事故、城市工业化事故等主要灾害，建立统一的多种灾害风险评估和监测预警体系。	管理实施	明确各部门在综合防灾中的职责，加强公众参与，发挥市场力量，实现全社会抗灾。
	● 完善监测预警机制，形成统一的综合数据库 ● 深化多灾种风险评估，识别易损区域 ● 提升防灾减灾标准，重点应对地震洪涝灾害		● 建立综合防灾管理体系 ● 加强人才队伍建设 ● 加大防灾减灾宣传

图2　韧性城市建设思路

（1）优化防灾减灾空间格局，统筹应急物资储备库、应急备用地、避难场所、疏散通道等城市安全空间规划建设，构建安全韧性城市。

（2）高标准规划防洪、消防和生命线工程，提高设施的抗灾能力、救援水平。统筹水安全保障，全面提高城市防洪标准；优化消防救援空间布局，完善消防设施建设。

（3）建设完善监测预警网络体系，提升防、抗、救灾能力，包括推进地震预警服务中心、抗震救灾应急指挥平台建设，加强危险品企业管控，完成危险化学品综合治理工作，加强人防工程配套等。

（4）提升各部门综合防灾中的管理水平，建立完善的综合防灾管理体系，加强公众参与，发挥市场力量，实现全社会抗灾。

4 规划策略

4.1 打开顶层设计"总开关"

将城市基础设施安全纳入城市总体规划，把安全运行的基本要求和保障措施体现到城市安全发展大格局中，明确目标、重点任务，在总体规划指导下，梳理基础设施专项规划编制清单和编制计划，进一步完善沈阳安全发展规划体系。要以提高沈阳基础设施的承载力为目标，协同推进消防、地质灾害、危险化学品灾害防治等防灾类专项规划的编制工作，建立应对各种灾害和突发事件的防灾空间和防灾设施系统，提升沈阳防灾减灾能力。完善电力、燃气、给水、排水等市政规划的编制，构建标准高、应急强、安全稳定的能源和水利保障体系，为城市市政基础设施安全运行奠定扎实基础；开展慢行交通、停车场等交通专项规划的编制，着力建设便捷、高效、安全的综合交通体系，保障城市交通的畅通和安全；通过不断完善规划编制体系，加大规划落地实施力度，实现沈阳更高质量、更可持续安全发展。

4.2 优化韧性空间布局

合理设置应急避难场所。结合公园、广场、城市绿地、学校、体育场馆等设施推进避难场所分级建设，至 2035 年，人均应急避难场所面积力争达到 $2.0m^2$。构建分级疏散救援通道体系。依托青年大街、一环、二环、东西快速路等城市快速路、主干路，构建涵盖救援主通道、疏散主通道、疏散次通道、一般疏散通道的分级疏散救援通道体系。保障应急救援空间。预留城市应急留白用地。保障中央救灾物资沈阳储备库、市级储备库建设空间，建立市区（县、市）两级应急物资储备库，共同构建应急物资储备网络。实施公共卫生事件精准防控，建立"以人为本，防治结合、平疫结合"的健康防疫体系，统筹各级医疗卫生机构，健全分级、分层、分流疫情救治机制。

4.3 强化韧性工程建设

在符合辽河流域洪水调度方案的前提下，规划中心城区浑河防洪标准为50~300年一遇，蒲河中心城区段防洪标准为50年一遇，其他段防洪标准为20年一遇。通过加固堤防、整治内河、设置行泄通道等措施构筑防洪工程体系，通过采用渗透、滞蓄、雨水利用等技术构筑排涝工程系统，构建与城市经济社会发展相适应的现代化防洪减灾体系，全面提高城市防洪排涝能力。建设完善城市、森林消防体系，至2035年，按照接到出动指令后5min内到达辖区边缘的要求布置消防站，全市消防站数量达到160座，中心城区达到115座。完善公共卫生救治设施建设，建设辽宁省传染病医疗救治中心，健全公共卫生防疫体系。

对标北京、上海等国家中心城市建设，沈阳应以系统完善、承载力强为总体目标，构建高标准、高水平、高效能的基础设施体系。建设"多源并重，集约高效"的供水系统，提升市政用水普及率至100%；建设"厂网配套、全收全治"的污水处理系统，规划污水处理率提升至100%；完善"海绵渗透、防涝除险"的雨水调蓄体系，全市暴雨重现期标准提升至3年以上；打造"双源环网、安全可靠"的智慧电网，供电可靠性提升至99.999%；建设"多源多向、区域互联"的燃气供应保障系统，规划气化率达到98%，全面增强基础设施供应服务能力。

4.4 提升韧性智慧管理

针对城市主要灾害，完善各类突发公共事件监测系统，加强关键基础设施监测监控，建立应急管理综合应用平台，建立健全安全风险数据库；开展风险隐患调查，划分城市灾害风险区，实施分区分级差异化管控。提升风险监测能力。充分利用物联网、卫星遥感、视频识别、5G等技术，优化自然灾害监测站网布局，实现重点行业领域安全联网监测[3]。以感知设备智能化、网络化、微型化、集成化为特征，提高灾害事故监测感知能力。提升预警报警能力，发展精细化气象灾害预报体系，优化地震长中短临和震后趋势预测，提高安全风险监测预警公共服务水平和应急处置的智能分析。完善突发事件预警信息发布，提升发布覆盖率、精准度和实效性。建立重大活动风险告知制度和重大灾害性天气停课停业制度，明确风险等级和安全措施要求。把沈阳打造成地上地下一体化的"安全透明城市"，实现城市基础设施安全风险的及时感知、早期预警和高效应对，在全市打造"万物互联"的城市基础设施数字体系，全面提升信息化、智能化水平[4]。

5 结语

韧性城市建设是城市应对多种灾害的思路，综合防灾突破传统的单灾种防御形式，以对各类灾害防范和应急为出发点，建立由防灾应急管理与防灾应急设施组成的城市综合防灾应急体系，全面提高城市防御各类灾害的能力，实现对城市的安全保障。在基础设施建设时，应系统梳理自然资源领域风险点，查找薄弱环节，设施规划布置时，应以多中心、网络化、分布式为原则，降低区域灾害风险水平，提高城市韧性和可持续发展能力。

参 考 文 献

[1] 邵亦文，徐江. 城市韧性：基于国际文献综述的概念解析 [J]. 国际城市规划，2015（2）：48-54.

[2] 石婷婷. 从综合防灾到韧性城市：新常态下上海城市安全的战略构想 [J]. 上海城市规划，2016（2）：13-18.

[3] 冯浩，张方，戴慎志. 综合防灾规划灾害风险评估方法体系研究 [J]. 现代城市研究，2017（8）：93-98.

[4] 郭小东，苏经宇，王志涛. 韧性理论视角下的城市安全减灾 [J]. 上海城市规划，2016（2）：41-44.

交通规划四阶段法在澳门新马路及周边的运用

龚韬略

（澳门城市大学）

摘要：本文结合澳门特别行政区近年来的城市发展与交通规划等情况，采用传统的交通规划四阶段预测方法，对澳门历史城区中，新马路及周边连接道路的交通流进行细致调查分析，研究路段是澳门历史城区中唯一主要干道，自20世纪30年代开始，就一直是澳门特别行政区重要的经济、文化、政治中心，对澳门整体发展，具有十分重要的意义。本文在基于澳门的经济调查、相关政策、相关文献等研究下，首先，利用增长率法对研究区域内的交通流进行预测；其次，在历年的统计数据的基础上，通过重力模型，对交通流流向分布进行预测；采用非线性趋势模型，对居民的机动出行方式进行预测；最后，借助 TransCAD 交通规划软件，进行交通量分配。通过预测结果，对澳门未来城市交通规划提出分析与建议。

关键词：四阶段法；交通流预测；城市交通；TransCAD；澳门特别行政区

1 绪论

1.1 研究背景

澳门特别行政区，地处珠江西岸，是大湾区城市发展和珠澳发展的核心地带。作为一座多元城市，做好交通流预测是至关重要的，因为其对于一座城市的公共设施、经济发展、居民生活环境、生态环境质量等多个关键方面都有所涉及。

首先，澳门是世界上人口密度最高的城市之一，交通拥堵是一个常见的问题。为了让城市规划者能够更好地采取措施来引导减轻拥堵，准确的交通流预测有助于观测高峰时段和高拥堵区域。并且，交通流预测作为城市规划的基础，能帮助规划者了解未来交通需求的趋势，为城市更新和发展提供指导。

其次，建设世界旅游休闲中心是澳门未来发展的定位，因此，准确的交通流预测对旅游业和经济带有重要的影响。它能帮助旅客可以更好地规划他们的旅行方略，选择最优的出行方式与出行时间段，避免拥堵，有助于提高旅客的出行体验和满意度，从而吸引更多人群来澳门游玩。同时，也能让规划者进一步了解旅游业的需求与趋势，了解高峰旅游季节、旅客聚集点、旅客出行习惯，为进一步做好城市规划，提供重要的参考依据。

通过交通预测，能更全面地考虑出行者的决策过程，进而更准确地估计交通流需求，同时因为四阶段法可以考虑不同的交通模式如汽车、公共交通、步行等，可以帮助规划者制定综合的交通策略，促进多种模式的协调和配合，为澳门旅游提供良好的交通，并为今后积累宝贵的实践经验。

本次交通预测是以澳门历史城区中亚美打利庇卢马路（以下简称"新马路"）为核心（图1），其位于澳门中区-2与中区-3的交界处，是澳门历史城区现有规划中唯一一条主干道，东端接殷皇子大马路，由南湾大马路起，西端至火船头街与巴素

图1　本次交通预测影响范围

图片来源：作者自绘

打尔古街之间，自20世纪30年代以来，一直是澳门商业、交通、旅游业的中心，十分繁华。其周边连接线路，南至澳门岗顶前地，北至大三巴牌坊。该路段作为城市的重要交通枢纽，在促进澳门陆路交通运输系统的长远发展、推动陆路交通运输系统的升级的同时，具有十分重要的意义。

本次交通流的预测以《澳门特别行政区城市总体规划（2020—2040）》[1]与《澳门陆路整体交通运输规划（2021—2030）》[2]为主要依据，对澳门新马路及周边连接线路的交通流进行细致的调查与分析。在经济基础调查、相关政策研究、查阅文献的基础上，对新马路及周边连接线路的交通现状、旅游业发展、社会经济及未来发展趋势进行充分的研究，较为准确地把握研究范围在区域网络里的功能定位，在此基础上进行定性分析，为交通流分配阶段的相关工作做好准备。采用国际通用的"四阶段法"，利用 TransCAD 软件，对预测年的道路网整体进行拟建，从而进行交通的预测。"四阶段法"包括交通小区的划分、交通生成、出行方式划分及交通流分配，以 OD 调查为基础，对未来的交通量进行计算，并将预测年的 OD 流量分配到路网中，为今后规划者能更好地进行城市交通规划与政策制定提供相应的依据。本次预测年限为2030年，与《澳门陆路交通规划》年限一致。

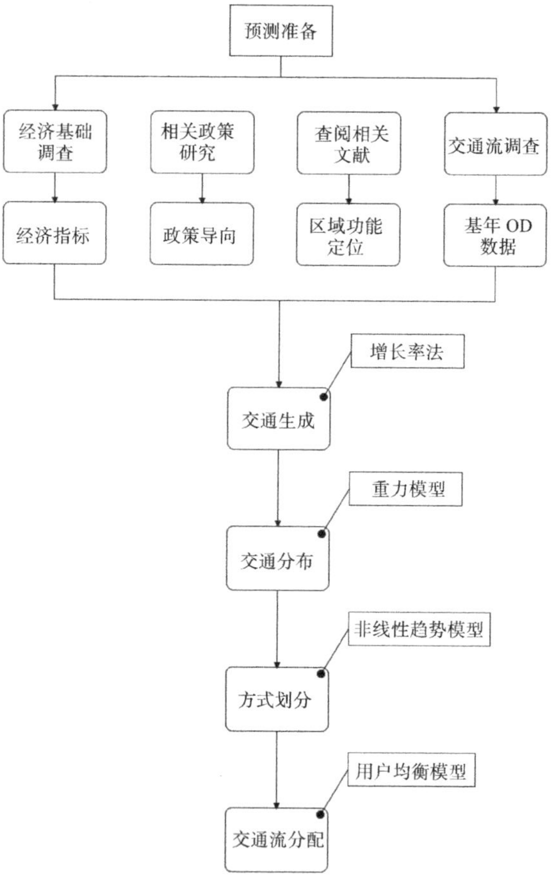

图 2　本文的研究技术路线
图片来源：作者自绘

本文的研究技术路线如图2所示。

1.2　交通四阶段法相关理论

"四阶段法"是目前城市交通规划中广泛运用于交通预测理论与实践的方法之

一。在 20 世纪 30 年代，美国成立了世界第一个交通工程学会——美国交通工程学会，主要研究的内容之一就是预测交通量。1962 年，美国芝加哥发表的《*Chicago Area Transportation Study*》被认为是四阶段法的诞生标志；1962 年，美国制定联邦公路法，直接性促成交通规划理论与方法的形成与发展。开始时，交通预测只分为交通发生、交通分布、交通分配三个阶段预测。20 世纪 60 年代后期，在日本广岛都市圈，首次对不同的交通出行方式进行新的预测内容的划分，至此，交通预测划分为交通生成预测、出行分布预测、出行方式划分预测、交通流分配四个阶段预测。

（1）交通生成预测阶段，即研究未来年，对象地区内，各个小区居民交通出行发生量与吸引量。同时，交通出行发生量需要考虑的主要因素包括住户的收入特征、人口特征、车辆的拥有特征等。交通出行吸引量需要考虑的主要因素包括土地面积与性质、建筑面积与性质、土地使用形态等。

（2）出行分布预测阶段，即根据当前土地利用社会发展变化、各个交通小区的经济特征、现状 OD 分布图，预测出未来各个交通小区之间的交换量。

（3）出行方式划分预测阶段，即预测各种交通出行方式在研究范围内的交通小区所占比例或出行数量。通常来说，是对出行的个体数据进行调查，再加以分析与研究，得出各种出行方式的初始分配比，然后再根据社会发展变化、政策导向等相关变量，作出预测。

（4）交通流分配阶段，将预测到路网上的所有交通流量数据，以各个交通小区 OD 分布矩阵作为输入文件，根据路网中所有线路的阻抗函数或出行时间，将每个 OD 对间的交通流分配到路网的对应路径上。

1.3　国内外研究现状

四阶段法在西方国家提出得较早，应用得分非常广泛，是城市与地区的交通规划和管理最常使用的工具，对于规划者来说，它能帮助规划者满足不断增长的出行需求、减少拥堵、提高交通系统的运行效率，从而促进城市的可持续发展。美国的 Michael D. Anderson，在《*Dynamic Trip Generation for a Medium-Sized Urban Community*》[3] 中提到，通过对动态交通分配模型在形成建模过程中提供时间作为衡量标准，来帮助规划者在事件管理和智能交通系统中进行决策，为中型城市社区开发动态行程生成模型，结论表明，这项工作在开发模型中可以提供动态的行程生成数据，并代表动态运输模型成为可行资源。美国 Brian Voigt 的《*Testing an Integrated Land Use and Transportation Modeling Framework for a Small Metropolitan Area*》[4]

中，介绍了佛蒙特州的土地利用和交通模型的实施，来测试在采用动态连接的交通需求（TDM）与假设随时间变化的静态区域时输出模型的差异，通过比较该地区40年模拟的两个方案（有无TDM），得出证明结论：两个模型在中央位置的交通分析区（TAZ）的差异相对较小，但外围的TAZ的差异明显且更具易构性。Keunhyun Park 发表了《*Intrazonal or interzonal? Improving intrazonal travel forecast in a four-step travel demand model*》[5]，他认为目前基于重力模型的区域内，预测设计有缺陷的假设，主要是因为对区域大小、土地利用、街道网络模式存在差异的考虑。通过来自美国31个不同地区的交通数据，开发出一种通过包含更多建筑环境变量和使用多级逻辑回归来增强传统的模型。

20世纪末到21世纪初，交通流预测领域的方法和技术逐渐被引入我国，相较于微观交通模拟法、多模态交通模型等方法，四阶段法有更广泛的应用，其逻辑明确、覆盖全面，在实际的项目中取得了广泛的运用。李香静在《我国城市交通规划模型研究应用现状及发展趋势》[6]中阐述了对我国城市交通规划模型的未来发展提出建议，提出为了加强各个地方城市交通的科学规划与建模，应当给予行业管理部门相关的政策支持，并在定期的交通调查的背景下，对活化城市的模型体系进行升级，充分地将传统的交通调研法与大数据挖掘相结合、互补。王颜在《基于四阶段法的旅游交通量预测》[7]中，以基年的路网交通OD调查数据为基础，运用四阶段法，在连接湖北恩施到重庆万州的高速公路上，证明了该方法在旅游交通量的准确性与可操作性。徐新颖在《采取改进四阶段法的市域轨道线网客流需求预测》[8]中，考虑到我国某些城市的中心城区与乡镇的居民在出行特征存在差别，提出了一种能在市域范围内进行预测的方法，其以福清市交通流数据为范本，在传统的四阶段法上，分别建立中心城区与市域客流的预测模型，结果通过作用于交通分布模型的反馈机制，循环迭代，直到平衡收敛，最终证明基年的交通流预测结果符合迭代收敛的断定标准，为在面对不同情况下的交通流预测提供了新的思路。牛虎在《四阶段法交通需求预测的局限与非集计模型的发展》[9]中提出，现在随着社会的发展，与集计模型相比，非集计模型具有更多的优点，并表示，随着非集计模型的深入研究，在包括交通在内的许多领域，会更加广泛地应用。王鹏在《澳门对外铁路客运量及客流分配研究》[10]中提出，加快构建澳门融入国家铁路网快速客运通道体系，对打造高效便捷的交通网具有重要意义与作用。

从目前国内现状研究来看，大部分理论从国外引入是正确的做法，许多学者在结合我国实际国情的情况下，对某些方法模型进行了改进。而在澳门特别行政区，因为其区域较小、交通环境复杂、中西文化交叉等实际因素，目前对交通流预测的研究较少。

2 交通流预测过程

2.1 交通预测范围

本次交通研究选择在澳门历史城区之内。历史城区以澳门旧城为中心，串联 20 多个历史建筑，东至东望洋山，西至内港码头，南起妈阁山，北至白鸽巢公园，在研究范围周边，包含妈阁庙、港务局大楼、郑家大屋、大三巴牌坊等 22 座建筑及 8 个广场前地。2005 年 7 月 15 日，这个历史城区根据文化遗产遴选标准 C 被列入《世界文化遗产目录》。

因澳门历史悠久，城市饱和度高，街道错综复杂，并且早期并没有完整、科学的城市规划，导致现在的行政分区，并不能很好地表现交通道路的特性，因此，为能更加全面地反映区域内路网的交通特性，本次交通研究范围，以澳门新马路为中心，结合澳门公路网的规划，选定可能对本研究对象产生影响的相关主要干线道路，重点分析主要道路交通量的特性。

影响区域内，研究的连接主要道路有：新马路、南湾大马路、营地大街、新腾街、水坑尾街、西填马路。次要道路有：新填巷、苏雅利医生街、天通街、东方斜巷、夜啼斜巷、岗顶前地、红窗门街、三把仔横街、宫印局街、风顺堂街、傅礼士神父街、巴掌围斜巷、摆华巷、卑第巷、大堂斜巷、美丽街、板樟堂街、伯多禄局长街、哪吒庙斜巷、大炮台斜巷、医院后街、圣美基街、水井斜巷、和隆街、高园街、大三巴街。

研究范围如图 3 所示。

2.2 澳门居民出行特点

根据澳门特别行政区交通事务局的《交通出行调查》，澳门本地居民平均日出行次数，从 2009 年的 3.05 次，减少到 2019 年的 2.39 次。其中，机动行程占 1.28 次，步行行程占 1.11 次，并且机动行程主要集中在澳门本岛内部，占 73.3%，跨岛出行占 21.8%，而离岛内部的机动行程最少，只占到 4.9%。本地居民的出行方式比例也有所变化，从 2009 年到 2019 年，巴士的使用比例从 45.5% 增长至 49.7%，私家车的使用比例从 21.8% 增长至 23.7%，摩托车的使用比例从 40.6% 下降至 34.9%。早

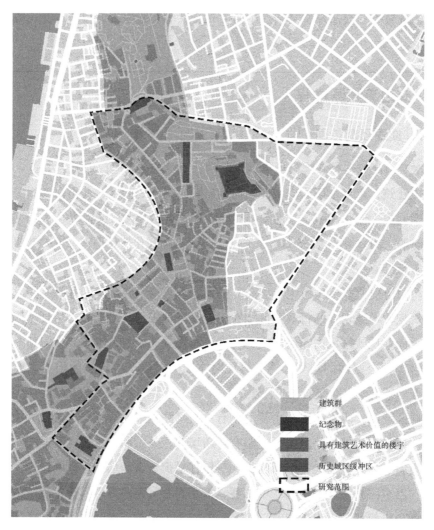

建筑群

纪念物

具有建筑艺术价值的楼宇

历史城区缓冲区

研究范围

图 3　研究范围

图片来源：作者自绘

晚高峰分别是早上 8 点至 9 点和下午 5 点至 6 点，在此时间段出行人数最多，分别占到 10.8% ~ 12.6%。

2.3　交通小区划分

考虑到研究区域位于澳门历史城区内，带有复杂的历史遗留问题，在基于当前的居民出行调查与城市土地性质和土地利用的实际情况下，将主要地区的交通小区划分为 1 ~ 3km²，议事亭前地至耶稣会纪念广场，因基本全为步行路段，所以划分为一个交通小区。因为澳门目前以公共巴士作为主要出行交通工具，所以结合巴士站点的吸引力范围，以及服务半径为 0.3 ~ 0.7km，划分出 14 个交通小区，如图 4 所示。

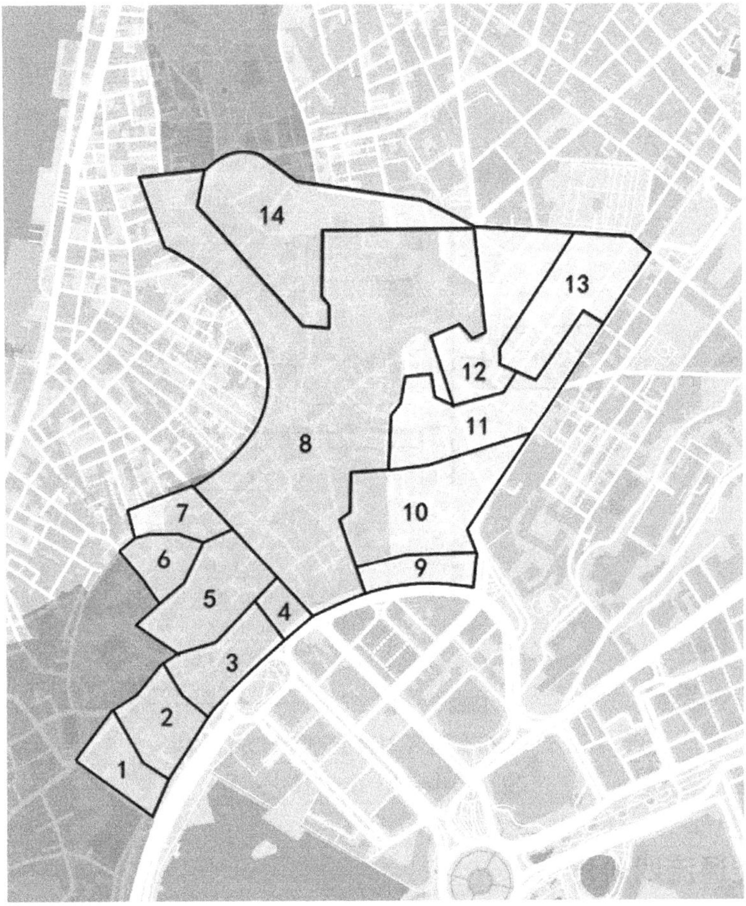

图 4　预测区域交通小区划分图

图片来源：作者自绘

2.4　目前常用数学模型

交通模型是一种综合的数据模型，用以反映交通系统的内在规律。它以数学、图形、影像和视频等形式来描述交通现象，同时结合了多个学科领域的理论，如交通工程学、社会学、人口学、经济学、统计学、行为学和信息学。通过运用数理方法和计算机软硬件设备，交通模型为交通决策的各个阶段，包括政策制定、规划、建设、投资、运营和管理，提供了重要的定量分析工具。

迄今为止，广泛运用的城市交通规划模型体系，是以"四阶段法"交通需求预测模型为主，我国当前城市交通规划理论研究常用的城市交通规划模型理论与方法体系如图 5 所示。

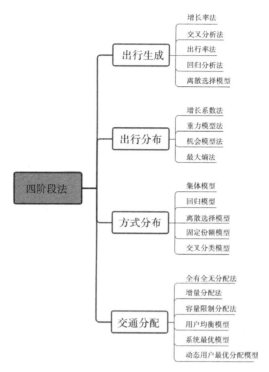

图 5　城市交通规划模型理论与方法体系

图片来源：作者自绘

3　交通流四阶段法

3.1　交通生成预测

根据澳门特别行政区居民出行现状特征，考虑未来的城市规划与社会发展，采用增长率法对对应影响区域的趋势发生量进行计算。通过以下公式，来计算各交通小区之间趋势交通的发生量与吸引量。

$$p_{ni}=p_i \times (1+R_t)^n \qquad (1)$$

$$A_{ni}=A_i \times (1+R_t)^n \qquad (2)$$

式中：

p_{ni}——第 i 交通小区第 n 年交通发生量；

p_i——第 i 交通小区基年交通发生量；

R_t——第 i 交通交通增长率；

A_{ni}——第 i 交通小区第 n 年交通吸引量；

A_i——第 i 交通小区基年交通发生量。

3.2 出行分布预测

新马路及周边连接线路，位于澳门繁华地带，周边的土地开发已经趋向饱和。目前，关于出行分布的预测方法，主要有增长系数法、Fratar 法、重力模型法等方法。本研究采用重力模型法进行预测。

重力模型核心原理源于万有引力定律，该方法不仅可以强调交通分布与交通系统之间的联系，而且可以综合考虑研究区域内社会的经济增长、出行空间、时间阻碍等因素，更能符合城市交通分布的实际情况，公式如下：

$$q_{ij} = \frac{O_i \times D_j \times F_{ij}}{\sum (D_j \times F_{ij})} \qquad (3)$$

式中：

q_{ij}——交通小区 i，j 出行分布量；

O_i——交通小区 i 出行发生量；

D_j——交通小区 j 出行吸引量；

F_{ij}——交通阻抗函数。

交通阻抗函数 F_{ij} 应结合具体的出行时间、距离、出行费用等参数。

3.3 方式划分预测

新马路及周边线路的交通流主要由日常通勤、旅客客流构成，居民出行常采用的交通工具包括出租车、公共巴士、私家车、摩托车等。不同的出行方式，其出行特征也有所不同：出租车与私家车出行速度较快，出行更具有灵活性，出行距离更远，出行时间为 25～30min；摩托车出行更便捷，出行时间为 20～25min；公共巴士出行更经济，出行时间为 35～40min。本次方式划分预测，主要集中在出租车、公共巴士、私家车与摩托车，运用非线性回归模型中非线性趋势模型来确定各出行方式的分摊率，公式如下：

$$y_{kij} = a + bx_t + cx_t^2 + \in_t \qquad (4)$$

式中：

y_{kij}——交通小区不同机动出行方式分摊比例；

x_t——预测年限；

a，b，c——模型参数；

$\in_t$——误差参数。

结合澳门过去10年出行方式分配比例、澳门未来城市规划、社会经济发展、政策导向等因素，居民机动出行方式预测结果如表1所示。

居民机动出行方式分摊比例预测结果 表 1

居民机动出行方式分摊比例表					%
预测年限	出租车	公共巴士	私家车	摩托车	合计
2030	8.40	46.77	28.66	16.17	100.00
2040	9.50	47.68	29.40	13.42	100.00

3.4 交通流分配预测

采用 Trans CAD 提供的用户均衡分配模型（User Equilibrium）来预测相关交通道路的交通流。UE 模型：假设用户完全掌握交通路网的运行信息，并且所有用户按照自己出行广义费用最小的原则选择其行车路线，得出新马路及周边线路的交通流预测结果，如图6所示。

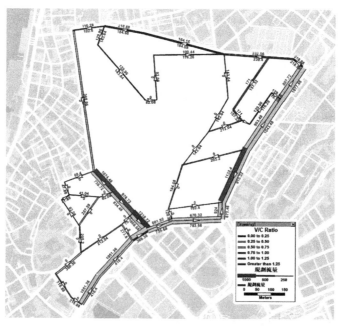

图 6 2030年新马路及周边线路预测结果

图片来源：作者自绘

4 交通流预测结果分析

根据当前预测数据，对澳门新马路及周边线路的交通流进行分析，得出以下结论：

首先，居民的机动出行方式，至 2030 年，出租车约占比 8.4%；公共巴士约占比 46.77%；私家车占比升至 28.66%；摩托车占比约 16.17%。与当前相比，出租车、公共巴士、私家车占比都有缓慢的上升，摩托车下降较快。公共交通的分摊率，至 2030 年可达到占比 55% 左右，基本能够实现《澳门特别行政区城市总体规划（2020—2040）》中公交分摊率（居民及旅客利用轻轨、巴士和的士出行占机动化出行总量的比例）提高到 55%～60% 的目标。但私家车的数量同样也在按每年 2%～3% 的速度增长，而根据《澳门陆路整体交通运输规划（2021—2030）》中预计，澳门至 2030 年，新增道路仅 22km，年均增长率预计维持在 1% 以下，道路的建设速度赶不上机动车的增长与出行需求的增长，尤其是在老城区内，交通道路的建设难度较大，进而导致交通道路的压力持续增加，主干道的高峰时期，基本处于饱和状态。

其次，澳门早高峰主要集中在 7：00～9：00，晚高峰从 16：00 开始逐渐上升，至 19：00 达到峰值，19：00～20：00 后，逐渐回落。公交车站客流分布较为集中，交通线路具有明显的潮汐特征，在早晚高峰具有明显的向心客流与离心客流。

目前，高峰时段，交通流主要集中在南湾大马路、新马路、水坑尾街三条主干道上。其中，因为新马路是澳门市区前往关闸口岸与青茂口岸的重要道路之一，所以在早高峰时，由北向南方向的交通流最为集中，晚高峰则是由南向北最为集中。而南湾大马路，是澳门特别行政区为数不多双向双车道道路，在高峰时段，也可以满足居民出行的需求。水坑尾街周边，因是商业、居民、学校、政府部门混合的地带，在高峰时段，会有大量人流、车流，对交通道路的需求较大。

而研究范围内的次要道路与支路，基本都能够满足正常的通行，但由于营地大街、东方斜巷等道路，是人车混行的道路，导致车道的通行能力并不高，在高峰时段，仍会造成小范围的拥堵。

5 建议

5.1 改善城市空间结构

当前澳门的主干道，在早晚高峰时期，十分容易引发城市交通拥堵问题，这在很大程度上是城市空间规划的问题。因为澳门早期缺乏整体的规划，所以道路的建设与延伸并没有考虑得十分周全，而随着城市化的发展，城市本身自带的极强向心力，导致原有的道路交通远远不能满足当前需求。

因此，需要从根本上优化整体空间布局，统一规划城市交通，尽量加强城市发展规划、城市交通规划、城市轨道交通规划。

考虑到澳门目前整体交通规划很难进一步提升，建议尽快完善轻轨的建设，将澳门半岛区与氹仔区通过轻轨串联，形成较为完善的路网，可以极大地改善公路交通。

5.2 注重基础数据的更新

澳门交通流的基础数据的调查对于未来预测结果有较大的影响，澳门特别行政区目前对居民的详细调查数据较为匮乏，因为澳门独特的社会背景与悠久的历史发展，导致数据收集与调研工作繁琐且困难，所以定期进行大规模进出数据的更新尤其重要，它可以反映出最新的出行特征与交通现状的可靠性，提高交通客流预测准确度。

5.3 政府加强推动"公交优先"与"控车辆"两项政策

近年来，在澳门交通已供不应求的情况下，私家车仍在逐年增加，导致交通的需求与供给之间越发不平衡，应当给予更多的公交优先的政策，提高公共交通的舒适度与智能度，让居民们都更愿意乘坐公交出行。

其次，应该控制好新增车辆，例如加收牌照费、燃油费等价格措施，缓解交通压力。

未来，在澳门建设轻轨形成完善的路网，定然会对澳门整体的交通流造成很大影响。未来的澳门城市发展与建设，应该尽量紧密围绕轻轨交通站点建设，使得交通站点周边，能够成为新的城市商业、政治、科技等领域的中心，进而引发新的交通需求，根据距离车站的远近来合理地利用土地性质。

5.4 设置潮汐路段

目前，澳门新马路饱和度高、路段拥堵的主要原因之一，是这条道路会横穿澳门历史城区，而为了打造澳门旅游路线，将原本机动车可以快速通过的路段，设有人行斑马线，因红绿灯信号的缘故，导致整体车速较低，十分影响道路的通行能力。可将此处的人行斑马线，设为潮汐路段，在早晚高峰时，减少或禁止行人在此处斑马线通行，当车流量较大时，加强道路的通行能力。

6 结语

考虑到澳门目前正在大力建设、完善轻轨交通网，到 2030 年，轻轨线网的规模效益能初步体现，从而引导居民更倾向于公共交通，分担当前以公共巴士为主的交通出行方式。

随着粤港澳大湾区、横琴粤澳深度合作区等国家重大战略部署的深入推进，澳门旅游业逐步发展，旅客对于出行便捷、舒适、经济等需求也进一步增加。改善澳门的交通流现状与预测未来交流，提前进行整体的交通规划，为澳门当地居民与游客，带来更高效便捷的交通网具有重要意义与作用。

参 考 文 献

[1] 中华人民共和国澳门特别行政区政府. 澳门特别行政区城市总体规划（2020—2040）. 2022.

[2] 中华人民共和国澳门特别行政区政府. 澳门陆路整体交通运输规划（2021—2030）. 2022.

[3] ANDERSON M，MALAVE D. Dynamic trip generation for a medium-sized urban community[J]. Transportation Research Record Journal of the Transportation Research Board，2003，1858：118-123.

[4] VOIGT B，TROY A，MILES B，et al. Testing an integrated land use and transportation modeling framework for a small metropolitan area[J]. Transportation Research Record Journal of the Transportation Research Board，2009，213（2133）：83-91.

[5] PARK K，SABOURI S，LYONS T，et al. Intrazonal or interzonal? Improving intrazonal travel forecast in a four-step travel demand model[J]. Transportation，2019.

[6] 李香静，刘向龙，刘好德，等. 我国城市交通规划模型研究应用现状及发展趋势[J]. 交通运输研究，2016，2（4）：29-37.

[7] 王颜，王卫峰，杜厚俊. 基于四阶段法的旅游交通量预测[J]. 公路，2011（1）：167-170.

[8] 徐新颖，赖元文，马振鸿，等. 采用改进四阶段法的市域轨道线网客流需求预测[J]. 福州大学学报（自然科学版），2020，48（3）：375-381.

[9] 牛虎. 四阶段法交通需求预测的局限与非集计模型的发展[J]. 交通标准化，2007（12）：73-76.

[10] 王智鹏. 澳门对外铁路客运量及客流分配研究[J]. 铁道运输与经济，2023，45（5）：38-44.

历史街区市政设施规划研究

——以江门长堤片区规划为例

骆瑞华

（广州市城市规划勘测设计研究院）

摘要： 历史街区是承载历史记忆、传递文化底蕴、体现城市风貌的重要城市单元，具有建筑密集、街巷狭窄的特点。通过江门长堤片区历史街区保护规划项目，分析历史街区市政基础设施的现状特点；以提高街区人居环境、提升生活品质、保障街区安全韧性为目的对街区市政基础设施提出基本需求和目标；以保护为主、遵循肌理的原则对街区市政基础设施进行品质提升研究并提出基本建设技术指引。

关键字： 历史街区；人居环境；品质提升；安全韧性；遵循肌理

1 引言

当我们沉浸在城市现代化的快速发展带来的视觉、物质享受，感慨城市的日新月异的变化的时候，同时大量承载着历史记忆、传递文化底蕴的历史街道，随着年轻人慢慢离开，逐渐失去活力，陈旧的房屋变得不适人居，最终逐步消失被时代的发展所淘汰。

历史街区是城市历史文化资源的重要组成部分，不仅是城市历史文化的物质载体，同时也是城市中居民生活、活动的重要空间场所和城市职能的构成单元，是城市的重要文化遗产，具有高度的历史、文化和艺术价值。正因为如此，对历史街区进行改造更新时，必然会涉及社会、经济、文化等多方面的内容，当中不仅包括历史文化的保护、空间环境的整治、城市经济的发展，还与居民生活等问题息息相关。本次结合江门长堤片区历史街区保护规划项目，对其中市政工程规划子项进行研究，编制具备承载历史、提升品质、保障安全韧性的市政规划方案。

2 项目概况

长堤历史文化街区位于江门市中心城区组团蓬江（江门水道）北岸，属江门蓬江区白沙街道，是江门旧城中心，也是江门的发源地，包括常安、范罗岗、圩顶、石湾四个社区。街区较为完好地保留了原有格局和风貌，占地面积近 0.8km²，有不可移动文物 6 处、历史建筑 71 处和具有保护价值的传统建筑超 2000 栋，包括保存较好的骑楼超 1000 栋，规模之大、分布之集中，广东地区乃至全国罕见，是江门山水特色、侨乡文化、近代城市建设、商业发展的杰出代表（图 1）。

图 1　规划范围详细规划图

规划发展定位是将其打造成江门原点、侨都印记，发展目标是延续岭南之肌、五邑之脉，打造以"开埠故地，城央客厅"为主题的岭南五邑侨乡文化活态传承典范。

3 设施特点

历史街区具有"年代久远、建筑密集、街巷狭窄"的特征，那么其配套的市政设施是不是也具有类似特征呢？根据该项目的现场踏勘情况，市政设施现状特点如下。

3.1 品质不高、配套不足

街区巷道雨水多采用地面漫流排放方式，雨水口破损、堵塞现象存在，积水容易造成水浸内涝；生活垃圾产生量大，垃圾收集点设置不足，临时收集点过多，易产生异味影响人居；配电房（箱）老旧、路边立台架变压器、用户管线裸露设置，不美观，影响交通和市容（图2）。

图 2　设施现状图（一）

3.2 标准不高、隐患较大

街区巷道雨水多为地面径流排放、合流管排水；供水管沿墙裸露且大部分生锈，建设管道年代久远；三线架设混乱、极不规范；街区人口稠密、交通混乱，私搭乱建、占消防通道经营等现象较普遍，街巷供水管管径普遍不满足设消火栓规范要求（图3）。

图 3　设施现状图（二）

4　规划研究

针对历史街区这一富有历史意义又承载老一辈乡愁的地方，我们作为城市规划工作者，需将规划市政基础设施做到功能与品质并重、提升民生安全保障，既能满足基本需求又有本质的品质提升，既能承载记忆又展现活力、商机、安全韧性。历史街区市政工程规划需要从以下几个方面进行思考、研究。

4.1 具有文化保护意识

需首先考虑文化遗产的保护问题，要充分考虑历史街区的文化价值，保护历史建筑、街道、广场、街灯、雕塑等文化遗产，防止文化遗产受到损坏或破坏。

4.2 完善基础设施

需要考虑基础设施建设完善的问题，要考虑历史街区的供水、供电、通信等基础设施建设，提高历史街区的生活质量和经济发展水平。

4.3 提高安全性

需要考虑街区安全问题，要考虑历史街区的自然灾害、火灾、煤气泄漏等风险，采取相应的措施，提高历史街区的安全性，避免人员和财产损失。

4.4 改善居住环境

需要考虑环境改善问题，要考虑历史街区的垃圾处理、"三线"整治、绿化、城市亮化等环境改善措施，提高历史街区的环境品质和市民的幸福感。

5 技术路线

分析长堤历史文化街区范围内现状市政设施布局情况，以及现状存在的问题，根据现代生活的物质和精神需求，对规划范围的市政基础设施改造需求进行分析。在保护文物古迹、历史建筑及历史环境要素的前提下，完善长堤历史文化街区的市政基础设施，将市政基础设施规划的新思路、新理念引入历史文化街区内，同时在保证工程管线的运行安全的基础上，制定历史文化街区范围内市政管线建设指引。

6 规划方案

本项目市政工程规划工作内容可归纳成"评估、完善、提升、指引"八字（图4）。

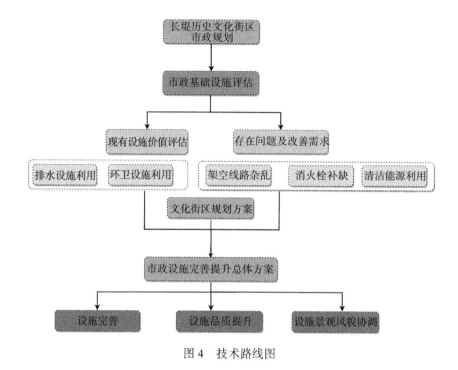

图 4 技术路线图

6.1 评估改造

通过规划范围内市政管线物探结果及现场调研，从管道建设年代、标准提高后的管道规格和设施与规划目标的协调性等多方面进行评估，最终对现状管道和市政基础设施提出拆除、迁改的建议，并提出必要的改造措施（图5、图6）。

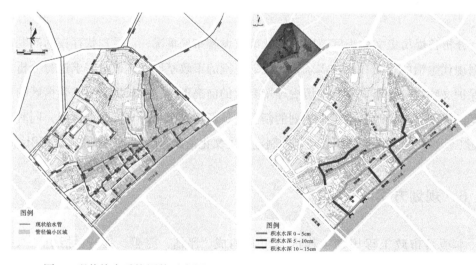

图 5 现状给水系统评估示意图   图 6 现状排水系统评估示意图

本项目对核心保护范围提出莲平路、兴宁路、太平路、上步路、石湾直街等道路供水管、合流排水管不符合建设标准和规划目标，莲平路、仓后路路边变压器等设施需要对其进行升级改造。仓后路、仓兴路、书院路、宝善路等其他路段管道均保留。

6.2 完善升级

根据市政设施现状分析，结合历史街区特点，针对项目中排水、消防、环卫、通信、电力等基础设施的不足进行补充完善（图 7 ~ 图 10）。其中，排水设施主要是合流制系统的分流制改造及海绵规划落实，完善雨水管（边沟）及部分污水管道建设；消防设施是按 80 ~ 120m 间距补充消火栓和设置消防微站；环卫设施是按 70m 服务半径补充垃圾收集点；通信设施是结合发展需求设置综合通信机房及二级光交箱；电力设施是从用电量增容升级改造变压器和新增充电桩的设置。

图 7　建议消防微站

图 8　建议垃圾收集点

图 9　综合防灾规划示意图

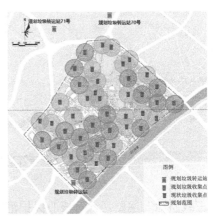
图 10　环卫工程规划示意图

本项目补充完善基础设施有：消防微站 3 处、消火栓 42 处、垃圾收集点 21 处、充电桩 10 处。新建雨水管道约 4.2km、污水管道 1.4km。

6.3 品质提升

品质提升主要体现在于人居环境和生活品质上，本次项目开展"狭窄街巷市政管道建设"和"三线整治"两个专题研究。

"狭窄街巷市政管道建设"研究通过借鉴"南京小西湖"微型管廊经验和结合《历史街区工程管线综合规划》标准，根据本项目的特点和发展要求规划建议在莲平路至太平路段、石湾直街建设微型管廊，其他狭窄路段采用非常规（不满足规范）直埋方式，并建议统一实施（图 11 ~ 图 13）。

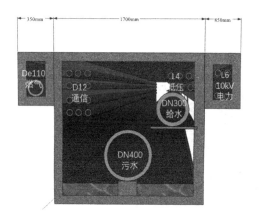 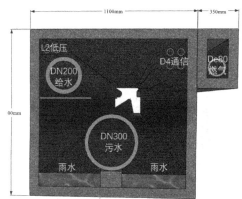

图 11　综合管廊 2.9m×2.1m（莲平路至太平路）　图 12　综合管廊 1.5m×1.3m（石湾直街）

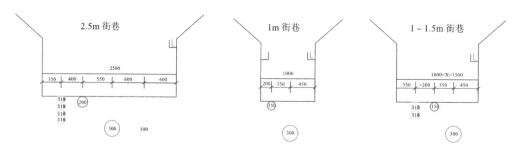

图 13　狭窄街巷管道规划横断面图（非常规）

"三线整治"主要是针对核心保护范围内架空线路，通过借鉴广州三线整治、佛山老旧小区综合改造等城市成功经验和广东省住房和城乡建设厅发布的《关于支持城镇老旧小区"三线"下地及智慧化改造示范项目》文件精神，考虑历史街区的低压电力线路接户多而密的特点，因此规划提出范围内 3m 以上街巷原则上通信线路按 2 孔下地、低压电力主干线路下地，支线规整改造的建议，并结合街巷建筑特点（骑楼、洋房等）分别提出线路规整的方式（图 14、图 15）。

 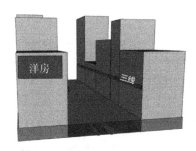

图 14 三线"规整"整治规划示意图

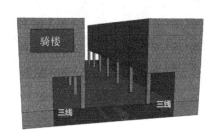 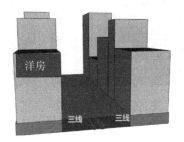

图 15 三线"下地"整治规划示意图

6.4 建设指引

遵循肌理建设市政基础设施。根据规划范围内街区的不同定位、街巷不同宽度、管线不同专业提出管线综合规划建设指引（图 16 ~ 图 19）。

历史街区街巷整治：原则上 3m 及以上道路三线都要进行下地；3m 以下根据情况有条件下地。通信改造线路放置于道路西北侧，强电线路改造后布置于道路东南侧。

现代街区街巷整治：根据后续建设需求进行三线整治，整治原则遵循历史街区三线整治原则。

中压电力线路改造原则：将 10kV 架空线改造为电缆需严格落实保护性施工，确保电力设施安全运行。将现状台架变改造为箱式变。

低压电力线路改造原则：3m 及以上街巷的现状低压电力线路，在技术经济方案对比较优、改造资金充裕、落实电缆分接箱安装位置等前提下，优先考虑改造为电缆；3m 以下街巷的现状低压电力线路，结合实际情况有条件下地；现场受限无法落地的，建议采取街码等规整方式架设，但需保持与街区风貌相互协调。

光纤通信网络及下地原则：由四家运营商主网光纤进入一级光交箱，再通过"多网合一"的二级光交箱后，采用 2 芯 1 同轴的通信入户方式。历史街区范围内 1m 以上街巷按 2 孔进行下地整治。

图 16 "三线"横跨巷道实施图　　　　图 17 新增垃圾收集点实施图

图 18 "三线规整"实施后巷道现状图　　图 19 "三线下地"实施后巷道现状图

面向城乡统筹区域协调发展的村镇供水模式及其适宜性研究

胡小凤[1] 宋兰合[1] 贾钧淇[2] 陈 瑜[1]

（1.中国城市规划设计研究院；2.中规院（北京）规划设计有限公司）

摘要： 改革开放40多年来，我国城乡生活饮用水的供水安全保障能力和服务功能不断增强，逐步探索出适用于不同条件的多种模式的城乡统筹区域协调发展的村镇供水。本文通过分析目前村镇供水的主要模式及类型，影响村镇供水模式选择的因素及适宜性条件，为其他地区村镇供水模式的选择提供参考。

关键词： 城乡统筹；村镇供水模式；适宜性分析

1 发展背景

改革开放40多年来，我国始终遵循坚持和发展中国特色社会主义道路，工业化和城镇化进程快速推进，城乡人民生活水平日益提高，经济社会发展取得了举世瞩目的伟大成就。"城乡统筹区域供水"[1]是新时期围绕新格局、新战略、新要求，面向城乡统筹区域协调发展的村镇供水新模式，要统筹谋划、优化布局、提升技术和创新机制，打破历史遗留下来的以城乡户籍区别管理为基础的、以城乡行政区划为分离界限的城乡供水二元结构藩篱，通过城乡基础设施共建共享、城市管网延伸服务、镇村集中连片供水、提升技术装备、供水技术支援等不同方式和推进部门协同、优化经济政策、改进运营机制等综合措施，大力改善村镇供水状况，着力解决城乡基本公共服务均等化方面目前尚存在的显著差距，实现村镇供水与城市供水在水质、管理和服务等方面同标准，为满足人民群众对美好生活的向往提供饮用水安全保障。

从管理体制上讲，住房和城乡建设部与水利部在城乡供水方面有着清晰的分工，根据"三定方案"，住房和城乡建设部指导城市供水、节水、市政设施等工作；水利部指导水利行业供水和乡镇供水工作、农村饮水安全工程建设管理工作、节水灌溉有关工作。但是在准确把握我国所处的发展阶段，遵循经济社会发展的客观规律，通过城援乡、城带乡方式的城乡统筹区域供水逐步实现城乡供水一体化的认识上，始终与党中央保持着高度的一致。住房和城乡建设部"城乡统筹区域供水"与水利部"城乡供水一体化"，不是对问题的不同表述，而是分别表述了不同的方面，后者表述的是发展目标，而前者是达到发展目标的实现途径[2]。

2　主要模式及类型

按照建设形式及运维模式等不同，目前国内城乡统筹村镇供水可以分为城市管网覆盖服务、城市管网延伸服务、城市供水转供服务、镇（建制镇）带村集中连片供水、城市供水企业接管运营5种基本类型[3]。

2.1　城市管网覆盖服务

城市管网覆盖服务，也被称为城乡一体化供水，适合于国内特大城市和超大城市，如北京[4]、上海、天津、广州的中心城区以及无锡市等人口密度高度集中、城市与农村仅有城乡户籍差别，而经济社会交往已经融为一体的所谓"城乡接合部"区域。这是有利于供水企业提高供水设施利用效率、近郊村镇提高供水水质的双赢模式，是国内所有城市在发展过程中自发性形成的普遍形态，适合城市供水就近连管方便的所有城乡接合部。

2.2　城市管网延伸服务

城市管网延伸型主要是依托大城市中心城区，在供水服务满足本区域仍有结余的前提下利用市政管网向城乡接合部和近郊农村地区供水。国内很多地区如北京市中心区、江苏部分地区中心城市通过市政管网延伸实现了向周边近郊村镇供水。北京市中心城区主要由第九水厂、第十水厂、田村山水厂、郭公庄水厂进行供水，其中第九水厂是北京市最大的地表水厂，该水厂供水能力170万 m^3/d，2000年已全部建成投产，水厂供水量占全市公共供水量的20%，供水范围除中心城区，还辐射了昌平和清河的部分区域，以及海淀山后等近郊区域。江苏部分地区中心城市实行分级供水分级管理的，也属于这种类型。这种类型的供水服务，其特点是中心城市供水企业负责制水和输水，通过枝状管网向村镇输水，管网末端的村镇用户具体服务委托村镇经济组织，大多带有趸售特征，适合村镇聚落具有一定规模、用水需求比较稳定、距离中心城区不太远且地形较为平坦的平原地区。

2.3 城市供水转供服务

城市供水转供服务一般采用的是"市建水厂、镇建管网、市供水到镇、镇转供到村"的转供水模式，如江苏省江阴市的区域供水模式，即由江阴自来水公司负责制水、售水至供水有限责任公司，镇水厂再以趸售价向供水有限责任公司买水后，转售给村镇用水户。其中，供水有限责任公司由受益镇政府共同出资组建，有利于调动村镇政府的积极性，做到风险共担、利益共享。同时，江阴市自来水公司以技术入股，委派相关人才任经理、总会计师、技术人员等，负责具体的业务管理工作，有利于加强企业管理、降低成本、技术进步。

2.4 镇（建制镇）带村集中连片供水

镇（建制镇）带村集中连片供水是指依托县城等建制镇的供水系统，向建制镇、多个村、乡（集）镇用户供水，其主要有村镇集中、跨村、联村、连片等形式，一般通过新建、改建或扩建现有水厂，通过同一供水系统向用户或集中供水点供水[3]，具有一定规模，供水安全程度较高。镇带村集中供水主要针对镇村地理位置联系紧密、镇有较好的供水条件，能够实现供水管网向村镇延伸，实现镇村集中供水。

2.5 城市供水企业接管运营

城市供水企业接管运营主要指城市供水企业从水源落实、管网建设到运行管理全链条运营，如扬州，2006年前扬州是城—镇二级趸售供水模式，2006年扬州市自来水公司出资2200万元注册成立江源供水有限责任公司，由其作为法人主体全面收购、兼并和经营、管理村镇水厂。市自来水公司负责制水，以及建设、管理、维护市区至村镇计量水表前的所有供水管道和设施并承担其运行费用；江源供水有限责任公司负责建设、管理计量水表和村镇内部的供水管道及设施，其下属村镇供水公司向市自来水公司购水后再向村镇用户零售，批零差价作为村镇供水公司的运营空间，主要用于人员工资、管网维护、经营管理等方面的费用。

3 影响因素及适宜性分析

城乡供水发展路径或者说一个时期的具体模式，必然受到当地自然禀赋、城乡经济社会条件、供水行业技术、管理体制机制等客观因素的巨大影响[5]，相关分析汇总于表1。

3.1 地形地貌特征

村镇供水工程的模式选择应重点考虑地理特征因素，平原、山区、丘陵或沙漠等地貌特点决定了该地区的村民居住分散程度和供水形态，将影响供水工程的水源设置、净水策略、输配水设置和运维特点等，对供水工程的供水成本和规模有决定性的作用。

3.2 水资源环境

水源的水质和承载能力也是村镇供水工程模式选择的重要参考因素。水质良好、水量充沛、开采后不影响原有功能的地表水源，或不影响地下水水位持续下降、水质恶化或地面沉降的地下水源，可以作为大中型农村集中供水工程的水源；对于水源、水质、水量不能满足要求的，需要更换或增加水源，增加调蓄工程或实施跨区域调水时，此时大规模的集中供水极可能增加投资、增加供水成本。

3.3 经济社会发展

村镇供水工程模式选择还应考虑当地经济发展水平，充分利用原有设施，避免浪费，同时也可以避免或者减少给原有供水工程经营者造成损失。

3.4 技术经济合理性

由于引入了市场机制，社会资本和私人资金都可以成为村镇供水工程的投资主体，因此其供水模式的选择应着重考虑经济合理性，即供水成本。供水总成本主要包括水源地工程成本、制水成本、输配水成本和其他费用。研究表明，供水半径的增加将导致水价上升和基准收益率下降，因此存在最佳供水范围。另外，巨额的投资往往需要贷款和利用外资解决，还本付息和供水初期无法立刻达到设计供水能力的经济压力，容易使企业陷入经济困境。此外技术进步也会影响供水规模边际化成本。

表 1

村镇供水模式影响因素及适宜性分析

模式	影响因素					
	地形地貌特征	水资源环境	经济社会发展	经济技术合理性	管理机制
城市管网覆盖服务	以平坦地形为主，便于供水管网延伸铺设	水资源充沛，可以满足区域用水需求	一般依托经济发达的特大及超大型城市或者人口密度高度集中的苏南地区	促进区域城乡协调发展，区域内村镇地区持续高质量发展，为实现共同富裕提供支撑	须整合服务面积内的多级供水单位，进行统一管理，存在对区域跨多个行政划区的情况，较为复杂
城市管网延伸服务	以平坦地形为主，便于供水管网延伸铺设	水资源充沛，可以满足区域用水需求	城市应具有良好基础，供水基础设施能力有冗余，与延伸区域社会经济交往密切	合理配置城市产过剩供水产能，促进区域城乡协调发展	将城市供水管理机制与管网同步延伸，对于有一定基础的城市结构比较简单
城市供水转供服务	对于地形要求相对较低，适合地形条件一般及较差区域	对集中水资源的要求不高	适用于由于地形条件差等原因导致管网无法辐射区域，以及社会经济交往不紧密的区域	支援方单位应具有一定技术和人员储备，输出技术应符合援助地区当地实际情况	风险共担，利益共享，管理机制需明确各方职责和利益
镇带村集中连片供水	镇与村相连区域地形平坦，适合管网连接	镇区集中水源水量充沛	区域内无较大城市，镇供水基础设施能力应有一定冗余，镇村社会经济交往密切	促进村镇区域融合发展	以镇原有管理机制为基础向外延伸，取决于镇原有管理水平
城市供水企业接管运营	地形条件要求不高	水资源相对充沛，供水水源相对集中	城市经济发达，具有辐射带动功能	通过规模化供水提升规模效应，减少供水的成本	须建立整合供水单位的统一管理体系，需上级政府参与制定规则

3.5 管理机制

目前大多村镇小型集中供水工程采用"非专业人员驻厂＋专业人员定期巡检"的运管模式。大量农村供水工程由村委会直接管理，一线人员多为村干部或临时雇佣的非专业人员，应对工艺运行状况改变能力明显不足。此外，生产设备自动化程度低、用水计量体系建设亟待完善、水价机制尚不成熟、信息化管理水平低、社会资本参与农村供水程度较低、"源头到龙头"水质监测体系尚未形成等问题仍然存在。目前各地也在不断探索新的管理机制，进一步细化工作任务，强化属地管理责任，强化绩效考评，将年度农村饮水安全情况纳入对区县级政府、村镇级政府绩效考评的关键指标，使考核制度真正成为保障村镇供水安全的重要手段。此外，新标准的提高也将有力推动供水行业设施设备改造，强化供水行业的检测能力与应急能力建设，促进供水行业的高质量发展。尤其是对经济欠发达地区、水源条件不好、管理水平较差的中小型水厂形成较大的压力，也会助推各地尤其是村镇供水模式更趋于城乡统筹。

4 结束语

社会发展到一定程度以后，具有集约化特点的城乡统筹区域供水就成为解决村镇饮用水安全问题的主要供水方式。在具体的建设过程中，应严格按照国家的政策，对城乡供水的现状进行充分的分析，建立完善的城乡供水设施，解决农村居民的饮水安全问题，保证供水的可靠性，从根本上提高农村居民的生活质量，实现城乡居民共同富裕的美好愿景。城乡统筹区域供水，要充分考虑以下五个主要问题。

4.1 坚持城乡统筹，促进城乡协调发展

发展城乡统筹集约供水需要对农村供水的现状进行进一步的调查和评估，针对农村供水中存在的问题进行认真的分析。结合国家统一部署、集约化发展、标准化建设、市场化运作、专业化管理，完善城乡统筹区域供水的长效机制，以满足城乡居民不断提高的用水需求。

4.2 坚持因地制宜，遵循自然经济规律

要充分考虑自然条件、经济社会条件、技术资源情况，立足自身特点，顺应城

乡经济社会发展不同阶段要求，因地制宜选择适合地区发展的村镇供水模式，避免简单粗暴生硬照搬，切忌采取一刀切推进方式。

4.3 坚持统筹兼顾，协调好多方面关系

注重协调发展，强调中心城市的带动作用，明确县城是联系城乡的重要载体，同时充分调动村镇内生动力，形成城区—县城—村镇逐级统筹的城乡供水体系，避免出现小马拉大车的问题。同时要注意协调政府和企业、部门与部门之间的关系，使得政府主导与市场资源配置相结合，建立合作机制形成部门合力，调动各方面的积极性。

4.4 坚持质量第一，实现建管结合

村镇供水管网大部分呈树状分布，管道距离长、地形复杂、加压和减压点比较多，如果发生爆裂等诸多问题，人工巡查艰难，检修成本高、效率低。供水管网建设作为供水工程中保障供水效率和水质安全的重要环节，是当前村镇供水面临的一项艰巨任务。村镇地区管网建设要提高标准，实现管网的规范化运维，真正做到建管统一，避免建设标准低、质量差、管理粗放造成村镇地区供水管网漏损严重。

4.5 坚持智慧引领，提高管理水平

建立供水信息管理系统，充分利用移动互联、互联网以及 GIS 等多种先进的技术手段，建立供水信息管理平台，提高城乡供水的管理水平。

参 考 文 献

[1] 郑小明，舒诗湖.城乡统筹集约化供水的实践与思考 [J].净水技术，2011，30（6）：82-85.

[2] 赵友敏，徐佳.浅议城乡供水工程发展历程和规律及对我国农村供水发展的启示 [J].水利发展研究，2016，2（12）：60-63.

[3] 何维华，钟泽斌.区域性供水模式的研究 [J].给水排水，1998，4（3）：11-14.

[4] 刘天元.北京市城市供水问题及服务延伸调研 [D].北京：北京工业大学，2019.

[5] 武睿，郭卫鹏，姜博铭，等.广东省村镇一体化供水模式探讨与实践 [J].低碳世界，2022，12（1）：22-24.

系统化韧性城乡洪涝防治策略

廖昭华

（北京市首都规划工程咨询公司）

摘要： 2023 年夏，华北"23·7"特大暴雨引发的洪灾，不仅给北京、河北人民带来惨痛的伤害，也深深影响了全国对洪涝灾害防治、水务建设理念、社会应急管理、地下空间建设等的讨论和思考。其灾难本身既有气候变化下极端暴雨的发生，也暴露了现有工程技术体系的不足，更显示了天灾人祸的管理短板。基于新时期气候、安全、发展、技术、社会等背景，分析现代城乡建设面临的洪涝风险变化和特征，提出了包含工程、管理、预警、救助、重建在内的整体洪涝应对体系，并构建了外洪拦挡、下游疏导、内源控泄、低地蓄滞、竖向统筹、下凹治理、涝区减灾、次灾联防、风险预警、社会互助十个要素综合运用的体系，将韧性城市洪涝防治建设策略更加系统化。

关键词： 系统化；韧性城市；洪涝防治；建设策略

1 时代背景

1.1 气候变化下极端洪涝灾害

1）国内典型灾害

2004—2013 年，我国洪涝灾害造成直接经济损失占全部气象灾害损失的 39.5%，死亡人口占比超过一半，是对我国社会经济影响最为严重的自然灾害之一[1]。之后经大规模防洪建设和水利治理，全国受灾人口有显著减少趋势，尤其是 2010 年以后受灾人口急剧减少。2011—2020 年洪涝灾害造成的受灾人口较上十年减少了 35.6%，死亡人口呈显著减少趋势，较上十年减少 52.7%[2]。

随着气候变化引发极端暴雨，国内近十年又发生了多次影响全国洪涝治理和标准理念的灾难事件。续 2021 年河南"7·20"洪灾后，2023 年 7 月底海河流域发生历史罕见特大暴雨，北京门头沟、房山、昌平山洪普遍暴发，海河流域 8 条河流发生有实测资料以来的最大洪水，其中涿州地区长时间被洪水围困。至 2022 年 8 月松花江发生编号洪水，种种洪涝灾难表明，基于我国地理复杂、人口稠密、气候多变、雨季集中等特点，防大洪汛、大水灾、大涝险任重道远。

2）国外典型灾害

根据相关文献对全球紧急灾难数据（EM-DAT）的统计，1900—2018 年间，在所有自然灾害中，全球灾害易发性最高的是洪水，占灾害发生总频次的 33%，其中洪灾造成的死亡数量排第三位，占 21%[3]。重大洪水灾害受灾人口及受灾损失的数量变化在时间尺度上分布不均，不仅具有持续性的特点，而且随着时间的演进，重大洪水灾害受灾人口及经济损失总体上呈现上升的趋势[4]。

2005 年 8 月美国新奥尔良、2013 年 8 月俄罗斯远东地区、2018 年 8 月印度南部喀拉拉邦、2018 年 7 月西日本、2019 年 8 月尼日利亚、2021 年 7 月西欧、2022 年 2 月澳大利亚昆士兰等特大洪水……都有全球气候变化的影响。2021 年，联合国政府间气候变化专门委员会（IPCC）第六次评估报告提出，全球会出现更多更强的极端降水。

1.2 高质量时期安全发展要求

在 2014 年前，1994 版《国家防洪标准》以单一人口规模规定了城乡各类各级防洪标准；2014 版《国家防洪标准》在城市防洪标准中增加了当量经济规模概念；后续更新或新颁的《"十四五"国家应急体系规划》《全国山洪灾害防治规划》《城镇内涝防治技术标准》及"加强城市内涝治理意见""城市排水防涝设施建设工作"等法规文件，均更强调了对公众生命和财产安全的保护。至 2020 年习近平总书记提出"人民至上、生命至上"，安全成为城乡高质量发展最优先的底线要求。

1.3 新十年治水理念发展脉络

以北京为例，即以 2012 年、2021 年为关键时间节点，洪涝治理重心经历了不同的发展阶段。2012 年"7·21"洪灾改变了全社会对大暴雨、大洪水的认知，促进制定了 2013—2016 年"水利工程建设实施方案三年行动计划"，分批次连续实施了大规模的中小河道治理，基本提升了全域洪涝防治标准；2016—2019 年实施"进一步加快推进污水治理和再生水利用工作三年行动方案"，2019—2022 年实施第三个《北京市进一步加快推进城乡水环境治理工作三年行动方案》，2023 年启动《北京市全面打赢城乡水环境治理歼灭战三年行动方案（2023—2025年）》，解决了污水直排、水体黑臭、环境水质等问题；2022年编制《河道规划设计导则》，开展了滨水景观、环境、公共活动的融合创新探索。2022年始，受金安桥、旱河路铁路桥涝灾影响，再次加强了对洪涝灾害不确定性和突发性的重视，全市进一步开展了中心城洪涝风险图的制定发布并对数百个积水点开展一点一策的工程对策研究。

1.4 信息技术支持融合管理

传统水利聚焦于河湖水系等大空间，城建着眼于排水管网等小系统，之间还有大量的暗沟、明渠、坑塘、洼地等水体；加之海量的雨水篦子、管段、井室及排口，以及新理念下众多的雨水利用、径流控制、海绵渗蓄、流域调水设施，这样的一个复杂巨系统，随着仿真模拟、虚拟现实、数字孪生技术发展，现阶段已具备在智慧水务统筹下，实现洪涝安全的全要素、全定量、全过程、全动态融合管理。

1.5 人民时代社会共治的来临

自党的十八大以来，"共享、共建、共治"和"精治、法治、共治"理念深入人心，随着人民网领导留言板、"12345"政务服务便民热线、相关利益人意见征求、公共事务公众参与等制度的完善，公开化、知情权、建言制等概念已深入人心。随着公民参政议政和权力意识不断发展的进程，社会和市民将更广泛参与到公共工程实施和公共政策制定，防洪排涝系统的社会共治时代将很快来临，而且将不仅仅是规划设计的共治，更是决策、治理、应灾的共治。

2 现代城乡的洪涝风险变化

2.1 立体城市

珠江水利科学研究院统计了粤港澳大湾区15个高密度城市典型流域，与城市化前相比，城市化后流域最大3h暴雨洪峰流量平均增加了41%[5]。城镇除了大量硬化带来产流急剧增大，更由于城市中大量建筑、设施、道路、活动空间不断向立体和垂直发展，带来了城市洪涝新的特征和压力。在地表空间，除峰值径流量和汇流速度大大增加外，复杂竖向关系和非受控地表汇流，短时间在低点区形成积水路段和受淹地块；在地下空间，大量的地下商业、地下车库、下凹桥区、下沉广场，由于先天低洼地势风险和排涝设施规模限制，往往在平坦地区成为受灾最重、在起伏地区成为最易致灾的高风险点。

2.2　地形沉降

城市高强度开发对地层荷载压力和地下水过度利用的双重影响，加剧了地下水超采地区的地表沉降问题。区域地面沉降的发展过程是相对缓慢的，且空间影响范围大，南水进京后，局部地区实施地下水资源限采禁采措施在短时期内难以产生对地面沉降的明显抑制作用，地面沉降防控形势短期内仍然严峻[6]。地面沉降会造成管道沉降，除了显性的排水标准严重降低外，还会引发断头、错位、起伏、逆坡、破损等严重管线病害问题，造成隐性的管线失效失能。从流域尺度看，地面沉降导致流域河道的下泄能力减弱，当区域地面高程下沉 1m 时，保定、廊坊、衡水等海拔在 20m 左右的区域，河道过流能力减少约 5%；雄安新区附近平均高程约 10m，河道过流能力将减少 10% ~ 15%[7]。

2.3　城乡一体

随着我国城镇化率提高，城镇群和城市连绵带持续扩张，在经济发达地区和平原地区，人口、工业、集体产业、新型农业、大型基础设施不断外溢，现阶段的城乡一体既表现在空间上，也表现在安全标准和设施水平上。乡村相对低标准不再具有合理的经济、社会优势，更违背了人民时代同权平等理念。在小空间局部节点和组团尺度，可以根据经济损失、社会影响、工程投入等采取不同的标准和策略。在大空间整体洪涝安全上，骨干的闸坝、堤防、分洪、调蓄等工程的标准、等级、管理应趋于一致，实现城乡一体、全域保护、价值趋同。

2.4　洪涝交织

传统上水利与城建行业在"洪""涝"上界定分明，农田水利还有"排渍"概念，在各自管理体系下运行。随着城乡一体化发展，洪涝互相影响、互为因果的关系越来越紧密，流域洪水漫溢和顶托造成支流内涝加剧，平原内涝下泄和强排又形成下游地区外洪。通常，大暴雨情况下，山区丘陵型城市坡降大的区域出现急流不足为奇；而平原城区暴雨内涝是雨水排放不及、汇入低洼区后积水成灾的现象，其严重程度一般取决于积水深度与历时。但在超强暴雨袭击下，排水管网宣泄不及，街道由于阻力小往往就成为雨洪肆虐的通道，当地表雨洪汇入城市地下空间时，更容易出现滚滚激流，对车辆、行人安全构成极大威胁[8]。以 2021 年郑州"7·20"中地铁5号线事件为例，即是由严重内涝冲毁围墙倒灌隧道，其流量、流速、水深、历时等主要表现为外洪特征，造成按常规内涝概念建立的防护工程和应急措施失效。

2.5 电力风险

三大用能对象，生产、生活几乎100%依赖电力驱动，绝大多数人工生态系统也都离不开电力支撑。洪涝灾情发生时，通信、调度、运输、抢险主要依赖于电力能源运行，而对电力系统而言，水是最大的风险，随着"全电时代"到来，电力设施在建成区以"景观化、小型化、地下化"为目标增容扩建，在新建区以"兼容、复合、风貌"为引导向地下空间延伸，除了大量的地表箱变设施面临超标洪水威胁，更多的公共设施电源安排在地下空间，进水即失去应急功能，尤其承担"一供一排"的供水输配设施和雨洪排涝泵站，均完全依赖于配套电力设施运行，发生大洪水时风险极高。

2.6 老幼群体

现阶段中国人口同时呈现"老龄化""低幼化"特征，处于生理技能、智力机能较弱阶段的老人幼童，面对复杂的交通、新增的设施、变化的场景、日新的通信，在日常难以开展适合和有效的预警培训、应急演练；在洪涝灾害来临时，即便有相应标识和引导，也难具备迅速理解、接受、响应的能力，老幼群体最易成为洪涝灾害的悲剧者。特别是老年人群，随着移动通信技术的发展，人们获取信息的方式发生了根本改变，特别是智能手机的普及，成为灾害预警信息发布的重要方式。但对老年人群而言可能就变得非常困难，加之这一群体普遍存在行动不便等困难，导致在每次灾害中，老年人等弱势群体伤亡占比较高[9]。

3 新时期洪涝应对体系

3.1 完善工程以整体防护

洪涝是最频繁和最严重的自然灾害，难以主要通过非工程措施和应急抢险应对，永久工程体系和设施有主动防护、自动运行、系统联动的优点，对防堵洪涝发挥着不可替代的作用。在"人民至上、生命至上"理念下，洪涝防护工程体系重点应以全地域全对象保护为底线，以满足新安全标准为目标，以创新工程技术为手段，以各种拦蓄分滞泛避措施为组合，以风险缓急排工程分期，以地下和下凹空间防护为重点，进一步完善整体洪涝防治工程体系。

3.2 突出统筹要叠加效能

洪涝是众多自然灾害的一种，虽然成因、风险、措施等不同，但其发生时空、应对机制、交通保障、通信服务等具有相似性。随着信息共享、资源开放、公共参与的发展，应进一步推动洪涝整体应对机制的完善，并引入民间力量和社会监督，实现行政角色不变、目标各有侧重、资金互为支撑、资源协调共享、审批交叉促进、应急刚弹结合的叠加效能。在洪涝工程体系、绿色蓄滞空间、分级竖向组织、合理高低分水、工程缓急分期、应急互联融合各个方面实现"规、建、管、督"的统筹协调。

3.3 全程预警促防减管理

洪涝灾害既是工程、运行、应急管理，也是一种多情景预防管理。基于详细空间数据、先进模拟技术和降雨水情预测能力发展，可以从长期到短期，由模糊到精确，实现洪涝模拟、洪水演进、灾情评估的过程化、动态化、可视化，以一种"透明""立体""预研"的视角，实时分析、评估、指挥，促进事前预警防范、事中应急减灾、事后救助重建的高效响应和科学决策。

3.4 社会互助显正义公平

2022 年，党的二十大明确了要健全社会保障体系，让现代化建设成果更多更公平惠及全体人民，着力维护和促进社会公平正义。新时期进一步强化政策、行政、社团、民间、保险等全国民参与的社会互助制度，体现价值共同、人人平等、公平正义。

3.5 灾后重建促全新面貌

改革开放后短时间内我国解决了国民基础住房保障的同时，遗留下相当的棚户区、老旧小区，存在选址安全隐患、布局不够合理、结构强度偏弱、养护明显失修、竖向先天不足等诸多问题。对于洪涝高风险地区，可以通过灾后重建解决历史形成的不合理选址和工程质量问题，以短痛换来重建后的绿水青山和长治久安。以北京 2012 年"7·21"洪水为例，灾后重建促成了彻底解决拒马河山区沿线长期大规模的私搭乱建和圈滩占河；包括 2022 年郑州"7·20"灾害，也暴露了地下空间利用、行泄通道管理、次生灾害等问题，可以通过灾后重建实现对洪涝体系和水域空间的全面治理。

4 韧性洪涝防治建设策略

4.1 外洪拦挡

基于各地复杂的地形地势、人口分布、城建历史等因素，我国相当部分地区，尚处于人多地紧、人水争地的发展阶段，"还河流以空间""多自然河川""自然水利""河园融合"等理念实施有很大难度。洪水，尤其是大洪水其水量规模、洪水过程、行进速度、淹没范围、水质污染等影响远远大于城市内涝，现代城市集聚规模、运转特性和复杂交通造成预警、应急、抢险、转移等非工程措施在严重洪涝时部分失效，逃难避险通道和安全避难场所短时间也难以大规模组织和实施，在相当长时期内，完善的洪涝拦挡工程仍是最有效、最直接、最安全的措施。

4.2 下游疏导

在漫长中国城乡发展历史过程中，早在"大禹治水"时代即提出"宜疏不宜堵"的理念，各地的古代城市和村落，一般都在城市开挖护城河填筑城墙、在村落开挖湖塘填垫地基，既实现"择高而居""临水而居"，又供应水源从事渔业、还兼有消防功能。随着现代城镇向自然河畔低地扩展，自然地表水系空间不断被侵占和丧失，与城镇开发加剧产流共同加大了内涝威胁和灾情。目前我国随历史建成沿袭的广泛位于自然低地的城镇、村落，从社会经济、交通居住、历史保护，到故土难离的心理层面，短期都难以大规模搬迁或改造，"还河流以空间"只能是一个适度和长期的概念。

通过分洪、泄洪、调洪、滞洪工程，充分利用自然地形地势，控制和调度水头，将洪水向下游人口少、损失小、地势低、林田广的排洪通道、承泄水域和洪泛区疏导，将整体风险和损失降至最低。

4.3 内源控泄

自20世纪60年代推行BMP（最佳雨水管理系统）以来，国际上发展了多种雨洪管理概念，包括美国的低影响开发，欧盟的"可持续排水系统"，澳大利亚的"水敏感城市设计"，新加坡的"ABC"（A代表活力；B代表美丽；C代表清洁），我国的"海绵城市"等理念。从世界各先进国家来看，都致力于推广可持续的雨洪管理。通过管理初期雨水进行水质的管理，管理设计重现期下的峰量和洪量进行水量的管理，以达到控制面源污染、减轻洪水威胁、创造多样景观、保护生态系统及科学水资源管理的目的[10]。自 2013 年，我国提出建设自然积存、自然渗透、自然净化的"海绵城市"以来，经近多年的发展，源头控制、项目减排已从理念探索发展至建设实践中，相关规划设计中径流、水质管控等已得到进一步明确和要求。

下阶段雨洪管理技术，可以进一步探索根据地块类型、规模、地势、区位等，把复杂专业计算要求转化为不同条件下，按用地、建筑控制的更直接、简化的流量或设施指标，实现地块出口流量限流管控，减少计算设计误差、系统运行成本和人为管理影响。

4.4 低地蓄滞

过去城乡建设过多占用了河湖洼地自然空间，造成城畔坑塘洼地被填埋、沿河漫滩低地被开发，改变了自然地表水体的运动规律，加剧了洪涝泛滥，造成防洪排涝工程规模不断加大。在全新非建设空间、生态空间、安全空间管控理念下，随城乡结构优化、聚居形态发展、生态空间管控，可以充分利用自然条件，在保障农林等生产功能下，发挥低地空间调蓄、滞洪的综合作用。

城镇建设空间外，低洼的生态空间和农业空间可以兼容滞洪功能，并根据农林产条件设定不同洪水频率下分级运用方案，分担大中型湖泊和蓄滞洪区调控水量，既缓解骨干调控工程压力，又有利于本地水资源滞留和利用。城镇建设空间内，应在空间规划前期，优先分析洪涝灾害风险、保留自然坑塘低地，公园绿地结合防灾布局。城镇建设街区内，各类小微绿地应兼容雨水调蓄功能，发挥绿色空间的融合功能。

4.5 竖向统筹

城镇建设是一个在空间、功能、结构、地貌上随时间不断变化发展的过程。在片区上，包含历史建筑保留区、老旧建设更新区、老旧混合区、新建已建成区、待建新建区等；在规模上，分为点状独立工程、线状条带治理、面状街区建设等；在资金上，又存在公共资金、私有资金、慈善资金等，在工程上，又分为建筑改造新建、道桥大修新建、管线扩容增设、公园整治实施、河湖环境治理、地下空间利用、隧道顶进开挖等。有鉴于城镇建设如此庞杂，所以竖向统筹从理念和逻辑上比较清晰，但在实施中竖向高程的新旧衔接、工程统筹、时序匹配、景观风貌、居民意见非常复杂，并产生大量的取土和用土。对于相对平坦低洼地区，合理利用地下空间开发的弃土提高建设用地竖向就成为最经济的土方来源，同时有效解决城市渣土存放和清运调配管理的难题。如果地下空间开发平均高度按 4.5m 计算，建设用地整体可抬高 0.7～0.8m；考虑地块内部绿地系统可适度维持原有标高，仅城市地下空间开发弃土可将建设用地整体抬高 0.8～1.0m[11]。

城市的竖向统筹可以从三个层面设定和解决不同的重点目标：第一在宏观城市尺度，主要把握好整体洪涝安全、土方平衡、地质土壤、文化保护、生态环境、建控空间等；第二在中观街区尺度，主要协调好交通组织、地形变化、景观风貌、洪水关系、避难防灾、工程条件等；第三在微观地块尺度，主要解决排水通畅、管线敷设、地下空间、道路接驳、出入节点、平面布局等。城市整体竖向统筹的重点，即是要在大规模工程建设的前期，在规划设计阶段研究、分解、落实不同层面的竖向建设要求，确保合理、有序、经济。

4.6 下凹治理

除整体低洼平原，大多数的城市内涝发生在立体建设形成的下凹低点，包含了下凹桥、下沉路段、下穿隧道、道路低点、下沉广场、低洼院落、地下车库、地下通道等，这些内涝积水点大多以点状或线状的形态分布，具备采取单独防护、泵站强排或待机自排的条件，由于每个下凹积水点的成因、规模、危害等各有不同，宜结合周边汇流成因，以有效、经济、简便为主要原则，"一点一策"研究解决，重点是抓住内外两端，外部通过高水收集外排、连续环状围挡、低点挡水设施等严防客水进入，内部是通过调蓄池、强排泵站、独立出水等措施实现涝水直接排除。

4.7 涝区减灾

我国涝区主要分布于干流中下游平原地区，一般具有地形普遍低洼、堤防连续围合、外江持续高位的特征。按空间规模分为二级，宏观尺度主要是被防护工程围合的集中城镇，中观尺度主要是集中建设区内地势相对低洼的组团街区对成片低洼集中建设区，因涝水峰值和洪量很大，完全靠提升排涝泵站标准在投资、用地、运行上投入巨大，应结合外围非建设空间合理安排蓄涝区、淹没区。对独立低洼组团街区，在组织好与周边地区竖向衔接、适当抬高边界道路和带状绿带高程，最大限度防止外部客水汇入基础上，充分利用下凹公园承泄、加大管道调蓄规模、适当建设削峰泵站，并结合路网体系适当设置高路基或高架连续路段，作为应急避险、救援、逃生通道。

4.8 次灾联防

洪水、风暴、地震、流行病、滑坡五种灾害与所有灾害均呈显著正相关，相关性系数都达到 0.57 以上，相互作用较强[12]。这就造成这样的局面，在突发大规模洪涝灾害时，防洪排涝系统内部面临运行能力高位超载、部分设施失能失效、系统自身因灾崩溃等风险；而外部又与电力支撑、供水保障、交通疏解、应急通信、仓储物流等不同系统有广泛和隐性的联系，可能因任一薄弱环节引发连锁反应，例如严重洪涝引发电源事故、停电又导致水泵停机和应急通信故障。同时大量节点分布在不同区域和指挥链条，无法全部开展场景预判和预案制定，次生灾害表现为随机性和突发性。针对不同次生灾害，应该重点考虑信息、管理、抢险资源的互联、互备、互融，以一种"矩阵"或"网格"形式覆盖中高风险区，快速研判和响应次生灾害可能的地点、时间、规模、成因，便于联合防御，统一调度抗灾减灾资源。

4.9 风险预警

夏季降雨是常见之事，不会立刻导致严重破坏或灾害。2021年郑州暴雨灾害中，在 7 月 20 日 16 时即降雨达到峰值前，暴雨话题充斥着"郑州看海""河南雨窝""开摩托艇"等调侃性话语，尽管中国气象台、河南气象连续发布五次红色预警，个人麻痹大意以及政府部门响应滞后等原因使其处于娱乐性关注阶段，灾难属性未被显现或赋予。国内外类似洪灾中，当到了直面洪水和网络求援阶段，市民往往已经基本不具备应对能力和响应条件。

洪涝风险预警重点是敏感度和风险性高的特定场所和特定对象，包括电力设施、地铁隧道、医疗机构、粮储仓库、景区河滩、地下商业等场所，和养老院、幼儿园、中小学、妇幼院等人群。在完善"预报、预警、预演、预案"体系基础上，将专业工程技术体系和应急预警体系的对应关系，将专业的 20 年、30 年、50 年、100 年等规划设计标准和"蓝色、黄色、橙色、红色"四级暴雨风险预警风险结合起来，既保障工程建设的合规达标，又实现与预警应急管理的有效结合。鉴于洪涝灾害防不胜防的自然特点，应特别重视预警预报和防御应急预案，通过建立暴雨洪涝全要素监测网，实现洪涝风险早期识别，健全不同用户和场景分类分级预警，评估防灾预案的科学性，检验多场景洪涝预案可实施性。

4.10 社会互助

洪涝灾害具有自然、工程、社会、管理等多重属性，具有必然性、随机性、原生性、伴发性、内源性、外源性等多重特征，作为一种主要自然灾害无法避免，"零伤亡""低损失"只能是一种理想假定目标。随着灾害及承灾体的复杂化，洪涝灾害风险研究体系的内涵逐渐由对灾害的认知及评价体系，转变为"超越工程至上"的适灾韧性体系。

当严重洪涝灾害发生时，事态大多紧急，由于信息的多链庞杂、能力的受训差异、准备的千差万别，灾初个体和普通人群往往处于信息孤岛或信息黑箱，易受错误和滞后信息干扰误导，难以有效响应预警和应对灾害。在互联网"朋友圈""短视频"时代，灾难救援在社会化公共空间展示出非结构化、去中心化的特征，人人参与数字化救援实践并优化传统的救援方式，是一场虚实相间、社会性合作的救援行动。汇总了求助人员、避难点及救援资源等的"救命文档"、可上传求助信息的二维码、联系救援团队的地图等"在线化"救援方式连通"在地化"救援，起到资源对接与配置的作用。互联网民间志愿救援已然成为灾难救援的新兴力量。

人民时代可以探索建立一种全社会同面对灾害、共享应急资源、共对灾后救助的社会互助体系。健全以经济手段为主的洪水保险制度，以政府民间结合的专业救助制度，以社会捐助为主的多元慈善制度，以资金转移为主的流域统筹制度。

参 考 文 献

[1] 赵珊珊，高歌，黄大鹏，等.2004—2013 年中国气象灾害损失特征分析 [J].气象与环境学报，2017，33（1）：103.

[2] 李莹，赵珊珊.2001—2020 年中国洪涝灾害损失与致灾危险性研究 [J].气候变化研究进展，2022，18（2）：156-157.

[3] 吴金汝，陈芳，陈晓玲.1900～2018 年全球自然灾害时空演变特征与相关性研究 [J].长江流域资源与环境，2021，30（4）：979，988.

[4] 蒋卫国，李京，王琳.全球 1950—2004 年重大洪水灾害综合分析 [J].北京师范大学学报（自然科学版），2006，42（5）：532.

[5] 陈文龙，杨芳，宋利祥，等.高密度城市暴雨洪涝防御对策——郑州"7·20"特大暴雨启示 [J].中国水利，2021，15：19.

[6] 程凌鹏，王新惠，张琦伟，等.南水进京对北京地面沉降的影响及趋势分

析 [J].人民黄河，2018，40（5）：93-97.

[7] 高均海.京津冀平原城市洪涝综合治理的若干问题研究 [J].自然灾害学报，2020，4：3，6.

[8] 程晓陶，刘昌军，李昌志，等.变化环境下洪涝风险演变特征与城市韧性提升策略 [J].水利学报，2022，53（7）：760.

[9] 罗华春，任志林，刘群，等.西欧洪水灾害事件中德国的灾情分析与思考 [J].中国应急管理，2022，1：67.

[10] 张晓昕，廖昭华.建设海绵城市，让北京不再"看海" [J].北京规划建设，2016（5）：107-108.

[11] 韩文静，喻馨君."全民看海"到"自救互救"：极端天气事件的社会化传播与救援实践——以郑州"7·20"特大暴雨灾害为例 [J].新闻爱好者，2022（8）：22，24.

[12] 曾坚，王倩雯，郭海沙.国际关于洪涝灾害风险研究的知识图谱分析及进展评述 [J].灾害学，2020（2）：134.

长春市韧性城市建设发展的规划策略研究

金霏霏　杨　阳

（长春市规划编制研究中心（长春市城乡规划设计研究院））

摘要： 韧性城市规划与建设是破解新时代城市问题与风险的重要抓手，也是实现国家安全发展的重要体现。韧性城市规划涵盖生态、设施（空间）、社会、经济四大领域共 20 多个方面。通过研究长春市韧性城市现状发展与存在的问题，梳理了城市现状韧性城市规划，首次构建了长春市建设韧性城市的规划编制体系，并提出动态丰富更新编制体系，逐级传导和落实。结合规划编制，深入落实韧性城市理念，引导城市向高韧性水平发展。

关键词： 韧性城市；长春；规划体系

"韧性城市"被写进了"十四五"规划，也走进了党的二十大报告。习近平总书记在党的二十大报告中提出："实施城市更新行动，加强城市基础设施建设，打造宜居、韧性、智慧城市。"城市的韧性，是城市在灾害面前减轻损失、调配资源、快速恢复的能力，事关市民的切身安全，是人民幸福生活的"里子"，也是城市可持续发展的重要核心[1~3]。

1 城市基本情况

长春地处中国东北平原腹地松辽平原，是东北地区天然地理中心，总体呈现"一山四岗五分川"的地貌格局。长春属于温带大陆性半湿润季风气候，降雨主要集中在 6—9 月，占年降水量的 78%，年均降雨量 555mm。人均水资源量 355m³，仅为全国平均水平的 1/6，属于严重缺水型城市。截至 2022 年底，长春市市辖区现状建设用地面积 532.69km²，城镇人口 608.68 万人，基本形成以中心城区为核心、快速骨干交通为依托的城镇空间结构，人口和经济集聚能力不断提高，综合实力稳步提升。

2 韧性城市现状

在韧性城市建设方面，经过 20 年高速发展，长春市坚持规划引领，不断完善基础设施建设，基本形成了系统完备、高效实用的设施体系；防汛应急抢险能力逐步提升，强化了汛期安全保障。但在应对自然灾害及突发事件方面，应急设施尚不完备、冗余度不足，韧性城市规划建设管理水平还需优化提升。

2.1 韧性城市规划编制及落实

长春市目前已开展的城市安全类规划主要以单灾种防灾专项规划为主。在空间韧性层面，2008 年，《长春市消防专项规划（2008—2020 年）（2016 年修编）》提出，要实现消防标准化建设全覆盖，规划长春市共形成 153 座消防站，对每一座消防站进行了辖区划定，同时提出建设航空消防站提升救援力量。2009 年，《长春市人防专项规划（2009—2020 年）》确定重要经济目标分级与防护措施，将中心城区划分为九个防护分区，确定了"两路一河、五域三片"的城市防护格局。2011 年，《长春市应急避难场所专项规划（2011—2020 年）》中，对九大防灾分区科学布局了应急避难场所及规模，并依托规划单元确定了防灾单元，构建了"五横六纵"的市级疏散干道体系，形成 15 个疏散出口，但目前长春市应急避险避难场所等公共空间建设分布不均，大型避难场所保障不足，从空间分布和容纳能力看，部分区域人均避难场所面积较低。2015 年，《长春市防洪规划（2015—2030 年）》确定了中心城区的防洪标准、构建了长春市防洪工程体系主要由伊通河、小河沿子河、永春河、串湖、东新开河防洪工程构成。2016 年，《长春市海绵城市专项规划（2016—2030 年）》提出，综合采取渗、滞、蓄、净、用、排等措施，提高降雨就地消纳和利用比重，并将海绵城市建设指标落实在详细规划中，目前已经建设了一批海绵校园、海绵小区、海绵道路、海绵公园和海绵厂站等"海绵＋"工程。另外还编制了《长春市排水（雨水）防涝综合规划（2016—2030 年）》《长春市绿色宜居森林城（2013—2030 年）》及《长春市地下空间专项规划（2015—2020 年）》等一系列涉及城市安全、韧性城市的专项规划。

在总体规划层面，新一轮《长春市国土空间总体规划（2021—2035 年）》中，融入了韧性城市理念，明确了主要灾害防灾规划目标和防灾标准，对各类防灾空间和防灾设施进行了空间布局，通过对主要灾害的避让、隔离、防护以及应急疏散救援等空间规划措施，提升全域综合防灾能力，同时还提出提升基础设施冗余度、建设超级基站、应急取水点等规划措施。在社会韧性层面，2020年，《长春应急管理"十四五"规划》中，进一步明确了"十四五"期间专业应急救援力量、社会应急力量、基层应急救援力量的建设思路、发展目标、主要任务、重点工程和保障措施。在详细规划层面中主要落实了消防设施、应急避难场所、防护距离等用地空间及防洪控制线等韧性要素。

2.2 存在的问题

一是要尽快开展风险调查，摸清家底。风险调查和评估是韧性城市规划建设的基础，根据风险调查基础数据，聚焦到几类城市的主要风险，在单一灾害的分析基础之上，形成多种灾害叠加情境下灾害风险分析结果，最后形成动态综合风险数据库，对城市开展风险评估。

二是要重新审视规划编制体系。已经编制的各专项规划、五年规划等对长春市单灾种的科学应对起到一定作用，但韧性城市包括了生态、社会、经济等领域，需要重新梳理和审视城市缺少的规划以及需要修编的规划，同步建立有效的规划传导机制，将韧性规划切实落实在各级规划中。

三是在城市应急管理方面，长春市大应急体系基本建立，但是部分管理职能体系上下不能完全对应，个别部门之间协调联动机制不够顺畅，条块结合、横向联动的工作协同机制仍需进一步完善。应急管理工作基础仍然较为薄弱，系统内互联互通的业务平台建设力度亟待加大；基层应急救援力量和能力建设需向专业化持续推动，应急救援装备配备尚需加强；部分部门和企业应急预案需进一步修订并加强实战演练。

3 策略建议

3.1 建立完善韧性城市规划编制体系

韧性城市规划与建设是破解新时代城市问题与风险的重要抓手，也是实现国家安全发展的重要体现。韧性城市规划涵盖生态、设施（空间）、社会、经济四大领域共20多个方面。应加强顶层设计和引领，坚持"让""防""避"相结合的原则，完善韧性城市规划编制体系，根据城市发展建设实际，动态丰富更新编制体系，并做好各级规划的传导和落实。同时将韧性城市规划编制体系纳入长春市规划编制体系中，深入落实韧性城市理念，引导未来城市向高韧性水平发展。

优先开展风险调查、评估及专题研究，风险调查与评估是韧性城市规划建设的基础，为总体布局提供支撑。开展灾害风险调查与安全韧性评估，建立和完善城市系统性灾害风险研究分析与安全韧性评估工作机制，开展城市风险的系统调查和评估，包括各类常见自然灾害、易燃易爆危险品相关场所，各类管网，可能引发的次生灾害、关联影响等。在风险评估的基础上，还应对城市内高风险地区、脆弱地区应对灾害的安全韧性做重点评估。

在调查评估的基础上，开展各类规划（图1）。将韧性城市规划理念融入各级规划层面，逐级传导并落实。对四大领域分部门补充完善需要编制的专项规划、五年规划等；结合城市自身发展的阶段性规律，出台适合新阶段韧性城市发展的纲领性文件，突出韧性城市发展主题，研究部署韧性城市规划与建设的阶段性工作与目

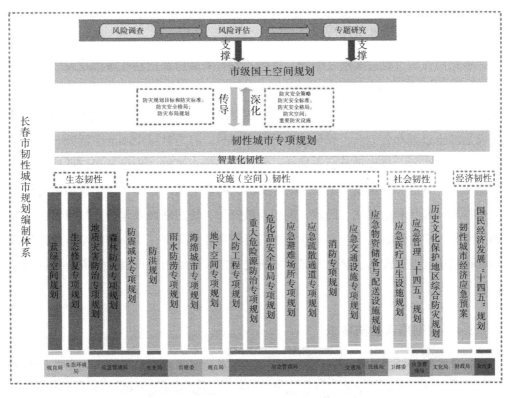

图1　长春市韧性城市规划编制体系图

标，编制韧性城市专项规划；在详细规划层面，明确韧性城市相关设施空间布局，提出韧性城市建设控制指标、缓冲区域、防护距离、留白空间，成为韧性城市的建设实施的有力抓手。

3.2　补充更新韧性城市规划

依据韧性城市规划编制体系，长春市尚待更新补充部分相关专项规划。其中，消防、防洪、人防、地下空间、排水防涝、海绵城市等公共安全、防灾减灾类单灾种的专项规划需要修编；地质灾害防治、蓝绿空间、生态修复、森林防火、危化品安全布局、应急物资储备与配送、韧性城市应急经济预案等规划需要补充新编。

韧性城市规划体系的编制涉及多行业多部门，建议政府上位统筹协调，有计划、有步骤地组织开展编制工作。各部门提报编制计划，分阶段、分年度在五年内完善编制体系内涉猎的规划项目，同步编制长春市韧性城市专项规划。对各层级规划做到"一年一体检、五年一评估"，及时发现城市的短板和风险，优化调整规划任务及项目建设计划，提升城市风险治理水平。

3.3　加强组织管理保障

强化韧性城市建设实施及响应。各区、各有关部门要把韧性城市建设放在更加突出的位置，完善各级应急管理部门组织架构。明晰各级部门工作职能，加强乡镇（街道）、村屯（社区）等基层应急管理机构人员配备，规范岗位设置。落实到城市发展的全过程和各方面，抓住城市更新等时机，打造社区 15min 生活圈，铸牢城市治理基本单元，持续提升城市韧性；完善监督检查机制，积极开展韧性城市建设试点工作。各区、各乡镇（街道）结合实际，明确本地区韧性城市建设项目清单和工作措施。经济和信息化、民政、规划自然资源、住房和城乡建设、城市管理、交通、水务、卫生健康、应急、地震等部门要结合各自职责，明确韧性城市建设目标和具体措施。发展改革、财政等部门要研究制定韧性城市建设项目、资金支持引导政策[4]。

3.4　贯彻落实国防要求

当今世界正经历百年未有之大变局，国际安全面临的不稳定性不确定性更加突出，国家仍处于发展的重要战略机遇期，同时也面临多元复杂的安全威胁和挑战。韧性城市规划与建设是破解新时代城市问题与风险的重要抓手，也是实现国家安全发展的重要体现。各级规划编制中，统筹应急应战保障空间、应急设施以及国防重大项目，交通、能源、水利、通信、人防等基础设施规划中严格贯彻国防要求。在铁路、公路、机场、水厂、电厂等重大基础设施建设方面及城市资源保障、救援物资储备等方面，应充分考虑军事适用功能，为战时民转军打下坚实基础。人防部门履行好"战时防空、平时服务、应急支援"职能任务，提升城市防空袭、防灾害、防事故等能力，作为增强城市韧性的应有之举。

3.5 提升智慧化水平

韧性城市建设离不开智慧化建设管理，可将多源数据（传统统计数据、卫星遥感数据和手机信令数据、POI 数据和交通大数据等）综合集成利用于韧性城市规划与建设中，实现对城市的精细化治理。

依托长春市 CIM 平台，打造集城市风险评估、应急处置方案决策支持、防灾减灾效果评估于一体的韧性城市智慧化平台，进一步提高各项灾害监测预警、统计核查和信息服务能力，实现公共安全风险管理与城市应急指挥双平台的互联互通。

参 考 文 献

[1] 董帅 . 韧性城市理念下的郑州城市建设问题与策略研究 [J]. 山西建筑，2023，49（20）：192-195.

[2] 张帅，王成新，姚士谋 . 未来中国推进韧性城市规划与建设的几点思考 [J]. 资源开发与市场，2023，39（9）：1155-1160.

[3] 翟国方，黄弘，冷红，等 . 科学规划 增强韧性 [J]. 城市规划，2022，46（3）：29-36.

[4] 路林 . 北京城市总体规划中韧性城市建设的战略谋划和系统构建 [J]. 城市与减灾，2022（5）：53-57.

基于三维技术与大数据的城市交通建设与思考

周　雯　褚丽晶　张继勇

（广州市城市规划勘测设计研究院有限公司）

摘要： 城市交通建设需要充分考虑人民群众的出行需求和出行体验，交通大数据可以提供海量的居民出行信息，为城市交通建设提供支持。同时，三维技术可以提供更直观、真实的城市交通信息展示，帮助城市交通的决策和建设者优化设计方案、提高建设效率。本文结合广州市的实际情况，提出了基于三维技术与大数据的城市交通建设的具体思路和实现方式。首先，总结了三维技术与交通大数据在城市交通建设领域的应用成果。其次，提出了新型城市交通建设的"3M"模式，构建高效、便捷、直观的城市交通三维数字化设计体系。最后，围绕"以人为本"的思想，提出了新型城市交通建设的建议。

关键词： 实景三维技术；交通大数据；新型城市交通；人民城市建设

交通是现代城市建设中的重要一环，尤其是对于城区常住人口超1000万的超大城市来说，良好的交通运行状态不仅能够提高城市运输效率，也能极大提高人民生活品质，增进民生福祉，促进人民城市建设。随着信息技术的发展，传统的道路交通设计方法已不能满足新型城市交通基础设施建设对于高效、便捷、低碳、节能的要求。因此，必须引进新一代信息技术，结合城市交通大数据、居民出行大数据支撑城市交通改善提升，让城市交通更"以人为本"，真正做到"人民城市人民建，人民城市为人民"。

实景三维作为真实、立体、时序化反映人类生产、生活和生态空间的时空信息，是国家重要的新型基础设施。2022年，自然资源部发布了《关于全面推进实景三维中国建设的通知》[1]，计划到2025年，50%以上的政府决策、生活规划等可通过线上实景三维空间完成。对于城市交通基础设施建设来说，推进实景三维建设不仅仅是在三维空间上完成道路交通的正向设计，更重要的是将海量的多源异构大数据融合应用到城市交通建设中。

广州市作为全国改革开放的先锋城市，在城市建设中始终贯彻"以人为本"的思想，立足于人的需求，不断迭代和优化城市交通基础设施建设布局。本文以广州市的实践经验为例，阐述城市交通基础设施建设中三维技术与大数据的融合和应用，并从"人民城市建设"的角度出发[2]，提出城市交通建设的思考，为各地运用三维技术和大数据赋能城市交通建设提供参考范式和实践经验。

1 新技术赋能人民交通建设

1.1 测设方式变革与实景三维发展

传统的勘察测量方法以现场测量为主，主要采用全站仪、水准仪、经纬仪、GPS 等进行数据采集，这种方法需耗费大量的人力和时间，且受地形、天气的影响较大，容易因地形和天气的限制出现延长工期的现象，影响后续设计建设工序。因此，以激光点云、无人机倾斜摄影为代表的新型勘测技术应运而生。激光点云技术可以完整地保存城市道路、建筑物等现状信息，并结合相应的算法对不同特征属性进行识别和描绘，极大提高了工程测量的精度和效率[3]。无人机倾斜摄影技可以得到同个地点、不同维度的高分辨率影像，从而获取区域地物的地点和纹理信息，创建精准度高的三维模型，为新型城市交通建设提供模型基础[4]。

目前，广州市实景三维建设已经取得了一定的成果和进展。在建设层面，截至 2021 年，广州市已经建成了实景三维数字城市模型，覆盖了全市的主城区和重要城郊区域，实现了对广州市城市空间的全方位、高精度、动态监测和管理；在应用领域，广州市实景三维数字城市模型已经广泛应用于城市规划、交通管理、城市管理、环境保护、应急管理等领域，为城市发展提供了有力的支撑；在技术水平方面，广州市实景三维数字城市建设采用了多种先进技术手段，包括遥感影像解译、激光雷达扫描、GPS 测量、摄影测量等，建成的数字城市模型具有高度的真实性、准确性和细节度；未来，广州市实景三维数字城市建设将进一步发展，应用范围将继续扩大，技术手段将进一步升级，构建更加精细化、智能化、互联互通的数字城市模型，为城市交通基础设施建设提供更好的支撑。

1.2　交通大数据赋能人民城市建设

城市交通大数据包括手机信令大数据、公交刷卡数据、共享单车数据、地图 API 数据、GPS 车辆数据、出行服务数据等[5]。运用交通大数据，能够给交通管理部门提供更加准确、实时、全面的交通数据支持，有利于科学制定决策，也能帮助交通规划人员优化交通网络，提升交通服务水平，为城市可持续发展提供有力支撑。

广州致力于成为数字中国建设的重要推动者，一直持续研究和应用各种交通大数据，取得了丰硕的应用成果。在实时交通状况监测方面，通过大数据技术实时监测广州市的交通状况，包括道路拥堵、公交车运营情况、地铁运行情况等，为市民提供实时交通信息；在交通安全监测方面，通过大数据技术监测广州市的交通安全情况，包括交通事故发生率、交通违法情况等，为交警部门提供数据支撑，优化交通安全管理；在交通规划决策方面，通过对交通数据的分析和挖掘，为市政府提供交通规划建设决策的数据支持，为广州市交通发展提供科学依据；在公共交通智能调度方面，通过大数据技术为广州市公共交通提供智能调度服务，包括公交车、地铁等交通工具的智能调度，优化公共交通运营效率，提升市民出行体验；在交通大数据开放共享方面，通过数据开放和共享，促进交通大数据应用的创新和发展，推动广州市数字化城市建设。综上所述，广州已经并将持续跟进交通大数据在城市交通建设中的应用研究，以提高广州市交通管理和市民出行体验的质量和效率。

2　新型城市交通建设的"3M"模式

2.1　BIM+CIM+VISSIM 的有机耦合

BIM（Building Information Modeling）技术是使用三维建模软件来创建建筑物数字化建筑设计和管理方法[6]。在工程设计中，它可以降低成本、提高效率、减少错误和冲突，并提供更好的可视化效果。CIM（City Information Modeling）是通过建立城市信息模型来实现城市规划、设计、运营和维护的数字化管理方法[7]。它采用三维数字化技术，将城市各种要素如道路、建筑、地形、交通等信息进行整合和管理，从而实现交通、环保、公共设施等方面的智能化管理，提高城市管理的效率和水平。VISSIM 是一种用于交通仿真和交通规划的软件[8]。它可以通过建立交通流模型，模拟和分析交通流量、拥堵、事故等情况，评估交通规划和交通管理措施的效果，帮助交通工程师更好地了解交通流量和交通瓶颈，预测和评估交通事件的影响，优化交通系统的设计和管理（图1）。

图1　道路三维模型与交通仿真模型合模示意图

本文提出的基于BIM+CIM+VISSIM有机耦合的新型城市交通建设"3M"模式，是广州市在地理信息数据、城市信息模型、交通流量数据的基础上，完成静态道路三维模型、城市实景模型和动态交通仿真的精准耦合，实现道路、交通、空间的一体化设计及展示，实现交通规划数据与区域路网的精准匹配，增强项目分析的丰富程度，支撑城市交通建设方案合理性分析。

以"3M"模型为基础，多源异构交通大数据为支撑，可以衍生出包括交通立体方案设计、全过程施工模拟、三维交通噪声分析、三维智能征拆等新型城市交通建设功能点，促进城市交通建设智能化、数字化发展。

2.2　交通立体方案设计

广州市的老城区路网存在密度大、文化积淀深、拆迁困难等特点。因此，在进行广州城市交通改善的过程中，必须考虑多层立体交通方案，而传统的二维平面设计不能直观地体现多层立体交通方案的上下层关系和交通组织方式，需要三维交通模型来支撑方案的设计和决策。

如图2所示为广州市中心区某大型立交节点改造示意图，针对复杂立交节点多通道交汇、层数多、结构复杂等问题，建立了实景三维下的复杂交通节点优化设计方法体系，从立交本身结构、周边用地与建筑现状、交通拥堵问题结症等角度进行全面梳理分析，合理新增交通定向匝道，实现转向交通立体化，减缓立体交通运行压力。

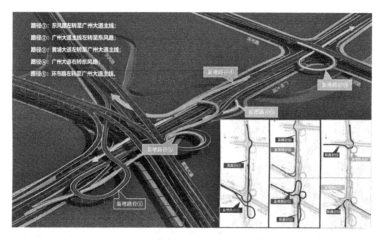

路径①：东凤路左转至广州大道主线；
路径②：广州大道主线左转至东凤路；
路径③：黄浦大道左转至广州大道主线；
路径④：广州大道右转东凤路；
路径⑤：环市路左转至广州大道主线。

图2　广州市中心区某大型立交节点改造示意图

2.3　全过程施工模拟和三维交通纾解方案

城市大型交通建设项目常常因为所涉专业多、工序复杂，出现时序混乱的问题。在三维模型的基础上建立基于建设时序的规划—设计—施工全过程模拟，可以模拟建设施工全过程，方便于各专业开展方案设计和技术交底，促进协同设计，提高施工效率（图3）。

图3　三维交通纾解示意图

同时，针对复杂节点施工期交通疏解难度大的问题，基于实景三维模型，结合周边地形地物、路网分布情况，综合考虑各方因素，可以在设计方案的基础上开展三维交通疏解方案的编制工作，使得项目施工过程对周边的影响最小、费用最低、效率最高。

2.4 基于交通流的三维噪声分析

噪声评估是城市交通改善过程中的重要因素，城市中存在医院、疗养区、文教机关、居民区等多种类别的噪声敏感点，分别对城市交通噪声有不同的要求。然而，传统设计方法无法准确预测道路交通带来的噪声影响，需要引入实景三维模型对城市交通进行三维噪声预测，从而保证高峰时期的最大噪声能满足城市噪声敏感点的降噪需求。

2.5 考虑交通效益的智能征拆方案

征地拆迁是城市交通建设中的重中之重，不仅影响交通方案能否落地实施，还对方案周边区域居民的生活产生极大的影响。而传统的征拆评估方法无法综合分析不同征拆方案产生的交通效益问题，需要引入三维模型来辅助征拆方案的综合分析（图4）。

图4 智能征拆分析示意图

在已有三维模型的基础上加载房屋及用地数据，对道路周边构筑物的属性、层高、面积以及区域现状用地进行矢量化赋值，精准测算出道路红线范围内征拆面积及费用，实现三维智能征拆分析，支撑城市道路设计方案比选，打好征拆战，提升人民幸福感。

此外，新型城市交通建设的"3M"模式还可以实现三维地质分析、三维竖向分析、三维管线布设等应用成果，以三维技术与大数据融合技术为基础，促进城市交通人本化设计、数字化发展。

3　人民城市交通改善范式思考

纵观广州新型城市交通发展，始终围绕"以人为本"的思想，不断地在实践中总结和探索，主要分为四个阶段：①早期数字化阶段。2000年前后，广州开始采用计算机技术来管理交通，建设了交通流量监测系统和智能信号控制系统。②移动互联网时代。2010年左右，广州开始探索利用移动互联网技术改善交通，开发了广州交通手机客户端，为市民提供公交线路查询、实时公交到站提醒等服务。③大数据时代。2015年左右，广州开始运用大数据技术来优化交通管理和服务，推出了基于出租车GPS数据的交通拥堵指数、智能化的停车场管理系统等。④人工智能时代。近年来，广州开始引入人工智能技术来改善交通，在地铁站点和公交车上安装智能视频监控设备，利用人脸识别技术来管理客流和安全。这四个阶段的跨越和发展，体现了广州不断聚焦"人的需求"，不断挖掘"人的数据"，不断满足"人的需要"，体现了广州践行"人民城市人民建，人民城市为人民"的城市建设思想。

回顾广州市对于新型城市交通建设的探索历程，浅谈以下几点思考：

一是坚持以人为本，打造"人民城市"。在城市交通建设中，坚持以人为本，就是要从居民的出行需求的角度出发，切实增进民生福祉，提高城市生活质量。首先要着力提高公共交通的覆盖率和质量，建设更加便捷、舒适、安全的公共交通系统，以满足居民的出行需求。其次要加强交通管理和安全，完善交通信号设施，加强交通安全宣传和教育等手段，提高城市交通的安全性和管理水平。同时要优化城市空间布局，结合城市的空间特点和人口分布，合理布局交通设施，优化城市交通流动。最后应当加强城市绿化和美化工作，提倡节能减排，积极呼应"双探"战略，提高城市生态环境和居民生活质量。

二是加快数据共享，强化数"聚"支撑。在信息技术不断发展的今天，大数据是科学决策的重要工具。城市建成区改造涉及专业广、覆盖范围大，更是需要各专业共同建立数据共享机制，搭建数据聚合平台，才能形成立体城市底座，支撑规划建设决策。①推进实景三维城市建设，创建城市地形数据库；②建立主城区道路动态交通模拟平台，实现现状交通模拟和中远期交通预测；③搭建多专业数据聚合平台，加强网络安全监管，推进数据聚合平台的完善和发展。

三是筑牢技术根基，厚植人才沃土。要解决城市旧路网难题，数据完善是基础，技术突破是关键，人才培养是基石。有了完善的共享数据平台，还要加大力度鼓励新型技术的研发与应用，培养一批创新型技术人才，不断提升城市规划和建设水平。①完善科技激励机制，鼓励企业技术研发；②落实人才培养方案，培养创新型设计人才，打造人才聚集高地。

四是促进产学研用融合，加强优秀案例推广。当今的道路基础设施建设学科，已经从长期的生产实践中积累了足够的建设经验，完成了"量"的积累，正需新的科学技术引入，实现"质"的飞跃。因此，政、企、校各界要联合起来，共同创造"小支点"，撬动交通高质量发展"大杠杆"。①促进产学研用深度融合，将"科创基因"融入城市建设。②加大优秀案例宣传推广，营造行业创先争优良好氛围，促进城市建成区交通改善和道路的品质提升。

4　结语

在"新城建"试点工作的推动和"人民城市人民建，人民城市为人民"重要理念的指引下，广州将持续走在改革开放的前沿，积极探索城市交通建设新方案，打造超大城市治理新标杆，构建广州高质量发展新格局。在道路交通方面，积极改善城市交通状况，构建广州综合立体交通网，实现畅通全市、贯通全省、联通全国、融通全球。

参 考 文 献

[1] 中华人民共和国自然资源部.自然资源部办公厅关于全面推进实景三维中国建设的通知.2022.

[2] 袁星，郑虹倩.CIM平台赋能"人本主义"城市治理建设范式——以厦门市为例 [C]// 中国城市规划学会，成都市人民政府.面向高质量发展的空间治理——2021中国城市规划年会论文集（05城市规划新技术应用）.北京：中国建筑工业出版社，2021：1172-1181.

[3] 赵煦，周克勤，闫利，等.基于激光点云的大型文物景观三维重建方法 [J].武汉大学学报（信息科学版），2008（7）：684-687.

[4] 席思远，张西童，王宁，等.倾斜摄影设备选型及像控点布设对高精度实

景三维模型重建的影响 [J]. 测绘通报，2022（10）：86-92.

[5] 冯慧芳，柏凤山，徐有基 . 基于轨迹大数据的城市交通感知和路网关键节点识别 [J]. 交通运输系统工程与信息，2018，18（3）：42-47，54.

[6] 贾胜强 . 基于BIM技术的市政交通设计及应用研究 [D]. 杭州：浙江大学，2020.

[7] 高颖 . 基于CIM的智慧交通与智慧道路感知体系 [J]. 中国交通信息化，2021（1）：113-115.

[8] 周巧琪 . 基于VISSIM仿真的非常规信号交叉口设计和控制方法研究 [D]. 合肥：中国科学技术大学，2019.

邻避设施如何在规划编制体系中有效衔接

——以环卫设施为例

冯炳燕　周嘉昕　张晓菲

（广州市城市规划勘测设计研究院有限公司）

摘要： 针对邻避设施落地难的问题，以环卫设施为例，深入剖析邻避设施如何在规划编制体系中有效衔接，重点从国土空间规划与行业规划、各层级国土空间规划、规划与实施的衔接三方面展开论述，总结存在的问题，提出改进对策，以期促进邻避设施在规划编制体系中有效衔接，帮助邻避设施顺利落地及建设。

关键词： 规划编制；邻避设施；环卫设施

1　引言

随着我国城镇化的快速发展，人口持续往城市汇集，国内城市特别是大城市既有的市政设施越来越难以满足城市发展需求，在今后一段时间内，提高城市市政基础设施保障能力，是城市规划建设的重点任务。

近年来，中国城市"邻避运动"渐起，邻避设施规划引起了社会的关注。市政基础设施相比于其他城市公共设施的邻避效应更为突出，典型的邻避性市政设施有环卫设施（垃圾焚烧厂、填埋场、转运站），污水设施（处理厂、泵站），电力设施（发电厂、变电站）等。以环卫设施为例，2007年，北京六里屯垃圾焚烧发电厂项目在巨大的民意压力下被国家环保总局责令缓建[1]；2009—2012年，广州番禺垃圾焚烧厂因周边居民反对而易址[2]；北京（阿苏卫、高安屯）、上海（江桥）、江苏（吴江）、南京（江北）、深圳等地先后出现多起与垃圾处理处置设施相关的群体性抗议事件，影响当地的社会稳定[3]。

邻避设施规划是国土空间规划的难点，尽管居民都认为这些设施对城市发展不可或缺，却都希望能够远离自己，落址他处。全媒体时代的公众在邻避设施规划中参与意识强且手段多样，对邻避设施如何在规划编制体系中有效衔接提出了新的挑战。

2 环卫设施在规划编制体系落实的一般程序

根据《中华人民共和国城乡规划法》（以下简称《规划法》），目前国土空间规划编制体系中，城市总体规划及控制性详细规划是影响邻避设施落地的重要规划。《城市黄线管理办法》（以下简称《黄线办法》）规定城市黄线应当在制定城市总体规划和控制性详细规划时划定。市政邻避设施用地在用地分类标准中划为"U"类，以环卫设施为例，其中环卫设施用地类别代码为"U22"，城市总体规划需落实重大环卫处理处置设施用地界线，控制性规划除落实城市总体规划确定的重大环卫设施用地外，尚需落实其他一般环卫设施用地界线。

同时，行业主管部门主持编制的行业规划，引领行业的发展建设，国土空间规划编制时需与行业规划做好衔接（图1）。例如，环卫主管部门负责统筹编制的行业规划包括：环卫战略规划、环卫总体规划、片区环卫专项规划、环卫五年规划及环卫设施选址规划。各阶段环卫设施规划成果与国土空间规划密切相关，其是否科学，直接影响国土空间规划的编制质量。

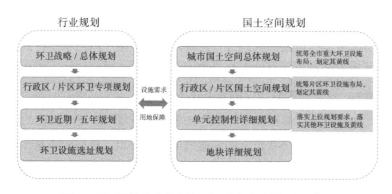

图1　环卫设施行业规划与国土空间规划体系的关系

3 环卫设施规划建设存在问题分析

3.1 国土空间规划与行业规划衔接存在的问题

1）行业规划体系不合理，与各层级国土空间规划不相匹配

行业规划体系不合理，最突出的表现是缺乏长远战略性的设施规划。同国土空

间规划一样，行业规划也有中长期专项规划、行业五年发展规划及建设方案，唯有如此，才能匹配各层级国土空间规划。可现实情况是：往往国土空间规划体系较完善，从战略规划到控制性规划各层级均完备，但行业规划缺项较多，特别是欠缺长远战略性设施规划。以环卫专业为例，截至2022年，全国仅广州市编制了环卫战略规划。而促使广州市编制该战略规划，也是因为广州市在编制城市战略发展规划时需要各行业包括环卫设施以宽广的视角、博大的时空维度和发展视野构建大格局。而其他绝大多数没有编制环卫设施战略规划的城市，在编制城市战略规划时，在环卫设施专业上则缺乏前瞻性的研究。

行业规划体系不合理的另一个表现是详细的规划选址论证工作启动较为滞后。目前，对邻避设施的选址论证工作通常是在项目准备立项时才真正推动。而在拟建项目立项前已组织编制的城市总规，以及控制性详细规划，通常不会对某个设施进行详细的选址方案比较和论证。以致真正要建设时，对于敏感邻避设施常常面临无址可选的困境。

2）行业总体规划与城市总体规划未能同步编制

行业规划一般由行业主管部门组织编制，而城乡总体规划由规划部门组织编制，由于缺乏统一的编制计划，这两类规划往往不能同步编制，导致行业总规的设施用地最新诉求未能在城市总体规划成果中体现。

3）行业规划仅站在自身立场，无法统筹考虑各行业规划

各行业主管部门是单一的专业部门，往往从各行业系统自身的合理性和维护部门利益进行规划设计，更多关注本专业的单一诉求，各行业设施很难做到高效集约、综合利用，各行业设施没有统一协调的建设实施进度计划。行业规划的这些局限性导致了其与国土空间规划无法有效衔接，对环卫设施与排水设施、公园绿地等其他用地能否综合利用缺乏考虑。

4）国土空间规划体系下的邻避设施规划不够重视，编制内容简单空泛

目前邻避设施在国土空间规划体系中受到的关注不够，普遍作为国土空间规划中的一个附属角色加以对待。在编制过程中，从审批部门、业主以及编制单位，均对其重视不够，甚至由非专业非专职人员承担编制，编制内容简单空泛，对邻避设施的考虑不够周详，甚至未能有效落实行业规划中的环卫设施用地。

3.2 各层级国土空间规划衔接存在的问题

1）城市总体规划存在缺陷，对指导下位规划落实邻避设施作用有限

城市总体规划作为一座城市的上位规划，其对城市环卫设施布局及建设具有重

要的指导意义，但往往城市总体规划成果在环卫设施控制方面存在重大缺陷。首先，城市总体规划在编制过程中与上位"省级城镇体系规划"欠协调，在重大环卫设施跨区域共建共享方面缺乏考虑，各城市在抱怨环卫设施用地不足的同时，在现有行政体制下缺乏公共基础设施统筹建设的互动机制；其次，部分城市总体规划前瞻性不足，特别是对像垃圾处理设施这类邻避设施用地长远需求缺考虑，仅着眼于规划编制期限10年或20年的发展需求，当开展新一轮城市总体规划修编才发现已没地可用；再次，部分城市过于关注中心城区，在城乡统筹方面比较薄弱，导致环卫设施仅考虑了中心城区的需求，终端处理用地规模偏小，有些城市已出现缺乏应急填埋空间的问题，正在探索通过陈腐垃圾治理释放库容空间的技术手段。

此外，即便是《黄线办法》《规划法》已明确要求对城市重大基础设施的"用地位置和范围"必须在城市总体规划成果中作为强制性内容予以确定，要"划定其用地控制界线"，但真正能按照这两个文件要求编制完成的城市总规成果并不多，多数城市总规成果对重大邻避公用设施的"用地位置和范围"缺乏交代或交代不明[4]。

2）控制性规划编制过程中邻避设施衔接不充分

控制性规划是承接城市总体规划的基础性法定规划，控制性规划编制完成后，一般不允许随意更改，任何用地调整均需经过严格的控规调整程序。控制性规划对环卫设施的管控至关重要，其编制过程中也存在不少问题，例如，因某些上位城市总体规划对环卫设施的用地位置和范围交代不明，单个区域编制控制性规划时无法明确落实环卫设施用地的具体位置；部分城市的控规覆盖区域仅为城市建设区，偏远的地区缺控规覆盖，导致偏远地区的环卫设施缺乏控制；控规编制通常是划分小片区来开展，城市总规一般仅确定重要的环卫设施，而一般环卫设施在小片区内往往缺乏与周边区域的统筹衔接，导致设施布局不合理；此外，早期控规编制过程中，对于邻避市政设施落地缺乏整合提升、集约共建方面的考虑，未能通过规划技术手段缩小环卫设施对周边居民的影响。

3.3 规划与实施衔接存在的问题

1）公众参与度不足

规划编制过程中，由于公众参与度不足，部分基础设施选址周边的居民不甘承受"以我为壑"的污染成本，衍生出对项目的抵制，导致垃圾处理场等邻避设施陷入"落地难"的困境。以番禺垃圾焚烧厂选址事件为例，选址初期，由于居民与政府缺乏良好的沟通交流途径，公众参与度较低，群众采取抗议行为试图参与并影响决策。事件的后期，信息交流的方式发生了变化，居民基本可通过民意调查与座谈会反馈信息。政府公布相关规定将公众参与合法化，公众参与从被告知转向了咨询，最终事件得到妥善解决。番禺垃圾焚烧厂选址事件的经过汇总于表1。

番禺垃圾焚烧厂选址事件的经过[5]　　　　表 1

事件	开始时间（年）	完成时间（年）	持续时间
番禺垃圾焚烧厂选址初定凌边眉山，征地遭反对，改为大石会江村，取得规划部门的项目选址意见书	2003	2006	三年多
番禺大石会江垃圾焚烧厂筹建	2007	2009	两年多
居民反对，会江项目停建，公布公众参与规定	2009	2010	一年
邀请居民参与选址调查，公布五个候选选址	2010	2011	一年多
明确最终选址	2011	2012	一年
环境影响评价公示（第一次）	2012	2012	12 天
环境影响评价公示（第二次）	2012	2012	12 天
第四资源热电厂建设	2013	2016	三年多

2）规划刚性不足

规划完成后，城市生活垃圾处理规划落实不到位、执行力不强成为当前规划工作中的薄弱环节。地方政府基于经济发展的需要，调整环卫规划用地的情况时有发生。

3）规划对敏感影响因素的预判不足

规划实施年限往往较长，邻避设施从规划到实施期间，城市快速发展，原选址地周边地区已建设成为密集的生活区，出现了新的敏感因素。如湘潭九华焚烧厂，项目所在地周边较敏感：九华片区处于长株潭经济一体化中心位置，距离项目1.8～3.5km范围内有鹤凌镇居民、湖南科技大学及软件学院师生约10万人，距离6～7km范围内有湘潭城区居民及湘潭大学师生约100万人。将湘潭九华焚烧厂规划于此，将对超过100万人造成影响，建设项目也因此暂时搁置[1]。

4　环卫设施如何在规划编制体系中有效衔接

4.1　衔接好国土空间规划与行业规划

1）完善行业规划体系，提前开展行业战略规划及重大设施选址论证

为了更好地衔接各层级国土空间规划，有必要完善行业规划体系。对于一些重

大的影响城市发展布局的邻避设施，比如垃圾处理处置设施，需要上升为城市发展的重大战略，在战略规划阶段通过编制环卫战略规划加以明确。广州市组织编制了《广州市生活垃圾收运处理系统战略规划（2018—2035）》（广州市城市规划勘测设计研究院），确定垃圾处理设施采取园区集中模式，布局 7 个循环经济产业园，最大限度减少邻避效应（图2）。

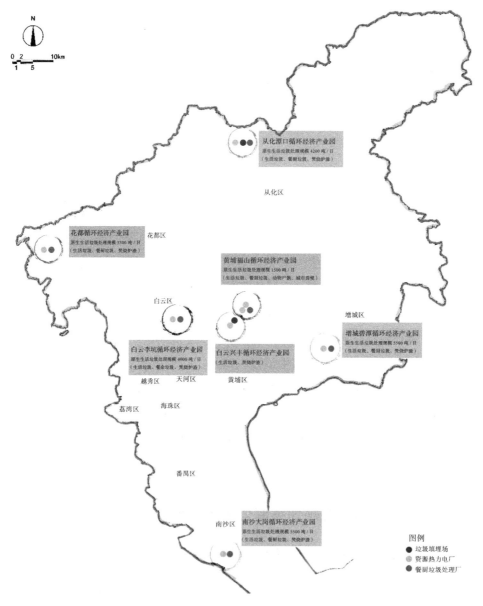

图 2 广州市生活垃圾收运处理战略规划——循环产业园布局规划示意图

行业管理部门应及早对具有重大战略意义、影响半径大的邻避设施全面开展选址论证工作。当前邻避设施的建设困境已表明，重大市政基础设施即使未来存在不确定性，也必须以战略思维做好"刚性"管控，予以明确和预留战略性备用地。这就要求在城市国土空间总体规划编制前及早开展全面的选址论证和多方案比选工作。

2）建议行业总体规划与城市国土空间总体规划编制同步启动

行业规划如果与国土空间规划编制不同步，就会因其时效性的局限，导致无法很好地指导城市规划。建议出台相关的制度，明确行业总体规划与城市国土空间总体规划同步编制，增加行业规划的时效性。

在没有同步编制情况下，开展新一轮城市国土空间总体规划编制时，已完成的行业系统规划不能直接"粘贴"在总规成果上，而应该根据总规新的人口规模等进行调整。

3）重视国土空间规划体系下的邻避设施规划

国土空间规划是落实行业规划中的设施用地的工具，应重视国土空间规划体系下的邻避设施规划的价值。国土空间规划编制时，应增强各类邻避设施专业人员的配备；应增强对邻避设施规划的审批；应规范邻避设施成果要求，特别是落实行业规划中的邻避设施的用地位置和范围。

4）国土空间规划编制加强与邻避设施规划的衔接

国土空间规划编制过程中，应对各行业规划进行统筹和协调，分析不同系统之间是否有整合、集约发展的可行性，会同各行业提出优化整合方案；对周边影响较大的邻避设施，会同行业主管部门进行详细选址论证，并对用地范围和周边用地进行控制，最终反映在用地用海规划图纸和文本成果中；会合各部门统筹安排各类行业设施的建设时序，作为强制性要求纳入近期建设计划，确保如期实施。广州福山循环产业园占地1500亩，兼具垃圾焚烧、生物质处理、危废处置、污水处理、环保科教、主题公园等功能，采用"循环经济产业园＋环保主题公园"新模式，被评为国家 AAA 级工业旅游景区，成为网红打卡点（图3）。

4.2　衔接好各层级国土空间规划

1）编制具备前瞻性的城市总体规划，谋划好战略性的重大邻避设施布局

城市总体规划应具备足够的前瞻性，做好战略性重大邻避设施布局，满足城市长远发展的需求。以环卫设施为例，垃圾填埋（焚烧）处理场、应急处理场对城市

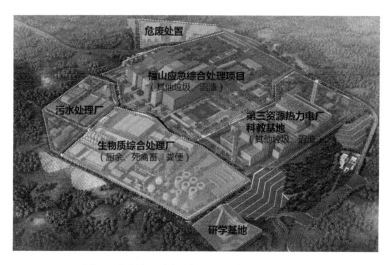

图 3   广州福山循环产业园功能集约示意图

发展空间布局影响巨大，这类设施最易引起民众抵触，很难控制新的用地，在总体规划编制中不能仅着眼于规划期限10年或20年的发展需求，而要用战略性的眼光，考虑50年或100年的长远发展需求。例如，上海老港固废基地就具有足够的前瞻性，规划控制了超过20km^{2}的用地规模，虽然上海人口还在不断增长，城市空间也在快速拓展，但在垃圾处理保障方面却能做到游刃有余。

城市总体规划的前瞻性还体现在区域协调和城乡统筹方面。区域协调发展是城市发展的新趋势，京津冀协同发展、粤港澳大湾区属于国家战略方面的区域统筹，广东省内有深圳—东莞—惠州、广州—佛山—肇庆、珠海—中山—江门的城市协调发展格局，城市间的协调发展目前更多是经济层面，未来应更关注基础设施的共享共建方面，做好像环卫处理处置设施这类占地大，影响范围大的邻避设施的区域协调。城乡统筹就是通过城乡资源共享，通过城市带动农村，建立城乡互动、良性循环、共同发展的一体化体制，例如在环卫设施城乡统筹方面，不再局限于中心城区的环卫设施需求，通过统筹考虑乡村垃圾集中收运处理的需求，在城市总体规划中全盘布局，进行落实。

明确了重大的环卫设施需求后，接下来需严格按照《黄线办法》及《规划法》的要求，确定其用地位置和范围，划定其用地控制界线，国土空间规划确定的垃圾填埋场及焚烧厂等邻避设施用地，禁止擅自改变用途。

2）编制具备操作性的控制性规划，确保邻避设施用地有效落实

一个具备操作性的控制性规划对环卫设施的顺利建设至关重要，控规中确定的

环卫设施数量是否齐备，用地是否科学合理，直接影响后续建设项目立项推进。控制性规划首先要与上位城市总体规划对接，落实城市总体规划划定的环卫设施黄线；但城市总体规划中划定的设施黄线仅仅是对城市发展有重要影响的重大设施，例如垃圾填埋场、焚烧厂等，对于垃圾转运站、收集站、资源回收点等较少涉及，控制性规划需结合行业规划及规划范围周边的控规综合考虑，对于垃圾转运站等占地规模较大的环卫设施落实好用地，对于垃圾收集站、资源回收站等占地规模小的环卫设施明确数量及位置，提出配建的管控要求；为了提高土地资源利用率，释放土地使用功能，同时削弱邻避设施的影响范围，有必要从市政设施集约化利用、共建共享方面进行研究，并落实设施用地；控制性规划编制还需与生态线规划、水源保护区划等做好衔接，确保环卫设施用地科学合理。广州黄埔区规划某大型生活垃圾转运站，在城市总体规划中属市政公用设施用地，现行土规为城镇建设用地，位于国土空间规划城镇开发边界内，通过控规落实为环卫用地（图4）。

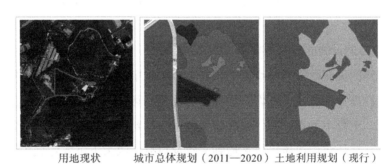

用地现状　　　城市总体规划（2011—2020）　土地利用规划（现行）

控制性详细规划　　国土空间规划（在编）　　　区域交通

图4　广州黄埔区某大型生活垃圾转运站控规分析图

4.3　确保规划有效实施

1）提高规划编制过程中的公众参与度

规划编制过程中，自下而上的决策过程及政治对话的强化有助于"邻避"困境的化解[6]。提高邻避设施规划过程中的公众参与度，应使公众参与合法化、常态化和制度化。邻避设施选址时应进行科学、公开、公平、公正的备选选址方案比选，通过论证会、听证会、公开征求意见等多种方式，充分听取周边居民、专家以及社会有关方面的意见。

2）确保规划权威性

加强对邻避设施规划实施的评估和监督，严格控制邻避设施用地，实行动态跟踪管理。规划执行过程中，若须作出修改时，必须严格按照规划调整程序，防止随意调整规划。

3）加强邻避设施周边地区的管控

邻避设施对周边地区环境产生的负面影响是无法避免的。应根据邻避设施的规模、工艺，借鉴已建同类邻避设施项目积累的经验、教训，提出防护距离控制要求。对邻避设施周边用地应执行严格的审批程序与要求，严格控制邻避设施周边的用地性质，并遵循小体量、低密度和园林式的建设原则，对周边用地的开发强度进行必要的控制。

4）弱化邻避设施的负面影响

邻避设施的负面影响是导致其成为社会矛盾集中点的重要原因。用规划技术手段弱化邻避设施负面影响，或许将使设施的建造和运营成本提高，但带来的社会效益极为可观。上海市静安区固体废弃物流转中心最初的规划方案是一座常规的地上垃圾中转站，在征求周边居民意见遭到一致反对后，改为下沉式垃圾中转站，并把地面建设成一座开放式的街心花园，实现了以人为本的理念，与周边环境协调统一，成了环卫设施与居民区和谐共存的典范。

5 结语

邻避设施能否落地与其在城市规划中是否有效衔接密切相关。应加强有关邻避设施的行业规划与城市规划的紧密衔接，加强从总规到控规的城市各层级规划的紧密衔接，将难落地难实施的邻避设施借助"规划之手"有条不紊地从规划蓝图变成现实。

参 考 文 献

[1] 唐久芳，王文博，罗喜英.湘潭邻避设施环评规划中公众参与困惑研究——

以湘潭垃圾焚烧厂规划为例 [J]. 经济研究导刊，2015（12）：167-180.

[2] 胡燕，孙羿，陈振光. 邻避设施规划的协作管治问题——以广州两座垃圾焚烧发电厂选址为例 [J]. 城市规划，2013，37（6）：16-19.

[3] 周丽旋，彭晓春，房巧丽，等. 破除集中式环保设施"邻避效应"的长效管理机制研究 [J]. 生态经济，2013（10）：173-177.

[4] 钟勇，欧阳丽，郑卫，等. 由邻避公用设施扰民反思规划编制体系的改进对策 [J]. 现代城市研究，2013（2）：23-29.

[5] 侯璐璐，刘云刚. 公共设施选址的邻避效应及其公众参与模式研究——以广州市番禺区坦坂焚烧厂选址事件为例 [J]，城市规划学刊，2014（5）：112-118.

[6] 李晓晖. 城市邻避性公共设施建设的困境与对策探讨 [J]，规划者，2009（12）：80-83.

城市能源
综合规划篇

"双碳"目标下园区近零碳综合能源规划研究

殷大桢[1]　付　强[1]　李　锋[2]　谭春晓[1]　刘晓琳[1]　滕秀玲[1]

（1.天津市城市规划设计研究总院有限公司；2 天津大学建筑设计规划研究总院有限公司）

摘要：本文从"双碳"目标的背景出发，针对产业园区开展近零碳综合能源规划的研究。以天津市泰达科创城为例，探索一种适应未来城市需求的清洁低碳能源系统，以实现能源的安全、高效和可持续利用。本文详细阐述了园区综合能源规划的路径，对科创城现有能源供需状况进行了分析，提出了一套针对园区的综合能源规划方案。方案从"源网荷储"角度入手，主要针对能源系统中传统能源的优化利用，以及新能源（太阳能、地热能）的开发和应用。此外，还考虑了能源存储和管理技术的应用，完善能源输配网络，以及从能源需求侧的节能减排措施。通过建立评价模型，对比分析了不同能源配置方案的经济性和碳排放量。研究结果表明，采用此综合能源规划方案能显著提高园区的能源效率和可再生能源利用率。与传统能源规划相比，优化方案能有效降低能源消耗和碳排放，为园区的低碳发展提供了有效途径。研究成果不仅对泰达科创城的能源发展具有指导意义，也为其他城市和园区的低碳能源规划提供了参考。

关键词：园区；近零碳；综合能源规划；可再生能源；碳排放

1 引言

2020 年，中国基于推动实现可持续发展的内在要求和构建人类命运共同体的责任担当，宣布了碳达峰和碳中和的目标愿景。"双碳"目标的提出有着深刻的国内外发展背景，必将对经济社会产生深刻的影响。根据联合国人居署的统计，城市消耗了全世界 78% 的能源，超过 60% 的温室气体排放来自城市地区。随着我国城市化进程的继续推进，我国城市人口预计至 2050 年增加 2.55 亿，城市建设的扩张对于碳中

233

和目标的实现是一个重大挑战[1]。

综合能源规划是城市可持续发展的关键组成部分，它涉及能源的生产、分配和消费，旨在提高能源效率，减少环境影响，同时保证能源的安全和可靠供应。随着全球对可持续发展和碳中和目标的日益重视，城市综合能源规划成为日益受到关注的研究领域。龙惟定等[1, 2]研究了如何在城区层面实现净零建筑能耗的目标，以及建筑运行阶段的碳中和。罗忆诗[3]、聂垚等[4]提出了在"双碳"目标背景下，城市区域综合能源规划的基本原则和规划思路。孙纪康等[5]探讨了在碳达峰、碳中和目标的背景下，城市能源系统转型的重要性。赵昕等[6]基于综合能源系统的基础架构，研究了从"源网荷储"四个不同环节出发，来探索可再生能源的灵活性消纳的相关技术。

城市综合能源规划的核心在于优化能源系统的结构和运行。这通常包括传统化石燃料的优化利用、可再生能源的集成、能源存储技术的应用以及能源效率提升措施。在规划过程中，多能互补和能源系统的整体优化是关键考虑因素，这要求综合考虑新能源、电力、热能、冷能以及燃气等多个能源细分方向。总而言之，城市综合能源规划是一个多维度、跨学科的复杂过程，它需要综合考虑技术、经济、社会和环境等因素。

2　园区综合能源规划编制路径

园区综合能源规划要侧重于处理三个问题：第一是需要协调城市规划与能源规划间的关系以及各类能源类型间的关系；第二是需要侧重于碳中和技术的应用；第三是除传统能源外，合理配置各类新能源设施及储能设施。通过需求侧、供应侧的配合协调，完善能源系统中"源网荷储"的各个方面。

第一，综合能源规划需要收集和分析园区内外的基础情况，包括用地情况、建设条件、能源资源等方面，评估这些资源的可用性、可靠性、成本效益和环境影响，确定规划底数。第二，设定规划目标。落实国家、省市有关能源规划的主要指标要求，提出适用于园区的发展目标。第三，市政需求预测。预测园区未来的能源需求，考虑人口、用地、技术进步等因素，使用模型和历史数据进行预测，以确保规划的准确性和实用性。第四，市政系统优化。基于资源分析和需求预测，设计综合能源系统技术组合方案，包括能源生产、传输和分配。考虑不同能源来源的集成和协调，以及能源存储和备用方案。第五，绩效评估与约束。设置和应用绩效评估标准，对于规划指标确定开发建设约束要求，保证方案实施效果。

在整个规划过程中，还需要考虑技术创新、政策变化和市场动态等因素的影响。园区的综合能源规划是一个动态和持续的过程，需要定期评估和调整（图1）。

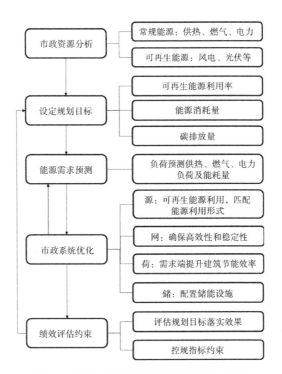

图 1　园区综合能源规划编制路径示意图

3　规划原则和目标

3.1　规划原则

碳达峰、碳中和背景下的能源系统需要考虑以下规划原则：

1）提升非化石能源占比，实现可持续性和高效性

城市能源规划应促进环境保护，减少温室气体排放和污染物排放。能源供应侧优先考虑可再生能源资源的开发和利用，以减少对化石燃料的依赖。在我国碳中和实现的路径下，需求侧电能替代、建筑电气化是主要发展方向。同时，能源系统需要采用先进的能源技术和管理方法，提高能源系统的整体效率。

2）保障能源供应，提升可靠性和安全性

能源供应的安全是城市发展的基础。近年来我国多次出现的电力、燃气供应短缺现象，产生了一定的社会影响。在能源转型的过程中，需要保证能源供应的安

全。发展储能设施，引入多样化能源，构建多能互补的能源供应体系，推动能源结构优化和低碳转型。

3）综合协调能源系统，满足适应性和灵活性

源（能源生产）、网（能源传输和分配）、荷（能源需求）、储（能源存储）的有效整合对于建立一个高效、可靠且可持续的能源体系至关重要。综合协调不同能源类型，如太阳能、风能、天然气、地热能等，以提高系统的稳定性和可靠性。灵活调节能源供应，尤其是可再生能源的输出，以适应需求变化。

3.2 能源规划指标

规划指标的选取对于能源规划的技术方案及评估十分重要。在实现城市碳中和的愿景下，方案可从可再生能源利用效果、碳排放量[7]、能源消耗量三个方面进行评价。首先，可再生能源利用率是评估园区低碳化、清洁化的核心指标。可再生能源占比是指可再生能源消耗量占园区终端能源总消耗量的比重。参考标杆城市指标，中新天津生态城规划2035年可再生能源利用率为32%，北京新建区域2025年可再生能源利用率为20%。园区能源碳排放量和园区能源消耗量是评估能源系统优化效果的具体指标。计算公式如下：

$$REP_P = \frac{\sum(E_{ri} \times f_{ri})}{E_h \times f_h + E_g \times f_g + E_e \times f_e} \times 100\% \qquad (1)$$

$$C = E_h \times e_h + E_g \times e_g + E_e \times e_e - \sum(E_{ri} \times e_{ri}) \qquad (2)$$

$$E = E_h \times f_h + E_g \times f_g + E_e \times f_e - \sum(E_{ri} \times f_{ri}) \qquad (3)$$

式中：REP_P 为可再生能源利用率；C 为每年二氧化碳碳排放量（tCO_2/a）；E 为能源消耗量（万 kgce/a）；e_h、e_g、e_e、e_{ri} 分别为供热、燃气、电力、可再生能源的碳排放系数；f_h、f_g、f_e、f_{ri} 分别为供热、燃气、电力、可再生能源的折标煤系数；E_h、E_g、E_e 分别为供热、燃气、电力的年能源消耗量；E_{ri} 为可再生能源的年能源生产量。

4 规划案例——天津泰达科创城综合能源规划

4.1 项目概况及区域条件

4.1.1 项目概况

本项目位于天津市滨海新区核心区南部，北侧紧邻于家堡、响螺湾中心商务

区，占地面积约 16.7km²，规划人口 10 万人。项目总建筑面积约 1700 万 m²，其中居住、办公、新型产业用地占比分别为 40%、15%、45%。其中新型产业用地（M0）指融合研发、创意、设计、无污染生产等新型产业功能以及相关配套服务的用地。项目总体定位为北方科创中心核心枢纽，滨城核心战略南拓区。

4.1.2　外部能源供应

泰达科创城为新规划园区，无现状各类能源设施。项目周边供热、燃气、电力资源均较为丰富。供热方面，项目区外西侧有一座现状热电厂，可满足园区供热需求。燃气方面，项目周边有多条高压、次高压燃气管线穿过，燃气资源充足。由于近年燃气用量逐年增加且外部气源紧张的背景，燃气价格逐年升高。电力方面，项目区外北侧已建一座现状 220kV 变电站，周边电力供给充裕。结合天津市电力政策，执行峰谷平分时电价，电价逐月公布。同时，项目区外南侧盐田内已建设约 2600MW 光伏发电厂，绿色化、清洁化补充天津市电力。

4.1.3　可再生能源禀赋

可再生能源主要包含风电、光伏、地热、各类热泵资源等。

（1）太阳能方面，项目所在地全年总辐射量为 1359kWh/m²，该区域的太阳能资源丰富程度属于Ⅲ类区，即"资源丰富带"（1050～1400kWh/m²）。依目前技术条件和电力价格，项目开发太阳能进行光伏发电有较好潜力。

（2）风能方面，本项目位置年有效风能密度在 200～300W/m²。依据滨海新区相关新能源规划要求，开发边界内不可开发大型风电设施，因此不具备风电开发条件。

（3）地热方面，主要分为浅层地热和中深层地热。本项目区域地热资源较好，具有地热资源利用潜力。

4.2　市政基准负荷、能耗及碳排放量预测

负荷预测是能源规划中的基础工作，其精度的高低直接影响着规划质量的优劣。负荷预测主要方式包含指标法、模拟法等方式。本规划选用模拟法和负荷密度指标法相结合的方式进行负荷预测。本项目用能负荷主要有供热、电力、燃气负荷，下面对负荷预测方式进行介绍。

针对项目供热负荷，设置居住建筑、办公建筑、商业建筑等典型建筑，采用 TRNSYS 逐时负荷模拟软件建立典型建筑的负荷仿真模型，得到上述建筑的逐时热

负荷，为区域负荷分析及供能系统耗热量、耗能量分析提供基础数据。

采用 TRNSYS 软件，建立典居住建筑、办公建筑、商业（新型产业）建筑等建筑模型，对其进行逐时热负荷模拟，模拟结果如图 2 所示。

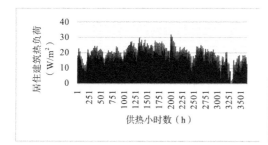
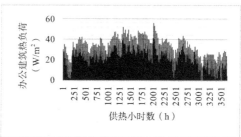
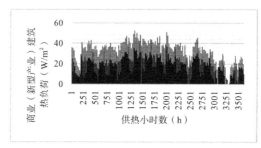

图 2　居住、办公、商业（新型产业）建筑典型年冬季逐时热负荷

依据软件模拟数据结果，并结合天津市供热、燃气、电力规划指标，对燃气、电力市政负荷规划预测，最终得到能源负荷及能源年消耗量（表 1）。

园区能源负荷、消耗量预测表（基准方案）　　　　　　　　　　表 1

建筑类型	用热负荷（MW）	供热量（万 kWh）	燃气负荷（万 m³/d）	年用气量指标（万 m³/a）	用电负荷（MW）	年耗电量（万 kWh）
居住	201.8	34970.0	0.387	759.9	70.6	24714.4
办公	122.8	11538.5	0.387	759.9	72.2	25262.0
商业（新型产业）	398.6	34275.3	—	—	357.1	124985.3
合计	723.1	80783.8	0.773	1519.9	499.9	174961.6

为了计算后续优化方案减碳量，采用常规能源规划数据作为基准方案值，方案为满足现行建筑要求，采用市政热电厂供热，用户电制冷供冷，居民燃气正常使用，无规划可再生能源的基础方案。依据《综合能耗计算通则》GB/T 2589—2020，

得到电力、热力、燃气折标煤系数。碳排放因子依据《零碳产业园区认定和评价指南》T/TJSES003—2022 选取。最终得到基准方案园区能耗量为 33447 万 kgce/a，园区能源碳排放量为 132 万 tCO$_2$/ 年（表 2）。

园区能源能耗量、碳排放量预测表（基准方案）   表 2

能源类型	折标煤系数	能耗量（万 kgce/a）	碳排放因子	碳排放量（万 tCO$_2$/a）
热力	0.03412kgce/MJ	9922.8	0.11tCO$_2$/GJ	26.8
燃气	1.33kgce/m^3	2021.4	55.54tCO$_2$/TJ	3.5
电力	0.1229kgce/（kWh）	21502.8	0.581tCO$_2$/MWh	101.7
合计	—	33447.0	—	132.0

4.3 能源规划方案分析

城市综合能源系统（图 3）主要包括能源生产、能源存储、能源需求以及能源传输分配四部分，即"源—网—荷—储"四部分技术元素。下面依据各部分特点介绍具体配置模式。

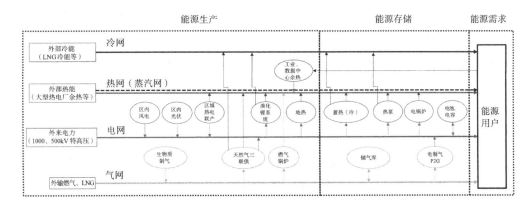

图 3　城市综合能源系统图

4.3.1 能源生产方案

"源"指的是能源的生产或生成。这包括外部能源供应（如煤炭、石油、天然气）和可再生能源（如太阳能、风能、水能）的生产。在综合能源系统中，"源"确保了能源供应的持续性和多样性。在能源生产侧需要充分利用园区内可再生能源资源，充分开发风电、光伏、地热等资源，优化区域能源结构。同时，选择不同供热形式对区域能源消耗及碳排放会产生影响。

1）可再生能源利用

（1）光伏发电：光伏发电的利用形式主要包含四部分，分别为园区绿地光伏板、屋顶光伏、停车场光伏以及建筑光伏一体化。经统计，园区屋顶光伏、停车场光伏可用面积约 70 万 m^2，绿地光伏可用面积约 253 万 m^2，建筑光伏一体化（BIPV）可利用面积约 380 万 m^2。综上，园区理论最大光伏发电可敷设容量为 687MW。

（2）浅层地热：本项目在绿地内实施地源热泵系统，绿地面积在 400 万 m^2 左右，综合考虑设计参数，则浅层地源热泵可提供的热量为 329MW。

（3）深层地热：由于项目周边铁路、地铁等条件限制，区域可打深层地热井 2 对，单对地热井可提供的热负荷为 7MW，两对地热井可提供的热负荷为 14MW。

2）供冷、供热技术利用对比

对于供冷、供热技术的选择，需综合考虑各方案初投资、运行费用和碳排放，根据区域能源利用形式对系统的设计方案进行分析，以得到较为合理的热源冷源设计方案。

对于区域内住宅、办公和新型产业建筑的供热技术方案，经分析，住宅建筑技术经济性优选级为：深层地热＞谷电蓄热＞空气源热泵＞市政热力＞燃气锅炉。公共建筑技术经济性优选级为：深层地热＞谷电蓄热＞燃气锅炉＞地源热泵＞空气源热泵＞市政热力。现阶段碳排放优先级为：深层地热＞地源热泵＞空气源热泵＞燃气锅炉＞市政热力＞谷电蓄热。随着电网新能源的不断接入，碳排放系数逐步降低，届时燃气供热方式的竞争力将逐步降低。由于居住用户更侧重于用热稳定性，因此市政热力的适用性和稳定性更高。

对于区域内办公和新型产业建筑的供冷技术方案，经分析，技术经济性优选级为：常规冷机＋水蓄能＞空气源热泵（只考虑夏季增量投资）＞地源热泵（只考虑夏季增量投资）＞常规冷机＞多联机＞溴化锂＞燃气三联供系统；碳排放优先级为：常规冷机＞常规冷机＋水蓄能＞地源热泵＞空气源热泵＞三联供＞溴化锂。

通过技术分析，最终选定供热方式为：对于居住建筑，优先考虑深层地热供热，其余采用市政热力补充。办公及新型产业建筑主要以地源热泵、常规冷机以及谷电蓄热（冷）进行供热供冷，满足使用需求。基于上述分析，最终形成的冷热技术配比规划方案如表 3 所示。

园区供热、制冷方案配比表　　　　　　　　表3

项目	居住建筑		办公、新型工业建筑		
	深层地热（MW）	市政热力（MW）	地源热泵（MW）	常规冷机（MW）	谷电蓄热（冷）（MW）
供热	14	187.8	329	—	w256
供冷	—	—	395	567	223.2

由于可再生能源资源在园区内较为分散，为保证充分利用，规划采用四座综合能源站为区域供能，设计容量需考虑区域负荷互补性。综合考虑碳排放及经济性，预留未来能源转换接口。在规划用地内开展多维一体（电、光、热／冷、储、充）的具备经济价值的示范性综合能源场站建设。

4.3.2　能源传输分配方案

"网"涉及能源从生产地到消费地的传输和分配，主要是通过电网、热网（蒸汽网）、冷网、燃气网等基础设施实现。规划园区内热网、燃气网环状敷设，电网保证双源头供应，"网"的高效运作对于确保能源供应的稳定性和可靠性至关重要。利用智能能源网络技术可以更好地管理能源供需。通过需求响应管理，可以调节用户的能源需求，以适应能源供应的变化，从而提升能源利用效率。

4.3.3　能源存储方案

"储"代表能源存储方案，特别是对于间歇性的可再生能源（如太阳能、风能）尤为重要。可再生电力的生产特性与建筑的用能需求难以同步，因此需要配置相应的基础措施。储能技术可以帮助平衡供需差异，提高能源系统的灵活性和稳定性。储能方式包含储电（电池储能）、储气（储气库）、储冷、储热、转化为热能（热泵、蓄热）、转化为机械能（压缩空气、抽水蓄能）、转化为可燃气体（电解水制氢）等类型[1]。本项目中供热供冷方案基于热泵及谷电蓄热（冷）方案，完善能源系统的配置需求。同时，为保证新能源接入电网的稳定性，四座能源站分别配置储能电站，作为区域内应急电源及满足夜间无日照下的电力需求供应。

4.3.4　能源需求方案

"荷"代表能源消费的需求端，包括居民生活、工业生产、商业活动等各方面的能源需求。在能源规划中，合理预测和管理"荷"是优化能源配置和提高能效的关键。能源消费在城市能源系统中主要体现为建筑能耗。

目前，建筑的负荷预测依据《严寒和寒冷地区居住建筑节能设计标准》JGJ 26—2018，采用当前国家建筑能耗标准进行负荷预测。随建筑技术发展，节能效率逐步提高，超低能耗建筑、近零能耗建筑以及零能耗建筑等示范项目逐步开始建设。超低能耗建筑、近零能耗建筑以及零能耗建筑对现有建筑的节能率分别为50%、75%以及100%。提高建筑本体节能效果，可以降低城市总能耗，降低碳排放量，进而提高可再生能源利用率。

4.4　方案评估及约束

4.4.1　规划方案评估

为评价方案规划目标落实效果，设定三组能源利用方案，基准方案为传统市政能源供应方案；优化方案为经过可再生能源利用和供热供冷优化后的能源系统；进阶方案为在优化方案基础上外部电力均为绿电的能源方案。具体能源利用形式如表4所示。

三组能源利用方案能源形式　　　　　　　　　　　　　　表4

项目	供热	制冷	燃气	电力	可再生能源
基准方案	居住、办公、新兴产业建筑均用市政热满足	均用冷水机组满足	满足炊事燃气需求	常规电力供应	园区不规划可再生能源
优化方案	居住建筑供热采用深层地热以及市政热力满足，办公、新型工业建筑采用地源热泵、谷电蓄热（冷）满足	居住建筑制冷采用分体式机组满足，办公、新型工业建筑采用地源热泵、常规冷机、谷电蓄热（冷）满足	满足炊事燃气需求	常规电力供应	园区规划光伏发电等新能源措施
进阶方案	居住建筑供热采用深层地热以及市政热力满足，办公、新型工业建筑采用地源热泵、谷电蓄热（冷）满足	居住建筑制冷采用分体式机组满足，办公、新型工业建筑采用地源热泵、常规冷机、谷电蓄热（冷）满足	满足炊事燃气需求	电力供应均为绿电	园区规划光伏发电等新能源措施

参考国内标杆区域的可再生能源利用率，优化方案与进阶方案均能超过中新天津生态城等地指定的参考标准（表5）。在进阶方案下，为继续实现园区的碳中和，还可完善如下内容：首先全面推行电能替代，将炊事用天然气转变为利用电能，将

居民用市政热转变为热泵供热。其次是提高能源系统的输配效率，降低建筑需求侧能源需求。

三组能源利用方案可再生能源利用率、能耗量及碳排放量　　　表5

项目	可再生能源利用率（%）	能耗量（万 kgce/a）	碳排放量（万 tCO$_2$/a）
基准方案	0	33447	132
优化方案	47.10	17693	70
进阶方案	81.70	8322	20.5

4.4.2　规划方案约束

为保证"双碳"目标的顺利落地，结合控制性详细规划选取相应指标进行约束，可以作为城市规划管理的依据。在地块的控规中，建议屋顶光伏铺设比例、能耗和碳排放的限额指标等相关要求，以控制地块中的建筑开发和设计。

5　结论

本文分析探讨了在"双碳"目标的背景下，如何为城市园区进行近零碳的综合能源规划。研究提出了综合能源规划的编制路径、指导原则以及规划目标。以天津泰达科创城为案例，研究分析了园区的能源需求、供应情况以及可再生能源的潜力，从"源网荷储"角度针对园区综合能源规划中的能源生产、传输、存储和需求方案进行优化，并提出了评估和约束机制，确保规划实施的效果。通过以上方案，园区可以实现更高的可再生能源利用率，同时降低能耗和碳排放，符合未来城市的低碳发展需求。

参 考 文 献

[1] 龙惟定，潘毅群，张改景，等.碳中和城区的建筑综合能源规划 [J].建筑节能（中英文），2021，49（8）：25-36.

[2] 龙惟定，白玮，王培培，等.净零建筑能耗城区的能源规划方法 [J].暖通空调，2018，48（6）：41-47，63.

[3] 罗忆诗."双碳"背景下城市区域综合能源规划应用研究——以广州市金融城为例 [C]// 中国城市规划学会.人民城市，规划赋能——2022 中国城市规划年会

论文集（03 城市工程规划）. 北京：中国建筑工业出版社，2023：14-25.

[4] 聂垚，李杜渊，林波荣，等. 双碳背景下园区综合能源规划探索与实践——以雄安某科创城为例 [J]. 建筑科学，2023，39（12）：263-270，284.

[5] 孙纪康，毕莹玉，董淑秋. "双碳" 目标下城市综合能源规划的探索研究 [C]// 中国城市规划学会. 人民城市，规划赋能——2022 中国城市规划年会论文集（03 城市工程规划）. 北京：中国建筑工业出版社，2023：26-34.

[6] 赵昕，刘知凡，厉艳，等. 基于 "双碳" 目标下的综合能源规划体系研究 [J]. 能源与环保，2023，45（9）：175-178，186.

[7] 政府间气候变化专门委员会. IPCC 2006 年国家温室气体清单指南 2019 修订版 .

"双碳"目标下电力空间布局规划编制探索

赵 扬 任一兵

（天津市城市规划设计研究总院有限公司）

摘要：当前电力空间布局规划编制成为推进能源电力助力"双碳"目标和落实国土空间规划目标的重要手段之一，在"双碳"战略目标和国土空间规划改革的双重背景下，电力空间布局规划不仅可以通过明确电力设施和廊道规划原则、设置要求、建设布局来保障电力项目的空间落位，而且充分考虑到能源电力转型发展要求，通过空间预留、集约共享等方式提升清洁能源优化配置和消纳能力。本文以天津市电力空间布局规划为例，探索国土空间规划体系中的电力专项规划编制方法。从电网目标网架入手，提出基于BP神经网络的方法对能源转型阶段的规划电力负荷进行预测，结合国土空间总体规划确定的目标定位、总体布局以及"三区三线"管控要求等内容，对电力建设发展空间进行布局规划，加快构建新型电力系统，推动能源清洁低碳转型。

关键词：碳达峰碳中和；国土空间规划；能源清洁低碳转型；电力空间布局规划

1 引言

1.1 协同国土空间总体规划编制要求

2019年5月9日，中共中央、国务院印发《关于建立国土空间规划体系并监督实施的若干意见》，提出建立国土空间规划体系并监督实施的重大部署，要求分级分类建立国土空间规划，明确了总体规划、详细规划、专项规划的编制主体、主要内容和协同原则。2019年5月28日，自然资源部印发《关于全面开展国土空间规划工作的通知》，对国土空间规划各项工作进行了全面部署，全面启动国土空间规划编制审批和实施管理工作。为落实国家要求，天津市政府启动了全市国土空间总体规划的编制工作。同时为进一步完善国土空间规划体系、充分发挥国土空间专项规划对专业设施的空间保障作用，市级各委局陆续组织开展相关领域专项规划的编制工作。其中，天津市电力空间布局规划是由市工信局牵头组织、将电网专业发展规划与国土空间使用需求相协同的电力类专项规划，旨在将电网规划要求的电力设施和电力廊道空间需求，对应国土空间规划编制的深度和内容进行体现，并纳入各级各类国土空间规划中，最终指导实施落位。

1.2 助力实现"碳达峰、碳中和"目标

习近平总书记在全国生态环境保护大会上强调，"要加快推动发展方式绿色低碳转型""要积极稳妥推进碳达峰碳中和""构建清洁低碳安全高效的能源体系，加快构建新型电力系统"。天津市提出了推动重点领域、重点行业率先碳达峰的要求。因此，为加快推进天津市能源供给多元化清洁化、能源消费高效化电气化，支撑能源革命先锋城市建设，服务"双城"发展格局，实现能源清洁低碳转型，为电源并网创造良好条件，保障大项目顺利实施，助力天津市实现"碳达峰、碳中和"目标，亟须编制电力空间布局规划。

2. 规划内容

规划根据全市用电量和最大用电负荷预测、电源发展规划，确定天津电网目标网架结构。结合各地区发展要求，统筹协调其他各类专项规划，确定220kV及以上等级变电站数量、规模和预选址位置，以现有电力走廊为基础，进一步优化完善电力架空线走向并适当预留，确定电力高压走廊走向及控制宽度，对编制其他规划具有指导和约束作用，该规划是全市电力设施建设活动和电力设施保护工作的基本依据。

2.1 电力发展定位与目标

2.1.1 需求预测

近年来，电力需求稳步增长，现状电网能够满足地区经济发展需要，全市最大用电负荷由2015年的1329.9万kW增长到2021年的1616.4万kW，年均增长3.7%，城市负荷特性明显，受气候影响明显，增速高于全社会用电量的增长（图1）。全社会用电量由800.6亿kW·h增长到982.3亿kW·h，年均增长3.47%（图2）。

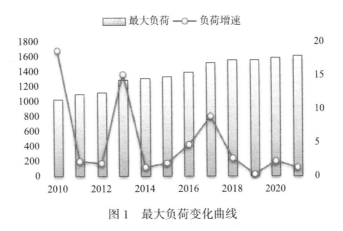

图1 最大负荷变化曲线

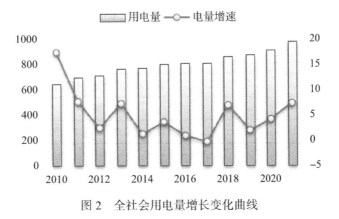

图2 全社会用电量增长变化曲线

综合考虑经济发展、产业结构调整、双碳发展进程、资源节约与环境保护、社会发展与民生改善等指标因素，基于ARIMA-TARCH-BP神经网络模型的方法测算目标年电力需求水平，同时对残差进行修正，预测规划期末全市全社会用电量1480亿kW·h，最大用电负荷3500万kW。

2.1.2 电源发展

首先，本地电源从"推动煤电转型、加强气电调峰、推进新能源项目、加快储能建设"四个方面布局，规划北郊燃气电厂、西青燃气电厂、南港电厂、临港燃气冷热电三联供、静海电厂五座主力燃气电厂，现状杨柳青电厂、军粮城电厂、东北郊电厂、北塘电厂、华能临港燃气电厂等近期扩容，强化煤炭清洁高效利用建设大港电厂关停替代工程（表1）。综合考虑新能源装机发展，预计2025年规划总装机规模达到2600万kW，2035年规划总装机规模预计达到3990万kW。

规划新增主力电厂列表　　　　　　　　　　　　　　　表 1

序号	电厂名称
1	北郊燃气电厂
2	杨柳青电厂（扩建）
3	西青燃气电厂
4	军粮城电厂（扩建）
5	东北郊电厂（扩建）
6	北塘电厂（扩建）
7	南港电厂
8	华能临港燃气电厂
9	临港燃气冷热电三联供项目（临港产业区）
10	大港电厂关停替代项目
11	静海电厂
12	滨海新区"盐光互补"项目
13	海上风电
14	蓟州抽水蓄能电站（杨庄、龙潭沟）

2.1.3　电网规划

为了进一步深化实施"外电入津"战略，构建坚强可靠特高压电网，提高外受电能力，本规划中近期扩建海河 1000kV 特高压变电站、建设天津北特高压输变电工程，形成"三通道、两落点"特高压交流受电格局。结合国家特高压电网发展规划，天津电网计划开展天津西特高压输变电工程前期工作研究，同时预留宝坻和西郊特高压直流输电工程，最终实现特高压直流深入天津中西部地区。规划 21 座 500kV 变电站形成 500kV 扩大双环网，搭建具备较高安全稳定运行水平的大电网结构，通过规划的 244 座 220kV 变电站向各地区负荷中心送电。

2.2　变电站和电力走廊规划

2.2.1　变电站规划

变电站选址规划应根据国土空间规划格局、负荷分布及与外部电网的连接方式、交通运输条件、水文地质、环境影响和防洪、抗震要求等因素进行技术经济比较后合理确定。按照国土空间规划"三区三线"用途管制要求，规划新建变电站应避让生态保护红线、永久性基本农田以及国家重点保护的文化遗址。220kV及以上等级变电站应布置在城镇开发边界内，尤其对于用电量大、高负荷密度区域，220kV变电站选址应采用深入负荷中心布置的方式；500kV及以上等级变电站应布局在城镇开发边界外，以构成向城市提供电源的主网架。新建110kV和35kV变电站采用户内式结构，500kV和220kV变电站按照在电网系统的作用分为枢纽站和终端站，考虑规划主变容量需求，尽量压缩用地面积，提高单位用地面积供电能力，保证国土空间资源高效利用。各等级规划变电站用地指标如表2所示。

变电站规划用地指标表　　　　　　　　　　　　　　　　　　表2

电压等级	类型	用地面积（m²）
35kV	户内式	≤1500
	户外式	≤3000
110kV	户内式	≤4000
	户外式	≤5000
220kV	枢纽站	≤12000
	终端站	≤8000
500kV	枢纽站	≤50000
	终端站	≤40000

2.2.2　电力架空线走廊规划

电力架空线走廊布置应满足国土空间总体规划要求，尽量避让城镇空间、尽量减少占压生态保护红线和永久基本农田。在线路空间布局上，新建电力走廊结合公路、城市道路、铁路、河流及现状电力线路布置，尽量避免开辟新的通道；规划走廊尽可能短捷、通畅，减少线路长度。积极采用先进技术、选用先进设备，线路选址规划阶段集约利用土地，尽量采用多回路杆塔架设电力架空线，减少电力高压走廊对用地的影响。本专项规划中电力高压走廊控制宽度要求如下：

（1）1000kV交流特高压线路走廊控制宽度为100m；

（2）800kV直流特高压线路走廊控制宽度为80m；

（3）500kV 线路走廊控制宽度单回 75m，双回为 80m；

（4）220kV 线路走廊控制宽度单回 35m，双回为 40m；

（5）110kV 线路走廊控制宽度单回 25m，双回为 30m；

（6）35kV 线路走廊控制宽度单回 15m，双回为 20m。

电力空间布局规划中确定的电力设施和电力走廊为后期电力项目建设实施提供空间路由的上位规划依据，具体位置在详细规划和项目工程实施阶段予以落实。

同时，本规划中明确要求结合区级国土空间规划和建设发展要求，有条件的地区在已规划架空线路走廊的基础上增加 50m 宽的预留廊道，为新增电网建设、大电源项目及新能源并网项目作预留。

2.2.3　电力电缆规划

结合国土空间总体规划确定的空间格局，本规划中明确提出津城核心区、滨城核心区除专项规划中已确定的电力走廊外，其他 220kV 及以下等级电力线路均应采取电缆方式敷设；而其他地区城镇空间结合地形、地貌及用地规划布局，220kV 以下等级电力线路应采用电缆方式布置，各等级电力线路无论采用架空方式还是入地敷设方式均要坚持节约集约利用土地的原则，统筹考虑尽量合理归并线路通道。

2.3　规划传导要求

对应市区两级国土空间总体规划要求，明确提出市区两级电力专项规划的内容和深度要求，有力保证在详细规划和项目建设阶段电力设施及走廊能够逐步落实（表 3）。

天津市国土空间总体规划落实 500kV 及以上等级设施位置及电力网架结构；区级国土空间总体规划落实 220kV 及以上等级设施位置及电力走廊；乡镇（街）国土空间总体规划、村庄规划和控制性详细规划落实 110kV 和 35kV 等级设施用地边界及电力走廊位置。

市级电力空间布局规划对全市用电量和用电负荷进行预测，提出 220kV 及以上等级变电站数量、规模和预选址位置；根据天津电网目标网架提出 220kV 及以上等级电力走廊走向。各区应按照市级电力空间布局规划的要求开展区级电力空间布局规划编制工作，落实市级规划要求，结合各地区发展和国土空间规划对全区用电负荷进行预测，提出 110kV 和 35kV 等级电力设施预选址位置，根据规划电网结构提出 110kV 和 35kV 等级电力廊道走向。

国土空间规划中电力设施规划内容和传导要求　　　表 3

国土空间总体规划、详细规划		国土空间专项规划	
规划体系	管控要求	规划体系	内容和深度要求
天津市国土空间总体规划	提出 500kV 及以上等级设施位置及电力网架结构	市级专项规划（天津市电力空间布局规划）	提出 220kV 及以上等级设施位置及电力走廊走向
区级国土空间总体规划	提出 220kV 及以上等级设施位置及电力走廊走向	区级专项规划	落实市级专项规划要求；提出 110kV 和 35kV 等级设施位置及电力走廊走向
乡镇（街）国土空间总体规划；村庄规划；控制性详细规划	落实 35kV 及以上等级设施用地边界及电力走廊位置	—	—

3　规划策略与行动

3.1　深入推进京津冀主网建设，构建互联互通的区域一体化电网体系

首先，本规划结合电网重点项目近远期建设计划，对天津南特高压变电站扩建用地及天津北特高压变电站新建工程选址规划进行多方案比选，最终确定站址及廊道空间规划，保证了在国土空间中实现"三通道、两落点"的特高压交流受电格局。

同时，在国土空间中预留规划宝坻和西郊直流换流站，远期可通过特高压直流实现外受电 1600 万 kW。充分考虑能源电力转型发展要求，在空间中谋划布局多条 500kV 外受电通道，建成"蓟北至顺义、蓟北至通州、渠阳至太平、南蔡至新航城、吴庄—大城"等方向的 500kV 等级外受电通道，深化与唐山电网、北京电网及河北南网的 500kV 联络。

3.2　践行绿色低碳发展理念，积极推动可再生能源高质量发展

构建新型电力系统，合理布局适应可再生能源快速发展的电网空间规划，新的电力空间布局规划实现支撑滨海新区百万千瓦级"盐光互补"和海上风电项目接网消纳。规划中考虑在塘沽海晶盐场布局华电、龙源 500kV 升压站，在南港预留海上风电陆上升压站，并对并网线路走廊进行空间控制。推广"打捆升压接网"模式，在风光资源丰富的地区预留汇集站，为后期新能源项目并网作好充分预留，在宁河东部地区建设服新新能源汇集站、在滨海新区南部地区规划鑫泰路汇集站。

3.3 结合生态文明建设要求，规划电力设施及走廊尽量避让自然保护地及生态保护红线

基于天津的地形地势特点，"抽水蓄能"项目只能布局在蓟州北部山区，因此项目选址需要充分考虑周边各类自然保护区、地质公园、风景名胜区、湿地公园等生态保护要素，通过多方案综合分析比较，最终抽水蓄能电站预选址方案确定在罗庄子镇杨庄和下营镇龙潭沟，两处选址方案完全满足各类生态保护要求，从空间上保证了项目的顺利推进。

3.4 构建覆盖全市域农村地区的坚强供电系统，为乡村振兴充电赋能

规划从电力需求负荷预测"全覆盖"和变电站布局"全覆盖"两个方面，保证农村电网巩固提升工程顺利推进，同时为农村地区光伏、风电、生物质能等清洁能源发展提供强有力的电力支撑。规划期末，农村地区供电可靠率提高至 99.955% 以上，综合电压合格率达到 99.99%。

4 结论

随着电力空间布局规划的编制和批复，滨海新区华电海晶、龙源海晶盐光互补及宝坻华润、宁河国电投风电等诸多新能源项目均已建成投产并实现并网发电。滨海新区大港 500kV 变电站、南港东 220kV 变电站，武清首驿 220kV 变电站主体工程已接近完工，北马庄、浯水道、南麻瘩、望都 220kV 变电站等项目已开工实施，渠阳至芦台、板桥至滨海等重要输电线路也已投产送电，大大提高了天津电网输送能力，有力支撑天津地区实现"双碳"目标。

参 考 文 献

[1] 中共中央，国务院.关于建立国土空间规划体系并监督实施的若干意见[Z].

[2] 李奕恒，顾晶晶，谢啸天."双碳"目标下新型电力系统发展路径研究.科技经济市场[J]，2023（4）：122-124.

片区能源站区域集中供冷专项规划编制探索

张远取　邓　锐　黄毅贤

摘要：区域集中供冷能源站能够提高终端用能效率、推进能源低碳发展，助力"碳达峰、碳中和"目标实现，越来越受到城市规划和建设者重视。研究落实相关政策和上位规划要求，借鉴标准导则及类似专业编制经验，提出片区能源站区域集中供冷专项规划编制的思路与内容，进一步分析规划实施与保障措施，助力区域集中供冷的推广。从城市定位、低碳建设、区域竞争力等提出建设必要性；从经济基础、建设经验、新城背景等提出建设可行性；进一步分析能源站适用区域、建设要求、管网要求等规划技术原则，并结合片区特点进行具体能源站设置分析。提出区域集中供冷与传统分散供冷对比的量化优势以及对各个项目参与方进行效益分析。在用地控制原则方面，针对示例结合绿地进行建设的能源站，提出对应的规划条件要求。

关键词：能源站；区域集中供冷；双碳；专项规划；编制；厦门

1　引言

区域集中供冷是在一个建筑群内设置一个或多个能源站制备冷水，通过循环水管道系统，向该区域内不同建筑提供空调冷水的系统设施。区域能源供应具备高效、节能性，能够控制传统能源消费对环境的影响，有效保持既有环境优势，越来越受到城市规划和建设者的重视。在"碳达峰、碳中和"目标提出的大背景下，国家"十四五"规划纲要提出要构建清洁低碳能源体系，省政府工作报告要求全面树立绿色发展导向。厦门对这个领域也是高度重视，人大提案建议推广区域能源，多部门组织实地考察，新机场片区也启动了综合能源站的投资与建设工作。

新一轮厦门市国土空间总体规划提出：要坚持高质量发展，努力建设高素质高颜值现代化国际化城市，在全国全省发展大局中持续发挥经济特区引领带动作用。

区域集中供冷系统能够实现冷能的统一规划、集中供应，具备可靠、节能、环保等特性，符合新一轮厦门市城市发展的定位和目标。

区域集中供冷系统的应用需在片区层面落实相关设施和管网建设的需求。本研究旨在落实相关政策和上位规划要求，借鉴相关标准导则及类似专业编制经验，提出片区能源站区域集中供冷专项规划编制的思路与内容，进一步分析规划实施与保障措施，助力区域集中供冷的推广。

2 片区概况

2.1 片区建设概况

开元创新社区位于本岛东部核心地段，包含软件园二期、开元工业园和泥窟石村片区，整体范围 312hm²。现状用地以二类居住、城中村居住、工业和商业服务业用地为主，其中工业用地约 33.2hm²，约占总建设用地 18%；城中村居住用地约 16hm²，约占总建设用地 9%；其他为少量行政办公用地、公园绿地以及部分平整地。道路建设现状方面，片区路网密度不足，次支道路连通性差，存在较多断头路，体系不完善。

2.2 片区规划概况

片区区位优势突出，产业基础良好，城市底板优越，营商环境优良，具备打造标杆产业新都市项目的基础条件。片区以"健康、舒适顺畅"为目标，强化园区、社区、街区三融合，打造现代时尚、美观美景、吸引力强的高品质社区。

土地利用规划方案将产业用地相对集中规整设置，形成以产业邻里为单元的产业模块布局形式。改造提升现状低效工业用地约 49.22hm²、旧村约 16.0hm²、空置地（包括储备用地等）约 18.1hm²；规划新增研发产业用地约 30.3hm²、新增居住生活用地 21.85hm²（其中已出让 4.95hm²、泥石安置房 6.54hm²）、新增公共服务配套 4.44hm²、新增道路用地 14.84hm²、新增绿地 14.25hm²。

3 必要性可行性分析

3.1 建设必要性

1）城市定位的需要

片区定位为打造软件产业升级拓展区、金砖数字经济核心区、新经济创新发展增长极，引领厦门数字经济创新发展的新标杆；片区高密度开发，对景观和公共基础设施水平的要求较高，适合发展区域集中供冷技术。

2）低碳建设的需要

能源站能够提高终端用能效率、推进能源低碳发展；每年可减少大量燃煤消耗，大量降低二氧化硫、二氧化碳及灰渣等排放，对缓解环境压力做出贡献，助力"碳达峰、碳中和"目标实现。

3）提升区域竞争力的需要

集中供冷整体投资远远小于各单体建筑冷源投资之和，可减少社会资源的浪费，促进社会经济的发展；制冷设备及控制装置集中设置，系统专业维护，节省用户建筑空间，降低区域内噪声，减少城市热岛效应，能够有效提升区域形象和竞争力。

3.2　建设可行性

1）一定的经济基础

片区具备较强的经济实力，具备了系统化、规模化进行能源站集中供冷开发利用的经济基础。

2）厦门建设经验

厦门新机场片区启动了厦门新机场综合能源站的投资与建设工作，可为片区的综合能源站建设提供参考。

3）新城建设背景

片区成立建设指挥部，依次完成了概念性城市设计、控制性详细规划等编制，明确片区的新建、改建建设用地，为区域集中供冷项目的应用提供建设基础。

4　规划原则分析

4.1　能源站适用区域

区域集中供冷系统与分散供冷系统相比，其优势主要体现在主机容量减小、设备性能高、管理维护方便等方面，所以建议接入区域集中供冷系统的建筑类型多样，这样可以尽可能减少主机配置，降低系统投资。区域建筑满足以下条件时，考虑实施区域供冷系统：①区域内建筑综合冷负荷密度较大；②区域内建筑用户负荷特性较为明确；③全年供冷时间较长，且需求一致；④具备建设能源站及管网的条件。

厦门地处亚热带气候区，气象条件适宜全年长时间供冷，规划或计划开工的新区也较多，业态丰富多样，适宜开展区域供冷技术的业态推荐为商业、商务办公区、数据中心、医院、机场、会展等。此外，部分区域内的建筑若因环境或其他要求，不允许单体建筑上安装冷却塔等设施，也可考虑区域集中供冷系统的应用。居住类建筑负荷较小，使用时间较短，单独接入区域供冷系统后会导致系统的经济性较差。

4.2 能源站建设要求

能源站建设位置方面，能源站可建于供冷供热区域某一建筑物内，也可作为一座独立建筑建设。能源站整体规模较大，需考虑平面布置、层高、设备运输安装、室外冷却塔的布置等问题，必须与建筑物合建时应做好隔声降噪、减震等措施。为节约土地资源，能源站选址优先考虑附建式，并宜设置于地下室，如广场、绿地下的独立空间或者建筑物的地下房间。

区域供冷半径需根据供冷规模和能源站数量进行确定。发挥区域供冷的规模优势需要较大的供冷区域及供冷负荷，但供冷半径过大会造成较高的管道投资费用及供冷损失。区域能源站的设置应尽量优化室外管网输送距离，合理划分系统供冷范围。根据工程实践，供能半径一般不大于1.5km，尽量位于供冷中心或负荷中心。

4.3 管网建设要求

管网建设方面，应满足总体规划和详细规划的要求，结合供冷区域近、远期建设的需要，综合考虑冷负荷分布、能源站位置、道路条件、园林绿地、其他管线及构筑物等多种因素，经技术经济比较后确定。各能源站间设置连通管，事故时保证最低供冷的需要，以提高供冷的安全性、可靠。同时，厦门市对城市景观要求较高，架空管道影响较大，建设较为困难，宜采用地下管道的建设方式，用直埋或结合地下综合管廊敷设。

5 能源站设置分析

适用区域分析：根据规划技术原则，结合开元创新片区用地特点，区域集中供冷适用于片区内新建的商业商务用地，建设用地面积36.31hm^2，总建筑面积215.1万 m^2。

供冷负荷测算：供冷区域用地主要为商业服务业和商务设施用地，根据冷指标选取情况，考虑同时使用系数，总供冷负荷约为187MW。

站点布局规划：考虑片区用地功能，规划能源站采用地下设置的方式；片区总供冷负荷约为187MW，能源站供冷规模约5.65万冷吨，需地下建筑面积约1.1万 m^2；地上部分设置冷却塔，以绿化遮挡，并采用低噪声技术；考虑周边现状能源情况，能源站采用电制冷与冰蓄冷结合的方式；根据片区土地利用规划情况，考虑规划冷负荷分布及供冷半径要求，开元创新社区规划能源站选址于片区集中绿地下方。

管网布局规划：供能管道采用供回水管双管制，结合规划道路建设，减少对已建道路的破坏，采用直埋敷设的方式，供能管网采用支状管网，管径DN200～DN1000。

管线综合设计：根据片区原有管线综合设计情况，供回水管设置于机动车道下，中心线距离边线约1.5m；管网布置力求短直，平行于道路，减少对路面和绿化带的破坏；尽可能不跨越或减少跨越城市主干道和繁华地段，不影响城市整体布局。

电力调整分析：供冷区域内的建筑不考虑供冷负荷，调低对应单体建筑电力负荷，重新核算中压配电设施数量及管网规模。原规划片区内共设置10kV环网站22座；采用区域集中供冷方式后设置10kV环网站15座即可，减少约32%中压电力设施投资，同时可取消环网站周边中压电力规模。

6　实施效益分析

片区实施区域集中供冷，与传统分散供冷相比，主要优势有：①减少制冷机组设置及区域配电容量，区域集中供冷制冷机组可互为备用，相较分散式制冷，可减少制冷机组容量30%以上，进而减少区域配电容量；②削峰填谷，提升城市整体能源安全，区域供冷系统通过设置蓄冷系统有利于电网的削峰填谷，利于电网的安全稳定运行；③经济性大幅提高，减少设备及配电投资30%以上，减少单体建筑的空调运维人员和运维成本，选用集中高效的大型设备、先进的节能控制技术及专业化的运行管理方式，能源利用率提高12%以上；④提升土地利用效率，释放设备用地，节省制冷机房建设面积（0.5%～1.2%降至0.5%以内），减少冷却塔管道井设置；⑤提升综合管理水平和安全性，统一运行与维护，提高综合管理水平，提升安全性；⑥提升区域品质，建筑外立面、屋面造型不受单体空调影响。

从区域集中供冷项目参与方角度来看：政府层面，区域集中供冷的实施，可以降低区域能耗，助力"双碳"目标，提升片区品质；能源服务商层面，进行区域集中供冷系统的统一投资、建设和运维管理，实现项目收益；地块开发业主层面，能够降低能源配套设备投资，减少能源运维人员；具体用户层面，用能费用低于市场平均水平；用能可靠性得到提高。

7 规划实施建议

结合规划公共绿地的地下空间进行建设的能源站，参照国有土地使用权供应的有关规定，建议采取划拨、出让、租赁等方式，与地上建设用地使用权一并供应或单独供应。在供地时一并明确地下空间建设用地的范围、用途、建设要求等使用条件和内容。区域内适用于使用区域集中供冷系统的项目，应将使用集中供冷的要求在用地规划条件中予以明确，并纳入土地出让合同。用户有特别用冷需求而区域集中供冷系统无法满足时，须经区域行政主管部门审批同意，方可不使用区域集中供冷系统。

推进区域集中供冷，首先应注重规划先行，建筑空调冷源方案具有排他性，需要在建筑尚未建设前进行区域集中供冷的部署，把握片区建设时机，在片区筹备和规划阶段即考虑区域供冷技术的应用。同时，应建立保障体系，进一步明确组织结构，出台管理办法，对用户用冷、管网设计、价格保障等提出管理要求，保障区域集中供冷可持续发展。

8 结语

区域集中供冷技术的推广，能够提高终端用能效率、推进能源低碳发展，积极响应国家"碳中和"战略目标。与分散供冷分别设置空调冷源不同，区域供冷范围中各座建筑内不必单独设置空调冷源，从而避免到处设置制冷机房、冷却塔，节约占地面积，美化建筑物外观，提升土地利用效率，释放设备用地。此外，制冷机的装机容量会小于分散设置冷机时总的装机容量，从而可有效减少冷机设备的初投资。

区域集中供冷发展上仍面临不少瓶颈：一是"碳中和"战略目标的提出，电力体制改革的推进等，为区域能源的发展提供保障，但目前整体的发展和建设的共识仍未形成；二是配套政策仍需方面，深圳、珠海等地市在发展能源站区域集中供冷过程中相继发布了管理办法、技术规程、价格机制、用户手册等，就厦门而言，相关配套政策的空缺或不确定将是发展的重要障碍，需进一步加强；三是能源站和供冷管网的建设，能否与片区同步规划、建设，协调与片区建设的矛盾，直接决定能够发挥区域集中供冷优势。

整体上来看，区域集中供冷属于非常规公用事业，目前社会认知度不够，对项目推进程序尚未形成普遍共识，区域供冷项目从研究、规划、设计、实施再到全面建成，离不开政府必要支持。本研究以开元创新社区片区为例，进行了片区层面专项规划编制的探索，提出保障措施和效益分析，迈出区域集中供冷能源站建设的重要一步。

参 考 文 献

[1] 张渊晟. 大湾区某金融城区域能源系统规划研究 [J]. 机电信息，2023（21）：5-8.

[2] 刘汉华. 城市区域综合能源站的设计与实践 [J]. 制冷，2023（42）：25-28.

[3] 杨硕. 北京市某区域集中供冷蓄冷系统的应用与分析 [J]. 制冷与空调，2020（1）：53-57.

"双碳"背景下区域综合能源规划的实践与思考

席江楠

（北京市城市规划设计研究院）

摘要："碳达峰、碳中和"是气候变化背景下人类社会可持续发展的必然要求，当前北京城市副中心处于人口和建筑规模增量发展期，能源领域碳排放仍处于高位，建设区域综合能源系统是实现"双碳"目标的重要途径。本文通过分析当前能源领域实现"双碳"目标的瓶颈，以张家湾设计小镇为实践案例，展开分析"摸清资源底账、做好供需平衡、确定核心供能策略、深度融合国土空间规划、夯实区域能源服务主体"等相关实践经验。结论部分总结提炼形成区域综合能源规划的核心内容要点，为北京城市副中心实现"双碳"战略目标提供有力支撑，同时也为其他地区综合能源规划及"双碳"目标相关方案提供借鉴案例。

关键词：双碳；综合能源；国土空间规划；可再生能源供热；分布式光伏；储能技术

1 绪论

实现碳达峰、碳中和，是国家经过深思熟虑作出的重大战略决策，是全球气候变化背景下人类社会未来可持续发展、高质量发展的内在要求与必然选择，也是构建新发展格局的重要标志。

规划建设北京城市副中心，是党中央作出的重大决策部署，是千年大计、国家大事。城市副中心为北京新两翼中的一翼，京津冀区域新的增长极和创新平台，城市副中心的战略定位是国际一流的和谐宜居之都示范区、新型城镇化示范区和京津冀区域协同发展示范区。自 2018 年底《北京城市副中心控制性详细规划（街区层面）（2016—2035 年）》批复以来，副中心不断优化区域能源结构，严控能源消费总量，为落实国家"双碳"战略目标，创建国家绿色发展示范区奠定了良好基础。当前，副中心正处于"拉框架、建风骨、强血脉"的关键时期，碳排放随能源消费总量的刚性增长尚未实现达峰，构建绿色低碳的综合能源系统，对于推进副中心控规高品质实施、支撑国家绿色发展示范区建设，树立副中心标准、副中心质量具有重要意义。

2 区域综合能源规划必要性

从目标导向来看，区域综合能源规划是实现碳达峰、碳中和目标的重要路径。践行"双碳"战略，能源是主战场。通过构建区域综合能源系统，统筹各类资源和需求的平衡，可以促进电、冷、热、气、可再生能源等多能源系统互联互动，显著提升综合能效水平；同时支持集中式、分布式新能源广泛接入电力系统，显著提高非化石能源消费比重，助力构建以新能源为主体的能源体系。拓展综合能源服务，已经成为推动能源电力绿色低碳转型、助力形成绿色生产生活方式的关键。

从问题导向来看，区域综合能源规划是解决当前可再生能源和城市建设与行业发展矛盾的重要抓手。分散项目存在一事一议的方式明确供热类型，由于区域统筹不足，导致研究周期长，制约项目建设进展。当前可再生能源电力、供热技术应用与国土空间规划耦合不足，各级国土空间规划针对可再生能源应用的传导不足，导致部分供热项目存在抢占周边公共绿地资源的情况，需求分布、资源开发和空间利用的公平性存在矛盾。同时，传统供热企业服务水平难以满足综合能源供热项目建设运营需求，综合能源供热市场竞争激烈，但技术水平参差不齐，如何匹配综合能源市场发展与绿色发展示范区建设亟待进一步深入研究。

3 案例研究

3.1 把握绿色发展示范区的时与势，合理确定研究对象

张家湾设计小镇位于城市副中心 11 组团 1102、1103 街区内，规划打造设计小镇，形成国际设计与文创产业聚集区；打造智慧小镇，形成智慧科技、绿色健康生活体验区；打造活力小镇，发展夜间经济、形成 24h 活力混合街区。市领导高度关注设计小镇规划建设情况，有关领导多次到设计小镇调研，就建设"设计小镇"多次作出重要指示。北京未来设计园区（铜牛园区）位于张家湾设计小镇内，一期规划建筑面积为 12961m^2；二期规划建筑面积为 22257m^2；三期规划建筑面积为 22173m^2；项目总建筑面积为 57391m^2。聚焦张家湾设计小镇功能定位，在小镇开展

"源网荷储"一体化综合智慧能源系统研究以及示范应用，有利于推动智慧小镇的建设，有利于推动设计小镇近期城市科技应用场景试点率先应用的目标实现，有利于推动城市副中心国家绿色示范区建设（图1）。

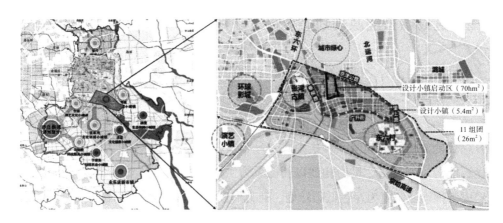

图1　张家湾设计小镇区位图、规划用地图及其与周边用地的关系

3.2　摸清底账，分析现状区域能源设施情况与资源分布情况

3.2.1　设施现状承载力分析

现状电力设施处于紧平衡状态。张家湾 110kV 变电站现状安装 2 台 50MVA 主变，负载率为 44%、44%；皇木厂 110kV 变电站现状安装 2 台 50MVA 主变，负载率分别为 46%、68%（图2）。区域分散锅炉房较多，集中热网利用率不高。可再生资

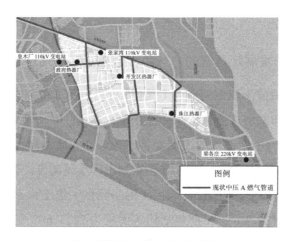

图2　张家湾设计小镇现状能源设施布局

源条件未得到充分利用，缺乏统筹。项目范围内有 3 处现状集中供热设施和多处分散供热设施，分别为镇政府热源厂（供暖面积 15 万 m^2）、开发区热源厂（供暖面积 15 万 m^2）、珠江热源厂（目前停用）。此外有 7 处分散供热设施，主要为现状各类企业自用。此外，京津公路、张凤路等道路有现状中压燃气管道，气源引自现状通州高压 A 调压站，具备燃气基础供应的条件。

3.2.2 区域可开发资源条件研判

根据北京市太阳能资源情况，年太阳总辐射量为 4600～5700MJ/m^3，年太阳日照时数为 2600h 左右。根据《太阳能资源评估方法》GB/T 37526—2019 确定的标准，项目所在地区属于太阳能资源丰富区，适合建设分布式光伏。此外，北京城市副中心属于浅层地热能经济利用适宜区，适宜发展冷热兼供的浅层地温能地源热泵。区域西南侧有一条 DN2600 污水干线，具有一定的资源开发潜力发展污水源热泵。

3.3 供需匹配，精准预测需求，合理配置供给

3.3.1 能源需求预测

充分考虑冬季典型日采暖、夏季典型日制冷逐时负荷曲线，根据《市政基础设施专业规划负荷计算标准》DB11/T 1440—2017 以及规划用地性质，预测规划范围内热负荷约为 189.6MW、冷负荷约为 229.4MW。对各类用地的电力负荷曲线进行计算，并拟合形成典型日饱和负荷曲线（图 3～图 5）。根据规划范围内典型日饱和负荷曲线，饱和年夏季最大负荷预计达到 168.7MW，冬季最大负荷预计达到 91MW。

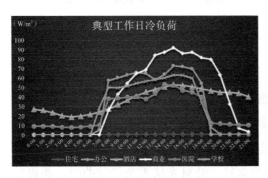
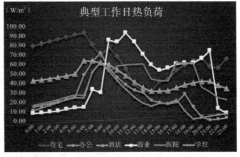

图 3　典型工作日冷负荷曲线图　　　　图 4　典型工作日热负荷曲线图

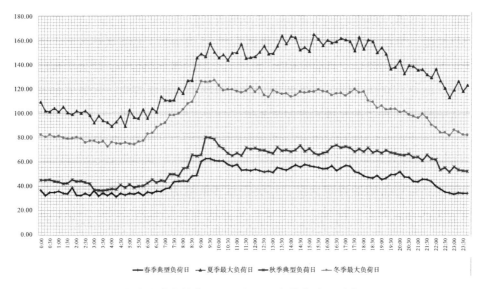

图5　张家湾设计小镇典型日电力饱和负荷曲线（单位：MW）

3.3.2　分布式电源规划

充分发挥张家湾设计小镇建筑屋顶及立面空间资源，提升区域可再生能源装机占比，考虑应用场景可利用公共建筑屋顶设置分布式光伏发电系统，所发电力接入中低压配电网实现对本区域电力系统削峰填谷、就地消纳。屋顶光伏可利用面积按屋顶面积的50%计算，既有建筑按照30%考虑。光伏组件有效面积可提升为光伏可利用面积的70%，屋顶铺设光伏面积为50.80万 m^2，光伏可装机容量达约58.68MW。对于公共区域的建筑物里面考虑在西、南、东三面安装光伏镀膜，总计约73.26万 m^2 可铺设。光伏组件有效面积按照墙体面积75%计算。窗户采用40%透光率的 CdTe 电池，墙面采用不透光电池，结合北京地区建筑物的窗墙比，发电效率平均为 1kW/15m^2，年平均满发小时数约为560h，建筑立面光伏可装机容量约为36.63MW。

3.3.3　储能及充电设施规划

能够安装储能设施平衡峰谷电价的地块，主要涉及商业、办公用地、多功能用地（F3）、工业研发用地四类用地属性，经统计共有121个地块适合使用储能设备，针对每个地块的负荷曲线单独设计储能设备电量和充放电方案。储能容量确定需关注光伏铺设占屋顶面积50%时的地块负荷曲线。针对光伏无余量的曲线，为保证储能设备全年高效能工作，选取四季典型日曲线和负荷曲线较低的曲线，两个高峰时段的较大电量作为储能设备容量。根据区域停车位预测结果，拟新建充电桩 6344 个，其中快充桩 943 个，慢充桩 5401 个，计算总负荷约为 28MW。

3.3.4 区域供热设施规划

最大限度利用可再生能源，提出张家湾设计小镇采用污水源、地源热泵耦合燃气和储能的综合能源供应方式。充分利用 1 号能源站、2 号能源站、3 号能源站现状集中热源，充分发挥调峰保障作用，其供能范围内在各地块内新建分布式能源站，因地制宜发展地源或空气源热泵。新建地区划定相对集中供能范围，为保障能源站不受地块建设时序制约，规划预留能源设施用地 3 处，总占地面积约为 0.65hm²。能源站内热泵装机按照不小于 60% 热负荷需求设置，其中地源热泵所需打孔区域优先考虑地块内绿地及建筑下方区域，不足部分可以协调周边绿地（表1）。

区域能源站用能方式确定 表 1

能源站编号	装机方案	供热能源方式	供冷能源方式
1 号能源站	燃气锅炉 + 烟气余热回收	同左侧	无
附属子站	地源热泵 + 市政热	同左侧	地源热泵 + 电制冷
2 号能源站	燃气锅炉	同左侧	无
附属子站	地源热泵 + 空气源热泵 + 市政热	同左侧	地源热泵 + 电制冷
3 号能源站	燃气锅炉 + 烟气余热回收	同左侧	无
附属子站	地源热泵 + 市政热	同左侧	地源热泵 + 电制冷
4 号能源站	地源热泵 + 电制冷 + 燃气锅炉 + 烟气余热回收	地源热泵承担 60% 热负荷，燃气锅炉	地源热泵 + 电制冷
5 号能源站	燃气锅炉 + 烟气余热回收 + 电制冷	燃气锅炉承担自身 40% 热负荷，其余 60% 热负荷由 6 号能源站连通管网供给	5 号电制冷系统 +6 号污水源热泵系统
6 号能源站	污水源热泵	承担自身 100% 热负荷 +5 号站 60% 热负荷	5 号电制冷系统 +6 号污水源热泵系统

浅层地热的地埋孔优先布置在子站周边的绿地内，绿地使用率控制在 90% 以下。地埋孔深度暂按 150m 深，冬季单延米取热量按 35W，夏季单延米放热量按 60W。个别地埋管水平管道需穿越相关道路。规划本次所需地埋管数量 5239 孔，

同步将地埋孔布孔区域所占用的绿地资源纳入规划综合实施方案，便于未来指导实施。

3.3.5　区域配电网规划

规划区域通过由 3 座 220kV、3 座 110kV 变电站供电。以"网格化"为基本理念，兼顾张家湾设计小镇能源互联网规划整体开发进度，统筹考虑过渡网架与目标网架衔接关系逐步推进 10kV 电网建设。张家湾设计小镇已建成 2 座 10kV 开关站，规划新建 1 组单环网接线、4 组双环网接线、1 组对射环网柜接线、2 组双射环网柜接线、5 组三电源开关站接线，新建 10kV 开闭站 5 座，10kV 电缆分界室 12 座。结合能源站站址规划，考虑规划开关站及环网柜的供电范围，以综合能源站方式建设，形成冷热电综合能源供应。

3.4　构建"冷、热、电、光多能互补、源网荷储协调互动"的绿色智慧能源互联体系

大力推进可再生能源与传统能源、可再生能源与城市融合发展，新增公共建筑采用地源热泵、再生水源热泵等可再生能源供热，建设集光伏、热泵、储能于一体的智慧融合能源系统。打造国际领先能源互联网综合示范区，加强智慧能源建设，构建"冷、热、电、光多能互补、源网荷储协调互动"的绿色智慧能源互联体系，推动"大云物移智链"、5G 等信息通信技术与电、气、热等领域深度融合。通过系统优化配置实现能源高效利用。考虑构建"1+6+X"三级体系，实现冷、热、电、光多能互补、源、网、荷、储协调互动。1 个综合能源控制平台主要包括能源中心站布置，实现多设施、多能源信息采集、策略分析需供动态匹配。6 个能源中心包括 3 座既有供热设施和 3 座独立占地能源站（预留用地合计约 0.65hm^2），集合开闭站、分界室、中低压调压站、储能设施统一考虑，保障能源基础设施同步建设一体运营、统筹管理，实现区域内数据快速高效直接应用。X 个能源单元根据一定用户规模实现单地块或单体建筑综合能源调控，实现本地能源最优管理和与系统的良好互动。

根据可再生能源的装机和运行情况，项目按本次规划研究实施后，全年可再生能源供热量占比达到 68%，全年可再生能源电量占比达到约 12%，全年二氧化碳减排 13.41 万 t，碳减排效果明显，有效提升区域绿色发展水平，助力北京城市副中心国家绿色发展示范区建设（图 6）。

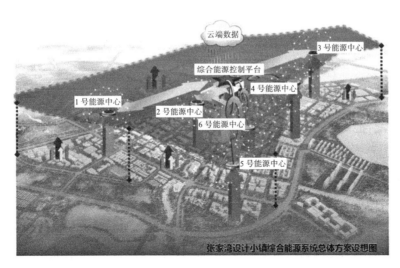

图6 张家湾设计小镇能源系统总体方案设想结构图

3.5 突出规划引领，与国土空间规划深度融合，保障能源设施切实落地

创新规划实施路径，创新实现"碳达峰、碳中和"背景下，能源转型与城市建设融合发展。采用刚性用地预留、指标弹性平衡、建设要求科学分解等方式，将能源研究成果纳入规划综合实施方案成果，储备作为土地上市条件，实现落地应用。刚性用地空间预留方面通过预留能源站独立占地，在规划综合实施方案中明确其基本建设功能，保障基础设施先建先行的规划条件。指标弹性平衡方面，因地制宜，统筹平衡，落实区域本地可再生能源应用比例不低于25%。科学分解指标落地方面，通过将分布式能源设施建设要求、应用方式纳入规划综合实施方案图则，储备纳入土地上市条件，保障可再生能源应用切实落地。此外，针对屋顶光伏与城市设计有机融合，因房而异，结合屋顶条件设置50%和30%的比例屋顶分布式光伏系统（图7、图8）。

图7 30%屋顶光伏效果图

图8 50%屋顶光伏效果图

3.6 面向实施，引入主体企业，搭建智慧平台

3.6.1 引入区域综合能源服务商

区域综合能源服务商对设计小镇能源系统进行一体化规划、建设及运营。划定投资运营边界，落实后续实施。通过综合能源服务公司，对设计小镇能源系统进行一体化规划、建设及运营。综合能源服务公司可由多方投资，依据各投资主体的投资额及价值创造贡献度等，制定效益分享机制，实现多方共赢。综合能源服务公司负责光伏、冷热、充电桩、储能等系统投资，电力公司与政府负责配电网投资。综合能源服务公司与电力公司形成合资公司，联合负责包括电力系统在内的所有能源系统的运营（图9）。

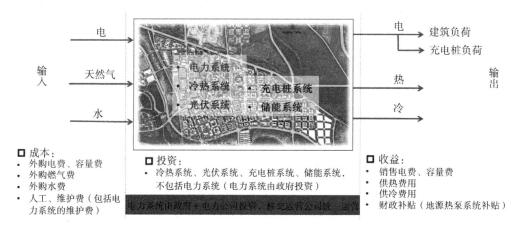

图9 运营边界、管理边界初步建议分类图

3.6.2 搭建综合能源管控平台

按照"感知层—网络层—平台层—应用层"四层功能架构＋"云—边—端"三层网络架构，形成智慧能源数字系统。充分应用"大云物移智数链"等现代信息技术、先进通信技术，实现能源的"源网荷储"各环节具有状态全面感知、信息高效处理、应用便捷、灵活特征的智慧能源数字系统（图10）。

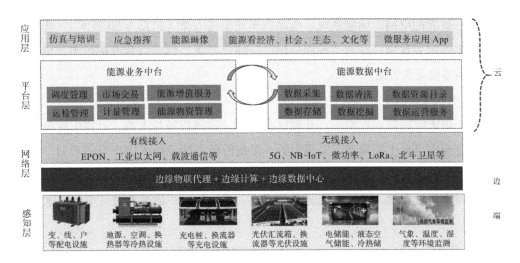

图 10　张家湾设计小镇能源系统网络构架设想图

4　结论

4.1　区域综合能源规划要点总结

1）做实区域资源条件分析

分析区域能源设施现状情况，包括电力、燃气、供热以及可再生能源，调研区域现状用能情况；重点分析区域可再生能源资源条件，包括太阳能、地热、污水能、生物质能等，研究资源潜力和可利用量。

2）开展能源供需特性及精准负荷预测研究

基于国土空间规划确定的功能分区、用地建筑分类，因地制宜研究分析区域能源需求特性，包括电力、供热、供冷、供气负荷特性。基于能源资源禀赋，结合供能网络和能源开发模式，分析可再生能源开发潜力和出力曲线，评估园区可再生能源占比，分析动态能源需求负荷特性和可再生能源供给平衡。

3）形成区域综合能源总体思路方案

研究"源—网—荷—储"各个环节的匹配思路及策略，建立区域层面、项目层"源—网—荷—储"系统优化设计方法和规划集成技术，结合典型用能场景和供能模式，构建数字化仿真模型，研究多场景、多时间尺度的层级规划和协同匹配模式，形成总体方案。

4）搭建能源物理系统方案

重点研究分布式光伏发电方案、地源热泵多能互补系统、分布式三联供多能互补系统、智能配电网、储能系统、电动汽车充电桩方案（包括 V2G 技术），优化配置各个系统配置比例，按照"源网荷储"一体化要求，形成综合性的供电、供气、供热、供冷的系统方案。

5）纳入城市国土空间规划体系

基于国土空间规划数据库，开展资源空间、设施布局与占地、可再生能源供能策略、分布式可再生能源建设要求分析，形成的核心结论纳入国土空间规划中图纸规划、规划图则管控、城市设计要求，包含但不限于能源基础设施用地预留、分布式光伏城市设计方案，可再生能源供能方式、光伏比例、地热打井等空间要求纳入图则等。

4.2　总结与建议

本文探讨了区域综合能源规划的必要性，以张家湾设计小镇为案例具体展开分析了区域综合能源规划内容及与城市国土空间规划融合的初步探索，研究内容对其他区域的规划建设具有一定的参考和借鉴价值。

综合能源规划应该重点关注科学计算与模型搭建，同时处理好城市能源需求与城市空间的关系，保障公共资源平衡开发利用和城市空间的深度融合。"双碳"背景下的综合能源规划应深度纳入规划体系，通过将可再生能源应用要求纳入规划管控体系，探索可再生能源相关设施的城市设计导则，将有利于后期实施落地和与城市的深度融合。综合能源规划阶段应充分考虑多能融合的精准把握，通过多情景分析经济效益、环境效益、安全效益最终确定各系统之间最优的合理方案，实现可再生能源和新能源设施的有效纳入。

建设区域综合能源系统需同步确定区域综合能源服务主体，通过规划引领、创新驱动，实现空间资源的科学统筹，提高区域能源服务保障水平，促进城市空间发展与政府收益的双赢。当前在实施阶段仍存在传统能源市场价格对区域综合能源的服务的影响，后续仍需持续关注相关鼓励引导政策与价格机制调整，保障综合能源市场的健康快速发展。

"双碳"背景下区域综合能源规划的探索与实践

——以厦门市同翔高新城为例

何红艳　吴连丰　周　培

（厦门市城市规划设计研究院有限公司）

摘要： 区域综合能源是优化能源结构转型、促进低碳发展、助力"双碳"目标实现的重要抓手。本文以厦门市同翔高新城为例，以"开源节流"为核心，依托可再生能源应用、区域集中供冷技术以及能源智慧管理等战略，实现能源的低碳化利用和节能减排。通过在同翔高新城园区内实施综合能源项目，可实现园区在能源领域减少碳排放约10%。同翔高新城综合能源规划的探索与实践对类似园区具有一定的借鉴和指导意义。

关键词： 双碳；区域；综合能源；规划；探索与实践

1　引言

2020年9月22日，国家主席习近平在第七十五届联合国大会一般性辩论上发表重要讲话："中国将提高国家自主贡献力度，采取更加有力的政策和措施，二氧化碳排放力争于2030年前达到峰值，努力争取2060年前实现碳中和。"我国实现碳达峰、碳中和，是以习近平同志为核心的党中央统筹国内国际两个大局作出的重大战略决策，是着力解决资源环境约束突出问题、实现中华民族永续发展的必然选择，是构建人类命运共同体的庄严承诺。

随着"双碳"目标的提出，能源领域需要加快推动自身碳减排，降低能源生产侧和消费侧碳排放量，提升能源利用效率。对区域资源条件进行充分挖掘和开发利用，建设分布式能源，并就近消纳，可优化园区能源供应，降低能源输送损耗，提升能源供应效率。根据区域气候条件，开展区域集中供冷，能提高终端用能效率，推进能源低碳发展。另外，推广使用能源智慧化管理也是节能降耗的重要手段。

2 同翔高新城概况

2.1 园区基本情况

按照厦门市"岛内大提升、岛外大发展"工作部署，同翔高新城作为厦门市发展战略性新兴产业的新载体和承建省市重点项目的新空间，规划总用地面积 46.8km²，其中工业产业用地 13.5km²（占园区总用地的 29%），由同安、翔安两个园区组成，致力于打造一座高新技术产业集聚、现代城市要素齐全的宜居、宜业、宜游的高新产业新城。同翔高新城作为国家级重点建设园区，立足新能源、新材料、石墨烯、平板显示、半导体等产业的集聚（图 1）。

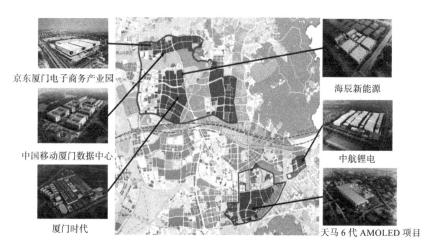

京东厦门电子商务产业园

中国移动厦门数据中心

厦门时代

海辰新能源

中航锂电

天马 6 代 AMOLED 项目

图 1 园区土地利用规划及主要产业分布图

2.2 园区能源消耗情况

园区主要发展高新技术产业集群，能源结构优化程度高，园区内仅使用电力、天然气和液化石油气三种能源。

2.2.1 园区能源消耗现状

园区尚处于建设初期，现状能源消耗量较小。据统计数据，截至 2021 年底，园区年用电量为 7.06 亿 kWh，年天然气用气量为 53000 标 m³，年液化石油气用气量为 270t（表 1）。

<table>
<tr><td colspan="4" align="right">表1</td></tr>
<tr><td colspan="4" align="center">园区能源消耗现状表</td></tr>
</table>

用户分类	电能（亿 kWh）	天然气（标 m³）	液化石油气（t）
居民	1.41	10600	45.9
公建	1.06	7000	40.5
工业	4.59	35400	183.6
合计	7.06	53000	270

2.2.2 园区能源需求预测

园区范围较小，用地面积和类型明确，因此本文基于空间负荷预测和点需求预测相结合的方法进行电力需求预测。具体计算公式如下：

$$P = \delta \sum_{j=1}^{m} D_j \cdot a_j \cdot S_j \cdot R_c + \sigma \sum_{x=1}^{X} k_x \cdot PC_x \cdot N_x \cdot R_c + \sum_{l=1}^{L} PE_l \tag{1}$$

$$EP = P \cdot T_h \tag{2}$$

式（1）、式（2）中，P 为园区总饱和电力负荷，δ 为负荷同时率，D_j、a_j 分别为第种用地的负荷密度和建筑容积率，S_j 为第 j 种用地的规划面积，R_c 为园区建设进度，σ 为充电同时率系数，k_x 分别为第 x 种充电桩的同时率系数，PC_x 为第 x 种充电桩的功率，N_x 为第 x 种充电桩的规划建设数量，PE_l 为集中用电的大用户点负荷，EP 为园区饱和电力需求量，T_h 为最大负荷利用小时数。

基于人均能耗强度预测化石能源需求量，具体计算公式如下：

$$EF_{NG} = EF_{res} + EF_{ie} + EF_{bus} + EF_{oth} \tag{3}$$

$$EF_{res} = \frac{Q \cdot P_s \cdot R_c \cdot rp}{H_{NG}} \tag{4}$$

$$EF_{ie} = D_{ie} \cdot S_{ie} \cdot R_c \tag{5}$$

式（3）~式（5）中，EF_{NG} 为园区天然气需求总量，EF_{res} 为园区居民天然气需求总量，Q 为人均耗热指标，P_s 为园区规划人口数量，rp 为区域内天然气普及率，H_{NG} 为天然气热值，EF_{ie} 为工业用气量，D_{ie} 为工业用气密度，S_{ie} 为规划工业用地面积，EF_{bus} 为商业用气量，EF_{oth} 为不可预见用气量。

液化石油气按同时期天然气用气量的一定比例进行估算，具体计算公式如下：

$$EF_{\text{LPG}} = \frac{EF_{\text{NG}} \cdot H_{\text{NG}} \cdot r}{H_{\text{LPG}}} \tag{6}$$

式（6）中，EF_{LPG} 为液化石油气需求总量，r 为同期液化石油气需求标准量与天然气需求标准量的比例，H_{LPG} 为液化石油气热值。

根据上述方法预测园区 2025 年和 2028 年两个时间节点能源需求如表 2 所示。

园区能源消耗预测表 表 2

时间节点	用电量（亿 kWh）	天然气用气量（万标 m³）	液化石油气用量（t）
2025 年	117.2	1919	3529
2028 年	139.3	2742	1104

3 综合能源规划探索与实践

3.1 总体思路

同翔高新城园区综合能源利用以"开源节流"为核心，依托可再生能源应用、区域集中供冷以及能源智慧管理等战略，实现能源的低碳化利用和节能减排。

3.2 可再生能源应用

3.2.1 可再生能源评估

对同翔高新城可再生能源资源的空间和时间分布特征进行分析，对可再生能源资源在园区内开发利用的适宜性和潜力进行评估，作为园区可再生能源利用方案的依据。该园区内最适宜利用的可再生能源是太阳能，适宜较大规模开展太阳能光伏发电。

近年来，在"双碳"目标、整县推进、能耗双控等强有力的政策牵引下，分布式光伏迎来了高速增长。同翔高新城园区内目前仅有海辰锂电光伏发电项目，装机容量 473kW。本文结合同翔高新城园区内居住用地、办公商业等公共设施用地、工业用地、物流仓储用地中的建筑屋顶建设分布式光伏发电项目。结合不同建筑特点以及相关规范和文件，园区内各类建筑屋顶安装光伏发电比例如表 3 所示。

不同建筑屋顶建筑安装光伏发电比例   表3

序号	建筑类型	屋顶建筑安装光伏比例
1	居住	≥30%
2	办公商业等公共建筑	≥40%
3	工业厂房	≥70%
4	物流仓储建筑	≥70%

3.2.2 光伏发电量预测

光伏组件转换效率、线缆损耗、光伏逆变器转换效率、变压器效率和自然环境等因素都会影响光伏系统的年发电量。综合考虑以上因素计算光伏系统的年发电量，具体计算公式如下：

$$CAP = \sum_{i=1}^{n}\sum_{j=1}^{m} SP_{ij} \cdot RP_{ij} \cdot PV \quad （7）$$

$$EV = CAP \cdot fe \cdot t \quad （8）$$

式（7）、式（8）中，CAP 为光伏装机容量，SP_{ij} 和 RP_{ij} 分别为第 i 个分区中第 j 种用地类型的屋顶建筑面积、屋顶建筑安装光伏比例，PV 为光伏面板单位面积发电功率，EV 为年光伏发电总量，fe 为光伏系统发电效率，t 为光伏电站的年有效利用小时数。

根据上述方法预测同翔高新城园区2025年光伏发电量为7.75亿kWh，占同期园区用电量的6.6%；2028年分布式光伏发电量为12.92亿kWh，占同期园区用电量的9.3%（表4）。

园区光伏发电量预测   表4

时间节点	光伏年发电量（亿kWh）	年用电量（亿kWh）	光伏年发电量占年用电量的比例
2025年	7.75	117.2	6.6%
2028年	12.92	139.3	9.3%

3.3 区域集中供冷

除可再生能源利用外，推动能源的高效利用也是改善能源使用状况，减少碳排放的重要举措。区域集中供冷能够提高终端用能效率，推进能源低碳发展，对助力"双碳"目标实现具有重大意义。

3.3.1 区域集中供冷范围选择

同翔高新城园区地处南方亚热带地区，气候偏炎热，具有较大的供冷需求。根据园区土地利用规划，园区内存在较大规模的商业、商务集中区，适宜开展区域集中供冷。本文选取新城中路和旧324国道交叉口处成片商业商务集中区，开展区域集中供冷。具体位置如图2所示。

图 2 园区区域集中供冷范围

3.3.2 区域集中供冷效益测算

该范围内包含 12 个商务金融地块和 8 个商业地块，总用地面积 28.4hm²，总建筑面积 131.9 万 m²。

基于单位建筑负荷指标法预测供冷区域的总冷负荷，具体计算公式如下：

$$DCL = \sum_{y=1}^{Y} S_y \cdot a_y \cdot CL_y \cdot \varepsilon \cdot rc_y \cdot re_y \tag{9}$$

式（9）中，Y 为集中供冷地块总数，DCL 为供冷区域总冷负荷，S_y 为第 y 个地块的用地面积，a_y、CL_y 和 ε 分别为第 y 个地块的建筑容积率、单位建筑面积的冷负荷和终端用户的同时使用系数，rc_y 为第 y 个地块的建成率，re_y 为第 y 个地块的入住率。

进而根据分散式供冷和区域供冷系统的能效差异来计算节能量，具体计算公式如下：

$$\xi_{DC} = 1 - \frac{SCOP_a}{SCOP_r} \tag{10}$$

$$ES = \frac{DCL}{SCOP_a} \cdot \xi_{DC} \cdot T_h \tag{11}$$

式（10）、式（11）中，ξ_{DC} 为区域供冷系统的节能率，$SCOP_a$ 为分散式供冷系统的能效，$SCOP_r$ 为区域供冷系统的能效，T_h 为最大负荷利用小时数，ES 为年节电量。

根据上述方法预测选定区域内总冷负荷约 111MW。区域集中供冷系统建成投产后，每年可节约电量约 0.2 亿 kWh，实现了园区内的节能减排。同时集中供冷利用电网"峰谷差"，在夜间电量过剩的时候储能，在高峰期供能，对整个电网起到了"削峰填谷"作用。此外峰值负荷的降低可直接影响到上游电厂发电量的减少，实现了社会的节能减排。

3.4 能源智慧管理

推广使用能源智慧管理系统是能源管理科学化、信息化、规范化的重要举措，是能源、环境和经济可持续发展的内在要求，是节能降耗的重要技术支撑。

能源智慧管理平台在线集中"监测、分析、评估"工厂及企事业单位生产能源消耗动态过程，收集生产过程中大量分散的用电能耗数据，提供实时及历史数据分析、能耗可视化、对比统计、能耗预警、能耗绩效管理等功能，以发现生产过程中能源消耗过程和结构中存在的问题，通过优化生产运行方式和能源使用结构以及对能源消耗过程"信息化""可视化管理"的建设，提高企业现有供能设备的效率，实现节能增效、高效生产。

4 综合能源实施效果分析

4.1 碳排放量预测方法

二氧化碳排放的核算边界为同翔高新城园区内化石能源消费产生的二氧化碳直接排放（即能源活动的二氧化碳排放），以及电力调入蕴含的间接排放，计算公式如下：

$$C = \sum_{i=1}^{n}\sum_{j=1}^{m} EF_{ij} \cdot f_j + \sum_{j=1}^{m} EP_j \cdot f_p \qquad （12）$$

式（12）中，C 为 CO_2 排放量，f_j 为第 j 种化石能源的碳排放因子，f_p 为电网的碳排放因子（表 5）。

主要化石能源碳排放因子 表 5

能源品种	活动数据单位	排放因子
天然气	万 m^3	19.44 tCO_2/ 万 m^3
液化石油气	t	3.1013 tCO_2/t

注：数据来源于《省级温室气体清单编制指南》。

电力作为一种二次能源，其碳排放因子与发电行业的能源结构密切相关，并且具有很强的地域性。随着我国能源结构优化，区域电网排放因子有显著的下降趋势。为了使预测结果更加准确，本文考虑区域电网排放因子的实时更新，预测方法如下：

$$f_{pt} = f_{p0} \cdot \left(1 - r_{d}\right)^{t-1} \tag{13}$$

式（13）中，f_{pt} 为第 t 年的电网排放因子，f_{p0} 为初始年份的电网排放因子，r_{d} 为区域电网排放因子的年平均下降率。

4.2 综合能源实施效果分析

根据上文给出的计算方法，园区 2021 年碳排放量为 44.57 万 t。

预测园区实施综合能源前，2025 年能源领域碳排放量为 686 万 t，2028 年能源领域碳排放量为 815 万 t。

预测园区实施综合能源后，2025 年能源领域碳排放量为 640 万 t，碳排放量减少 45 万 t，减少量占原总排放量的 7%；2028 年能源领域碳排放量为 739 万 t，碳排放量减少 76 万 t，减少量占原总排放量的 10%（图 3）。

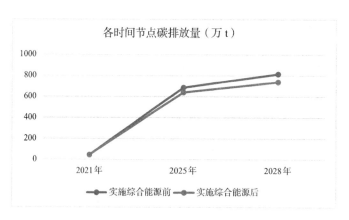

图 3　实施综合能源前后碳排放量对比图

5　结束语

区域综合能源是优化能源结构转型、促进低碳发展、助力"双碳"目标实现的重要抓手。同翔高新城园区通过实施综合能源项目，可实现能源领域减少碳排放约 10%。同翔高新城综合能源规划的探索与实践对类似园区具有一定的借鉴和指导意义。

参 考 文 献

[1] 景丞，姜彤，苏布达，等.共享社会经济路径在土地利用、能源与碳排放研究的应用 [J].大气科学学报，2022，45（3）：397-413.

[2] 国务院.关于印发 2030 年前碳达峰行动方案的通知 [Z].

[3] 国家发展和改革委员会."十四五"可再生能源发展规划 [Z].

[4] 刘自发，谭雅之，李炯，等.区域综合能源系统规划关键问题研究综述 [J].综合智慧能源，2022，44（6）：12-24.

[5] 张沈习，王丹阳，程浩忠，等.双碳目标下低碳综合能源系统规划关键技术及挑战 [J].电力系统自动化，2022，46（8）：189-207.

[6] 苗青青，石春艳，张香平.碳中和目标下的光伏发电技术［J］.化工进展，2022，41（3）：1125-1131.

[7] 王聪，代蓓蓓，于佳玉，等.太阳能光电、光热转换材料的研究现状与进展 [J].硅酸盐学报，2017，45（11）：1555-1568.

[8] SHOCKLEY W, QUEISSER H J. Detailed balance limit of efficiency of p - n junction solar cells[J]. Journal of applied physics, 1961, 32（3）：510-519.

[9] 李永华，袁超，蒲亮.屋顶式太阳能光伏发电系统经济性分析 [J].电力科学与工程，2013，29（9）：29-33.

[10] 华海荣.基于低碳能源的区域供冷系统应用 [C]// 中国城市科学研究会，天津市滨海新区人民政府.2014（第九届）城市发展与规划大会论文集——S09 绿色能源、循环经济与清洁生产.2014.

[11] 张朝辉，李震，端木琳.区域供冷技术的应用与技术条件 [J].煤气与热力，2007（3）：86-89.

[12] 席云华，黎立丰，董楠.电网企业碳排放核算存在问题及建议 [J].中国电业，2021（4）：88-89.

"双碳"背景下乌鲁木齐市社区碳排放影响因素研究

闫玉珍　邵新刚

（河北工程大学建筑与艺术学院）

摘要： 随着城市发展，低碳可持续发展的城市建设已经成为当代社会共识。在我国实施"双碳"目标的背景下，探索社区节能减碳战略是建筑领域的重要研究内容，乌鲁木齐作为新疆的首府城市，具有十分重要的战略地位。减少温室气体排放对新疆的发展具有重要作用。本文基于对五个社区的线上线下问卷调查，完成了对居民碳排放特征的研究，包括家庭能源直接碳排放和出行碳排放。然后运用多元线性回归方程建立了社区建设环境对碳排放的影响模型，揭示了建设环境对社区居民碳排放的影响机理，探讨了社区建设环境与家庭碳排放之间的内在机理。最后，本文结合乌鲁木齐的地域特点，对低碳社区的建设提出了一些建议。

关键词： 低碳社区；家庭碳排放；出行碳排放；影响因素

1 引言

人类对能源的消耗从根本上改变了地球的碳循环。在全球范围所有能源消耗中，居民日常生活能源使用量仅次于工业能源[1]，多项研究表明，居民碳排放量不容忽视。社区是人类活动的主要场所，也是碳排放的主要场所[2]，减少社区碳排放对"双碳"目标的实现至关重要。

社区居民日常生活中碳排放量的计算可以分为三类[3]。第一种是基于城市级统计数据自上而下的方法，采用活动数据乘以当地主要能源消费碳排放系数来测算居民生活部分的碳排放总量。第二种是基于消费生活方式自下而上的测算方法，通过仪器测量各户的电耗、水耗、气耗、供热量、垃圾产生量及光伏发电量、绿植栽培量等参数，测算该户的实际能耗及碳排放水平。第三种是基于社区全周期建设运营综合的测算方法，从社区建设及改造、运营管理、居民生活出行等全周期全领域进行碳排放测算。

国内外学者通过以上方法已经进行了一些研究。Lenten[4]等通过对澳大利亚、巴西、丹麦等不同国家的不同家庭统计分析认为家庭收入和居民家庭碳排放呈正相关。Jones C M[5]等对社区碳排放的研究认为计算范围应包括建筑、交通、能耗、废弃物、水等。就出行碳排放特征而言，Newman[6]等的研究发现城市人口密度与人均汽油消耗量呈负相关。但欧洲学者Van De[7]的研究却发现人口密度与居民平均出行距离、平均出行时耗呈正相关。Nepal[8]等指出居民私人交通出行产生的碳排放量比电力公交出行所产生的碳排放量多出近40%。Su[9]等通过对美国居民出行活动数据的分析发现，路网密度、公共交通设施使用率是影响居民出行碳排放的显著因素。Song[10]等通过对美国马萨诸塞州居民出行的数据进行研究，认为建成环境的密度与居民交通出行频率呈负相关。国内学者也有一定的研究进展，徐希宝、谭艳等[11]通过调查数据分析了长三角地区城镇居民家庭碳排放，影响因素研究结果表明年龄结构、房屋面积、家庭收入、家庭规模都是影响居民家庭碳排放的关键因素。满洲、赵荣钦等[12]的研究发现城市中心区土地混合度与社区人均通勤碳排放量呈负相关。王伟强等[13]的研究发现社区设施越丰富居民交通出行的碳排放量越多，交通站点可达性越强碳排放量越少。杜宁睿等[14]通过对武汉市居民出行情况的调查发现，家庭总收入和家庭规模对家庭出行碳排放有显著影响。

目前研究已综合分析了居民日常生活碳排放的主要影响因素，忽略了城市内不同类型社区间碳排放的差异。本文以乌鲁木齐市为例，将自上而下和自下而上两种方法进行结合，获取城市的居民生活、出行两个维度的碳排放数据，探寻社区低碳可持续发展的道路。

2 研究方法

2.1 区域概况

乌鲁木齐市位于中国西北部，是"一带一路"倡议的枢纽城，独特的地理气候条件孕育了当地丰富的生活形态和多样的居住区类型。全市现辖7区1县，总占地面积为1.42万km²，全市建成区面积365.88km²，截至2022年底，辖区共65个片区管委会，361个社区，常住人口约408.24万人。常住人口城镇化率96.5%；全市私人汽车117.9万辆，营业性客货运输车辆共61130辆，其中出租汽车13138辆，城市公交车总数 4503 辆,其中新能源公交车 1195 辆。城市的快速发展和人们生活水平的提高,导致乌鲁木齐市碳排放量逐年上升,进而给乌鲁木齐市低碳城市发展带来了很大的挑战。

2.2 数据获取和测算方法

国内城市社区环境的开源数据较少,社区和家庭的碳排放研究较为复杂,非官方数据的科学性有待研究。调查问卷的编制对于居民直接碳排放的研究非常重要。考虑到乌鲁木齐市各区人口比例、民族分布等因素,突出调查对象的区域覆盖性,本研究以现场调查为主,网络问卷调查为辅。本次研究按照所辖行政区域选取了 5 个重要空间点,统计了近 80 个社区。根据社区典型性原则,从 80 个社区中选取了 5 个典型社区。每个社区的建筑空间组织、用地规模和外部用地结构各不相同(表 1)。

典型社区基本情况(表格来源:作者自绘) 表 1

社区	城区	建成年	住户数	产权类型	建筑形态	容积率
东方花园	沙依巴克区	2004	1870	商品房	超高层	4.20
龙庭华清	新市区	2007	2594	商品房	小高层	1.94
绿城玉园	水磨沟区	2014	1620	商品房	小高层	2.12
时代广场	天山区	2009	2148	商住楼	超高层	7.9
安居小区	米东区	2009	946	单位自建	多层	1.40

目前居民生活碳排放方法的研究范围主要以家庭为单位,聚焦于建筑、交通、废弃物、碳汇等领域,计算范围则根据研究方向的侧重会有所不同,本文不考虑建筑全生命周期能耗和植物碳汇,总的来说就是家庭能耗碳排放和出行能耗碳排放两方面,其中家庭碳排放指的是居民家庭生活用能消费所产生的碳排放,通过碳排放系数法将居民直接能源消耗量转化为碳排放量(表 2),其公式为:

$$CE = EF \times AD \qquad (1)$$

式中,CE——单项能源碳排放量;

EF——碳排放系数;

AD——能源消耗量。

出行碳排放是指交通等移动碳排放,主要与社区居民使用私家车、摩托车等能源消耗引起的碳排放有关。国际上常用的出行碳排放核算方法是基于燃料[15]和距离[16]的碳排放系数法。本文采用碳排放系数法计算居民出行碳排放量(表 2)。

$$CE_{\text{fiel}} = Q_i \times F_i \div 4 \qquad\qquad （2）$$

式中，CE_{fiel}——汽油、柴油和 CNG 的私人交通每周碳排放量（kg）；

Q_i——汽油、柴油和压缩天然气每个月的使用量；

F_i——燃料的碳排放系数。

碳排放类型及碳排放系数（表格来源：作者自绘）   表 2

类别	碳排放系数	单位	引用来源
居住能耗			
电（kWh/ 月）	0.877	$kgCO_2/kWh$	西北区域电网基准线排放因子公告[17]
天然气（m³/ 月）	2.16	$kgCO_2/m^3$	IPCC 国家温室气体排放清单指南 2006[18]
液化石油气（kg/ 月）	3.164	$kgCO_2/kg$	蔡博峰等[19]
煤炭（kg/ 月）	1.978	$kgCO_2/kg$	IPCC 国家温室气体排放清单指南 2006[18]
集中供暖（GJ/m²）	42.630	$kgCO_2/m^3$	中国民用建筑节能设计标准[20]
出行			
公交车（km/d）	0.037	$kgCO_2/km$	杨选梅等[21]
私人汽车（L/ 月）	2.240	$kgCO_2/L$	杨选梅等[21]
出租车（km/ 月）	2.340	$kgCO_2/L$	杨选梅等[21]
地铁（次 /d）	1.142	$kgCO_2/km$	杨选梅等[21]
电动车（km/ 月）	0.008	$kgCO_2/（人·km）$	柴彦威等[16]

2.3 问卷调查及样本特征

问卷由五个部分组成：第一部分是关于日常生活的消费，包括水、电、煤气、液化石油气（LPG）、天然气，以及供暖方式。第二部分是交通工具的选择等交通信息。第三部分是社区规模、建筑容积率、建筑建设年代等社区信息。第四部分是居民家庭及个人社会经济信息。第五部分是居民节能减排意识以及节能习惯。

性别比例分布总体上女性略高于男性，其中，男性人数占 44.74%，女性人数占 55.26%。调查对象涉及汉族、维吾尔族、哈萨克族等多个民族，其中，汉族占 59.74%，维吾尔族占 31.32%，哈萨克族、回族、蒙古族等民族占 8.94%。调查对象所属年龄段及占总人数比例分别为：26~35 岁占 31.84%，36~45 岁占 25.79%，19~25 岁占 20%，45 岁以上占 17.90%，19 岁以下占 4.47%。调查对象基本涵盖了社会各主要职业，以企业员工、机关事业单位职员、私营业主、学生、公务员等几类职业为主，其中，企业员工占 22.11%，机关事业单位职员占 20.53%，私营业主占 16.05%，学生占 12.89%，公务员占 7.63%，其余职业共占 20.79%。调查对象所属月收入段及占总人数比例依次为：0～2000 元的占 21.05%，2001～4000 元的占 37.89%，4001～6000 元的占 22.11%，6000～8000 元的占 12.11%，8001～10000 元的占 3.95%，10000 元以上的占 2.89%。

3 碳排放特征分析和指标变量

3.1 样本家庭碳排放量分析

通过对乌市典型社区选取的家庭样本的统计分析，使用碳排放系数法将居民直接能源消耗转化为居民家庭碳排放量，得出：家庭的年度能源消耗导致的碳排放总量为 1321.85kg，而人均的年度能源消耗产生的碳排放量则为 896.04kg。进一步研究家庭用电、气、水产生的碳排放的分布，它们所占的比例分别是 43∶36∶1，可见，家庭电能对家庭能源直接碳排放总量有显著影响。出行碳排放各交通方式产生的碳排放量具有差异性，私家汽车是家庭出行的主要交通工具。按照使用频率的高低，依次为私家车、公交车、出租车、地铁、自行车、电动车。私家车出行比例为 22.24%，其碳排放量 73.1kg 占到整体出行碳排放的 48%；公交车出行碳排放次之，为每月人均 26.6kg，占到整体的 29%；出租车出行碳排放量为每月人均 15.8kg，占整体的 11%；地铁出行碳排放为 10.05kg，占到整体的 7%；电动车和自行车出行碳排放分别为每月人均 5.72kg 和 1.84kg，分别占到整体的 4% 和 1%。由上文对交通工具的使用频率统计可知，居民乘公交和非机动车出行的总碳排放量远远低于私家车的碳排放量。因此大力发展城市公共交通，加强人们乘坐公共交通的出行意识对于减少居民出行碳排放，建设低碳城市是十分有帮助的。

3.2 指标变量

对于社区碳排放影响因素的研究中社区建成环境相关指标的确定尤为重要，在回归分析中，影响变量考虑的越全面，回归结果越准确。根据对既有文献的研究，个体为了满足日常生活的舒适性，产生用能行为，进而影响居民家庭直接碳排放[22]。因此，建筑环境主要是通过影响其位置的微环境，改变人们的生活方式，从而影响居民日常生活产生的碳排放量。从家庭能耗碳排放和出行碳排放两方面分别提取社区既有环境要素，展开对乌鲁木齐市中心城区居民碳排放量的影响因素分析。将调研内容分为因变量与自变量两部分，因变量对应家庭直接碳排放量和出行碳排放量，家庭碳排放量对应的自变量结合建成环境要素在社区特征、住宅特征、家庭特征、个人特征四个层面分别选取重要指标进行对应，家庭出行碳排放量对应的自变量从密度（Density）、多样性（Diversity）、可达性（Destination accessibility）三个层面选取指标对应（表3）。

社区建设环境指标（表格来源：作者自绘） 表3

指标分类	变量名称	变量描述
碳排放量	家庭出行碳排放量 [kg（年户）$^{-1}$]	—
密度	建筑密度	社区建筑总占地面积与社区总面积比值
	交叉口密度	社区半径 1km 范围交通口密度指标
	路网密度	社区半径 1km 范围路网均衡度指标
多样性	功能混合度	社区半径 1km 范围五类用地混合度
可达性	设施可达性	社区半径 1km 范围公共设施可达性
	地铁可达性	社区半径 1km 范围地铁站点个数
	公交可达性	社区半径 1km 范围公交站点通过的公交线路

4 影响因素分析

4.1 数据预处理

根据调查问卷，对获取的信息数据进行预处理，其中连续变量可直接使用（密度、家庭人口数、所住楼层等），对于非连续变量（年龄、节能习惯、家庭收入）需用虚拟变量测度将其数值化。

对于社区建成环境对居民家庭直接碳排放影响因素的分析，本研究采用SPSS 27.0.1 中的多元线性回归的方法。多元线性回归分析的前提是需采用单因素方差分析来确定影响家庭碳排放的有效因子；各项因子分别再通过一元线性回归分析确定是否存在线性关系；最后，将筛选出来的有效因子进行多元回归分析；由此，可以找到能够显著影响家庭能耗直接碳排放量的影响因素。

4.2 影响因子分析

分析定类数据与定量数据之间内在影响机制需要进行单因素方差分析以确定单一因素对因变量是否产生显著影响，方差分析前研究数据需满足正态分布且样本需通过方差齐性检验。Sig 值 > 0.05 即表示样本数据符合条件。p 值可以判断影响因子对因变量产生影响的显著性水平，$p < 0.05$ 时，表明该因子对因变量存在显著影响。当研究多个因素的个体和综合影响时，选取存在显著关联的影响因子，构建多元回归模型进行分析。进行回归分析，可以评估每个自变量对因变量的相对重要程度。在进行多元回归研究之前，我们先对各个应用因素进行单变量线性检查，以保证它们是否满足与因变量的线性相关性需求。

基于以上理论，两组数据分析表明，对于家庭能耗碳排放量，家庭特征中的家庭结构；个人特征中的性别、年龄、职业均不满足正态分布即未通过方差齐性检验。接着进行显著性水平检验，剔除小区建设年代、建设规模、建筑类型、住宅楼层四个因子，这表明这四个因素与居民家庭的直接碳排放关联度较低。而社区特征中的小区容积率；住宅特征中的房屋面积、房间数；家庭特征中的家庭人均收入、家庭人口数量；个人特征中的节能行为、受教育水平共七个因子满足线性相关性，可继续进行多元线性回归。对于居民出行碳排放量，容积率、路网密度两个因子未通过显著性水平检验，其余因子也可继续进行多元线性回归。

4.3 显著性分析

当研究多个因素的个体和综合影响时，选取存在显著关联的影响因子，构建多元回归模型进行分析。进行回归分析，可以评估每个自变量对因变量的相对重要程度。在进行多元回归研究之前，我们先对各个应用因素进行单变量线性检查，以保证它们是否满足与因变量的线性相关性需求。结果表明：剩余所有因子均满足要求。接着采用 Backward 回归法筛选影响程度最大的因子，最终家庭能耗碳排放量的影响因子保留了家庭年收入情况、家庭常住人口数、节能行为、社区容积率，家庭出行碳排放量影响因子保留了土地多样性、设施可达性、交叉口密度，即对碳排放有显著影响的因子。根据标准化回归系数可将其影响程度进行从大到小的排序，对于家庭能耗直接碳排放量依次为家庭收入情况、家庭常住人口数、节能习惯、社区的容积率；对于家庭出行碳排放量依次为交叉口密度、土地多样性、设施可达性。

5 结论与建议

5.1 结果讨论

本文以乌鲁木齐市主城区的典型社区为例，以问卷调查的方式将建成环境指标进行量化，探究建成环境与家庭碳排放量之间的相关性，从而得出了以下结论：

（1）乌鲁木齐市主城区居民家庭户均年碳排放量为1413.54kg，其中家庭能耗直接碳排放量为1321.85kg，出行碳排放为391.69kg，家庭能耗碳排放量中家庭用电碳排放、家庭用气碳排放、家庭用水碳排放的比例为46∶36∶1。

（2）家庭收入情况对居民家庭直接碳排放的影响最为显著，家庭能耗直接碳排放的显著因子还包括家庭人口数量、节能习惯、社区容积率这三个因子。房屋面积、房间数、居民受教育程度也是影响家庭能耗直接碳排放量的有效因子。

（3）出行碳排放中，私家车出行方式仅占到家庭交通出行方式的22.24%，但其碳排放量占到交通出行碳排放量的48%，接近一半，是出行碳排放中占比最大的一部分。交叉口密度、土地多样性、设施可达性是居民出行碳排放量的显著因子。即社区周边土地利用混合度越高、公共服务设施可达性越便捷、交叉口密度越大，居民出行碳排放越低。

5.2 低碳社区建设建议

（1）城市规划层面，根据本文上述研究分析发现社区容积率对于家庭碳排放和出行碳排放均影响显著，而对于城市发展建设的现实需求，过高过低的容积率都不科学，应该将社区密度控制在适当的水平，优化路网结构，改善和保障步行和自行车出行环境，引导居民低碳、健康出行，建设满足居民物质要求、社区发展要求、城市建设要求的低碳社区。

（2）社区建设层面，乌鲁木齐市的社区建设体系相较于很多内陆城市较为完善，但对于低碳相关的政策和治理较为欠缺。低碳社区的建设发展离不开政府的倡导与鼓励，应在已有社区管理模式的基础上，借助专家及社区工作人员的引导调动居民共同建设低碳社区的积极性和主动性。

（3）居民家庭层面，社区的主人是居民，应尽可能实现低碳社区建设的全过程参与。本文的研究也表明，居民的生活方式、节能习惯是影响碳排放的重要因素，让居民在参与低碳社区建设时充分行使并履行自己的义务，对于实现建设绿色低碳社区意义深远。

参 考 文 献

[1] 李科. 我国城乡居民生活能源消费碳排放的影响因素分析 [J]. 消费经济，2013，29（2）：73-76.

[2] 夏楚瑜, 李艳, 叶艳妹, 等.基于生态网络效用的城市碳代谢空间分析——以杭州为例 [J]. 生态学报, 2018, 38（1）: 73-85.

[3] 马一翔, 尚嫣然, 冯雨.北方社区碳排放的空间影响因素分析——以烟台市为例 [J]. 城市发展研究, 2022, 29（4）: 118-124.

[4] M LENZEN, M WIER, C COJEN, et al.A comparative multivariate analysis of household energy requirements in Australia, Brazil, Denmark, India and Japan[J] Energy, 2006（31）: 181-207.

[5] JONES C M, KAMMEN D M. Quantifying carbon footprint reduction opportunities for U.S. households and communities[J]. Environmental Science & Technology, 2011, 45（9）: 4088-4095.

[6] NEWMAN PWG, KENWORTHY JR. Gasoline consumption and cities: a comparison of US cities with a global survey[J]. Journal of American Planning Association, 1989, 55（1）: 24-47.

[7] VAN De COEVERING P, SCHWANEN T. Re-evaluating the impact of urban form on travel patterns in Europe and North America[J]. Transport Policy, 2006, 13（3）: 229-239.

[8] NEPAL S M. Impact of transport policies on energy use and emissions[J]. Proceedings of the Institution of Civil Engineers-Municipal Engineer, 2006（4）: 219-229.

[9] SU Q. The effect of population density, road network density, and congestion on household gasoline consumption in US urban areas[J]. Energy Economics, 2011（3）: 445-452.

[10] SONG S, DIAO M, FENG C. Individual transport emissions and the built environment: A structural equation modelling approach[J]. Transportation Research Part A: Policy and Practice, 2016（92）: 206-219.

[11] XIBAO XU, YAN TAN, SHUANG CHEN, et al.Urban household carbon emission and contributing factors in the Yangtze River Delta, China.（2015）PLoS One, 10（4）e0121604.

[12] 满洲, 赵荣钦, 袁盈超, 等.城市居住区周边土地混合度对居民通勤交通碳排放的影响——以南京市江宁区典型居住区为例 [J]. 人文地理, 2018, 33（1）: 70-75.

[13] 王伟强, 李建. 住区模式类型与居民交通出行碳排放相关性研究——以上海曹杨新村为例 [J]. 上海城市规划, 2016 (2): 109-113, 121.

[14] 杜宁睿, 向澄, 黄经南, 等. 家庭出行碳排放特征分析及规划启示——以武汉市为例 [C]// 中国城市科学研究会, 广西壮族自治区住房和城乡建设厅, 广西壮族自治区桂林市人民政府, 中国城市规划学会.2012城市发展与规划大会论文集. 2012: 11.

[15] MA J, MITCHELL G, HEPPENSTALL A. Exploring transport carbon futures using population microsimulation and travel diaries: Beijing to 2030[J]. Transportation research, Part D. Transport and environment, 2015: 108-122.

[16] 柴彦威, 肖作鹏, 刘志林. 基于空间行为约束的北京市居民家庭日常出行碳排放的比较分析 [J]. 地理科学, 2011, 31 (7): 843-849.

[17] 中华人民共和国生态环境部.2015 中国区域电网基准线排放因子 [Z].

[18] PENMAN Y, GYTARSKY M, HIRAISHI T, et al. 2006 IPCC guidelines for national greenhouse gas inventories[M]. Hayama: Institute for Global Environmental Strategies Press, 2006.

[19] 蔡博峰, 刘春兰, 陈操操. 城市温室气体清单研究 [M]. 北京: 化学工业出版社, 2009.

[20] 中国建筑科学研究院. 民用建筑节能设计标准: 采暖居住建筑部分 [M]. 北京: 中国建筑工业出版社, 1999.

[21] 杨选梅, 葛幼松, 曾红鹰. 基于个体消费行为的家庭碳排放研究 [J]. 中国人口·资源与环境, 2010, 20 (5): 35-40.

[22] 吴巍, 白雪山, 倪帅. 居住小区建成环境对住宅用电量的影响研究——以天津生态城为例 [J]. 河北工程大学学报 (社会科学版), 2021, 38 (4): 23-29.

台风灾害情景下沿海电网防台应对措施

黄毅贤[1] 李鸿滨[1] 黄 嵩[2]

（1.厦门市城市规划设计研究院有限公司；2.福建永福电力设计股份有限公司）

摘要： 台风是我国沿海地区的主要自然灾害之一，对电力设施安全运行带来巨大威胁，因此开展电力线路防台规划，对沿海地区防台减灾具有重要意义。本文对典型沿海地区电力进行防台分析，并探讨如何通过科学的防台措施实现沿海地区电网安全稳定运行，为我国沿海地区电力线路防台提供参考和借鉴。

关键词： 台风；电力；防台；措施

1 引言

台风是发生在西北太平洋上的热带气旋，是一种强大而深厚的大气环流，能造成狂风、暴雨和风暴潮，具有很大的破坏性。台风具有登陆强度大、移动速度快、范围广、强度变化大等特点，是造成电网灾害的主要原因之一。根据台风的路径和特点，可以将其分为热带气旋和热带低压两种。台风发生时，会造成供电线路杆塔倾斜、倒杆、断杆；造成停电线路跳闸、通信中断；造成配电设施设备损毁等。根据统计数据，发生在我国沿海地区的台风灾害主要有台风、暴雨、风暴潮三种，其中台风最多。沿海地区台风灾害频繁发生，不仅严重影响居民生活和企业生产用电，也给电网安全稳定运行带来了巨大威胁。

2 台风对电网的主要危害

2.1 台风灾害下输电线路典型故障

电网运行的安全可靠性取决于电网的可靠性水平，而电网的可靠性水平又取决于线路的抗风能力。由于线路周围存在多个障碍物，台风在穿越障碍物时，会产生较大的风偏，进而造成杆塔倾斜、倒杆、断杆。根据现场调查及分析，主要有以下几种破坏形式：

（1）异物挂线导致断线。在沿海地区，由于输电线路走廊狭窄且多为山区和丘陵地形，容易出现导线被树木或树枝缠绕而影响输电线路稳定运行的情况。若导线被树木或树枝缠绕过久，还会造成断线或闪络事故。

（2）风偏导致杆塔倾斜、倒杆。由于输电线路杆塔数量多、占地面积大，当线路穿越树林、杂草丛生或其他障碍物时，易在风偏后形成风偏斜，导致杆塔倾斜和倒杆。尤其在山区及丘陵地区的输电线路中较常见。

（3）大风导致导线断线或闪络事故。由于风力过大，导线易受到风的吹动而发生摆动；此外，由于导线与杆塔或与其他设备之间发生碰撞、刮擦等造成导线断线或闪络事故。

（4）大风导致杆塔基础破坏。由于台风风力大、持续时间长，导致线路周围的地基结构破坏。

（5）台风引起的倒杆、断杆。在沿海地区，由于地形及环境复杂等原因造成杆塔多为斜拉式或悬垂式杆塔结构，这两种形式的杆塔抗风能力较差。当线路穿越障碍物时易出现倒杆、断杆事故。

2.2 台风灾害对主网的影响

（1）输电线路经过的地区大多为人口稠密、经济发达的沿海城市。这些地区人口稠密、经济发达，用电量大，一旦遭受台风袭击，容易造成大面积停电事故。特别是对于重要的主干供电线路，如 220kV 架空输电线路，一旦发生大面积停电事故，将会对社会稳定、人民生活、企业生产和经济发展造成很大影响。

（2）随着沿海地区经济社会发展，原有的电力设施也存在着很多缺陷和不足。在沿海地区一些城市中，输电线路与铁路交叉跨越现象较为普遍。这不仅降低了电网的供电可靠性和稳定性，也会对铁路的正常运行造成一定影响。

（3）沿海地区台风灾害多发，一些沿海地区的电力设施建设标准低，缺乏有效的防护措施。如在台风袭击后，许多电力线路杆塔被大风吹倒或刮倒；有些线路没有进行抗台风设计，且缺少有效的防护措施；有些沿海地区未采用防风拉线等。

（4）部分沿海地区电力设施设备抗风能力差、杆塔稳定性差、绝缘水平低、应急保障能力差等问题依然突出。

一些地区电力设施设备年久失修，杆塔腐蚀严重、基础沉降变形、绝缘子损坏等现象依然存在。同时，一些地方电网还存在着重发轻供、重建设轻管理的现象，在台风来临前不能及时发现问题并采取措施应对。此外，在一些台风频繁登陆的地区，电力设施设备的应急保障能力不足，缺乏有效的应急机制和应对措施。这不仅会影响供电可靠性和稳定性，还会威胁电力安全生产。

3   沿海地区电力防台不足之处

目前我国沿海地区电力防台规划还存在一些不足：

（1）沿海地区电力防台规划标准还不够完善和统一，缺乏沿海地区电力防台规划设计规范。在设计过程中没有统一的标准进行指导。

（2）沿海地区电力防台规划缺乏区域协调性和系统性，没有将电网建设、环保措施等因素结合起来进行综合考虑。

（3）沿海地区电力防台规划技术研究工作还不够。目前对防台杆塔选型、设计标准、设计方法等研究还不够深入。

（4）沿海地区电力防台规划建设资金不足，在防台建设中应结合实际情况确定资金投入比例。当前我国电网建设资金投入严重不足，造成许多防台杆塔建设和改造困难。

（5）沿海地区电力防台规划信息化水平还不高，缺乏统一的管理和信息平台。

因此加强沿海地区电力防台的研究工作，需要从以下几个方面入手：

（1）制定统一的标准规范和技术规范体系；

（2）完善防台杆塔选型标准和设计方法；

（3）提高防台杆塔选型、设计、施工等环节的科学化水平；

（4）加强沿海地区电网建设项目的可行性论证工作，选择科学合理的防台杆塔建设方案；

（5）加强沿海地区电网运行分析和管理工作，提升电网运行管理水平。

4   典型沿海地区电网防台对策研究

厦门市地处东南沿海，由于特殊的地理位置和气候条件，频繁遭受到台风的袭击。2023年第5号台风"杜苏芮"在福建晋江沿海登陆，造成全省配电网停运10kV

线路 1847 条（含分支线），停运配变 45298 台（含专变），全省设备灾损 6003 处，灾损主要分布在泉州及莆田地区。2016 年 9 月 15 日"莫兰蒂"在厦门翔安登陆，2016 年 9 月 28 日第 17 号台风"鲇鱼"在福建惠安登陆，"莫兰蒂""鲇鱼"台风对福建电网造成较严重的影响。与以往多数台风主要影响配网的情形有所不同，"莫兰蒂"台风对福建南部输电网造成较严重的灾损。"莫兰蒂"对主网造成杆塔倾倒、塔头变形和横担弯曲等，共有 27 基。500kV 共有 7 基，集中在厦沧Ⅰ/Ⅱ路和漳泉Ⅰ/Ⅱ路，其中倾倒 5 基，地线架倒 1 基，地线横担弯曲 1 基；220kV 共有 15 基，集中在李西线、厦李Ⅰ/Ⅱ路和厦西线，其中倾倒 10 基，塔头变形 5 基；110kV 共 5 基，其中倾倒 4 基，横担弯曲 1 基。

由于福建省内台风登陆地点较为分散且多集中在近海海域，在沿海地区电网防台规划的基本思路是根据对沿海地区的气象特征和地理特点的分析，结合沿海地区电网的运行情况，根据台风影响程度、气象条件、地形特点等因素，重点考虑以下三个方面：①根据台风对供电区域内输电线路的影响程度进行分类，将其分为严重影响、中度影响和轻度影响三种；②根据不同类型的输电线路在台风来临前可能遭受的危害程度和气象条件进行分类；③根据不同类型输电线路所处地形特点和是否穿越重要输电线路等情况进行分类。

4.1 提高供电安全保障措施

加强和扩大受端电网，加快外送电通道建设，引入特高压电网，实现"多方向、多等级、多通道"分级受电，着力完善本地电网结构，建成高可靠、超稳定的城市智能电网。利用省特高压系统，增加厦门变、集美变进线电源，提高 500kV 系统供电可靠性；优先考虑改善现有网络薄弱环节；满足负荷增长较快区域电力设施需求；明确电力设施用地及高压通道要求，衔接远景目标网架；采取增设冗余设置方式确保应急功能保障性能的可靠性，提高骨干电力网架供电可靠性，厦门市本岛现状四条 220 kV 进线通道无法确保岛内用电需求，规划增加第五、六电力通道供电。同时对现状第二、三电力通道逐步缆化，提升抵抗风灾能力；有序更新改造主干高压网架，提高线路缆化比例，强化抗风灾能力。

4.2 输电线路防台措施

（1）开展台风过后的隐患排查，对导地线、杆塔构件、绝缘子以及金具等进行检查，及时消除隐患避免台风过后出现故障。

（2）对不同电压等级、不同时期的或运行年代比较久远的已建线路开展风险调查，按建设标准和安全可靠性划分类型分析与评估，制定对应预案，对风险区段，进行大修技术改造（如对发生锈蚀严重的或缺失构件的进行更换和补件、在杆塔薄弱部位采取补强措施等），以提高其抵御自然灾害的能力。

（3）新建线路必须按最新的风区分布图设计，并按照福建电力公司风区图使用导则结合运行经验对典型的微地形区域提高设计风速。目前按照国网公司要求，沿海台风地区的跳线应按设计风压的1.2倍校核，南方电网公司结合国网公司的研究成果提出按照1.4倍校核，建议风区图基本风速在31m/s（30年一遇）及以上的地区均按照1.4倍校核。

（4）按照国网公司和省公司反措要求进一步排查防风偏治理执行情况，对耐张塔按照规定安装跳线串仍然失效的可考虑安装防风偏支柱绝缘子进行改造。在防风偏改造过程中应加强施工安装质量的监督检查，如跳线串或支撑管两侧小弧垂是否松弛，支柱绝缘子与横担连接方式是否可靠。

（5）加强线路运行维护工作，及时落实线路走廊及周边的清障措施，加大对线路走廊树木、果林、违章搭盖、脚手架、遮阳网、广告布条等清障力度。

（6）建议研究制定台风地区的线路防风差异化设计规范。现有的设计规范用于沿海地区的防风设计时出现了诸多的不适应性，如台风为非良态风，其脉动性较强，2min的平均最大风速与10min的最大平均风速差异显著，而目前的设计风速均以10min的平均最大风速为统计基础，其对台风的针对性不强。此外，在金具、杆塔材料等类型的选取上也应更有针对性。

4.3 变电设备防台措施

为了在规划阶段落实配电设备的防灾要求，按照"避开灾害、防御灾害、限制灾损"的防灾策略，结合地形地貌，应用防灾差异化规划设计原则和措施，明确各区域的设防水平，并制定区域总体防灾方案和区域内拟规划的线路和站房等配电设备的防灾方案，为后期项目设计提出要求。

（1）在变电站选址时应考虑当地可能出现的极端天气的影响，选址应尽量避免风口、地势相对偏低的地方，确需在风口或台风多发地区建设变电站，应尽量考虑户内、GIS站。

（2）台风多发地区户外设备选型、物资采购时，应加强设备瓷件强度的要求；变电站开关柜应在柜内防潮、防水等方面作特殊设计、提高防水防潮要求；各类设备、引线应合理设计、布置，引线不应过于松散，避免风吹、撞击后出现大幅摆动，破坏电力设备。

（3）在台风来临前，加强变电站周围环境、隐患的排查。特别对周边存在工厂、厂房或活动板房的变电站应重点排查，必要时采取适当防范措施，尽量避免周围金属异物在强台风作用下漂浮进变电站导致设备短路接地等故障。

（4）台风等极端天气来临前，应针对存在缺陷的设备及时开展消缺工作，避免恶劣天气环境下缺陷扩大导致主设备故障。

5 结论

针对典型沿海地区电力线路的运行特点，结合台风对电力设施的破坏性影响，以厦门市为例，提出了合理可行的防台规划方法和措施。提升沿海地区电力防台能力和电网抗灾能力，对保证电网安全稳定运行具有重要意义。

参 考 文 献

[1] 黄嵩.关于福建沿海主网电力线路防台措施的探讨 [J].科学技术创新，2019（4）：47-148.

[2] 张建平，张世钦.构筑电网防台减灾安全防御体系的设想及实践 [J].福建电力与电工，2006（12）：1-3.

[3] 徐湘忆，毛玮韵，高凯，任辰.台风对电网的影响分析及应对措施 [J].四川电力技术，2022（6）：31-34，58.

[4] 张怡.超强台风对浙江电网的影响及防范建议 [J].浙江水利水电学院学报，2020（4）：39-44.

源网荷储新型电力系统下配电网空间布局规划探析

熊玲玲　黄毅贤　王永强

（厦门市城市规划设计研究院有限公司）

摘要： 配电网规划是电网规划的重要组成部分，负荷预测的准确性对于配电网空间布局规划中网架搭建、设施布点及管沟预留的科学性和合理性尤为关键。本文从常规负荷特性、电动汽车接入对负荷预测的影响和光伏发电接入对负荷预测的影响三方面进行了比较分析，并对"注入型"常规配电网和"平衡型""上送型"新型电力系统配电网三种模式下配电网规划变化提出了相应的规划建议。

关键词： 配电网空间布局；负荷特性；电动汽车；光伏发电

1　引言

2020年9月22日，国家主席习近平在第七十五届联合国大会一般性辩论上发表重要讲话："中国将提高国家自主贡献力度，采取更加有力的政策和措施，二氧化碳排放力争于2030年前达到峰值，努力争取2060年前实现碳中和。"而在电网转型之路上，将传统的"源随荷动"电力系统向"源—网—荷—储"的新一代电力系统进行转型，以适应更高比例可再生能源的接入，电网形态将更加多元，大电网、微电网、分布式电网有机互补，新能源一体化开发外送、源网荷储一体化就近利用等模式将成为未来发展重点。为此，2021年发布的《关于推进电力源网荷储一体化和多能互补发展的指导意见》提出区域（省）级源网荷储一体化、市（县）级源网荷储一体化和园区（居民区）级源网荷储一体化三个层面上的实施路径，全力推动新能源发展，促进能源领域与生态环境协调可持续发展，助推高质量实现碳达峰、碳中和。其中"园区（居民区）级源网荷储一体化"提出"在工业负荷大、新能源条件好的地区，支持分布式电源开发建设和就近接入消纳，结合增量配电网等工作，开展源网荷储一体化绿色供电园区建设"。

配电网作为电力系统中的重要一环，是最接近用户的地方，随着越来越多的分布式可再生能源接入配电网就地消纳，配电网由传统的单向接受电力并向用户分配，逐步向供需互动的有源网络过渡，配电网由传统的"注入型"，向"平衡型""上送型"转变，对配电网进行科学合理规划可以大大提高电网运行的安全性和经济性，也能提高用电的质量。

2 常规配电网布局规划概述

配电网规划是电网规划的重要组成部分，是指导配电建设、改造的依据。科学的配电网规划不仅要从电力网络方面的供电能力、供电可靠性和供电质量等多因素考虑，同时也应结合城市空间布局，推进配电网电力设施的可实施性，对城市环境和社会风险的少干扰性。基于以上因素，配电网布局规划一般按照以下流程开展规划工作：

（1）现状分析。包括供电区域内供电电源现状分布情况；开关站、环网柜进线和馈线负载现状；电力管沟建设现状及存在问题。

（2）负荷预测。电力负荷预测是做好配电网规划的关键和基础。布局规划负荷预测主要结合城乡规划中的法定规划—片区控制性详细规划中确定的地块控制指标，采用单位建设用地负荷指标或单位建筑面积负荷指标法进行详细的负荷预测，充分考虑地块用户未来的负荷发展需求。

（3）规划目标。从城市建设发展变化情况对配电网现状供电能力进行评估，同时结合供电区域城市空间布局规划定位，因地制宜确定适应于各片区合理、完善的中压配电网结构，形成差异化、针对性的片区中压配电网络和设施布局。

（4）电网技术量化。依据配电网规划设计导则，确定片区供电区域定位，并结合片区现状和规划性质拟定中压配电网规划原则，开展供电单元划分、10kV电力设施配置、10kV中压配电网接线方式确定、10kV供电电源选址等近期、远期中压配电网网络构建等量化分析。

（5）设施落地。将配电网网架构建对变电站、开关站、环网柜等设施及电力管沟的需求在控制性详细规划层面进行全面布局，做到电力设施的精细化、准确化。

3 新型电力系统下配电网规划分析

随着新能源和电动汽车充换电设施的建设，配电网运行过程中的不确定因素越来越多，因此在对配电网进行规划时的要考虑的因素变得更多更繁杂，特别是在负荷预测方面的影响将对配电网网架结构、运行方式等产生重要的影响。

3.1 常规配电网负荷特性分析

常规配电网规划中一般对当地居民生活、工业、商业仓储等各类型用户的用电负荷特性进行前期调研（图1~图3）。

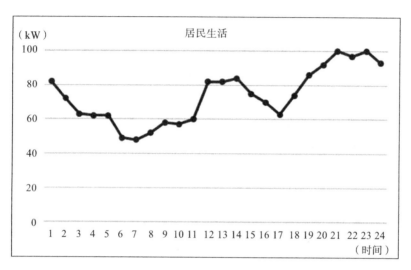

图 1 典型居民用户负荷特性曲线

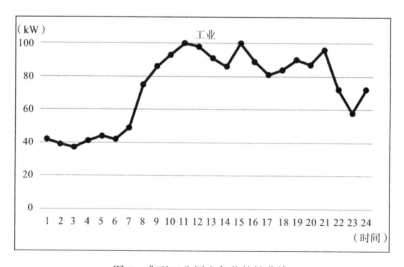

图 2 典型工业用户负荷特性曲线

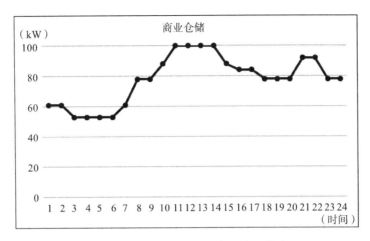

图3　典型商业仓储用户负荷特性曲线

　　根据以上各类型负荷特性曲线，考虑各类负荷在总负荷的权重及用电同时系数，得到区域总的负荷特性（图4）。

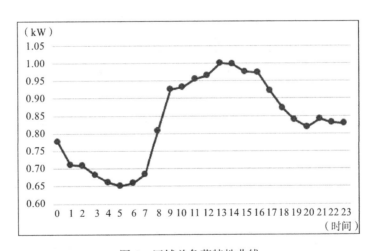

图4　区域总负荷特性曲线

3.2　电动汽车接入对负荷预测的影响

　　电动汽车负荷分为直流负荷和交流负荷两种负荷类型。当电动汽车作为交流负荷接入配网时，电动汽车以慢充方式进行充电，充电桩经由交流方式进行供电，供电期间电压等级多为220V，由于车载端充电设备的容量、充电功率不一样，充电时间一般都较长，一般在3h以上，其充电桩功率一般在7kW。当电动汽车作为直流负荷接入电网时，充电桩以直流方式供电，供电电压等级多为500V或750V，充电功率一般在 60kW 或 120kW，甚至可达到 250kW，直流充电负荷较大，为满足大功率充电，在充电桩电压等级固定情况下，充电电流比交流充电较大。因此电动汽车作为直流负荷接入电网时，将对配电网产生冲击，规划容量需进一步增大。

通过分析电动汽车充电站充放电规律，并考虑相应的充电负荷调控措施后，对区域内多个充电桩负荷进行叠加后平均测算（已考虑区域充电桩充电同时率），单个的居民停车位、公交、公共停车位的平均充电负荷特性如图 5 所示。

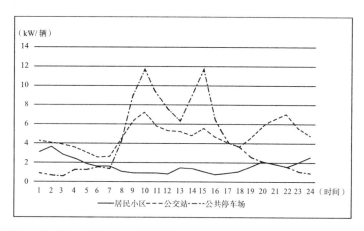

图 5　典型居民停车位、公交停车位、公共停车位充电负荷特性曲线

根据区域内各类型充电区域的基础设施数量，考虑不同充电设施充电同时系数，可得出区域内总的充电负荷特性，如图 6 所示。

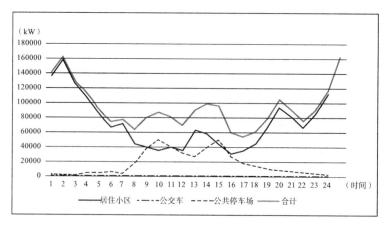

图 6　区域总居民停车位、公交停车位、公共停车场总充电负荷特性曲线

将总充电负荷与常规用户总负荷进行叠加，假设充电负荷与常规负荷之间的同时系数取 0.6，得到本区域内总的负荷特性，如图 7 所示。

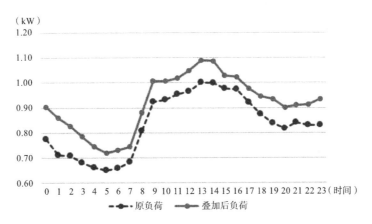

图 7　区域叠加充电负荷后的片区充电负荷特性曲线

从图 7 可以看出，充电负荷与常规负荷曲线趋势基本一致，可在原有的负荷曲线上进行叠加，负荷预测时可先计算不同类型充电站负荷值（居住区、商务办公、公共停车场、公交 / 物流等停车场），并考虑与常规负荷之间的同时系数，从而得到总的规划负荷值。

3.3　光伏发电接入对负荷预测的影响

分布式光伏电站输出特性取决于光照强度以及环境温度，光伏的可出力时间受到日出以及日落影响，在不同季节中由于温度的影响出力时间可以相差 4h，一般来说日出时间加上半个小时为起始时间，日落时间减去半个小时为终止出力时间。光伏发电出力主要集中在上午 7：00 ~ 18：00 之间，最大出力时刻发生在 12：00 ~ 14：00 之间，在 14：00 达到一天输出功率的顶峰（不考虑过云层及阴天对光伏发电输出曲线的影响）。

根据对某工业厂房屋顶光伏设施的发电数据跟调研，其额定装机容量为 1150kW，天气较好光辐射较强天气时，实际发电功率约为 950kW，暴雨期间发电功率仅为 5.4kW，不足额定功率的千分之五，且在负荷高峰期持续时间低功率发电长达 3h。此外，即使是在光辐射较好的天气，晚高峰时期，光伏发电也逐步降低至可以忽略不计。

因此，在配电网中安装了光伏发电，相当于减少了负荷的增长，从而导致负荷的增长模式随之发生变化。在储能设施大规模投入使用前，受天气、技术等各种因素影响，光伏发电暂不能起到完全的削峰作用，需考虑仍由电网为用户保底供电，其设施布局在本次规划中不受光伏发电设施的影响（图8）。

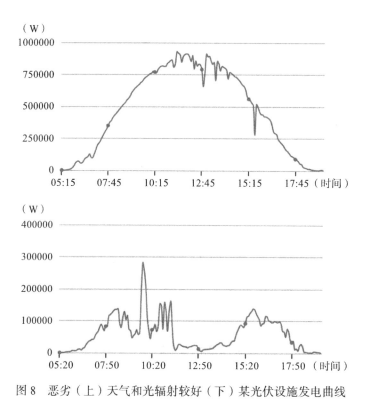

图8 恶劣（上）天气和光辐射较好（下）某光伏设施发电曲线

3.4 新型电力系统下配电网规划建议

随着越来越多的分布式可再生能源接入配电网就地消纳，配电网由传统的单向接受电力并向用户分配，逐步向供需互动的有源网络过渡。在电力流向上，由于负荷侧有分布式电源注入，配电网由传统的"注入型"，向"平衡型""上送型"转变。"注入型"配电网模式中分布式清洁能源装机较少，属于常规负荷密集型，在本地实现消纳，以大电网直供方式为主，依靠外来电力满足本地用电需求。在配电网规划中仍以构建常规的中压配电网网架为主，梳理分布式电源规模、容量及运行特性等，按照《分布式电源接入电网技术规定》规定接入电网，其负荷计算主要考虑传统的负荷特性情况，负荷预测指标基本不变，原有的配电网空间布局规划即可满足配电网发展需求。

"平衡型"电网模式中分布式清洁能源发电量与本地用电需求达到平衡，能够实现区域电网自治，对电网需求大幅减少，电网接入更多是为了区域用电安全及用电备用保障功能，随着未来各项配套技术日渐智能成熟完善，在电网中该区域电力负荷测算时，可适当计算或几乎不计。在配电网规划中需衡量用户层面和电网层面的可靠性，主要在运行调度的优化和用电备用保障。针对负荷预测，可需考虑分布式清洁能源容量的影响，采用一定的比例系数计入电网，但整体还应以常规电网作为保底电网考虑，其空间布局与"注入型"配电网规划布局一致。

"上送型"电网模式中高渗透分布式清洁能源并网，分布式清洁能源发电量大于本地负荷用电量，电力经过汇集站上送至上级电网。在配电网规划中需将分布式清洁能源作为上级电源的一部分，配电网规划时可将其作为供电电源，以增量配网的形式考虑配电网络优化构建，常规的配电设施有望减少。

4 结语

源网荷储新型电力系统在电源侧、电网侧、负荷侧和储能侧方面呈现与传统"源随荷动"电力系统不同的新特征，其中配电网将逐步演化为有源供电网络，部分负荷将具备主动参加系统调节的能力，负荷特性不确定性增大。负荷的变化使得配电网网架规划变得复杂，其对城市用地空间布局对电力设施的设置也产生一定的影响。

本文深入分析新型电力系统特点，研究常规配电网的负荷曲线叠加光伏发电负荷、充电汽车充电负荷情况下的负荷发展特性，从而对"平衡型""上送型"新型电力系统配电网三种模式下配电网规划变化提出了相应的规划建议，确保电力专业配电网规划和城市空间布局规划的充分融合，支撑城市建设发展，促进"双碳"目标实现。

参 考 文 献

[1] 厦门市城市规划设计研究院有限公司.双碳背景下工业园区源网荷储一体化配电网规划研究——以同安工业集中区为例 [Z]. 2022.

[2] 厦门市城市规划设计研究院.同安区城南、祥平、西湖片区中压配电网专项规划 [Z]. 2021.

[3] 赵长乐，刘天羽，江秀臣，等.基于能源局域网的园区型微电网优化规划 [J].分布式能源，2019.

[4] 曾顺奇，汤森垲，程浩忠，等.考虑源网荷储协调优化的主动配电网网架规划 [J].南方电网技术，2018.

[5] 胡玉荣.电动汽车和新能源接入配电网规划的研究 [Z].2016.

海绵城市
与排水防涝篇

城市蓝绿空间研究热点与趋势的可视化分析

岑清雅　周杏灿　裘鸿菲

（华中农业大学园艺林学学院）

摘要：城市蓝绿空间是城市自然生态空间的基本组成部分，其系统规划与科学保护需求日益迫切。本文结合 CiteSpace 和 HistCite 等文献计量分析软件，通过趋势对比、文献共引、关键词共现、共现时区、聚类分析、突变词检测等方法解析 CNKI 和 Web of Science 核心数据库 2004—2022 年收录的城市蓝绿空间相关研究文献的趋势与前沿热点。结果表明：2013—2014 年分别为国内外发文量转折点，国内外研究关注不同规划理念下城市蓝绿空间规划设计策略，主要开展热岛缓解、雨洪调蓄的生态功能以及对身心健康的促进机制等研究；"韧性"为近年国内外共同的前沿热点，城市蓝绿空间的生态功能效益与空间结构、环境特征的关系仍有待深入探索。国内对于蓝绿空间健康的研究处于起步阶段，其促进健康的因果和中介关系未来可能受到关注。

关键词：城市蓝绿空间；研究热点；研究趋势；韧性；健康；规划设计策略；可视化分析

1 引言

不断扩张的城市建设加剧了城市环境问题的负面影响。城市蓝绿空间作为城市生态基底，是城市应对气候危害、洪涝灾害等环境问题的重要组分，蓝绿系统的统筹规划与合理构建成为生态优先战略的重要议题。《市级国土空间总体规划编制指南（试行）》要求"结合市域生态网络，完善蓝绿开敞空间系统，为市民创造更多接触大自然的机会"。多地开展蓝绿空间专项规划编制工作，并将"蓝绿交融"理念融入总体规划愿景[1]。《河北雄安新区规划纲要》批复中要求雄安新区蓝绿空间占比稳定在 70%，远景开发强度控制在 30%；2016 年，我国香港特别行政区规划署公布《蓝绿空间概念性框架》，提出"重塑蓝绿自然资源网络"的需求。城市蓝绿空间的系统规划与科学保护需求日益迫切。

城市蓝绿空间是一个由自然和半自然区域组成的战略性生态规划网络[2, 3]，一般认为即城市中"蓝色空间"与"绿色空间"的综合，包括城市中各类水域、湿地、绿地、森林等空间[4]。蓝绿空间并非独立的两个系统，近年来两类空间的功能协同及整体调控的议题逐渐活跃[5]。本文通过文献计量分析软件结合文献内容分析，梳理城市蓝绿空间的发展趋势、重要文献和前沿热点，以期为城市蓝绿空间规划实践与研究提供参考借鉴。

2 研究方法与数据来源

本文主要使用 CiteSpace 与 HistCite 软件进行文献计量分析。CiteSpace 是一个基于 Java 程序开发的免费软件工具，广泛用于分析、检测和可视化科学文献中的趋势和模式；HistCite 由 Eugene Garfield 与 MG 科学出版公司于 2007 年正式推出，可分析特定研究领域的发展，并区分出重要文献。本文利用 HistCite 解析外文重要文献，使用 CiteSpace 分析关键词、文献共引、Burst 检测剖析国内外热点领域、研究前沿，实现领域的知识聚类。

设置 2002 年 1 月至 2022 年 5 月为文献发表时间跨度，选取 Web of Science 核心数据库（WoS）和 CNKI 数据库为文献来源。WoS 检索以 "urban blue and green space" "blue green infrastructure" "urban blue green corridor" "waterfront green space" 等为主题词检索英文文献，清除"社论材料"类论文以及无关论文后，最终筛选 823 篇论文或综述文献；CNKI 数据总库以"城市蓝绿空间""蓝绿基础设施""城市蓝绿廊道"等为主题词、"滨水绿地"为篇名检索，检索结果剔除公告、报道、宣传以及无关文章，最终选取 353 篇相关文献。

3 国内外研究整体特征

3.1 研究发文趋势

国内外文献从 2004 年开始出现城市蓝绿空间相关研究内容（图 1）。基于 Python 对国内外文献年发表量进行 Mann-Kendall 趋势分析与 Pettitt 突变点分析，发现国内外文献呈现显著增长趋势，2013 年、2014 年分别为国内外的文献数量图表拐点。2004—2013 年，年发文量均不超过 10 篇，"蓝绿空间"一般作为论文研究框架的一部分，且没有统一定义用语。中文文献于 2013 年后年发文量快速提升，于 2021 年已达 110 篇。这可能由于国内建设部于 2002—2006 年出台城市蓝线、绿线等相关管理方法；2014 年相关规划逐渐出现"蓝绿"系统、"蓝绿"边界等名词。英文文献于 2014 年出现增长拐点，在 2021 年，年发文量达 216 篇。2014 年左右国外学者发现绿色空间的功能效益研究已较为深入而蓝色空间相关研究仍存在不足。

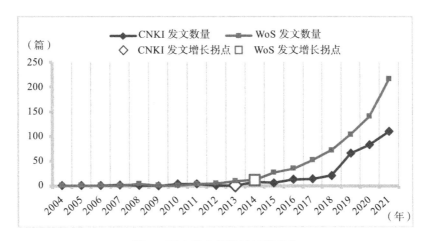

图 1　国内外文献数量年度变化

3.2　重要文献

使用 HistCite 分析 WoS 数据，以同行引用度（LCS）为筛选依据，设定阈值为 50 绘制时序引用图（图 2），图中节点圆圈大小代表 LCS 频次，频次越高圆圈越大。LCS 最高的文献主要关注心理健康[6]、恢复性环境[7]和城市热岛缓解效益[8]方面，与 CiteSpace 共被引关键词聚类分析结果一致（图 3）。2013 年滨海空间的城市治疗景观定性研究（序号 77）和河流降低城市热岛效益（序号 83）为高被引"开山之作"。Völker 等基于治疗景观的概念框架，通过半开放问卷调查发现水是城市环境中偏好和积极感知体验的有力预测因素[9]；Hathway 等指出城市蓝色空间的效益可能被视为绿色空间副产品而受到忽视的困境[10]。最高引证文献为《Mental Health Benefits of Long-Term Exposure to Residential Green and Blue Spaces: A Systematic Review》（序号 123），Mireia 等通过荟萃分析和系统分析系统回顾建成区域绿色和蓝色空间的长期心理健康益处，认为仍需进一步研究蓝绿空间促进心理健康的机制和空间特征[6]。使用 CNKI 计量可视化文献互引网络分析（以被引数量排序，选取前 200 条记录）。图 4 序号 A《国土空间规划体系背景下市县级蓝绿空间系统专项规划的编制构想》为同行互引最高文献，黄铎等对国内外蓝绿空间研究侧重及规划实践进行概述，阐明蓝绿空间的耦合效应和多尺度规划模式[4]。其余同行引用的较高文献（B~D）主要关于城市蓝绿基础设施生态系统服务[11]、蓝绿空间规划[12, 13]等研究。序号 E 为所选文献的总体最高引用文献，梁铮结合实例提出了蓝绿生态廊道网络系统的定性规划策略，解析水域（蓝带）、滨河绿地（绿带）、生态护岸（蓝绿交织边缘带）的多重功能[14]，总体最高引用量文献分析了滨水绿地的生态规划设计原则与方法[15]。

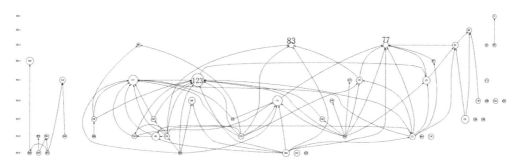

图 2　WoS 文献引证关系图

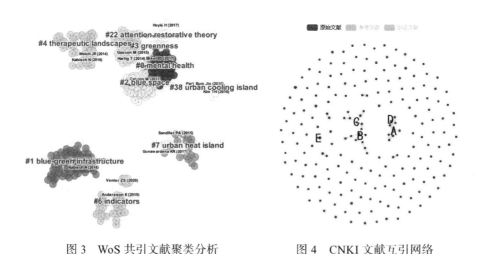

图 3　WoS 共引文献聚类分析　　　　图 4　CNKI 文献互引网络

4　研究热点及前沿

4.1　研究热点

研究关键词及其聚类是对该领域研究主题的概括提炼，通过关键词的检索分析可探索研究期间学者高度关注的问题[16]。CiteSpace 软件中，点度中心性（Node Centrality）反映节点在网络中的重要程度，即研究人员关注度；节点大小反映该关键词出现的频次高低，体现热点研究领域[17]。对国内外城市蓝绿空间相关文献关键词共现分析并以 LLR 算法形成关键词共现网络及聚类图（图5、图6）和时区图（图7、图8），结合聚类、频次、点度中心性对关键词分类归纳，提取国内外研究热点领域（表1、表2）。国内外研究总体注重城市蓝绿空间规划设计策略及其生态、健康促进的功能效益，这与蓝绿空间的外在结构和内在功能密切相关。国内城市蓝绿空间的研究更重视国家相关政策及城市发展理念的需求牵引，关注宏观层面解决城市问题的路径，以及相配套的综合规划设计、建设管理流程。2012 年以前关键词较少，主要侧重规划设计；2014—2016 年节点量显著增加，蓝绿空间开始与生态安全格局、海绵城市、绿色基础设施等相关联，学者关注城市蓝绿空间在城市生态规划中的作用；2017—2019 年公园城市、城市双修等理念下的蓝绿空间规划设计策略得到重视；其后城市内涝、韧性、国土空间规划相关研究开始活跃。目前对蓝绿空间功能效益的定量研究较少，主要侧重于探讨雨洪调蓄和气候调节功能，仍处于起步阶段。国外研究高度关注蓝绿空间的具体效益，包括气候变化、生物多样性、空气净化等生态系统服务及对人体的健康促进效益，使用定量方法探讨功能效益的多尺度空间分布差异、要素特征及影响机制[18]。国外文献以 2013 年为明显分界线，前期关注城市

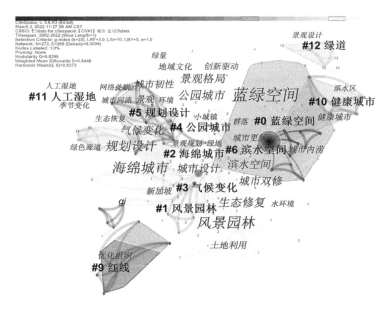

图 5　国内城市蓝绿空间研究关键词共现网络及聚类

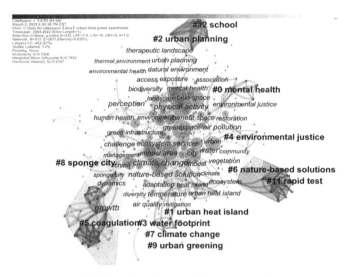

图 6　国外城市蓝绿空间研究关键词共现网络及聚类

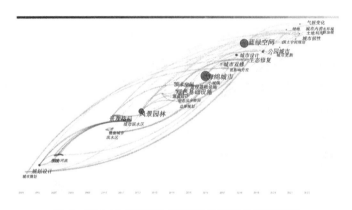

图 7　国内城市蓝绿空间研究关键词共现时区图

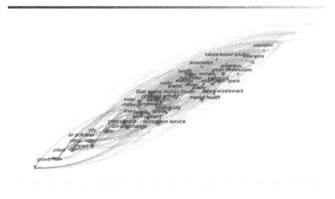

图 8　国外城市蓝绿空间研究关键词共现时区图

地区、空气污染等议题，此后研究呈现集中、深入的演变趋势，主题可归纳为"健康"和"生态环境"方向。主要方向下包含多个子议题，如生态环境包括植被、水环境、生态系统服务等；健康包括体力活动、感知、压力、体验等。从节点数量、大小可见，"健康"的关注度远超"生态"议题。

国内研究热点关键词分类 表 1

热点一：规划理念			热点二：生态功能		
关键词	频次	中心性	关键词	频次	中心性
规划设计	51	0.18	生态修复	16	0.08
海绵城市	30	0.11	城市水系	11	0.3
公园城市	15	0.08	气候变化	10	0.04
健康城市	10	0.04	景观格局	9	0.04
城市双修	8	0.04	雨洪管理	13	0.01
城市更新	8	0.01	生态系统服务	7	0
韧性	7	0.02	网络	4	0.01

国外研究热点关键词分类 表 2

热点一：生态功能			热点二：健康促进			热点三：规划设计策略		
关键词	频次	中心性	关键词	频次	中心性	关键词	频次	中心性
ecosystem service	109	0.06	physical activity	102	0.04	management	65	0.03
climate change	73	0.1	impact	86	0.05	nature-based solution	40	0.04
water	42	0.13	mental health	78	0.03	urbanization	36	0.02
environment	42	0.07	benefit	66	0.03	quality	30	0.04
biodiversity	36	0.08	exposure	64	0.07	sustainability	28	0.02
air pollution	32	0.03	perception	25	0.05	urban planning	26	0.03
heat island	25	0.01	restoration	22	0.03	design	25	0.02
vegetation	24	0.04	human health	19	0.05	governance	18	0.01
stormwater management	21	0.01	experience	13	0.03	environmental justice	16	0.03

4.1.1 多种规划理念下的城市蓝绿空间研究

海绵城市、公园城市、城市更新、健康城市等为我国近年城市规划建设的新理念，为城市蓝绿空间研究和实践提供指引方向。2013 年我国提出海绵城市建设要求，以修复城市水生态环境，增强城市抗洪涝能力、提升自然环境质量[19]。城市蓝绿空间能够作为雨水管理设施的组成部分以构建城市海绵系统[20]，促进城市从传统设计的"灰色"设施转向更具社会和环境可持续性的基础设施系统[21]。学者开展了基于海绵城市的蓝绿基础设施雨洪调蓄评估及网络构建[22]。公园城市近年在统筹城市绿地系统、完善公园体系方面为重要指导思想[23]。需要整合城市蓝绿空间资源，从规划层面完善公园城市空间体系[24]。城市蓝绿空间的腾退、基本生态控制线的划定等布局优化过程，成为带动城市更新的重要依据[25]。此外，存量更新背景下规划均衡宜居的蓝绿网络能为全域休闲空间环境体系提供支撑[26]。城市问题所带来的人群健康隐患日益突出[27]，健康理念下的蓝绿空间规划主要基于蓝绿空间的健康影响理论与实证研究，根据不同空间类型提出优化策略[12]，为居民提供"自然处方"[28]。

国外研究将基于自然的解决方案、可持续发展、环境正义等作为出发点，探究蓝绿空间结构、功能效应和优化路径。基于自然的解决方案是以自然过程和结构为基础的解决方案，旨在应对各种环境挑战，并为经济、社会和生态系统提供惠益[29]。城市蓝绿空间作为一种公共健康资源，在减少脆弱性和增强城市对气候变化的复原力方面具有巨大潜力[30]，同时其社会平等分配有利于健康福祉惠及大众[31]，对提升环境正义至关重要。研究者通常考虑不同的蓝绿空间要素以及供需位置之间的匹配关系，基于可达性、可见性等评估结果评判优化蓝绿空间分布的关键位置，最后提出空间优化策略[32]。

4.1.2 城市蓝绿空间的服务功能研究

1）生态功能

城市蓝绿空间的生态功能受到国内外学者共同关注，主要包括气候变化应对、雨洪管理、生物多样性等。其中，热岛缓解、雨洪调蓄为城市蓝绿空间最受关注的生态功能。

大量研究关注城市蓝绿空间的降温效应。研究表明，蓝绿复合生态系统有利于河流水体小气候效应的发挥[33]。水体降温幅度远大于植树绿地，形状简单、碎片化程度高的蓝绿空间可能具有较强的降温效果[34]；蓝绿空间的降温效果取决于蓝绿空间的大小、形状、连通性和复杂性、绿度指数等，量化不同景观类型的效率阈值，有利于利用最小的蓝绿空间达到最佳的降温效果[35]。但由于案例城市、尺度的差别，蓝绿空间冷却效果仍存在不确定性，不同地区城市的关键影响因素可能存在差异[36]。

城市蓝绿空间能改善水质、降低洪涝风险，并能利用植被和水循环之间的联系，改善城市的生活条件[37]。越来越多城市使用蓝绿基础设施管理城市雨水作为城市中传统管道式雨水管理的替代方案[38]。城市蓝绿空间将河流的排水蓄洪纳入考量之中，注重城市发展、人类活动及政策限制之间的联系[39]。一些案例研究表明蓝绿系统能分解集水区，其滞留能力使得管道网络的下游部分接收径流大大减少[40]。水体和绿地对雨洪调蓄的耦合协同效应也逐渐受到关注，如权衡城市蓝、绿以及灰色基础设施对城市防洪减灾的多重效益[41]，构建湖泊与绿地系统共融的雨洪安全格局等[42]。但一些研究未发现蓝绿耦合与调蓄能力存在相关关系[43]，因此蓝绿空间的雨洪调蓄功能仍有待进一步研究。

除气候调节、雨洪调蓄外，城市蓝绿空间还提供空气净化[44]、碳储存[2]、生物多样性保护[45]和文化[46]等一系列服务功能。除单一服务的研究外，蓝绿空间的综合服务的内部协同或权衡机制[47]，以及与社会的供需平衡逐渐受到重视[48]。如评估城市湿地公园环境与社会效益及其耦合协调度，构建相应诊断框架[49]，分析不同类型蓝绿基础设施的服务能力与人类需求的关系[47]，构建复合生态功能的城市蓝绿空间规划框架[50]等。

2）健康促进功能

快速变化的城市环境和不规律生活方式引发多种健康风险，人们迫切需要缓解精神压力、提升体力活动水平的生活空间和场所；突发疫情事件等更是对健康城市的建设提出更高要求[12]，因此国内外逐渐重视城市蓝绿空间的健康效益。城市蓝绿空间对健康的影响可以概括为三个主要的环境、心理、社会途径：减少环境风险暴露，压力及注意力恢复，提高体力活动和社会凝聚力，并从蓝绿空间数量、质量、可达性方面影响健康效益[51]。

城市蓝绿空间通过改善生态环境减少健康风险危害[52]。绿色空间健康干预机制包括改善空气质量、水质、噪声[53]等，增强环境舒适性。而蓝绿空间机制更为复杂，蓝色空间与绿色空间的健康促进途径相似，但也可能引起特定的健康风险[54]。学者对沿海和内陆水域的研究表明，滨水环境中产生的雾气通过减少炎症和改善肺功能，可减少哮喘症状[55]，但被污染的水体对人体健康产生负面影响[56]。城市蓝绿空间缓解热岛效应的能力也被证明与积极的人类健康影响有关，Burkart等发现城市蓝绿空间对老年人的高温相关死亡率有缓解作用，水体的健康促进效益可能覆盖周边数公里范围[57]，但一项香港相关研究没有观察到显著效益[58]。

城市蓝绿空间为进行体育活动、参与积极社会关系以及提升社会凝聚力的场所[59]。近年越来越多研究证明，蓝绿空间暴露有利于健康活动促进。研究常将蓝色与绿色空间分类讨论，调查城市不同类型蓝绿空间的本底特征、可及性、可用性、可见性与体育活动频率[60]、社会互动、情绪[61]的关系。研究发现不同类型蓝色和绿色空间提供了不同类型情境的社会交流空间，促进多种体育活动[62]。

城市蓝绿空间暴露能促进压力缓解和认知恢复[63]。研究通常将蓝绿空间特征与自评心理健康、孤独感、幸福感[64]相联系，部分文献进一步检验环境问题、社会支持、身体活动等对心理健康的中介效应[65]。大量研究涉及老年人的身心健康，通过问卷、街景、遥感影像等多源数据探索蓝绿空间与老年人健康的邻里影响机制，识别关键健康促进的蓝绿空间指标[66]，如 Helbich 等通过街景数据和深度学习研究发现中国北京街景蓝绿空间对老年人抑郁症的预防作用[67]。

尽管近年涌现的大量研究形成了蓝绿空间对促进健康的共识，不同区域、不同人群的健康促进效果仍存在差异性，同时其中存在的多种中介和因果关系[68]仍有待检验。

4.2 研究前沿

在 CiteSpace 中使用 Burst 检测分析国内外文献前 15 位突现词（图 9、图 10）。国内外突现词出现时间及内容存在较大差异。

国内文献早期突现词围绕规划设计方向，重视滨水绿地形态和主题[69]。讨论最久的突现词为"滨水区"，持续时间为 2010—2016 年。2010 年左右国内许多城市开展水体整治工作，研究者关注滨水区域"蓝绿双带"保护[70]、蓝绿线划定等问题[71]。2020 年涌现 4 个突现词包括"蓝绿空间""公园城市""生态文明""韧性城市"，为近年最新受关注的前沿主题，其中"蓝绿空间"为突现强度最高的关键词。城市蓝绿空间研究前期主要于摘要、论文框架中出现，随着 2014 年以来国家及地方相关规定提及"蓝绿"的内容增加，城市蓝绿空间开始作为研究主体在关键词中出现。"公园城市""韧性城市"为生态文明时代的城市建设理念[72]，城市建设的重点从空间建造向品质提升转变[73]，而城市蓝绿网络的多重功能提供生态和社会韧性[74]，与城市人居环境高质量发展关系紧密。

国外突现词最早于 2011 年出现，突现时间最长的关键词为"气候变化"，突现强度最高的关键词为"公共健康"。由于城市地区面临日益严峻的气候变化挑战及其带来的洪涝、干旱、热岛等威胁，国外学者越来越关注蓝色和绿色空间减缓和适应气候变化的潜在作用。公共健康方面，2018 年前许多研究探索了与积极健康益处相关的城市蓝色和绿色空间的特征[75]，已有相关研究报告了绿色空间在疾病预防和促进健康方面的作用，而蓝色空间的健康促进效应仍需要进一步证据[76]。2017 年出现 4 个关键词，分别为"削减""模型""绩效""绿色屋顶"。传统的绿色屋顶雨洪调蓄能力有限[77]，而蓝绿屋顶作为一种新兴的蓝绿基础设施类型，可通过促进城市水管理和小气候改善实现多重环境效益[78]；城市蓝绿空间绩效与人体健康表现[79]、环境风险缓解表现[80]、建设表现[81]相关。最新突现词为"韧性""雨水"，主要涉及利用城市蓝绿网络管理雨水空间框架、效益评估、规划设计等内容。韧性相关研究除雨洪调蓄外，还关注降温效益、生物多样性、城市蓝绿空间风险总体评估等[82]。

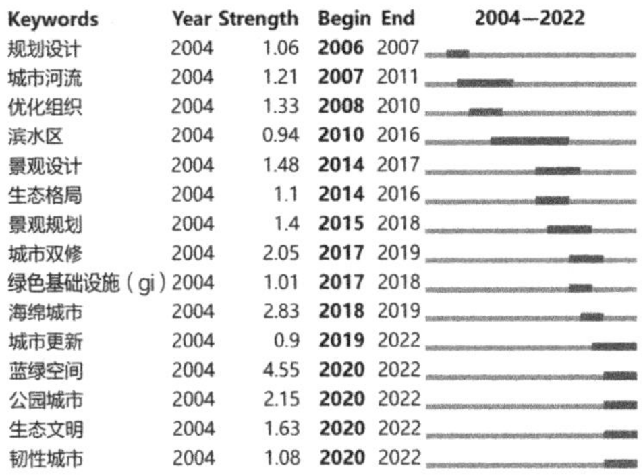

Keywords	Year	Strength	Begin	End	2004—2022
规划设计	2004	1.06	2006	2007	
城市河流	2004	1.21	2007	2011	
优化组织	2004	1.33	2008	2010	
滨水区	2004	0.94	2010	2016	
景观设计	2004	1.48	2014	2017	
生态格局	2004	1.1	2014	2016	
景观规划	2004	1.4	2015	2018	
城市双修	2004	2.05	2017	2019	
绿色基础设施（gi）	2004	1.01	2017	2018	
海绵城市	2004	2.83	2018	2019	
城市更新	2004	0.9	2019	2022	
蓝绿空间	2004	4.55	2020	2022	
公园城市	2004	2.15	2020	2022	
生态文明	2004	1.63	2020	2022	
韧性城市	2004	1.08	2020	2022	

Keywords	Year	Strength	Begin	End	2004—2022
climate change	2004	2.68	2011	2016	
growth	2004	2.1	2012	2015	
therapeutic landscape	2004	3.07	2013	2015	
perception	2004	2.06	2013	2015	
management	2004	3.12	2016	2018	
climate	2004	2.07	2016	2017	
human health	2004	1.99	2016	2018	
reduction	2004	2.63	2017	2019	
model	2004	2.61	2017	2018	
performance	2004	2.42	2017	2019	
green roof	2004	2.07	2017	2018	
public health	2004	3.31	2018	2019	
inequality	2004	2.59	2018	2019	
stormwater	2004	2.7	2019	2020	
resilience	2004	2.19	2020	2022	

图 9　国内文献前 15 位突现词 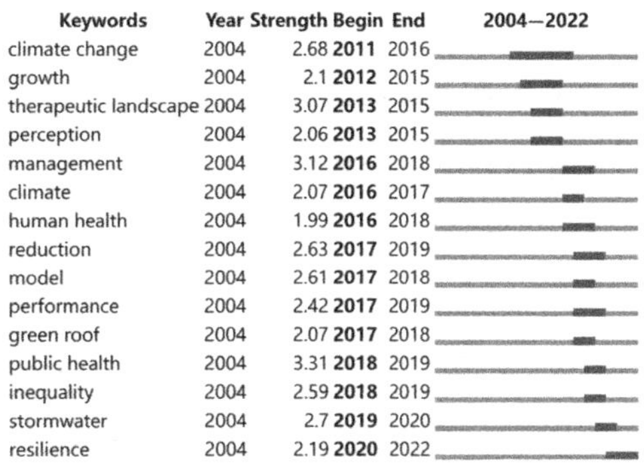　　　　图 10　国外文献前 15 位突现词

5　结论与展望

通过文献计量分析城市蓝绿空间相关的国内外文献，梳理重要文献、发展脉络，解读研究热点及前沿，对把握城市蓝绿空间未来研究和实践方向具有重要启发意义。通过对比中英文文献，研究发现：①国内外文献发文量呈显著上升趋势，2013—2014 年为发文量重要拐点。②国内外研究热点存在共性，研究主要集中于生态功能、健康效益和规划设计策略等方面。国内研究响应国家相关政策和城市发展理念等应用需求，展开海绵城市、城市双修、公园城市、健康城市等不同理念下蓝绿空间规划布局和功能效益的探索，国外研究侧重于基于自然的解决方案、可持续、环境公平等理念下的蓝绿空间研究；国内外研究均关注气候变化背景下的城市蓝绿空间热岛缓解、雨洪调蓄功能，英文文献更注重其健康促进效益。③"韧性"相关概念同时成为国内外 2020—2022 年的突现词，为该领域研究前沿。"健康"相

关关键词在 2013—2019 年皆出现成为英文文献突现词，而中文文献中未出现。

总体而言，城市蓝绿空间未来研究可能继续围绕生态、健康、规划设计等主题。目前国内关于蓝绿空间与健康的研究相对较少，但随着蓝绿空间的健康促进功能逐渐受到重视，未来可能在此方面展开深入研究。国外已有关于蓝绿空间研究的初步基础，但蓝绿空间的功能效益与其空间结构、环境特征的关系仍有待明晰。

注 释

由于研究初期以"蓝绿空间"为题的论文较少，CNKI 主题词检索时将"蓝绿"与"空间""廊道"之间使用空格分隔，使搜索结果可涵盖"蓝绿网络""蓝绿规划"等相关论文。筛选时对文献的题目、摘要、关键词及文章目录（一至二级标题）进行检查，其中包含蓝绿空间相关内容的文献则筛选至数据集。

参 考 文 献

[1] 曹靖. 全域一张蓝图导向的城乡蓝绿空间营建策略——以安徽省界首市为例 [J]. 规划师，2021，37（9）：26-32.

[2] 武静，蒋卓利，吴晓露. 城市蓝绿空间的碳汇研究热点与趋势分析 [J]. 风景园林，2022，29（12）：43-49.

[3] FAN P Y, CHUN K P, MIJIC A, et al. A framework to evaluate the accessibility, visibility, and intelligibility of green-blue spaces（GBSs）related to pedestrian movement[J]. Urban Forestry & Urban Greening, 2022: 127494.

[4] 黄铎，易芳蓉，汪思哲，等. 国土空间规划中蓝绿空间模式与指标体系研究 [J/OL]. 城市规划，2022：1-14[2022-2-21].http：//kns.cnki.net/kcms/detail/11.2378.TU. 20220125.1128.002.html.

[5] 王世福，刘联璧. 从廊道到全域——绿色城市设计引领下的城乡蓝绿空间网络构建 [J]. 风景园林，2021，28（8）：6.

[6] MIREIA G , MARGARITA T M , MARTÍNEZ DAVID, et al. Mental health benefits of long-term exposure to residential green and blue spaces：a systematic review[J]. International Journal of Environmental Research and Public Health, 2015, 12（4）：4354-4379.

[7] NUTSFORD D, PEARSON A L, KINGHAM S, et al. Residential exposure to

visible blue space（but not green space）associated with lower psychological distress in a capital city[J]. Health & Place, 2016, 39：70-78.

[8] GUNAWARDENA K R, WELLS M J, KERSHAW T. Utilising green and bluespace to mitigate urban heat island intensity[J]. Science of The Total Environment, 2017（584–585）：1040-1055.

[9] VÖLKER S, KISTEMANN T. "I'm always entirely happy when I'm here!" Urban blue enhancing human health and well-being in Cologne and Düsseldorf, Germany[J]. Social science & medicine, 2013, 91：141-152.

[10] HATHWAY E A, SHARPIES S. The interaction of rivers and urban form in mitigating the Urban Heat Island effect：A UK case study[J]. Building & Environment, 2012, 58（DEC.）：14-22.

[11] 张炜, 刘晓明. 武汉市蓝绿基础设施调节和支持服务价值评估研究 [J]. 中国园林, 2019, 35（10）：51-56.

[12] 袁媛, 何灏宇, 陈玉洁. 平灾结合的城市蓝绿空间规划研究 [J]. 西部人居环境学刊, 2020, 35（3）：10-16.

[13] 陈竞姝. 韧性城市理论下河流蓝绿空间融合策略研究 [J]. 规划师, 2020, 36（14）：5-10.

[14] 梁铮. 城市河流景观规划设计中的生态恢复研究 [D]. 合肥：合肥工业大学, 2007.

[15] 周建东, 黄永高. 我国城市滨水绿地生态规划设计的内容与方法 [J]. 城市规划, 2007, 238（10）：63-68.

[16] 郑舰, 陈亚萍, 王国光. 2000 年以来棕地可持续再开发研究进展——基于可视化文献计量分析 [J]. 中国园林, 2019, 35（2）：27-32.

[17] 王俊帝, 刘志强, 邵大伟, 等. 基于 CiteSpace 的国外城市绿地研究进展的知识图谱分析 [J]. 中国园林, 2018, 34（4）：5-11.

[18] 苏王新, 常青, 刘筱, 等. 城市蓝绿基础设施降温效应研究综述 [J]. 生态学报, 2021, 41（7）：2902-2917.

[19] 刘曦, 孔露霆, 丁兆晖, 等. 英国蓝绿系统方法剖析及对我国海绵城市建设的启示 [J]. 中国给水排水, 2020, 36（4）：24-29.

[20] 吴君炜, 熊科, 罗翔. 重庆海绵城市系统构建策略 [J]. 规划师, 2019, 35（12）：65-71.

[21] DE VITO L, STADDON C, ZUNIGA‐TERAN A A, et al. Aligning green infrastructure to sustainable development: A geographical contribution to an ongoing debate[J]. Area, 2022, 54（2）: 242‐251.

[22] 李诗雨, 柏云声, 龚静仪, 等. 海绵小区蓝绿基础设施的生态效益综合评估与应用潜力分析 [J]. 自然资源情报, 2022, 253（1）: 63‐70.

[23] 吴岩, 王忠杰, 束晨阳, 等. "公园城市"的理念内涵和实践路径研究 [J]. 中国园林, 2018, 34（10）: 30‐33.

[24] 赵纯燕, 于光宇, 黄思涵, 等. 高密度环境下的公园城市空间体系研究——以新加坡和我国深圳为例 [C]// 面向高质量发展的空间治理——2021中国城市规划年会论文集（04 城市规划历史与理论）. 北京: 中国建筑工业出版社, 2021: 97‐110.

[25] 周聪惠. 复合职能导向下城区蓝绿空间一体调控方法——以东营市河口城区为例 [J]. 中国园林, 2019, 35（11）: 30‐35.

[26] 李帆森, 张俊杰, 吴帆. 存量更新时代潍坊市中心城区休闲城市建设模式研究 [J]. 规划师, 2021, 37（22）: 24‐30.

[27] 李栋, 韩颂, 李丰婧. 健康城市评价体系的回顾与展望 [J]. 西部人居环境学刊, 2023, 38（2）: 17‐23.

[28] LORD E, COFFEY M. Identifying and resisting the technological drift: green space, blue space and ecotherapy[J]. Social Theory & Health, 2021, 19（1）: 110‐125.

[29] FRANTZESKA KI N. Seven lessons for planning nature‐based solutions in cities[J]. Environmental Science & Policy, 2019, 93: 101‐111.

[30] KABISCH N, FRANTZESKAKI N, PAULEIT S, et al. Nature‐based solutions to climate change mitigation and adaptation in urban areas: perspectives on indicators, knowledge gaps, barriers, and opportunities for action[J]. Ecology and society, 2016, 21（2）.

[31] SCHÜLE S A, HILZ L K, DREGER S, et al. Social inequalities in environmental resources of green and blue spaces: A review of evidence in the WHO European region[J]. International Journal of Environmental Research and Public Health, 2019, 16（7）: 1216.

[32] WEN C, ALBERT C, VON HAAREN C. Equality in access to urban

green spaces: a case study in Hannover, Germany, with a focus on the elderly population[J]. Urban Forestry & Urban Greening, 2020, 55: 126820.

[33] 成雅田, 吴昌广. 基于局地气候优化的城市蓝绿空间规划途径研究进展 [J]. 应用生态学报, 2020, 31 (11): 3935-3945.

[34] TAN X, SUN X, HUANG C, et al. Comparison of cooling effect between green space and water body[J]. Sustainable Cities and Society, 2021, 67: 102711.

[35] YU Z, YANG G, ZUO S, et al. Critical review on the cooling effect of urban blue-green space: A threshold-size perspective[J]. Urban forestry & urban greening, 2020, 49: 126630.

[36] AKBARI H, KOLOKOTSA D. Three decades of urban heat islands and mitigation technologies research[J]. Energy and Buildings, 2016, 133: 834-842.

[37] BEDLA D, HALECKI W. The value of river valleys for restoring landscape features and the continuity of urban ecosystem functions–a review[J]. Ecological Indicators, 2021, 129: 107871.

[38] LIU L, FRYD O, ZHANG S. Blue-green infrastructure for sustainable urban stormwater management—lessons from six municipality-led pilot projects in Beijing and Copenhagen[J]. Water, 2019, 11 (10): 2024.

[39] 余俏. 城乡蓝绿基础设施的适应性规划研究 [C]// 面向高质量发展的空间治理——2020 中国城市规划年会论文集（08 城市生态规划）. 北京: 中国建筑工业出版社, 2021: 453-463.

[40] HAGHIGHATAFSHAR S, NORDLÖF B, ROLDIN M, et al. Efficiency of blue-green stormwater retrofits for flood mitigation–Conclusions drawn from a case study in Malmö, Sweden[J]. Journal of environmental management, 2018, 207: 60-69.

[41] ALVES A, VOJINOVIC Z, KAPELAN Z, et al. Exploring trade-offs among the multiple benefits of green-blue-grey infrastructure for urban flood mitigation[J]. Science of the Total Environment, 2020, 703: 134980.

[42] 张嫣, 裘鸿菲. 基于雨水调蓄的武汉中心城区湖泊公园布局调控策略研究 [J]. 中国园林, 2017, 33 (9): 104-109.

[43] 禹佳宁, 周燕, 王雪原, 等. 城市蓝绿景观格局对雨洪调蓄功能的影响 [J]. 风景园林, 2021, 28 (9): 63-67.

[44] FAN Z, ZHAN Q, LIU H, et al. Investigating the interactive and heterogeneous

effects of green and blue space on urban PM2. 5 concentration，a case study of Wuhan[J]. Journal of Cleaner Production, 2022, 378：134389.

[45] HYSENI C, HEINO J, BINI L M, et al. The importance of blue and green landscape connectivity for biodiversity in urban ponds[J]. Basic and Applied Ecology, 2021, 57：129-145.

[46] LYNCH M, SPENCER L H, TUDOR EDWARDS R. A systematic review exploring the economic valuation of accessing and using green and blue spaces to improve public health[J]. International journal of environmental research and public health, 2020, 17（11）：4142.

[47] DAI X, WANG L, TAO M, et al. Assessing the ecological balance between supply and demand of blue-green infrastructure[J]. Journal of Environmental Management, 2021, 288：112454.

[48] LAW A, CARRASCO L R, RICHARDS D R, et al. Leave no one behind：A case of ecosystem service supply equity in Singapore[J]. Ambio, 2022, 51（10）：2118-2136.

[49] YE Y, QIU H. Environmental and social benefits，and their coupling coordination in urban wetland parks[J]. Urban Forestry & Urban Greening, 2021, 60（2）：127043.

[50] 余俏，杜梦娇，李昊宸，等.通向城乡韧性的蓝绿空间整体规划研究：概念框架与实现路径（英文）[J]. Journal of Resources and Ecology, 2022, 13（3）：347-359.

[51] 冷红，闫天娇，袁青.蓝绿空间的心理健康效应研究进展与启示[J/OL]. 国际城市规划，2021：1-18[2022-03-09].http：//kns.cnki.net/kcms/detail/11.5583.TU.20210901.1439.002.html.

[52] KABISCH N，BOSCH M V D，LAFORTEZZA R. The health benefits of nature-based solutions to urbanization challenges for children and the elderly - a systematic review[J].Environmental Research, 2017, 159：362-373.

[53] QIU Y, ZUO S, YU Z, et al. Discovering the effects of integrated green space air regulation on human health：a bibliometric and meta-analysis[J].Ecological Indicators, 2021, 132：108292.

[54] WUIJTS S, DE VRIES M, ZIJLEMA W, et al. The health potential of

urban water: Future scenarios on local risks and opportunities[J]. Cities, 2022, 125: 103639.

[55] GRAFETSTÄTTER C, GAISBERGER M, PROSSEGGER J, et al. Does waterfall aerosol influence mucosal immunity and chronic stress? A randomized controlled clinical trial[J]. Journal of physiological anthropology, 2017, 36 (1): 1-12.

[56] WANG Q, YANG Z. Industrial water pollution, water environment treatment, and health risks in China[J]. Environmental pollution, 2016, 218: 358-365.

[57] BURKART K, MEIER F, SCHNEIDER A, et al. Modification of heat-related mortality in an elderly urban population by vegetation (urban green) and proximity to water (urban blue): evidence from Lisbon, Portugal[J]. Environmental health perspectives, 2016, 124 (7): 927-934.

[58] SONG J, LU Y, ZHAO Q, et al. Effect modifications of green space and blue space on heat-mortality association in Hong Kong, 2008-2017[J]. Science of the Total Environment, 2022, 838: 156127.

[59] WHITE M P, ELLIOTT L R, GASCON M, et al. Blue space, health and well-being: a narrative overview and synthesis of potential benefits[J]. Environmental Research, 2020, 191: 110169.

[60] TAN C L Y, CHANG C C, NGHIEM L T P, et al. The right mix: residential urban green-blue space combinations are correlated with physical exercise in a tropical city-state[J]. Urban Forestry & Urban Greening, 2021, 57: 126947.

[61] TRIGUERO-MAS M, DADVAND P, CIRACH M, et al. Natural outdoor environments and mental and physical health: relationships and mechanisms[J]. Environment international, 2015, 77: 35-41.

[62] VÖLKER S, KISTEMANN T. Developing the urban blue: comparative health responses to blue and green urban open spaces in Germany[J]. Health & place, 2015, 35: 196-205.

[63] LABIB S M, BROWNING M H E M, RIGOLON A, et al. Nature's contributions in coping with a pandemic in the 21st century: A narrative review of evidence during COVID-19[J].The Science of the total environment, 2022, 833: 155095.

[64] WEI H, HAUER R J, SUN Y, et al. Emotional perceptions of people exposed to green and blue spaces in forest parks of cities at rapid urbanization regions of East China[J]. Urban Forestry & Urban Greening, 2022, 78: 127772.

[65] 岳亚飞, 杨东峰, 徐丹. 城市蓝绿空间对老年心理健康影响机制的探究与检验 [J]. 风景园林, 2022, 29 (12): 71-77.

[66] 陈玉洁, 袁媛, 周钰荃, 等. 蓝绿空间暴露对老年人健康的邻里影响——以广州市为例 [J]. 地理科学, 2020, 40 (10): 1679-1687.

[67] HELBICH M, YAO Y, LIU Y, et al. Using deep learning to examine street view green and blue spaces and their associations with geriatric depression in Beijing, China[J]. Environment international, 2019, 126: 107-117.

[68] CHEN K, ZHANG T, LIU F, et al. How does urban green space impact residents' mental health: a literature review of mediators[J]. International Journal of Environmental Research and Public Health, 2021, 18 (22): 11746.

[69] 赵铁铮. 营造蓝绿交融的生态走廊——上海长风商务区沿苏州河城市景观规划设计 [J]. 规划师, 2006 (1): 29-32.

[70] 张环宙, 沈旭炜, 高静. 城市滨水区带状休闲空间结构特征及其实证研究——以大运河杭州主城段为例 [J]. 地理研究, 2011, 30 (10): 1891-1900.

[71] 杨春侠, 卢济威. 充分利用生态资源, 优化组织滨水地区蓝、绿、红线 [J]. 城市规划学刊, 2008 (5): 102-105.

[72] 高梦薇, 陈超群, 李永华, 等. 公园城市理念下城市景观风貌立法探究——基于国内外景观风貌立法的对比性研究 [J]. 上海城市规划, 2021 (4): 99-103.

[73] 杨秀平, 王里克, 李亚兵, 等. 韧性城市研究综述与展望 [J]. 地理与地理信息科学, 2021, 37 (6): 78-84.

[74] 贾绿媛. 韧性城市理论下的河流蓝绿网络构建策略研究——以永定河北京城市段为例 [C]// 面向高质量发展的空间治理——2021 中国城市规划年会论文集 (07 城市设计). 北京: 中国建筑工业出版社, 2021: 601-611.

[75] VAEZTAVAKOLI A, LAK A, YIGITCANLAR T. Blue and green spaces as therapeutic landscapes: health effects of urban water canal areas of Isfahan[J]. Sustainability, 2018, 10 (11): 4010.

[76] REEVES J P, KNIGHT A T, STRONG E A, et al. The application of wearable

technology to quantify health and wellbeing co-benefits from urban wetlands[J]. Frontiers in psychology, 2019: 1840.

[77] BUSKER T, DE MOEL H, HAER T, et al. Blue-green roofs with forecast-based operation to reduce the impact of weather extremes[J]. Journal of Environmental Management, 2022, 301: 113750.

[78] ALMAAITAH T, APPLEBY M, ROSENBLAT H, et al. The potential of Blue-Green infrastructure as a climate change adaptation strategy: a systematic literature review[J]. Blue-Green Systems, 2021, 3（1）: 223-248.

[79] ANDREUCCI M B, RUSSO A, OLSZEWSKA-GUIZZO A. Designing urban green blue infrastructure for mental health and elderly wellbeing[J]. Sustainability, 2019, 11（22）: 6425.

[80] ALVES A, GERSONIUS B, KAPELAN Z, et al. Assessing the Co-Benefits of green-blue-grey infrastructure for sustainable urban flood risk management[J]. Journal of environmental management, 2019, 239: 244-254.

[81] LAMOND J, EVERETT G. Sustainable Blue-Green Infrastructure: a social practice approach to understanding community preferences and stewardship[J]. Landscape and Urban Planning, 2019, 191: 103639.

[82] MUKHERJEE M, TAKARA K. Urban green space as a countermeasure to increasing urban risk and the UGS-3CC resilience framework[J]. International Journal of Disaster Risk Reduction, 2018, 28: 854-861.

海绵建设视角下城市更新方案研究

马宪梁　夏小青　张晶晶　潘晓玥　张义斌　董淑秋　张险峰　刘立群

（北京清华同衡规划设计研究院有限公司）

摘要： 目前城市发展更新趋势已逐渐从"增量发展"转为"存量发展"，推进城市更新、提升人居环境质量刻不容缓。既有城市住区面临着建筑性能退化、公共空间缺失及涉水安全隐患等诸多问题，本文在海绵建设的视角下，将涉水问题的解决措施与铺装、停车、绿地、景观等相结合，探索海绵化改造与城市更新的融合方式。采用绿色设施修复修补住区，同步实施解决既有城市住区问题，建设宜居社区，焕发既有住区的新活力。以北方某既有住区功能提升改造为例，综合分析现状存在的问题、改造过程中面临的痛点难点，提出海绵城市建设与绿地景观、铺装道路、停车设施以及公共空间结合的策略，并提出针对性的改造方案，通过零散空间整理+嵌草砖、海绵设施景观化、公共需求有机植入等技术，在解决涉水问题的基础上，提升既有居住社区品质，提高居民满意度。

关键词： 海绵化改造；城市更新；既有住区；宜居改造；景观提升

1　引言

既有城市住区是指多数建筑建成年代早于 2000 年，以居住功能为主体（含有必要的居住区配套设施）的城市片区。改革开放以来，住房建设蓬勃发展，产生大量多层居住住宅。伴随着人民对美好生活的向往，既有城市居住区问题凸显，环境质量难以满足健康宜居的要求，城市更新改造需求迫切。本文以北方某既有住区改造为例，试探析海绵视角下的改造模式。

基金项目："十三五"国家重点研发计划"既有城市住区海绵化升级改造技术研究"（2018YFC0704805）。

2 既有城市住区的痛点及改造难点

2.1 目前面临的痛点

由于小区建成年代较早，建设标准和配套指标普遍偏低，加之建设时间较长，目前存在建筑性能退化、公共配套缺失、道路交通混杂、公共空间匮乏、安全管理堪忧、社区文化丧失、景观效果差、面临内涝积水威胁等方面的问题[1~3]。

其中涉水问题主要为住区内硬化面积大、径流系数过高、有内涝积水隐患。地下管线方面存在雨污合流管线或无雨水管线、雨水散排、雨天地面湿滑积水等问题。在场地竖向上，绿化多为高位绿地，无法发挥滞蓄的作用，雨水外排量大，利用率低。

2.2 海绵化改造的难点

既有城市住区改造的最大难点可以概括为改造空间局促。具体体现在绿地与停车之间的相互挤占；市政管线敷设混乱，资料缺乏，市政管线与浅层地下开发的空间冲突等造成地下空间拥挤。绿化率低，竖向组织困难，可海绵化改造空间小[4]。

改造直面居民，情况极其复杂，例如小区内绿地改菜园等现象，既要保障改造工程按预期实施，又要充分考虑居民的实际感受。部分居民对于海绵化改造的热情不高，对于施工的配合度较低。

3 海绵视角下城市更新改造策略

3.1 停车改造与海绵设施融合策略

既有住区面临停车难的问题，可考虑采用立体停车位、零散空间组织、道路交通组织等多种解决方案。在车位扩容的过程中，海绵城市建设技术可与零散空间组织相融合，通过重新梳理划定停车位，同步通入海绵城市建设理念，建设透水混凝土或植草砖，增强透水性能[5]。

3.2 景观提升与海绵设施融合策略

景观化提升是海绵城市建设中的一个提升型需求，景观提升与海绵设施融合包括海绵设施与建筑、地形、道路广场、水系、通用设施和植被等多种不同要素融合，如艺术型雨落管、雨水花园、色彩丰富的透水铺装、造型变化的导流槽等。通过对工程措施的景观化提升，保障功能的同时，提高居民接受度[6]。

3.3 铺装提质与海绵设施融合策略

破桩破损也是既有住区面临一个较大的问题，通过铺装改造的契机，同步实施透水铺装的建设，更新美化既有住区的环境，同步可改造铺装下小区管网系统，力争实现一次改造多功能提升，降低对居民的干扰。

3.4 公共空间提升与海绵设施融合技术

既有住区普遍面临公共空间缺失的问题，缺乏交往空间，因此，在改造的过程中，可结合绿地更新，海绵化的同时，提供一些凉亭、座椅等交互空间，并可结合小区内设施的改造，同步建设透水步道，实现多种功能的有机融合，全面提升居住品质。

4 改造案例分析

4.1 项目基本情况

本项目以地方老旧小区改造契机，结合科研课题，在北方某城市选取规划范围为 $2.1km^2$ 的示范区。示范区内共计包含 8 个重点改造社区，计划改造小区的建筑面积 93 万 m^2。用地功能上主要以居住为主，包括学校、医院等其他服务设施，建设年代基本在 2000 年以前，属于典型的既有住区。

4.2 主要存在问题

4.2.1 管线混错接，缺乏统筹，地下空间利用效率低

住区内以雨污合流为主，甚至部分小区暂无雨水管道。此外，部分分流制小区存在雨污混接情况。由于小区建设年代较为久远，缺乏管网设计施工验收资料，对后期维护和改造过程造成困难。总体而言，浅层地下空间的利用效率低，缺乏统筹。

4.2.2 硬化面积大，存在内涝积水风险

既有住区层面硬化面积较大，造成雨水自然下渗少，径流量增加。部分小区雨水管道破败，局部竖向考虑欠佳，存在内涝积水的风险。

4.2.3 绿化率低，景观效果差

目前小区内绿化因缺乏管理维护，植物生长较差，部分绿地现状为裸土。此外还存在私自更改绿地为私家菜园等情况。整体上小区内景观效果差。

4.2.4 停车位不足，侵占绿地空间

小区建设年代久远，建设时建设标准较低，预留车位较少。经过我国汽车行业的迅猛发展，汽车数量增多，造成小区停车困难。其中压力最大的小区曾出现从小区门口到停车位行驶一小时的情况。因停车位不足，导致部分小区直接取消绿化，全部安排停车位，导致小区景观进一步恶化，径流量加大，发生积水。

4.2.5 公共空间匮乏，缺乏管理，安全堪忧

示范区内小区均无物业管理部门，无监控安保等设备，为开放式小区，安全系数较低。小区内基本无公共活动空间，缺乏邻里交流的活动场所。此外，建筑质量较低，节能保温方面存在一定问题。

4.3 改造策略

4.3.1 坚持规划引领，设计配合落实

住区改造应坚持"规划先行"的理念，从片区尺度上统筹考虑。通过顶层设计，在系统性角度提供支撑。在地块小区层面，坚持水的系统性，让水可以安全滞蓄，安全利用。在小区层面加强实施性设计，做到海绵设施能落地，落地能有效。

4.3.2 从实际出发，真正以问题为导向

分析住区实际存在的问题，真正以问题为导向，以解决问题为目的。避免给既有城区改造制定过高的目标。社区存在管网混错接、内涝等水系统问题，即从具体面临的问题入手，采用尽量适用的技术解决目的，避免在住区内"炫技"。

4.3.3 多举并行，充分考虑居民感受

住区的主人是居民，在改造的过程中应充分考虑到居民的意见和建议，在规划设计过程中，尽量满足居民的合理建议。如有建筑立面改造、社区美化更新、管网

改造等任务尽量同时推进，尽量减小对于居民正常生活的干扰。

4.4 具体改造方案

本次改造以涉水问题为突破口，重点关注既有住区层面存在的涉水问题，在解决涉水问题的同时对住区内存在的其他问题同步改造实施。本次改造主要包括停车与绿化相结合的技术、绿地海绵化、雨水蓄滞回用、雨落管断接、透水步道等。通过涉水问题的改造，整体上解决既有住区海绵化、停车难、景观差、缺乏公共空间等问题。

4.4.1 停车场海绵化改造

既有住区普遍存在停车难的问题，现常用技术有立体停车位、零散空间再利用等。但立体停车位投资较大，且后期需运营维护。既有住区普遍缺乏物业管理，居民对于付费服务的意识较为薄弱，本次项目中较难实施。零散空间利用上，通常以牺牲绿地为主，降低住区的环境品质。本次设计主要采用嵌草砖停车场和绿荫停车场两种模式。

嵌草砖停车场能有效提高场地的整体绿化水平，同时可以避免北方冬天因冻融导致的砖面破损问题，满足场地的停车需求。同时，较大程度上增强雨水下渗功能，减小地面径流。可结合透水砖使用，在停车位的人行步道上设置透水砖，避免行走不便、雨天湿滑等问题。在距离建筑物基地较近的地方，不采用基地下渗，靠近建筑物一侧采用防渗膜（图1）。

图1　透水停车场改造策略

此外，因小区内无雨水管网，可考虑在停车场末端采用线性渗排沟进行处理。结合原有停车场改造，在汇水低点有条件的增加渗沟，在汇水较多的地方在渗沟下方增加蓄水模块或渗井，促渗、缓渗。减小雨天地面雨水径流，增强雨天出行的便利性。

4.4.2 绿地海绵化技术

规划范围内小区的绿地普遍为高位绿地，且大部分为楼前绿地。结合条件改为下沉式绿地，降低绿地竖向，还要考虑到下渗对建筑的影响。因此，本次绿地的改造策略提倡楼前绿地因地制宜进行判断，评估改造难度，收集滞蓄自身雨水、旁边道路雨水和部分雨落管雨水。结合植物景观提升，将场地部分绿地改为地势绿地（雨水花园或植被沟），增加绿地蓄水能力。住区内其他绿地可考虑将现状维护较破败的绿地进行下沉（图2）。

图 2　楼前绿地改造策略

4.4.3 雨水收集回用及景观提升

规划区内存在缺失情况，可考虑对于雨水资源的充分回用。对于屋顶雨水，可利用雨水桶等对其进行断接，利用雨水桶雨水对绿地进行浇洒。小区内菜园景观效果不佳，但涉及协调居民，改变菜园性质比较难，本次结合实际情况，采用景观提升策略，将菜园用木桩围挡等方式进行处理，提高景观效果，且雨水桶收集的雨水，可对菜园进行浇洒，实现回用（图3）。

图3　菜园美化后示意图

4.4.4　铺装的改造与公共空间融合

住区内的铺装主要包括小区道路、人行道、广场等部分。针对小区内的树池，可利用透水材料对其进行改造。将小区内的树池改造为生态树池，通过利用透水材料或格栅类材料覆盖其表面，并对栽种区域内土壤进行结构改造且略低于铺装地面，能起到有限地参与地面雨水收集，延缓地表径流峰值的作用。此外，景观效果较好，提高居民生活环境品质。

针对小区内一片较大的空地，改造成一个休闲广场。广场一般属于休闲娱乐区，常采用透水塑胶等一种或多种相结合。示范区城市属于北方城市冬天面临冻融问题，同时属于老旧建筑小区，区域绿化率低，结合场地条件，场地的人行道路采用透水铺砖，广场采用彩色透水塑胶＋线性排水沟系统。此举不仅可以降低地表径流，还可以有效地改善邻里空间确实，为儿童和成年居民提供活动空间，增进邻里关系。

结合人行道透水铺装，在社区内设置环形步道。减小径流的同时，增强与居民的互动，满足居民对于健身的需求。可增加居民对改造的支持度和满意度。

4.4.5　管网改造

利用污水管网改造的机会，普查好地下管网的情况。小区内结合实际同步改造污水、燃气、热力等市政管线。统筹地下空间的利用。保障住区内市政基础设施的支撑作用。

4.4.6　智慧化改造

在社区内增加智慧化垃圾桶，智慧垃圾桶搭载温度、气味、超声波等传感器获取垃圾状态信息。云数据中心对智能垃圾桶内温度过高、垃圾发臭、垃圾累积过量等异常状态信息进行存储和分析。环卫工人 App 及时将垃圾桶异常状态报告给环卫工人以便尽快处理，Web 管理端为环卫管理决策提供参考意见。通过部署该系统，可有效监管垃圾桶工作状态，显著提高垃圾回收效率和环卫管理水平。保障社区环境质量，一定程度上降低雨水污染，整体提高住区人居质量。

在住区也同步安装摄像头，楼道安装门禁生物识别可视对讲系统等智慧化设备，满足居民对于安防的需求。整体上提高社区的智慧化水平。

5　结语

既有城市住区升级改造应以问题为导向，以宜居为要求。充分考虑到既有住区升级改造的难点、痛点，针对现状面临的突出问题，运用适宜的技术解决，不能为了改造而改造。既有城市住区改造是一个复杂的系统化工程，建议停车改造、美化更新、建筑节能、雨污分流、海绵化改造等同步进行。最大程度降低因施工对居民生活的影响。同时可系统优化小区空间，整体把控，可有效降低改造难度及提升居民满意度。

既有住区的改造应具备系统性。以海绵方面改造为例，应充分考虑雨水的径流路径，将雨水从降落到下垫面开始，经过源头—中途—末端一系列的径流路径连接，最终到雨水排放出路，打通雨水径流路径。在既有住区经过系统化方案梳理后，既有小区改造应注重设计，真正将设计原则落实在施工图中，指导施工。既有住区的改造面临着多方压力，尤其是来自于居民。应真正以人民为中心，让住区居民参与到规划设计中，以居民满意度作为重要的考核指标，建设居民满意的住区。

参 考 文 献

[1] 蔡淑频，周兴文，马阆. 城市老旧小区改造的模式与对策——以沈阳市为例 [J]. 沈阳大学学报（社会科学版），2014，16（6）：723-726.

[2] 刘贵文，胡万萍，谢芳芸. 城市老旧小区改造模式的探索与实践——基于成都、广州和上海的比较研究 [J]. 城乡建设，2020，584（5）：54-57.

[3] 张承宏，穆冠霖.城市老旧小区改造现状及难点与对策分析 [J].宁波职业技术学院学报，2016，20（6）：77-79.

[4] 尹文超，卢兴超，刘永旺，等.老旧建筑小区海绵化改造分类设计研究 [J].城市发展研究，2020，27（11）：95-101.

[5] 张晶晶，夏小青，董淑秋，等.既有城市住区海绵化改造模式探讨 [J].北京规划建设，2021（3）：119-123.

[6] 沈丹，梁尧钦，王芳，等.既有住区海绵设施与景观系统有机融合技术 [J].给水排水，2021，47（8）：99-105，106.

基于海绵理念的黑臭水体治理关键技术研究

刘彦鹏　周飞祥　贾书惠　徐秋阳

（中国城市规划设计研究院）

摘要： 黑臭水体治理是海绵城市建设的重要目标之一，海绵城市建设是治理黑臭水体的重要手段。"十三五"时期，全国黑臭水体治理取得明显成效，截至2022年底，全国地级及以上城市黑臭水体基本消除。由于黑臭水体治理工作时间紧、任务重，部分城市出现截污不彻底、沿河大截排导致雨季溢流污染等问题，存在部分"返黑返臭"现象。2022年第三季度，全国16个完成治理的地级及以上城市黑臭水体出现明显返黑返臭现象，与"长治久清"的目标存在较大差距。以鹤壁市护城河黑臭水体治理为例，通过历史数据调查和数学模型计算，量化分析问题成因，并合理确定黑臭水体治理的目标指标体系；遵循"系统治理、灰绿结合、因地制宜"的原则，全面落实海绵城市理念，采用"控源截污、内源治理、生态修复、活水保质"的系统策略，制定"源头减排—过程控制—系统治理"的全过程工程体系；采用水力计算和软件模拟方式，量化评价建设方案所达到的效果。项目实施后，取得了明显的环境效益、经济效益和社会效益，为地级及以上城市黑臭水体实现"长治久清"，县级城市系统化推进黑臭水体治理工作提供了经验借鉴。

关键词： 海绵城市；黑臭水体；系统治理；灰绿结合

2015年，鹤壁市成功入选第一批国家海绵试点城市，在黑臭水体治理中，全面落实海绵城市理念，探索出具有鹤壁特色的黑臭水体治理关键技术。控源截污方面，在传统雨污分流及截污的基础上，强化源头低影响开发对面源污染的有效控制；内源治理方面，改变全面清淤的做法，基于底泥监测因地制宜确定清淤深度；生态修复方面，在保障排涝安全的前提下优化断面形式，实施生态岸线建设；活水保质方面，基于不同情景进行补水量的需求预测，为运行调度提供决策支持；效果评估方面，实现逐月的污染负荷与环境容量平衡，确保水质目标达标。关键技术的实施，全面保障护城河黑臭水体实现"长治久清"目标。

1 总体概况

护城河位于鹤壁市海绵城市试点区东部，北起海河路，南至淇河，全长11.95km，始建于1994年，由农灌渠改建而成，兼具排涝和景观功能。护城河是鹤壁主城区最重要的城市内河，城区内棉丰渠、二支渠、天赍渠等水系均排入护城河并最终汇入淇河。护城河原断面的上口宽21~23m，下口宽6m，深6~8m，南北高差约10m，河道纵坡0.8%。

护城河的汇水区域包括护城河北部片区、护城河中部片区、护城河南部片区共三个片区，总面积19.6km²。其中，护城河北部和中部片区以行政办公、居住用地为主，现状基本完成开发建设；护城河南部片区现状开发比例约为65%，以商业办公、居住用地为主（图1、图2）。

图 1　试点区内河水系分布图　　　　图 2　护城河汇水区域图

护城河汇水范围内二支渠以北、棉丰渠以东、护城河以西、黎阳路以南为雨污合流制，其他区域均为雨污分流排水体制。其中，合流制片区的面积为5.4km²，占比约28%（图3、图4）。

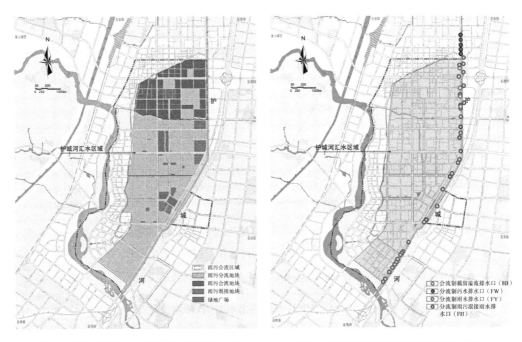

图3　护城河汇水区域排水体制分布图　　　图4　护城河现状排口类型及分布图

　　根据统计调查，护城河现状排口共49个，其中合流制截留溢流排水口（HJ）5个、分流制污水排水口（FW）5个、分流制雨水排水口（FY）35个、分流制雨污混接雨水排水口（FH）4个。其中，分流制污水排水口（直排口）主要分布于黎阳路以北，合流制截流溢流排水口主要分布在二支渠以北的合流制区域，分流制雨污混接雨水排水口零星分布在护城河沿线。

　　护城河上游（二支渠以北）为合流制区域，现状截污干管沿泰山路由北向南敷设至湘江路，干管管径为D1000～D1300。护城河下游为分流制区域和未开发区域，现状截污干管沿泰山路由南向北敷设，干管管径为D1000。泰山路污水干管在湘江路汇合后通过D1600污水干管向东收集至淇滨污水处理厂。淇滨污水处理厂现状处理能力为5万m³/d，设计出水水质执行《城镇污水处理厂污染物排放标准》GB 18918—2002中一级A标准，现状收水量基本已经达到处理能力极限。

　　根据淇滨污水处理厂全年（2014年）进出水COD浓度检测数据，雨季（5～9月）污水厂COD进水浓度均值为210mg/L，而旱季（10月～次年4月）COD进水浓度均值为300mg/L（图5）。可以看出，由于存在雨污合流、雨污混接等问题，雨季（5~9月）存在雨水流入污水的情况，导致雨季COD进厂浓度比旱季低80~90mg/L。

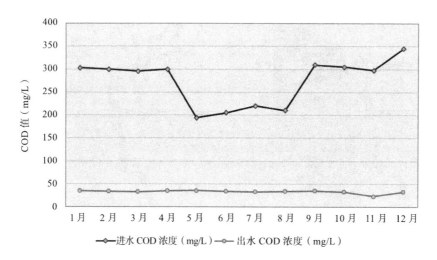

图5　2014年淇滨污水厂进出水COD浓度变化图

2　问题需求

2.1　水体黑臭现象明显，水质亟待提升

随着城市化的推进，护城河受到严重污染，水黑如漆，蚊蝇孳生，河水臭气熏天。鹤壁市于2015年8月15日、2015年12月21日两次在护城河4个断面进行取样检测，主要检测了COD、溶解氧、氨氮、透明度等指标。根据检测结果，护城河属于典型的黑臭水体，黑臭级别为"重度黑臭"，水质为劣Ⅴ类（表1、图6）。

城市内河现状（2015年）水质监测结果　　　　　　　　　　表1

时段	COD（mg/L）	溶解氧（mg/L）	氨氮（mg/L）	透明度（cm）	黑臭级别	水质标准
丰水期	104.67	0.94	50.83	17.4	重度黑臭	劣Ⅴ类
枯水期	16	0.5	32.24	8	重度黑臭	劣Ⅴ类

图 6　护城河实景照片（2015 年）

2.2　上游以合流制为主，溢流污染严重

护城河上游以雨污合流制为主，根据排口调查，共有 5 处合流制溢流口。通过 Infoworks ICM 软件运行典型年（2011 年）间隔 5min 降雨数据，模拟溢流污染频次。结果显示，主要排口在典型年（2011 年）降雨条件下的溢流污染非常严重，个别排口年溢流频次甚至达到了 50 次以上（表 2、图 7～图 11）。

合流制溢流口溢流频次模拟结果表　　　　　　　　　　　　表 2

溢流排口编号	1	2	3	4	5
溢流次数	21	33	43	40	53

注：此次统计单场降雨过程中的多次溢流视为 1 次溢流。

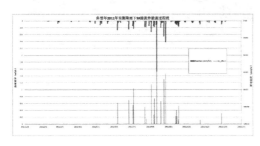

图 7　1 号溢流口溢流过程图

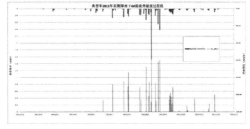

图 8　2 号溢流口溢流过程图

图 9　3 号溢流口溢流过程图

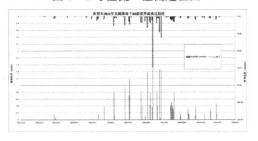

图 10　4 号溢流口溢流过程图

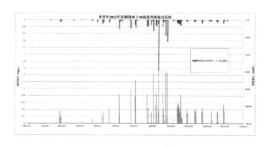

图 11　5 号溢流口溢流过程图

2.3　岸线多数未经整治，景观效果较差

护城河的岸线多数未经整治，沿线倾倒垃圾和侵占绿地现象较为严重，植被种类单一且大量枯死，景观效果较差。护城河部分河段现状采用硬质驳岸和砌底构造，断面形式单一生硬，河道生态系统遭到破坏，自净能力极低（图12、图13）。

图 12　水体黑臭照片

图 13　未经整治岸线照片

2.4　量化分析

2.4.1　环境容量

水环境容量计算采用公式法，以下游控制断面水质达标为条件，按一维水质模型进行计算。以《鹤壁市新城区水系专项规划》为依据，选取护城河全年各月的河道流量、河道断面、河道长度等参数。护城河进水水质为Ⅱ类，出水水质目标为Ⅳ类，COD 的降解系数取 $0.1d^{-1}$。经计算，护城河全年水环境容量（以 COD 计）为 267.42t/a（图14）。

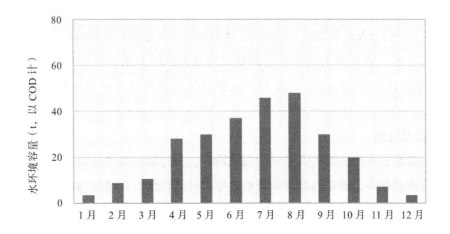

图 14　护城河逐月水环境容量分析图

2.4.2　污染源分析

1）合流制溢流污染（含污水直排）

护城河北部片区为合流制区域，共有 5 个溢流口，采用典型年（2011 年）降雨数据，通过 Infoworks ICM 软件模拟计算，各溢流口的年溢流量为 165.12 万 t。根据淇滨污水厂旱天进水水质检测数据，溢流污水 COD 浓度取 250mg/L。计算得出护城河溢流污染负荷（以 COD 计）为 412.79t/a。

2）面源污染

面源污染负荷计算采用公式法，计算公式如下：

$$F_i = \sum_{k=1}^{3} H \cdot S_k \cdot \alpha_k \cdot C_{k,i}$$

式中，F_i——各污染物的面源污染负荷（t/a）；

$\quad i$——代表污染物种类；

$\quad k$——代表不同用地类型；

$\quad H$——表示多年平均降雨量（mm），取 615.8mm；

$\quad S_k$——不同用地类型的面积（km²）；

$\quad \alpha_k$——不同用地类型的综合径流系数；

$\quad C_{k,i}$——不同分区不同下垫面不同污染物的平均浓度，mg/L。

统计汇水区域内的不同下垫面面积，C_{ki} 取值采用试点区典型下垫面面源污染监测结果，计算得出，护城河汇水区域内的面源污染总负荷（以 COD 计）为 451.00t/a。

3）混接污染

通过管网普查及现场踏勘，护城河汇水区域内雨污混接地块的面积为67.78hm²。根据淇滨污水厂进水量与其服务范围建设用地面积的关系，混接地块单位建设用地污水量取15t/（d·hm²），计算得出，护城河混接污染总负荷（以COD计）为100.97t/a。

4）内源污染

鹤壁市尚未开展内源污染释放的相关研究，通过借鉴其他城市的研究结果，并考虑水系现状条件，确定内源污染释放速率。计算得出，护城河内源污染负荷（以COD计）为74.03t/a。

5）小结

综上，护城河汇水区域内污染总负荷为1038.80t/a。其中，以合流制溢流污染和面源污染为主要污染源，占污染总负荷的83%（图15）。污染负荷年内分布不均，旱季污染负荷以合流制溢流、污水直排、雨污混接污染为主，雨季在上述污染源基础上增加了城市面源污染，护城河的逐月污染负荷变化如图16所示。

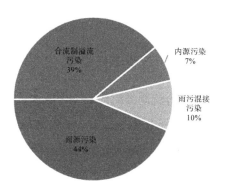

图15　护城河污染负荷饼图

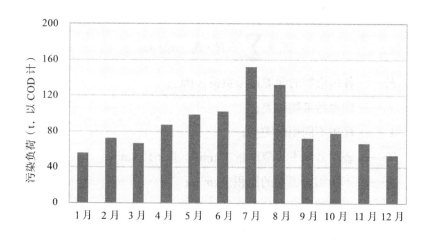

图16　护城河逐月污染负荷变化分析图

3 建设目标

3.1 建设目标

根据《鹤壁市海绵城市试点区系统化方案》，按照"淇河水质不降低"的总体建设目标，护城河的具体设计目标指标如下：

水环境指标：消除黑臭水体、达到《地表水环境质量标准》GB 3838—2002 中的 Ⅳ 水质标准；城市面源污染削减率：不低于 40%（以 COD 计）；年径流总量控制目标：汇水范围内年径流总量控制率为 70%，对应的设计降雨量为 23mm；生态岸线指标：生态岸线比例不低于 90%；内涝防治标准：30 年一遇设计降雨（24h 降雨量 262.5mm）时不发生内涝灾害。

3.2 建设原则

（1）系统治理。以水体汇水区域为整治范围，协调"地上与地下""岸上与水里""雨水与污水"的关系，统筹兼顾、点面结合、分类分策，系统治理，切实提升水环境。

（2）灰绿结合。构建灰色设施与绿色设施相耦合的污染控制体系，通过排水管网改造、污水厂扩容等灰色设施实现点源污染的有效控制，通过源头海绵城市项目、生态岸线、人工湿地的绿色设施实现降雨径流污染控制。

（3）因地制宜。结合黑臭水体问题成因，针对性提出工程措施。确保工程方案的可操作性，梳理工程体系与目标实现之间的关系，进行工程优化组合，综合考虑经济性、落地性和实施难度，力求做到整体效果最优。

4 建设方案

4.1 技术路线

护城河黑臭水体治理的技术路线为：通过实地踏勘、资料收集、走访调研，识别护城河的主要问题，并通过历史数据调查和数学模型计算，量化分析问题成因，并合理确定护城河黑臭水体治理的目标指标体系；按照"控源截污、内源治理、生态修复、活水保质"的技术思路，明确源头减排—过程控制—系统治理的全过程工程体系；采用水力计算、软件模拟等方式，量化评价建设方案所达到的效果（图 17）。

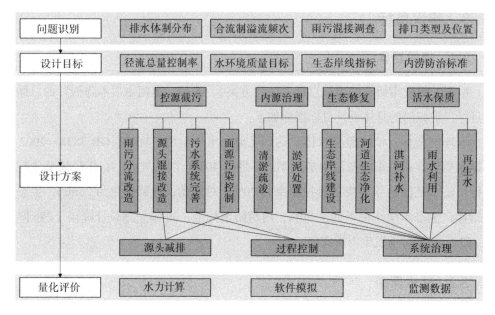

图 17　项目技术路线图

4.2　控源截污

控源截污是城市黑臭水体治理和水环境改善的核心和前提，结合本项目的实际情况，针对不同类型的排口，采取针对性的控制策略（图18）。对于分流制雨水排水口（FY），源头地块和道路可进行海绵改造的，优先进行海绵改造，通过海绵城市建设削减和控制面源污染；源头改造不具备实施条件或者改造不彻底的，通过雨水口末端净化措施予以处理，处理后排放至河道。对于分流制雨污混接雨水排水口（FH），源头地块和道路可进行海绵改造的，优先进行海绵改造，通过海绵城市建设

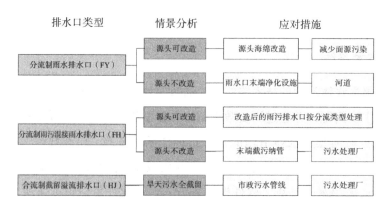

图 18　控源截污技术路线图

从源头解决雨污混接问题；源头改造不具备条件或者不彻底的，通过雨水口末端建设截污纳管，将旱季的污水、初期的雨污混合污水截流至污水厂。对于合流制排水口（HZ），在实现雨污分流改造前，通过末端的截污纳管，将旱季产生的污水全部截流至污水厂进行处理。

4.2.1 雨污分流改造

护城河汇水范围全部采用雨污分流制。在现状雨污合流制区域，结合城市更新改造和海绵城市建设，进行雨污分流制管网建设和改造，消除现状合流制溢流污染问题，实现污水的有效收集和处理。

结合护城河汇水分区的实际情况，雨污分流改造的方式采用"市政道路现状合流管保留为雨水管、新建污水管，建筑小区内现状合流管保留为污水管、新建雨水管"的方式。对于合流制管渠作为雨水管渠后仍不能达标的管段，通过优化和调整管渠汇水分区、增设平行管渠、改造不达标管渠等措施，使其能够满足雨水管渠的排水能力要求（图19）。

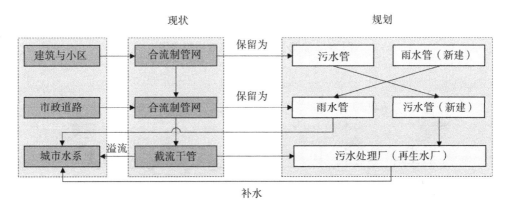

图19　合流制区域管网改造技术路线图

4.2.2 雨污混错接改造

对护城河汇水范围内的雨污混错接管线，根据其混错接类型，制定针对性的改造方案。对于污水管接入雨水管的混错接点，将混错接管线予以封堵，并将污水引入下游污水管线。对雨水管接入污水管的混错接点，将混错接管线予以封堵，并将雨水引入下游雨水管线。按照该方式对护城河汇水区域内存在的7处雨污混错接点进行改造（图20~图25）。

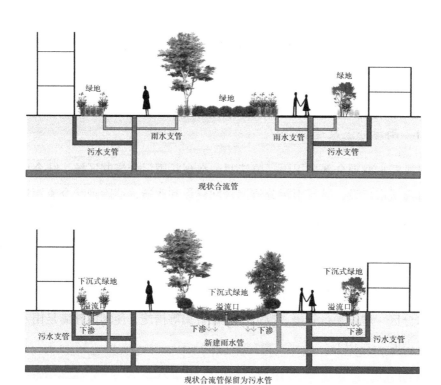

图 20　常规小区雨污分流改造模式图

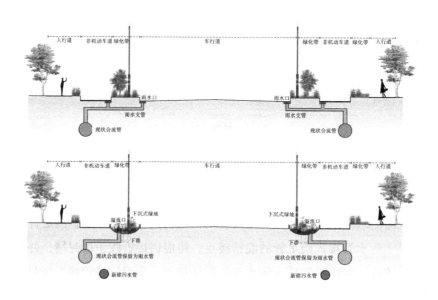

图 21　市政道路雨污分流改造模式图

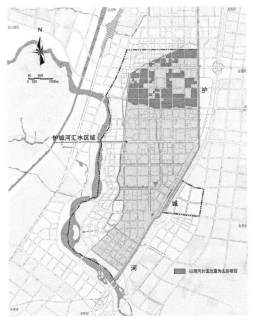

图 22　以雨污分流改造为主的项目分布图　　　　图 23　雨水管渠系统规划图

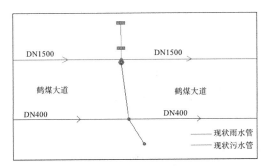
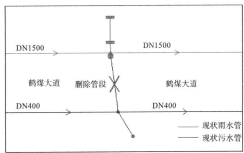

图 24　污水管接入雨水管改造示意图

图 25　雨水管接入污水管改造示意图

4.2.3 完善污水系统

将位于护城河上游（试点区以北）的 5 处污水直排口予以封堵，并在其临近入河口的市政路口建设截污管线，将其污水收集至城市污水系统。根据污水厂收水范围的污水量预测结果，对淇滨污水厂进行扩容改造，处理规模提高至 6.5 万 t/d（图 26）。

图 26　污水收集系统规划图

4.2.4 面源污染控制

城市面源污染的控制措施主要包括源头项目的海绵城市建设、雨水管末端净化设施（雨水湿地、渗透塘等）等，考虑到护城河两侧以现状建设用地为主且空间有限，难以保证雨水末端净化设施的用地，因此主要依靠源头项目的海绵城市建设控制面源污染。

护城河汇水范围内源头项目的选择优先顺序为：现状为合流制或存在雨污混错接的项目，结合分流制改造、混错接改造，同步实施海绵化改造，实现雨水的源头控制。2015—2019年的新建项目，通过规划建设管控，将海绵城市控制要求融入"两证一书"管理范畴，严格落实海绵城市理念。护城河汇水范围内的其他项目，充分考虑其建设年代、建筑密度、绿地率、地下空间开发利用率，优先实施建设年代久、建筑密度低、绿地率高、地下空间开发利用率低的项目，将海绵城市改造与项目的景观提升相结合，在实现雨水源头的控制的同时，提升小区、道路的整体环境。按照上述原则，以满足整体年径流总量控制率70%为目标，共安排202个项目。其中，建筑小区类项目123个，绿地广场类项目36个，城市道路类项目43个（图27）。

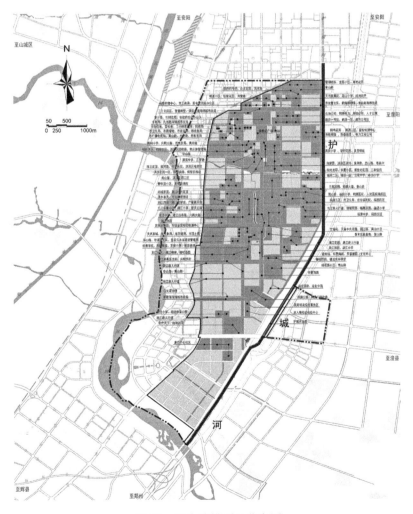

图27　源头减排项目分布图

4.3 内源治理

4.3.1 清淤疏浚

河道清淤可以清除水中的底泥、垃圾、生物残体等固态污染物，实现内源污染的控制。在清淤过程中，应合理确定淤泥的清除量，一般不宜将污泥全部清除，以免把大量的底栖生物、水生植物同时清出水体，破坏现有的生物链。结合护城河现状底泥分布情况和典型污染物监测结果，内河分段清淤深度分为 0.4～0.6m、0.6～0.8m、0.8～1.0m 三个等级（图28）。

图28 河道清淤深度分布图

4.3.2　淤泥处置

综合考虑护城河现状底泥分布、断面形式、气候条件及现场施工条件等，河道清淤采用"干挖清淤"的方式，挖掘机直接下河进行开挖作业。经计算，护城河清淤（含水率97%）总量约为44640t，含水率80%的淤泥量约为6696t。挖出的淤泥放置于岸上的临时堆放点，并最终运送至淇滨污泥处置站（处理能力200t/d），实现污泥的无害化处理。

4.4　生态修复

4.4.1　生态岸线建设

经过排涝计算，护城河经疏浚后可满足防洪要求，不需要新建堤防。结合护城河的实际情况，生态岸线建设主要采用两种形式，一种为生态雷诺护垫加生态护坡，另一种为土工格室加生态护坡的形式，护坡高程至常水位+0.5m，护坡坡比≥1：1.5（图29）。

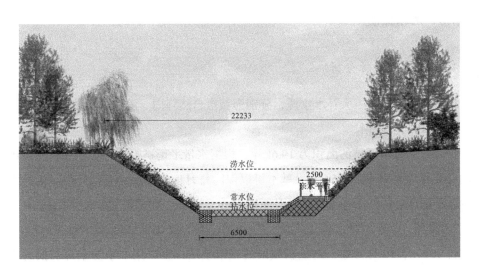

图29　生态岸线建设方式示意图

4.4.2　河道生态净化

在河道中种植具有水体净化作用的水生植物，利用植物的根系吸污纳垢，吸收溶解在水中的氮、磷等污染物，在光合作用的同时能够释放氧气，从而构成一个具有自净功能的生态环境。在时间上，春、夏、秋三季主要种植水浮莲、凤眼莲、浮萍等喜温水生植物，冬季种植浮萍、西洋菜、菹草等耐寒水生植物。在空间上，水面种植水浮莲、凤眼莲、浮萍等漂浮水生植物；水深 1.5m 内种植水葱、西洋菜等挺水植物；水深 1.5~2.0m 内种植菹草、黄丝草等沉水植物，从而构成一个在时间与空间上立体交叉的人工生态净化系统。在有条件的水景处设置跌水坝，对水体进行复氧，提高水体中好氧微生物的活性，加快有机污染物的分解速度（图 30）。

图 30　河道生态净化、跌水坝实景照片

4.5　活水保质

4.5.1　补水水源分析

护城河主要包括三大补水水源，分别为城市自然降雨、淇河以及城市再生水。

1）城市自然降雨

护城河的汇水区域的面积为 19.6km²，根据水量平衡试算结果，依靠自然降雨产生的径流作为补水水源，5~9月基本可以保障每月换水 1 次，其他月份降雨补水量较少，小雨产生的降雨径流大部分会原地渗透、削减，无法实现基本换水量。

2）淇河

自 2015 年 10 月开始，鹤壁新城区的城市生活、生产用水水源全部切换为南水北调水，因此可利用原有的源水取水口和输水管线，将 5 万 m³/d（约为 1800 万 m³/a）的淇河水作为护城河的生态补水，这部分水量流经城市内河后，除去蒸发和渗透水量，大部分流回到淇河下游，对淇河的生态环境影响较小。

3）城市再生水

淇滨污水厂目前可提供再生水的规模为 4.0 万 m³/d，但其用户并未完全落实，再生水管线途经护城河，亦可作为护城河的补水水源。

4）小结

综上所述，淇河可以提供稳定和优质的补水水源，同时无需任何动力运行费用，再生水回用管线经过护城河中游，作为补水水源较为方便。因此，确定淇河、再生水为主要补水水源，自然降雨作为季节性补充水源。

4.5.2 河道补水方案

护城河水质目标为不低于地表水Ⅳ类，水环境容量较小，水系补水不仅应满足河道的常水位，同时应保障河道一定的流动性和换水周期。

1）枯水年补水方案

此情景是保障护城河水质的基本方案，3~11月，换水周期为一个月一次，12月~次年2月，换水周期为2个月一次。经计算，枯水年护城河生态需求量为360万 m^3/a（图31）。

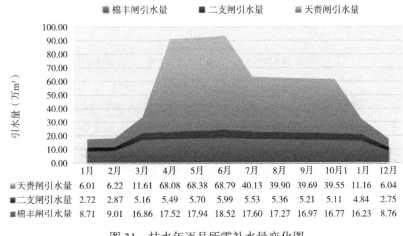

	1月	2月	3月	4月	5月	6月	7月	8月	9月	10月1	1月	12月
天贲闸引水量	6.01	6.22	11.61	68.08	68.38	68.79	40.13	39.90	39.69	39.55	11.16	6.04
二支闸引水量	2.72	2.87	5.16	5.49	5.70	5.99	5.53	5.36	5.21	5.11	4.84	2.75
棉丰闸引水量	8.71	9.01	16.86	17.52	17.94	18.52	17.60	17.27	16.97	16.77	16.23	8.76

图31　枯水年逐月所需补水量变化图

2）平水年补水方案

平水年补水方案是在枯水年的基础上，提高补水水量，使得河道形成一定的跌水景观。考虑到护城河宽度较窄，鹤壁又为北方水资源紧缺城市，因此一般景观瀑布堰上水深选取3cm。除冬季外，河道断面流量选10L/（m·s），冬季补水量减半。经计算，平水年护城河生态需求量为1120万 m^3/a（图32）。

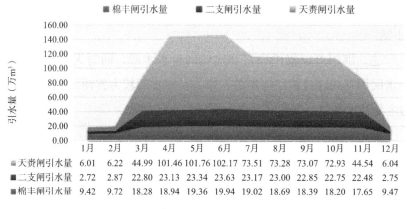

图32 平水年逐月所需补水量变化图

3）丰水年补水方案

在丰水年适当提高补水水量，增加城市河道水系流动性，提升城市水系景观品质。因此，按照可以产生气势较为磅礴的悬挂式瀑布景观（5cm）的流量计算。除冬季外，其他季节河道断面流量选 21L/（m·s），冬季补水量同平水年。经计算，丰水年护城河生态需求量为 1880 万 m^3/a（图33）。

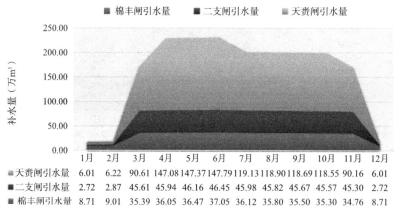

图33 丰水年逐月所需补水量变化图

4.6 效果评估

基于上述建设方案，对工程实施后的护城河逐月污染负荷进行量化计算，结果显示，通过综合整治，可削减城市面源污染（以 COD 计）205.87t/a，削减点源污染

（直排＋混接＋合流制溢流污染，以 COD 计）514.75t/a，削减城市水系内源污染（以 COD 计）60.93t/a。通过与逐月水环境容量对比，可以看出，护城河全年各月均能实现水质目标要求（图 34）。

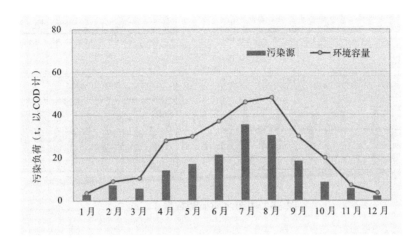

图 34　水环境逐月达标分析图

5　建设成效

5.1　环境效益

护城河黑臭水体治理项目实施后，河道水环境得到大幅提升，滨水空间的景观效果显著改善，呈现出"水清岸绿、鱼翔浅底"的美好景象。根据水质监测数据，目前护城河黑臭水体已经全面消除，河道水质良好，全面实现了Ⅳ类及以上的水质目标（图 35～图 40）。

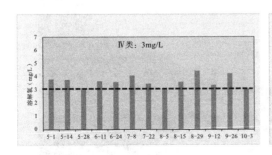
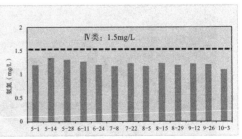

图 35　主要水质监测数据（一）

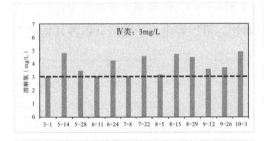
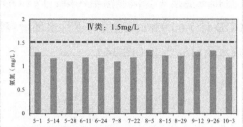
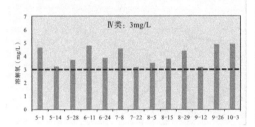
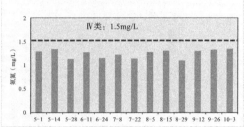

图36　主要水质监测数据（二）

图37　改造前实景照片

图38　改造后实景照片（一）

图39　改造后实景照片（二）

图 40　改造后实景照片（三）

5.2　经济效益

护城河黑臭水体治理项目共实施建筑小区改造类项目 123 个，绿地广场改造类项目 36 个，城市道路改造类项目 43 个，雨污分流 / 混接改造类项目 2 个，防洪与水源涵养类项目 1 个，河道治理类项目 5 个，总项目数为 210 个，工程总投资 17.37亿元。

根据测算，如果采用传统建设方案，护城河黑臭水体治理项目需要实施截污干管提标、污水厂扩容、水系整治、净化湿地、混接管网改造、雨水管渠新建 & 改造、涵洞改桥梁等工程，总投资预计为 24.9 亿元。由于涉及征地拆迁，实施期限存在一定不确定性。

通过上述对比可以看出，相对于传统灰色建设方式，本次护城河黑臭水体治理项目通过采取"灰绿结合"的治理方案，节约 7.53 亿元，节约投资比例约为 30%。

5.3　社会效益

护城河黑臭水体治理后，不仅实现了"水清岸绿、鱼翔浅底"，其汇水范围的小区、道路海绵化改造后整体环境也得到了显著提升，大幅提升了老百姓的获得感和满意度。有老百姓说：原先位于家门口的黑臭小河沟不见了，变成了清澈流动的水体，岸线绿化明显提升，还配建了街头游园；原先小区内破旧的停车位、枯死的植物不见了，变成了生态透水停车位、雨水花园（图 41 ～图 44）。

图41 改造前实景照片

图42 改造后实景照片

图43 源头公园绿地项目实景照片

图 44　源头建筑小区项目实景照片

6　借鉴意义

城市黑臭水体的治理是一个复杂的系统工程，应避免"头痛医头，脚痛医脚"。鹤壁市护城河水系整治项目在定量分析问题成因的基础上，采用灰绿结合、系统治理的理念，实现海绵城市与黑臭水体治理相结合，通过控源截污、内源治理、生态修复、活水保质等措施，取得了良好的建设成效，实现了"水清岸绿、鱼翔浅底"，可为其他同类项目提供经验借鉴。

海绵城市达标面积核算方法的本土化研究

王　彦　黄黛诗　王开春　谢鹏贵

（厦门市城市规划设计研究院有限公司）

摘要： 自 2015 年国务院办公厅印发《关于推进海绵城市建设的指导意见》首次提出海绵城市以来，将在不同年度，需有不同占比的建成区面积达到海绵城市的目标要求。随着海绵城市建设工作的不断推进，对于海绵城市达标面积的核算愈发重视。而后来发布的《海绵城市建设评价标准》GB/T 51345—2018 中主要表明如何评价海绵城市建设的总体效果而未明确如何核算达标面积，加上海绵城市建设因地制宜，各地已有的工作开展情况和海绵城市建设的推进程度都相差较大，因此将海绵城市达标面积核算方法进行本土化研究很有必要，本文也将从近年来的政策背景、如何确定选取的评价指标以及如何评价指标和最后如何核算达标面积来讲述研究结果。此核算方法与当地海绵城市建设工作经验紧密相关，评价参照实际调研结果和模型相结合。

关键词： 达标面积；因地制宜；本土化

1　政策背景

自 2014 年住房和城乡建设部发布《海绵城市建设技术指南——低影响开发雨水系统构建（试行）》以来，建设自然积存、自然渗透、自然净化的海绵城市逐步成为我国各大城市工作的重点[1]。2015 年，出台的《关于推进海绵城市建设的指导意见》，明确到 2030 年，城市建成区 80% 以上的面积达到目标要求[2]。为规范海绵城市建设，统一评价标准，住房和城乡建设部于 2018 年正式批准发布《海绵城市建设评价标准》GB/ T 51345—2018[3]（以下简称《评价标准》）。2021 年，福建省人民政府办公厅发布的《福建省"十四五"城乡基础设施建设专项规海绵城市建设规划》提出，到 2025 年，力争城市建成区 50% 以上面积达到海绵城市标准[4]。

2 指标选取

由于面积考核任务的目标期限愈发临近，厦门市亟须一套本土适宜的达标面积核算方法。厦门市城市规划设计研究院有限公司根据《评价标准》[3]，总结出海绵城市达标面积核算工作以城市建成区为评价范围，其中建成区范围按国土空间总体规划城镇开发边界确定，以管控单元为主要评价对象，从水生态保护、水安全保障、水环境改善等方面进行海绵城市建设效果评价。同步结合厦门市当前的海绵城市工作开展情况以及自身气候和自然条件，对比《评价标准》[3]，一是将源头减排项目实施有效性与年径流总量控制率有效合并，主要因为厦门在海绵城市相关指标年径流总量控制率的管控在每个项目的各流程上皆有明确，有足够条件将此二者合并考量。二是增加历史易涝点消除情况，这个指标主要是检验以往工作中发现的问题是否得到良好解决，并且有效利用以往工作的成果。三是增加核算可渗透地面面积比例，主要依据2013年国务院办公厅发布的《关于做好城市排水防涝设施建设工作的通知》[5]和2021年住房和城乡建设部办公厅、国家发展改革委办公厅、水利部办公厅、工业和信息化部办公厅联合发布的《关于加强城市节水工作的指导意见》[6]中构建城市健康水循环体系的第（五）点推进海绵城市建设中提到的需求：到2025年，城市可渗透地面面积比例力争达到40%。四是将地下水埋深变化趋势和城市热岛效应缓解两项指标不作为本次达标面积核算的主要依据，这是因为厦门本身有海岛和沿海大陆，地下水埋深的变化不明显，同样城市热岛效应相对于内陆地区也不明显。加上本次重点是达标面积核算，而二者并不适宜用面积作为划分依据。

最终明确海绵城市达标面积核算工作涉及六项指标：年径流总量控制率、历史易涝点消除情况、内涝防治标准达标情况、城市水体环境质量、可渗透地面面积比例、天然水域面积变化情况。各指标要求见表1。

海绵城市建设达标面积指标分类　　　　　　　　　　　　　表1

序号	指标	层级	评价要求
1	年径流总量控制率		符合上位规划要求
2	历史易涝点消除情况	单元	在城市内涝防治标准的降雨条件下，历史易涝积水点全部消除
3	内涝防治标准达标情况		在城市内涝防治标准的降雨条件下，不出现内涝
4	城市水体环境质量		城市水体不得出现黑臭现象
5	可渗透地面面积比例	单元或区级	不低于40%
6	天然水域面积变化情况		城市开发建设前后天然水域总面积不减少

3 各个指标的评价方法

将国家层面的标准与厦门当地的实际情况相结合，确定本次达标面积的考核指标，以下将逐一进行拆解分析。

3.1 年径流总量控制率

评价内容：对管控单元内的年径流总量控制率进行评价。而管控单元的边界及对应年径流总量控制率目标，原则上依据并按以下次序优先采用：重点片区海绵城市实施规划（或径流控制规划）、分区海绵城市专项规划、全市海绵城市专项规划。若在上位规划管控单元边界内进一步细分的，年径流总量控制率不低于该上位规划管控单元要求。

评价方法：本项指标采用监测数据、模型评估的方法进行评价。管控单元内设有监测点位的，根据不少于1年的连续流量监测数据评价年径流总量控制率。无监测点位的区域，根据管控单元现状下垫面情况，建立管控单元径流控制模型（海绵城市建设项目按设施尺度模拟，其他项目按地块尺度模拟），核验管控单元的年径流总量控制率是否符合上位规划要求。

3.2 历史易涝点消除情况

评价内容：在城市内涝防治标准的降雨条件下，管控单元内历史易涝积水点消除情况。

评价方法：本项指标的评价采用模型评估的方式进行评价。采用模型对管控单元内历史易涝点积水范围、积水深度、退水时间进行模拟，模拟结果符合现行国家标准《室外排水设计标准》GB 50014—2021[7]与《城镇内涝防治技术规范》GB 51222—2017[8]规定的，可认定达标。

3.3 内涝防治标准达标情况

评价内容：在城市内涝防治标准的降雨条件下，管控单元内涝防治能力达标情况。

评价方法：本项指标采用模型评估的方式进行评价。按照排水管网溯源排查和正本清源工作的最新成果，搭建管控单元现状排水模型，对管控单元内的内涝积水风险进行模拟，模拟结果（积水深度、退水时间等）满足上位规划要求、现行国家标准《室外排水设计标准》GB 50014—2021[7]与《城镇内涝防治技术规范》GB

51222—2017[8] 规定的，可认定达标。

3.4 城市水体环境质量

评价内容：城市水体不出现黑臭现象。

评价方法：本项指标采用核查监测资料的方式进行评价，对过芸溪、瑶山溪、深青溪、后溪、官浔溪、埭头溪、东西溪、九溪、杏林湾、新阳主排洪渠、马銮湾、海沧内湖、五缘湾、筼筜湖、湖明路 18 号排洪沟、日东公园水体、芸溪、浯溪，以及其他政府通报过为黑臭水体的水域，进行水质考核。

达标管控单元内及下游陆域水体的水质监测指标需满足《评价标准》[3]"水体不黑臭"要求，即透明度应大于 25cm（水深小于 25cm 时，该指标按水深的 40% 取值），溶解氧应大于 2.0mg/L，氧化还原电位应大于 50mV，氨氮应小于 8.0mg/L。对于下游排海的管控单元，本项指标不进行评价。

3.5 可渗透地面面积比例

评价内容：对管控单元（或行政区）城镇开发边界范围可渗透地面面积比例进行评价。

评价方法：本项指标采用面积核算的方法进行评价，核验管控单元（或行政区）城镇开发边界范围的可渗透地面面积比例是否不低于 40%。可渗透地面面积比例按照下式计算：

$$可渗透地面面积比例 = \frac{透水地面面积}{总地面面积} \times 100\% \qquad （1）$$

$$总地面面积 = 城镇开发边界面积 - 建（构）筑物占地面积 \qquad （2）$$

$$透水地面面积 = 总地面面积 - 不透水硬化地面面积 \qquad （3）$$

其中，透水地面包括透水铺装、绿地、耕地、林地、裸土、沙滩、水域（不含渠底硬化水系）等；不透水硬化地面包括不透水的硬化铺装、道路、广场等。

3.6 天然水域面积变化情况

评价内容：对管控单元（或行政区）城镇开发边界范围海绵城市建设工作开展以来的天然水域面积变化情况进行评价。《评价标准》[3] 明确，天然水域特指陆域范围内的天然湿地、水系、湖泊、水库等，不包含人工景观水体、坑塘。

评价方法：厦门市 2018 年 4 月正式提出全域推进海绵城市建设的工作部署（《关

于加强海绵城市项目建设全过程管控的通知》)[9]，因此以 2018 年度为海绵城市建设前的基准时间节点。采用比对卫星遥感影像的方式，统计行政区城镇开发边界内，开发建设前后天然水域总面积，若天然水域总面积不减少，则可认定为达标；天然水域总面积有减少的，需提供减少的原因分析以及相关部门论证文件，根据是否涉及侵占天然行洪通道、洪泛区域、湿地、河道等生态敏感区域，再酌情认定是否达标。

4 最终达标面积的核算

根据对六项指标的自评价结果，按以下原则核算海绵城市达标面积：管控单元内年径流总量控制率、历史易涝点消除情况、内涝防治标准达标情况、城市水体环境质量、可渗透地面面积比例（或行政区城镇开发边界范围整体达标）、天然水域面积变化情况（或行政区城镇开发边界范围整体达标）六项指标都达标，则该管控单元内城镇开发边界范围可整体计入海绵城市达标面积。若有一项指标不达标，那么在管控单元的城镇开发边界范围内，已落实海绵城市建设项目面积、公共绿地面积、公共水域面积（不含黑臭水体）可计入海绵城市达标面积。

参 考 文 献

[1] 中华人民共和国住房和城乡建设部 . 海绵城市建设技术指南——低影响开发雨水系统构建（试行）[Z].2014.

[2] 国务院办公厅 . 国务院办公厅关于推进海绵城市建设的指导意见 [Z].2015.

[3] 中华人民共和国住房和城乡建设部 . 海绵城市建设评价标准：GB/T 51345—2018[S]. 北京：中国建筑工业出版社，2018.

[4] 福建省人民政府办公厅 . 福建省人民政府办公厅关于印发福建省"十四五"城乡基础设施建设专项规划的通知 [Z]. 2021.

[5] 国务院办公厅 . 国务院办公厅关于做好城市排水防涝设施建设工作的通知 [Z]. 2013.

[6] 工业和信息化部办公厅，住房和城乡建设部办公厅，农业农村部办公厅，等 . 工业和信息化部办公厅 住房和城乡建设部办公厅 农业农村部办公厅 商务部办公厅 国家市场监督管理总局办公厅 国家广播电视总局办公厅关于全面开展绿色建材下乡活动的通知 [Z]. 2024.

[7] 中华人民共和国住房和城乡建设部 . 室外排水设计标准：GB 50014—

2021[S]. 北京：中国计划出版社，2021.

[8] 中华人民共和国住房和城乡建设部 . 城镇内涝防治技术规范：GB 51222—2017[S]. 北京：中国计划出版社，2017.

[9] 厦门市建设局 . 厦门市建设局厦门市规划委员会等六部门关于加强海绵城市项目建设全过程管控的通知 [Z]. 2018.

海绵源头项目落地实施过程中
面临问题及应对策略研究

——基于无锡市的实践

杨映雪　周飞祥　李宗浩　唐君言　赵政阳　黄明阳

（中国城市规划设计研究院）

摘要：在海绵城市建设中，源头减排项目落地实施效果不佳是业内普遍面临的难点之一。本文分析了无锡市全域系统化推进海绵城市建设中遇到的设计、施工、管理三方面 10 个问题。针对设计理解偏差问题，通过既有道路人行道雨水花坛改造、老旧小区海绵化改造、水系滨水公共空间微海绵改造三个改建项目案例，以及微下沉式绿地、精细化景观融入式溢流口雨水篦、基于运维的海绵设施改良三个新建项目案例，提出了不同类型精品源头项目的认知理解策略、雨水径流组织设计策略、海绵设施景观统筹与细节设计策略。针对落地施工过程管控偏差问题，对设计单位提出了"融入式设计"加强设计施工联合交底的重点内容，对技术审查单位、监理和质监管理部门提出了"融入式审查"，强化按图施工的过程管控。针对管控环节尚不健全的问题，提出结合立法强化"设计审查、专项验收、运行维护"三个卡口的节点管控，以期为各地全域系统化推进海绵城市源头项目落地实施提供参考。

关键词：海绵城市源头项目；设计提升策略；施工统筹策略；节点管控策略

1 背景

2022 年，住房和城乡建设部办公厅发布《住房和城乡建设部办公厅关于进一步明确海绵城市建设工作有关要求的通知》（建办城〔2022〕17 号）指出，一些城市存在对海绵城市建设认识不到位、理解有偏差、实施不系统等问题，影响海绵城市建设成效[1]。

源头减排，指雨水降落下垫面形成径流，在排入市政排水管渠系统之前，通过渗透、净化和滞蓄等措施，控制雨水径流产生、减少雨水径流污染、收集利用雨水和削减峰值流量[2]。海绵城市源头减排项目，主要指具有雨水径流削减作用的海绵型建筑与社区、海绵型道路广场和海绵型公园绿地。

无锡市自 2016 年推进海绵城市建设，2017 年成为省试点，2021 年成为全域海绵城市建设示范城市，海绵城市建设工作不断深入、步步拓展、层层递进。无锡市先后颁布了《无锡市海绵城市建设项目技术审查流程（试行）》《无锡市海绵城市建设项目设计编制及审查技术要点（试行）》《无锡市海绵城市建设工程竣工验收管理暂行办法》等文件，将"专项方案审查"到"施工图设计审查"的"两阶段"管控嵌入工程项目审批体系。整体来看，无锡市海绵城市设计单位水平处于全国上游，海绵施工设计预算定额与特大城市持平，2021—2022 年无锡市连续评选出了两批共 28 个市级海绵城市优秀项目，形成了一定的精品项目示范效应。

2 本底特征

影响无锡市海绵城市源头项目实施有三个重要的本底特征，总结为"两高一低"，即河网密度高、地下水位较高、土壤渗透性较低。无锡市地处太湖流域江南平原地区，多年平均降雨量为 1116mm 左右，河网发达，河道总长达 2970.8km，河网密度约 2.3km/km^2，形成了自排为主、管排为辅的排水体制。无锡市地下水位埋深多在 0.65～2.7m，城区南部地下水位埋深较浅，基本小于 1m。由于城市开发建设程度较高，无锡市表层土基本为杂填土，厚度 1～3m 不等，透水性一般，表层土下为原土，以黏土为主，透性较差，渗透系数小于 1.2×10^{-6}m/s。

3 存在问题

对照系统化全域推进海绵城市建设的国家要求，结合海绵城市建设效果评估情况来看，无锡市仍存在对源头项目设计理解有偏差、落地施工过程管控有偏差、运行维护有盲区等问题，导致部分海绵源头项目落地实施效果不佳。

1）设计、审查阶段

经调研，海绵源头项目设计理念普遍仍待提升。首先是对源头项目建设的本底条件和限制要求理解有偏差，有的项目误将河道滨水空间微海绵改造项目理解成公园绿地类海绵城市项目（图1）；有的项目照搬海绵城市设施通用图集，将海绵设施理解片面理解成雨水花园、下沉式绿地等，导致海绵设计"符号化"（图2）；有的项目局限于年径流总量控制率的达标，不考虑现状下垫面条件和细化排水分区，海绵设施实际调蓄的容积计算不准确，也无法起到转输收集路面雨水径流的情况[3]（图3）；有的海绵源头项目由给排水专业在景观方案上"打补丁"，处理土壤条件的时候适得其反，过于强调"下渗"改良反而忽略了本土植物生长的微环境（图4）。

图 1   河道滨水公共空间微海绵改造（左：错误理解；右：正确理解）

图 2   海绵型建筑小区雨水花园设施"符号化"（左：错误理解；右：正确理解）

图 3   绿地内雨水花园的未考虑路面雨水径流转输收集（左：错误理解；右：正确理解）

图4 海绵型道路改造过于强调下渗忽略植物景观效果（左：错误理解；右：正确理解）

2）施工、验收阶段

由于建设项目大多存在分标段、多专业施工的情况，往往导致项目主体施工和海绵设计施工脱节。有的项目景观方案设计先报施工图审查通过，海绵设施设计图不再报审，存在事实上的"图纸两张皮"情况，影响了施工落地（图5）。有的项目缺少设计交底，施工单位对于海绵城市理念理解不到位，缺少了透水土工布、消能卵石等关键设施，导致源头项目没有按图施工（图6）。还有的部分老旧小区、既有市政道路改造海绵城市建设中相关设施落地难度大，年径流总量控制率指标难以实现，出现了管线综合设计不合理，无法接入原有市政雨水管的情况[4]。

图5 海绵雨水花园被改为学校菜地　　　图6 雨落管断接后的消能设施被取消

3）交付、运维阶段

运维阶段，无锡市仍存在诸多盲区，例如海绵设施未纳入主体工程质量保修合同导致海绵设施保修范围、保修期限和保修责任不明，部分老旧小区所有权人或投资人不明确导致海绵设施运维主体不明，部分海绵型道路以及街头绿地口袋公园运维经费不足等。

4 应对策略

1）从问题到对策的研究技术路线

针对无锡市全域系统化推进海绵城市建设中遇到的设计、施工、管理三方面 10个问题，基于实践，本文从海绵理念准度、功能适宜性、施工精度、景观融入度、运维成本效益等角度出发，提出进一步提升设计水平的"四个更要"、进一步加强实施统筹的"两个融入"、进一步强化"三个卡口"节点管控对策（图 7）。

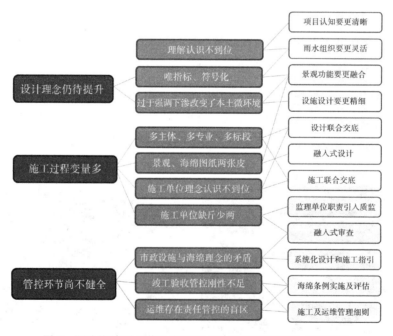

图 7 源头海绵项目落地实施存在的问题及对策技术路线图

2）设计理念提升策略

为避免局限于年径流总量控制率的分解，设计单位进行年径流总量控制率计算时应根据实际情况选取雨量径流系数或流量径流系数。按照雨量径流系数计算时可采用容积法。无法按照容积法计算时，例如老旧小区结合断接雨落管，经转输设施衔接引入雨水收集设施时应合理考虑采用流量法进行计算。由于径流系数受下垫面、降雨强度、降雨历时、海绵设施实施效果等多个因素影响，目前国家没有具体模拟公式标准，设计时可因地制宜，多方权衡后按照《海绵城市建设技术指南》"表4-3 径流系数"合理取值[5]。再比如既有市政道路改造采取"1-径流系数"的评估方法，更加符合项目实际，也推动项目实施[6]。

为避免"过度符号化""为海绵而海绵"的设计误区，建议设计单位坚持因地制宜的设计导向，根据自然地形地貌、河湖水系分布、高程竖向、已有排水管线等进行更精细化的排水分区绘制与雨水径流组织。建议无锡市加强企业技术产品创新研发支持，引导设计单位结合玻璃轻石（图8）、双涡轮立体溢流井雨水篦（图9）、可拆卸式侧石钢栅格网（图10）等新型适用性创新技术更好地实现海绵设施与景观的融合。有条件的新建项目还可因地制宜兼顾径流总量控制、径流峰值控制、径流污染控制、雨水资源化利用等不同指标。

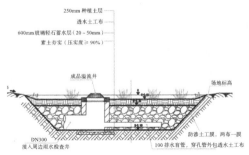

图8 蓄水层填充玻璃轻石的"微下沉"绿地

图9 景观融入式的溢流口雨水篦子

图 10　适合运维的海绵型道路侧石

3）"融入式"实施统筹策略

针对落地施工过程管控偏差问题，建议采取"融入式设计""融入式审查"动态实时巡查监督海绵设施的施工质量。

海绵或给排水专业设计应基于深度现场踏勘"融入式设计"，并进行景观、市政、海绵等多家设计单位联合交底。设计、施工联合交底应当重点包括生物滞留设施完成面标高，溢流井雨水篦子标高（图 11），地表雨水径流组织，市政道路雨水与人行道绿化带中生物滞留设施的雨水口衔接，探明地下隐蔽工程形状、走管方式、设施类型确定覆土厚度等方面。避免仅从单一专业角度出发考虑问题，在建筑、道路、园林等设计方案确定后，再由排水工程专业"打补丁"。有条件的地区建议实施设计师现场服务制，由第三方技术服务单位对设计、施工、监理单位定期指导和提出施工巡视意见。

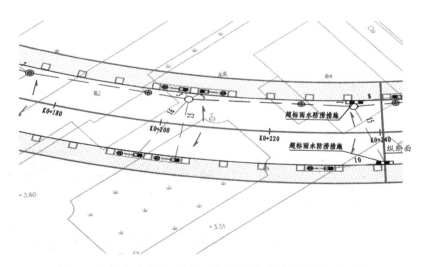

图 11　协调市政道路雨水篦子间距和海绵树池的精细化设计

提倡技术审查单位、监理和质量监督管理部门"融入式审查",强化按图施工的过程管控和档案管理。一方面,将海绵设施质量保修内容纳入工程项目质量保修书。质量保修内容应当明确保修范围、保修期限和保修责任等。另一方面,将海绵城市建设内容纳入工程质量监督范围,由建设工程质量监督机构对海绵设施的原材料、施工工艺、施工质量等进行监督检查,包括抽查涉及工程结构安全和主要使用功能的工程实体质量、工程质量行为、主要建筑材料、建筑构配件质量,对竣工验收进行监督和组织和参与质量事故调查处理。

此外,针对运维难题,无锡市研究制定了《海绵城市工程运行维护标准》,明确海绵型建筑与社区、海绵型道路广场和海绵型公园绿地的不同运维标准和要求,明确谁来运维、怎么运维、费用怎么出。

4)"三卡口"节点管控策略

发挥海绵城市地方条例的约束作用,基于原有的"两阶段管控"制度,进一步按照"嵌入式"管控策略,在设计方案审查、施工图审查、专项竣工验收"三个卡口"重点管控。

根据无锡市海绵城市建设管理条例立法思路:方案审查环节,资规局将建设项目的海绵城市建设管控指标相关要求纳入规划设计方案审查意见。施工图审查环节,施工图审查机构或者有关专家评审委员会应当根据海绵城市建设相关强制性标准和建设方案专项审查意见,对海绵设施专项设计进行重点审查,并出具审查意见。实行自审承诺制的项目,建设单位应当在自审承诺书中说明海绵城市建设情况。在验收环节,建设单位应当按照有关技术规范、标准对海绵设施建设内容进行竣(交)工验收,并在竣(交)工验收报告载明验收结论;未经验收或者验收不合格的,不得交付使用。未提供海绵设施竣工档案的建设项目,档案管理部门不予接收。

5 结论

针对海绵源头项目落地实施中存在的设计理念待提升、落地施工变量多、管控尚不闭环的问题,无锡市采取的措施取得了一定成效,但距离系统化、常态化全域推进海绵源头项目建设仍有差距。进入水环境保护下半场,各地对于源头项目的径流污染控制、雨水资源化利用的需求更加强烈,亟须国家建立一套海绵源头项目落地实施的正负面清单,精准、科学、有效地指导各地源头项目实施。

参 考 文 献

[1] 中华人民共和国住房和城乡建设部办公厅.住房和城乡建设部办公厅关于进一步明确海绵城市建设工作有关要求的通知 [Z]. 2022.

[2] 中华人民共和国住房和城乡建设部办公厅.住房和城乡建设部办公厅关于国家标准《海绵城市建设专项规划与设计标准（征求意见稿）》公开征求意见的通知 [Z]. 2020.

[3] 张智娟.福州市海绵城市源头减排项目审查中存在的问题浅议 [J].福建建设科技，2021（4）：90-92.

[4] 李俊辉.海绵城市建设工程项目设计质量管理研究 [D].昆明：云南大学，2018.

[5] 中华人民共和国住房和城乡建设部.海绵城市建设技术指南——低影响开发雨水系统构建（试行）[Z]. 2014.

[6] 周飞祥，徐秋阳.既有市政道路海绵城市改造案例中若干关键问题探讨 [J].中国给水排水，2022，38（12）：100-106.

基于雨洪管理的小流域单元城镇韧性提升研究

薛添一　张海青

（沈阳建筑大学）

摘要： 近年来，由气候变化引发的自然灾害和极端天气事件对西辽河流域的人居环境造成了极大的破坏。区域内极端干旱和洪涝灾害频发，导致水土流失、农业受损，聚落安全受到极大威胁。本文交叉水文学科，以西辽河流域单元内的哈拉道口镇为研究范围，基于旱涝灾害风险情景模拟，通过对流域单元进行水文分析，对西辽河小流域单元水生态安全格局进行空间解构。针对当前研究成果，以海绵城市和韧性城市为理论基础，从减缓水土流失和防治洪涝灾害两个角度进行考虑，在农业措施、生态措施、工程措施三方面对西辽河小流域单元空间提出韧性提升策略。本文以哈拉道口镇为例，用理论研究的成果指导设计实践，从雨洪管理角度出发，提出韧性空间优化措施，助力西辽河流域人居环境质量提升，为西辽河流域沿线城镇防涝抗旱提供一定的科学依据与参考经验。

关键词： 雨洪管理；气候变化；海绵城市；韧性提升；旱涝灾害；流域人居环境

1　引言

自古以来，人类一直追寻着人与水相亲、水与人相依的亲密的人水关系模式，协调好人水关系是亘古不变的话题。西辽河流域地处大兴安岭东南麓和燕山北麓夹角地带，是我国的玉米主产区，也是辽西北及蒙东地区的重要生态源地，由于农业灌溉用水需求强烈，导致流域地下水位不断下降，生态问题突出。近年来，随着全球气候变暖，极端气候所引起的旱涝灾害对西辽河流域的人居环境造成了极大的破坏。随着气候变化议题受到国际广泛关注，我国也在适应气候变化行动方面做出积极响应。2022 年 6 月，生态环境部等 17 部门联合印发《国家适应气候变化战略

2035》，在构建适应气候变化区域格局方面，对于东北地区提出，针对春旱夏涝的灾害新特点提高风险管控能力。当前，针对西辽河流域的研究主要集中在水资源的协调分配和水资源的集约利用等方面，对于水生态问题制约下的西辽河流域小城镇的人居环境建设讨论较少。基于此，本文以西辽河流域内的朝阳市建平县哈拉道口镇为例，基于海绵城市和韧性城市理论，探索西辽河流域小城镇防洪抗旱措施，提升小城镇空间韧性，提高人居环境质量。

2 西辽河流域城镇韧性空间规划构建思路

2.1 西辽河流域水生态问题总结

2.1.1 河道断流不断加剧，草场退化较为明显

随着2000年后城镇化进程加快，西辽河流域蓝绿空间不断受到侵蚀。自2000年起，西辽河流域断流的河流数量由15条增加至19条，增幅约24%；断流天数由66d增加到157d，约为原来的2.4倍；断流长度由1856km达到2241km；草地面积减少1.7万km^2，减少幅度达到了25.9%，流域内的主要土地类型由草地转变为耕地。

2.1.2 地下水位持续下降，水沙失调问题突出

2010—2020年，西辽河流域地下水资源总量增加了5000万m^3，地下水源供水量增加了6400万m^3。由于地下水处于严重超采情况，致使地下水位迅速下降，部分地区下降幅度甚至达到10m以上；地下水漏斗区面积持续扩大，水土流失严重，产沙量增大。

2.1.3 极端天气事件频发，旱涝灾害恶性循环

西辽河流域城镇多处于半干旱区，流域地貌多为黄土丘陵地区，植被覆盖度较低，地质条件难以存水导致春旱严重；夏季气候条件具有不稳定性，常有短时强降雨发生，洪涝灾害频发。由于极端天气增多导致的生态问题相互关联和影响，进一步引发流域水安全问题的恶性循环。

2.2 西辽河流域城镇韧性空间构建方法

以"流域—小流域—水文响应单元"空间结构模拟构建区域的水文过程，基于

西辽河流域的旱涝灾害情景，依靠 GIS 软件 SWAT 模块分析数字高程（DEM），依据土地利用布局、土壤类型、水文气象等数据，生成流域河网、划分出小流域以及流域边界，生成水文响应单元并进行水文分析，寻找河流汇入点与倾泻点，采用集水区工具绘制出小流域汇水分区，梳理河流流向，发掘潜在径流，根据已有文献研究成果结合区域生态问题提取地形高程、坡度、降水量、多年植被净初级生产力平均值、土壤渗流、土壤可蚀性等有关城镇韧性空间构建的指标要素，确立水土保持敏感区和洪涝灾害风险区，通过农业措施、生态措施与工程措施相结合，融合多层次的蓝绿灰空间，解决区域内春旱存水能力不足和夏季洪涝泛滥水土流失严重的问题，识别研究区域流域城镇韧性空间，建立多层次的防洪抗旱体系。

3 实例研究——以建平县哈拉道口镇为例

3.1 研究区概况

哈拉道口镇（图 1），隶属于辽宁省朝阳市建平县，区域面积 148km^2，属温带大陆性季风气候，地处建平县最北端，位于努鲁尔虎山与老哈河冲积平原的交接带上，地形分两部分：南部丘陵山区，北部属冲积平原地带。地势南高北低，梯次递降，山体植被覆盖率低，冲沟较多，土壤水蚀严重。镇域内有刘汉朝、朝阳沟、崔杖子及刀把沟四个小流域。刘汉朝流域及朝阳沟流域流经村庄入老哈河；崔杖子及刀把沟流域流经镇区入老哈河。镇域地下水主要由老哈河供给，随着老哈河对赤峰市城市供水的增加和镇域内农业用水的增加，地下水位下降严重，以 1m/a 的速度降低。根据《2016—2022 年朝阳市气候公报》，过去 6 年，朝阳地区春季平均降水量为 55.0mm，较历年均值 75.8mm 减少 20.8mm，减少 27.4%；夏季受副热带高压和低空

坡度　　　　　　　　　坡向　　　　　　　　　高程

图 1　哈拉道口镇 DEM 分析图

切变线共同影响，夏季平均降水量为167.2mm，较历年均值144mm增多23.2mm，增多13.9%，降水时间分布不均，导致流域内春季干枯无水，夏季时有山洪发生。2022年6月22日6时至23日5时，哈拉道口镇发生近30年最大洪灾，强降雨持续了近30h，最大降雨量99.3mm/h，受灾面积共计4456.13hm²，造成谷子、玉米、高粱等农作物严重减产，预估造成直接经济损失2005.26万元。

3.2 水文分析

3.2.1 水文响应单元生成

通过对哈拉道口镇的高程、坡向、坡度进行河流流向分析，通过对河流流量阈值设立，绘制汇水分区，生成流域河网并划分刘汉朝、朝阳沟、崔杖子及刀把沟四个子流域及其流域边界，并识别子流域内的主要土地类型，生成水文响应单元（图2）。

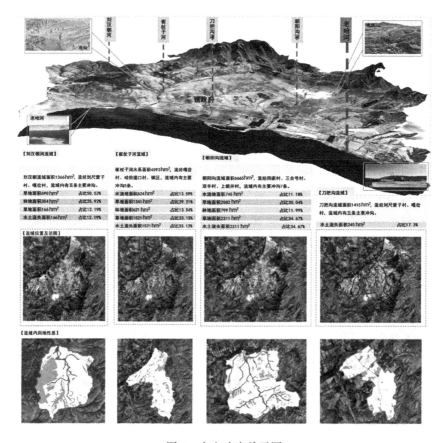

图2　水文响应单元图

3.2.2 水安全空间格局

哈拉道口镇水安全格局的构建包含水土保持和洪涝灾害这两个要素。根据多年植被净初级生产力平均值、土壤可蚀性、坡度等影响因素划分水土保持敏感等级，识别水土保持敏感区。根据高程数据，以 50 年一遇为洪水风险频率，分析哈拉道口镇域内的洪水淹没范围，确立洪涝灾害风险区。结果表明：水土保持高敏感区主要分布在哈拉道口镇中部平原中河道两侧区域，该区域植被覆盖率低，受人类活动影响较大，水土保持能力较低。洪涝灾害高风险区主要分布在镇域的北部及中部绝大部分地区，由于该区域地势较低，近年来夏季极端天气时发，该区域均处于 50 年一遇暴雨淹没范围内（图 3、图 4）。

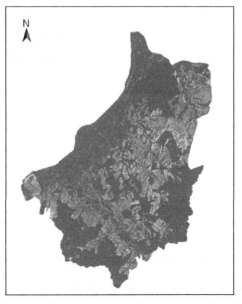

图 3　洪涝灾害风险示意图　　　　图 4　水土保持敏感性示意图

3.2.3 径流模拟

通过对哈拉道口镇河网进行矢量化分析，并结合降水量、地下水量、土壤含水量、土地利用变化等因素进行镇区范围内的径流模拟，镇区处于刀把沟子流域范围内，可划分为三个微流域汇水单元，东部流域和中部流域水系向东汇集，西部流域水系向西汇集。结果表明：镇区地段地势较低，难以阻挡山洪；刀把沟下游地势低于老哈河河岸，容易引起老哈河河水倒灌；流域内耕地存在坡度，土壤涵水能力差；

流域内冲沟数量众多，导致水土流失现象加剧；冲沟内植被覆盖率低，导致冲沟变大变深；镇区内排水设施不完善，导致雨水滞留（图5）。

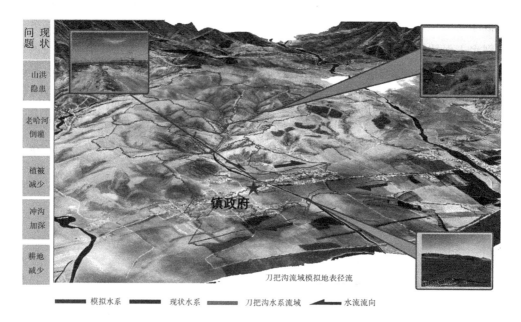

图5　径流模拟图

4　雨洪管理措施与策略

在详细调查自然条件和社会经济条件的基础上，通过对哈拉道口镇的水文空间格局进行模拟，识别出镇域和镇区内主要的生态问题，合理确定流域内每一个地块的土地利用方向及水土保持技术措施。从小流域的水土流失治理与洪涝灾害防控两方面入手，构筑生态修复、生态治理、生态保护三道防线，重点关注基本农田优化结构和高效利用及植被建设等方面，从农业耕作措施、林草措施、工程措施三方面入手，实现治理工作与生态环境相协调多层次优化利用资源，综合规划，统一治理，优化配置，全面发展。

4.1　农业措施

为增加哈拉道口镇的土壤含水能力，减少水土流失，根据哈拉道口镇的土壤类型及土地坡向、坡度，在农业生产适宜性评价的基础上，对不利于保水、保土的山坡进行土地整理，在提高农业生产力的同时进行小流域治理。根据相关规范和要求，在哈拉道口镇域内选取坡度范围在 5°～25° 范围内的旱田进行坡改梯选区，选取坡改梯面积为 2855.41hm²（图 6）。

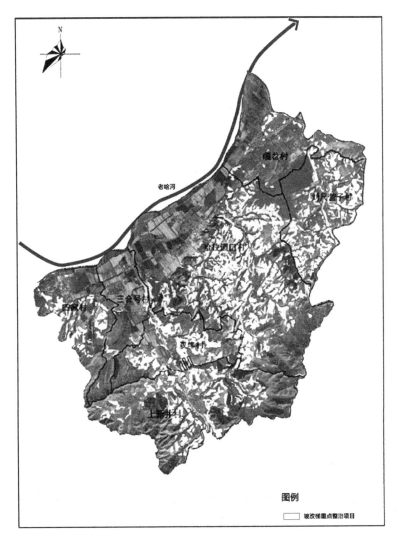

图 6 农业措施整治示意图

4.2 生态措施

由于城镇内冲沟内植被覆盖率低，容易发生山洪、泥石流等生态风险问题，在生态保护适宜性评价的基础上，对冲沟内的土地类型进行识别，叠加水土流失敏感区和洪涝灾害风险区，选取冲沟内 1988.5hm² 坡度大于 25° 的草地，采用乔灌草结合的方式建立林谷坊。通过绿色基础设施的建设，实现生态防治和修复（图 7）。

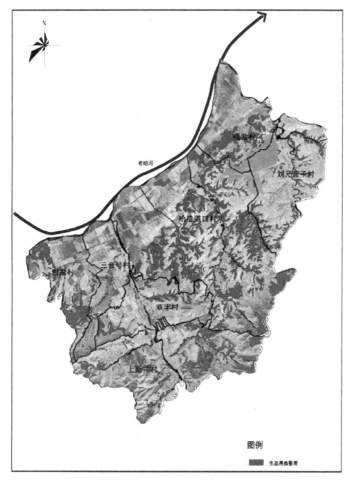

图 7　生态措施整治示意图

4.3　工程措施

由于刀把沟在镇区地段地势较高，易形成山洪，而下游地势低于老哈河河岸，易引起河水倒灌。因此，为保证水安全，分别在山脚处和刀把沟下游增加两条防洪沟，顺应地势走向，将山洪疏解至朝阳沟和崔杖子河内。对于冲沟众多，采用先支后主的策略，对现有冲沟建设於地坝。针对镇区内排水设施不完善，根据地形地势合理安排镇区排水设施，将雨水工程与防洪排涝相结合，采用二级排水，无论是洪水还是雨水都要坚持分散出口，就近排放的原则。雨水进入中水回流系统，用于农耕地灌溉、消防用水等。采用重力流，对地势低洼地区雨水无法直接排除的，应设弹性集水设施，长期贮存雨水，以备春旱时节农业生产和居民生活使用，余量的雨水通过地形利用，涵养城镇生态空间（图 8）。

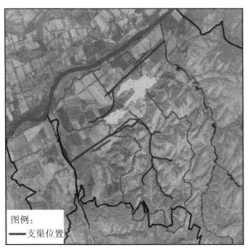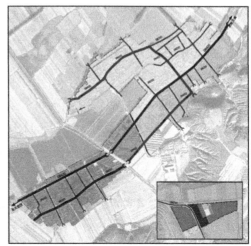

图例：
——支渠位置

图 8　工程措施整治示意图

5　总结与讨论

本研究基于海绵城市和韧性城市理论，以小流域单元水文空间格局模拟为依托，通过对水土流失敏感区的识别和洪涝灾害风险区的确立，发现突出的生态安全问题，并在镇域和镇区尺度上通过农业措施、生态措施、工程措施三方面，提出雨洪管控措施，强调不同空间尺度的空间塑造方法，构建小流域单元城镇韧性空间体系。

生态文明建设背景下哈拉道口镇的人居环境提升探索策略对西辽河流域小城镇有多方面的借鉴意义。西辽河流域小城镇需要结合区域生态本底条件，因地制宜，充分利用地形条件，打破生态问题对城镇发展的制约。未来，西辽河流域的人居环境建设应从以下方面入手：①在水安全方面，充分考虑水土保持和洪涝风险两方面，构建完善的韧性空间体系，积极应对极端天气和气候变化带来的影响。②在农业生产方面，充分利用区域的地形地势，对流域水资源合理利用，调整土地利用类型，提高粮食生产力。同时，大力发展节水农业，禁止地下水的超采行为，促进水的健康循环。③在生态建设方面，加强生态空间的保护与管控，通过植物配置有效实现区域的生态修复。

由于数据精度问题，本研究在模拟过程中存在一定的误差，期望在后续的研究工作获得更加精准的数据，提高模型精度。同时加强水文生态学科的知识整合，考虑水质安全问题，构建健康河流体系，助力流域人居环境高质量发展。

参 考 文 献

[1] 李云燕. 西南山地城市空间适灾理论与方法研究 [D]. 重庆: 重庆大学, 2014.

[2] 唐世南, 丁跃元, 于丽丽, 等. 内蒙古西辽河流域量水而行以水定需治理思路 [J]. 水利规划与设计, 2019 (11): 28-31.

[3] 王金南. 黄河流域生态保护和高质量发展战略思考 [J]. 环境保护, 2020, 48 (z1): 18-21.

[4] 方创琳. 黄河流域城市群形成发育的空间组织格局与高质量发展 [J]. 经济地理, 2020, 40 (6): 1-8.

[5] 赵乾坤. 山西省水土保持功能分区及生态脆弱性评价 [D]. 泰安: 山东农业大学, 2014.

[6] 李序春. 气候变化对农业的影响: 以大同市为例 [J]. 国土与自然资源研究, 2017 (4): 64-65.

[7] 赵璧奎, 黄本胜, 邱静, 等. 海绵城市建设中区域适宜水面率研究及应用 [J]. 广东水利水电, 2017 (5): 1-5, 14.

[8] 刘蕾蕾. 建湖生态城市建设中水面率及生态河道构建研究 [D]. 扬州: 扬州大学, 2016: 7-10.

南方某市沙河涌流域排水系统提质增效案例研究

邱妍妍　邵运贤　任　娟　王　喆

（济南市规划设计研究院）

摘要： 城市排水系统提质增效已经成为社会关注的热点。针对南方某市沙河涌流域清污不分、污水直排、高水位、外水进入、溢流污染、截流倍数低等现状，通过从排水源头、管网系统、污水处理设施全系统排查，对现状排水系统进行剖析，建立工作整治台账，采取"截污水、分清水、减溢流、补短板、降水位、补清水、强管理"等工程和非工程措施，制定流域系统化整治方案，实现了清污分流，降低了河道运行水位，消除了污水直排现象，填补了污水系统收集空白区域，完善了排水系统，提升了流域水环境质量，实现了排水系统提质增效，可为其他流域排水系统提质增效提供参考和借鉴。

关键词： 提质增效；黑臭水体；排水系统；沙河涌

1 引言

黑臭水体"黑臭在水里，根源在岸上，关键是排口，核心是管网"已经成为黑臭水体整治工作的共识[1]。近年来，某市大力推进污水体质增效工作，加快城市生活污水收集处理以及合流制溢流污染治理，取得了显著成效。但是由于历史原因城区或者郊区还存在污水管网未覆盖区域、沿河污水直排、清污部分、外水进入、溢流污染等问题，造成河道水质恶化，出现黑臭水体的现象。

住房和城乡建设部印发城镇污水处理提质增效三年行动方案后，全国各地陆续开展污水提质增效和黑臭水体治理工作，唐建国等[2, 3]认为重点应放在改善污水收集系统、深入排查排口和管网，重点解决清污不分、污水厂进水浓度低、溢流污染等问题。胡小凤等[4]针对福鼎市存在污水直排、管网空白区、管网混接、外水入侵等问题，提出了污水处理提质增效"一厂一策"的技术思路；戴永康等[5]对东莞市现状问题分析，提出了在提质增效中要"厂网并重""厂网一体"和"智慧厂网"的治理措施；吕永鹏[6]提出了城镇污水处理提质增效"十步法"的总体治理框架；鄢琳等[7]通过对珠三角流域某片区污水管网高水位、低浓度运行的问题，提出了"清、拉、分/截、调、疏、修"技术措施进行提质增效。研究者们都是以片区、城区、厂网等去研究提质增效，以流域思维去研究污水处理提质增效较为少见。

以南方某市沙河涌流域为例研究污水处理提质增效，对流域范围内排水系统分析，存在污水处理收集空白区域、污水直排现象、雨水排出口溢流污染、清污不分、外水进入等问题，通过采取"截污水、分清水、减溢流、补短板、降水位、补清水、强管理"工程和非工程手段进行提质增效，沙河涌的水环境明显得到改善，以期为其他地区水质增效提供经验和借鉴。

2 沙河涌流域概况及排水系统现状

2.1 流域概况

沙河涌发源于白云山，地势北高南低，自北往南穿越某市中心城区，汇入珠江，干流全长 14.14km，流域集雨面积为 34.3km²。河道上游为山区性河流，河道落差较大；受珠江潮汐影响，下游河道平缓蜿蜒。白云山山溪水及径流雨水原经 6 条支流汇入沙河涌，后因沿线污水排入的增多，导致 6 条支流水环境不断恶化，故对 6 条支流进行了加盖封闭，形成了现在的 6 条合流渠箱（某市大道北渠箱、京溪渠箱、牛利岗渠箱、南蛇坑、西支涌和蟾蜍石涌，图 1），各渠箱特性见表 1。

6 条合流渠箱均在末端设置拦污闸或堰进行水量调控。旱天渠箱内山溪水及污水均纳入下游污水主干管，因这些合流渠箱断面较大，旱天流速较小，造成污泥淤

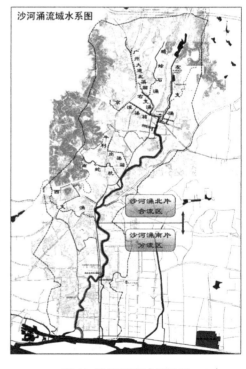

图 1 沙河埇流域概况图

积严重，淤积深度可达 0.5～1.0m。雨天时清水、雨水及污水构成的河流水溢流排入沙河涌，水量超过了污水干管能力，使得年溢流次数达 40 多次，溢流时将大量漂浮物、合流渠箱的积泥一并排入沙河涌，成为沙河涌黑臭的主要原因之一。

合流渠箱特性表　　　　　　　　　表 1

序号	名称	流域面积（km²）	支流长度（km）	断面尺寸 宽×高（m）	旱天清水量（m³）	降雨后 1 天合流水量（万 m³）
1	某市大道北渠箱	4.40	1.68	6.0×2.5～10.0×2.5	3000	5.60
2	京溪渠箱	1.57	1.80	2×2～3×2	6000	1.41
3	牛利岗渠箱	2.46	1.60	3×1.8～4×1.8	7000	2.21
4	南蛇坑	2.06	1.80	4×2.5～6.5×2	10000	2.85
5	西支涌	3.35	3.00	2.5×2～6.6×2	5000	1.86
6	蟾蜍石涌	2.44	2.20	2.8×2.0	4000	2.29

2.2　排水系统现状

沙河涌流域排水系统在 6 条合流渠箱基础上，逐步形成了上游为截流式合流制、下游为分流制的排水系统。流域内排水管道总长度 330km，其中合流管长为 205km、雨水管长为 60.5km、污水管长为 64.5km（其中截流污水干管长为 31km）。旱天污水及部分雨天合流污水经沙河涌涌边主干管进入临江大道主渠箱，之后接入猎德污水处理厂。当前沙河涌流域地区实际污水产生量约为 16 万 m³/d。

3　沙河涌水体黑臭成因分析

沙河涌水体黑臭问题已成为制约沙河涌水环境质量提升的重要根源，造成该问题的原因有以下三点。

3.1　清污不分，系统中有大量外水进入

因 6 条合流渠箱的上游直接与白云山山溪水相接，山溪水直接进入合流渠箱中，雨天则会水量剧增。下游受珠江高潮位影响，沙河涌河水经沿线合流制排水口倒灌进入系统中，同时排水管道还有地下水入渗。旱天系统中的"清水"量约占沙河涌流域接入猎德污水厂水量的 35%，导致沙河涌流域污染物浓度普遍偏低，临江大道

接入点 BOD_5 浓度为 50 ~ 80mg/L。

3.2 污水收集系统有空白，污水直排普遍存在

沙河涌流域范围内，特别是 6 条合流渠箱两侧污水收集系统存在空白区，城中村及两岸建筑污水散排进入合流渠箱上游支流以及沙河涌中，污水直排也是造成支流和沙河涌污染的主要原因。

3.3 截流倍数丧失，雨水排水口溢流污染严重

区域内采用截流式合流制排水体制，设计截流倍数为 1。但因系统中存在大量的山溪水、倒灌水及地下水，导致近 50% 的截流污水干管始终处于满管运行，使截流干管失去截流功能，甚至雨后 10d 内，合流排水口仍溢流不断，对沙河涌水环境质量影响很大。

4 实施方案

为系统治理沙河涌流域水环境，按照"源头削减、过程控制、末端治理"的思路，通过采取"截污水、分清水、减溢流、补短板、降水位、补清水、强管理"等工程和非工程的综合手段，全面提升沙河涌流域水环境质量。

4.1 全系统排查，为整治方案提供支撑

从各合流渠箱服务范围入手，细分排水分区，对各合流渠箱服务范围内的排水户、市政管网和各合流渠箱内部等进行详细的摸查。

（1）小区、城中村及企事业单位内部排查：结合某市推行的"洗楼、洗井、洗管"三洗行动对所有房屋属性、排水户立管、收集管网及检查井等排水设施进行全面摸底摸查，摸查房屋 1261 栋、各类工商户 1544 户、雨水立管 2313 根、污水立管 2362 根、混合水立管 937 根、化粪池 1221 处。

（2）对流域内市政管网进行排查：共检测了市政排水管网 104.1km、检查井 6137 座，发现了 658 处错接和混接点、3 级以上结构性缺陷 447 处，涉及管段长度 4504m、3 级以上功能性缺陷 1057 处，涉及管段长度 9229m。

（3）对合流渠箱进行排查：采用相关检查设备探测、蛙人进渠箱摄像等手段对各合流渠箱内的污水排放口、渠箱内部状况进行了摸查，那就应该改为：共计发现

箱涵内共有396个排水接入口，其中污水排入口及合流口231个，雨水排入口165个。

（4）对沙河涌下游两岸排水口进行排查：在珠江低潮位期间，通过降低沙河涌水位，使涌边排水口露出水面，发现有9个雨水排水口旱天仍在排水，经溯源调查，发现了14处地下水入渗和污水混接点。

4.2 合流渠箱内部改造，实现渠箱内部"清污分流"

在区域污水管网尚未完善的情况下，首先在合流渠箱内敷设截污管，并进行混凝土方包处理（抗浮、防冲刷），将排入合流渠箱的污水进行截流，详见图2；同时实施合流渠箱上游山溪水渠两侧的截污，详见图3。经改造后实现了合流渠箱内污水与上游清水的分流。共截流污水直排口231个，将约1万 m^3/d 污水直接接入现有污水主干管，旱天约有3.5万 m^3/d 山溪水汇入沙河涌。南蛇坑是6条合流渠箱之一，其整治前后的水质对比详见图4。

图 2　合流渠箱内容清污分流改造

图 3　山溪水沟渠清污分流改造

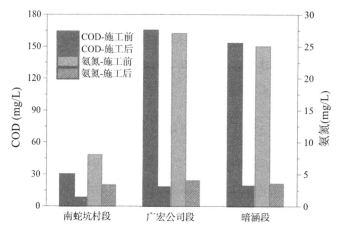

图4 清污分流整治前后南蛇坑的水质情况

4.3 强化执法管理，清除违法污染源

管理防止改造后"反弹"的重要措施，主要采取了如下措施：一是制定相关行动方案，为消除污染源提供依据，出台了《清除黑臭水体污染源联合执法专项行动方案》（穗府办函〔2017〕138号）、《整治违法排水专项行动工作方案》（穗水〔2017〕45号）、《进一步深入推进整治违法排水相关工作的补充通知》（穗河长办〔2018〕89号）等，为网格化管理提供了政策依据和方法。二是借助网格化平台，落实责任主体，由流域所属区政府组织和街镇级河长（地方党政领导）牵头，从街道、派出所抽调人员，与排水管理部门的技术人员组成专项小组开展排水户溯源排查，对"五违散乱污"的生产经营企业等进行甄别定性，要求排水户以"用水户即排水户"的原则，按照"排水户检查工作指引""典型排水户排水行为规范""典型违法排水行为查处指引"规范排水户排水行为，强化对餐饮、垃圾站及洗车店废水的治理，大力清理河涌两岸违法建筑，"靶向"清除违法污染源；对合法排水户依法办理排水许可，对严重违法排水行为，坚决落实各项执法措施，并向社会公示，并将污染源清除情况纳入各级河长履职考核中。

4.4 结合排水单元达标建设，完善污水收集系统

结合社区（居委）行政管辖区域，以相对独立排水系统和道路河流等现状分界线为边界，合理划分排水单元。沙河涌流域共划分了1284个排水单元。按照某市"三洗"行动及排水单元达标创建工作技术指引（试行）中提出的排水单元达标标准和达标计划，对排水单元内的雨、污水进行有效收集和雨污分流；排水设施完好、

管道畅通，有完备的日常管理维护制度则可通过市排水行政主管部门的验收考核；对市政道路上有雨污两套管网的，小区内部进行雨污分流排水单元达标建设；针对流域内市政雨水、污水管网欠缺问题，则着力完善区域空白区排水管道，工程建设内容主要包括截污主管及支管完善、城中村进村入户改造、错混接点改造、管道结构性修复等；排水单元达标后做到四人到位（设施产权人、设施管理人、设施管理监管人、设施养护人），确保市政排水管网管理全面覆盖，养护无遗漏。以南蛇坑流域为例，流域内排水单元34个（图5）。其达标建设过程如下：第一是确定排水单元，由天河区政府牵头，会同水务局、水投集团，在市水务局前期工作基础上，核实各排水单元，确定排水达标单元建设的基本单位，并将各排水单元情况表报市河长办备案。第二是完善公共排水设施，由水投集团负责，复核公共污水设施收集能力，完善污水设施系统，补足建设需求缺口；由天河区政府牵头实施建设南蛇坑清污分流管道1670m、流域污水主管1200m、支管完善7997m、立管改造1438处。第三是进行排水单元达标建设，由天河区河长办负责、市水投集团配合，督促部队、机关企事业单位、居民小区等物业单位，细查内部排水系统现状情况，针对细查发现问题，制定并实施立管改造、错混接改造等，确保污水、雨水分别接入公共污水、雨水管。第四是进行排水单元达标验收，由天河区河长办督办，各镇街级河长

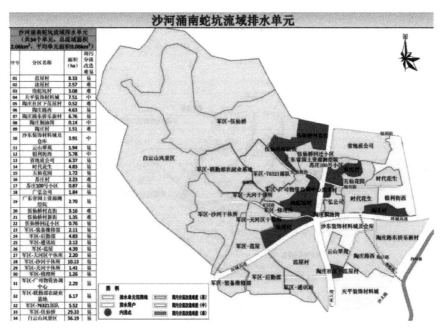

图5　南蛇坑流域排水单元图

负责，按照"整改一个、验收一个、落实一个养护单位"的原则，逐一对存在问题的排水单元的排水系统进行整改，对验收不合格的，限期整改；限期不整改且不依法办理排污、排水许可证的，由区环保部门负责执法查处，区水务部门负责采取限制或者停止供水服务。第五是强化排水单元管理，流域内排水管网、污水处理厂等由市水投集团负责管理；原区属设施，由权属单位负责完成设施隐患整改，验收合格后，移交市水投集团统一管理；流域内其他机关企事业单位、居民小区等排水户自有排水设施，由区水务部门负责，按照"设施、养护、管理三到位"的要求，加强对自有排水设施权属单位的监督管理。

4.5 多措并举，强化溢流污染削减

采取了合流渠箱截流口改造，降低堰前水位、清疏暗渠沉积物等措施，充分挖掘截污干管的截流倍数及污水处理厂的处理能力，将雨天截流的雨污混合水送入污水处理厂处理，削减河涌溢流污染。如某市大道北渠箱改造前暗渠出口设置有两道截污堰，堰高 0.8～1.2m，渠箱内水位高，旱天用水高峰期及降小雨时，溢流频繁。通过拆除截污堰，增设与下游河道顺接的流槽（图6），迅速降低了渠箱内水位，溢流次数明显减少，经过1年多的监测，降雨量达到大雨以上时，才会溢流到下游河道。

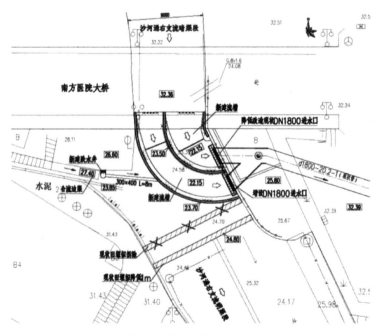

图6 某市大道北渠箱出口改造平面图

4.6 降低河道水位，用"清水"进行河涌生态补水

改变沙河涌涌口水闸的双向调度方式，不再引珠江潮水补水，而形成自北向南的单向流，有效解决了珠江水泥沙在沙河涌的淤积问题；降低下游感潮段的景观水位（降低后上游水深在 0.3 ~ 0.5m），有效解决了河道水位过高，河水倒灌排水管道问题；以上游各合流渠箱的山溪水和沙河涌上游京溪净水厂的再生水为补水水源，其中各合流渠箱的山溪水有 3.5 万 m³/d，京溪净水厂有 8.5 万 m³/d 再生水进入河涌，解决了枯水期沙河涌所需的生态基流，并促进了水体的流动。

4.7 借助信息化手段，为维护管理提供平台

在已有排水地理信息系统（GIS）的基础上，开发了"某市排水户摸查管理信息系统"和"某市排水设施管理信息系统"两套排水信息系统，并向全市排水行业推广使用。该系统的应用对促进摸清排水管网基础数据、排查设施问题发挥了积极作用，受到了媒体、大众的广泛关注。该系统整合了原各区及不同排水管理单位的管网信息基础数据和卫星影像图，按照原数据类型和行政区域初步划分设施权属，采用 App 移动端采集上报和后台 PC 端管理的模式，对接设施日常管养需求，形成可见、可查、可统计的"排水设施一张图"，实现了对排水设施的在线实时管理和监督考核，使 GIS 系统"活"了起来。首先一线排水设施摸查人员通过系统 App 端，对照设施草图，分批、分片区对建成区市政收集管网进行摸查，利用 App 逐一建档、逐一排查认领各自权属范围内的排水设施，上报设施属性（设施图片、设施类型、雨污类别、设施材质、权属单位、管理状态、设施问题等）；其次通过 App 排查认领的设施信息经一线人员上报后，统一标准、统一途径汇总到系统后台 PC 端，经后台管理人员审核通过后，生成设施账册档案，可实时查询统计（统计排查设施总数、排查设施详情、各单位各人员排查进展、设施问题交办反馈情况等），并将排查认领后的排水设施按权属划分同步显示到"排水管网一张图"，实现管网信息化、账册化管理；再次针对无人排查认领或权属不清晰的排水设施，由某市水务局排水管理部门召集相关单位召开专题会研究明确，确保每个排水设施都权属明确，责任清晰；对于排查中发现的设施问题，由排查工作人员使用 App 问题上报功能，根据问题类型，选择向上级报告或下级交办，并实时显示问题处理进程；最后在日常巡检过程中，一线排水设施管养人员根据本市排水设施管养维护标准，使用 App 端日常巡检功能对排水设施进行定期检查维护，对巡检发现的问题，由管网日常维护人员使用

App问题上报，进行流转处理。针对无人排查认领或权属不清的排水设施，由某市水务局排水管理部门召集相关单位召开专题会进行协调和明确，现已基本厘清11个行政区和相关单位排水设施权属责任。

5 治理效果

通过上述"截污水、分清水、减溢流、补短板、降水位、补清水、强管理"等综合手段，避免了6条合流箱涵每天约3.5万 m³ 山溪水进入污水系统，有效减少了沿涌污水主干管的旱天水量，污水主干管水位得到有效降低，解决满管运行的情况，管网中的污水浓度也得到了相应的提升，如沙太南路上与南蛇坑直接连通的下游污水主干管旱天 COD 浓度由 110mg/L 提升到了现在的 218mg/L（BOD_5 由 60mg/L 提升到 110mg/L），同时为沙河涌补充了山溪水；达到了源头减量、沿程（沙河涌主干管）减压、末端（猎德厂）减负、河涌减污，增加进厂浓度"四减一增"的效果，体现了污水收集与处理系统的提质增效，实现了沙河涌水环境质量明显提升。目前沙河涌焕然一新，呈现出水清、水浅、有草、鱼游的"鱼翔浅底"的景象，如图7所示。

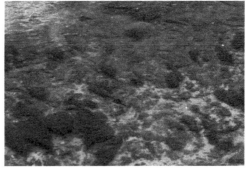

图7 沙河涌治理后的效果图

6 经验总结与分享

沙河涌发源于白云山，干流全长 14.14km，自北往南穿越某市中心城区，汇入珠江，地势北高南低。流域范围内合流制与分流制共存，河道上游受山水影响，下游受珠江潮汐影响，整体情况复杂。为有效改善沙河涌水体水质，实现猎德处理厂提质增效的目标，通过"截污水、分清水、减溢流、补短板、降水位、补清水、强管理"等综合手段，沙河涌焕然一新，呈现出水清、水浅、有草、鱼游的"鱼翔浅底"的景象。主要的经验如下：

（1）分外水。从合流渠箱（主要排水通道）入手，按地形划分小排水片区，先做清污分流，分外水（山溪水）、收污水，实现"清水入河，污水进厂"；旱天山溪水作为沙河涌的补水水源，雨天山洪水直接排入沙河涌；沿线污水收集后进入主干管，从源头减少进厂污水量，提升污水进厂浓度。

（2）清除违法污染源。制定相关行动方案，为消除污染源提供依据；借助网格化平台，落实责任主体，由流域所属区政府组织，以街镇级河长（地方党政领导）为单位，由街道、派出所干警、技术人员组成专项小组开展排水户溯源排查，对"五违散乱污"生产经营企业等进行甄别定性，大力清理河涌两岸违法建筑，"靶向"清除违法污染源。

（3）补短板。结合排水单元达标建设，完善污水收集系统，结合社区（居委）行政管辖区域，以相对独立排水系统和道路河流等现状分界线为边界，合理划分排水单元。针对流域内市政雨水、污水管网欠缺问题，着力完善区域空白区排水管道建设。

（4）降水位。改变沙河涌涌口水闸的双向调度方式，不再引珠江潮水补水，形成自北向南的单向流，同时降低下游感潮段的景观水位（降低后上游水深在0.3~0.5m），有效解决了河道水位过高倒灌排水管道问题。

（5）补清水。以上游各合流渠箱的山溪水和沙河涌上游京溪净水厂的再生水为补水水源，其中各合流渠箱的山溪水有3.5万 m^3/d，京溪净水厂有8.5万 m^3/d再生水进入河涌，解决了枯水期沙河涌所需的生态基流（约为5万 m^3/d），并促进了水体的流动。

7 结论

对沙河涌流域排水系统提质增效的技术思路和措施进行了归纳和总结，全系统排查，诊断流域存在的问题，查明排水系统效能低下的具体原因，在此基础上，采取针对性的"截污水、分清水、减溢流、补短板、降水位、补清水、强管理"等工程和非工程措施，系统的进行排水系统提质增效，通过以上措施，实现了清污分流，消除了污水直排现象，填补了污水系统收集空白区域，提升了流域水环境质量，呈现出了"鱼翔浅底"的景象。

参 考 文 献

[1] 张悦，唐建国. 城市黑臭水体整治——排水口、管道及排水口治理技术指南 [M]. 北京：中国建筑工业出版社，2012.

[2] 唐建国，张悦，梅晓洁. 城镇排水系统提质增效的方法与措施 [J]. 给水排水，2019，55（4）：30-38.

[3] 孙永利. 城镇污水处理提质增效的内涵与思路 [J]. 中国给水排水，2020，36（2）：1-6.

[4] 胡小凤，袁芳，石鹏远，等. 福鼎市污水系统问题识别及提质增效策略 [J]. 中国给水排水，2022，38（12）：61-67.

[5] 戴永康，罗锋，温巧贤. 东莞市城镇污水处理提质增效潜力分析 [J]. 中国给水排水，2020，36（4）：1-5，12.

[6] 吕永鹏. 城镇污水处理提质增效"十步法"研究与应用 [J]. 中国给水排水，2020，36（10）：82-88.

[7] 鄢琳，荣宏伟，谭锦欣，等. 珠三角流域某片区污水管网提质增效实施策略分析 [J]. 给水排水，2021，57（11）：132-137.

武汉排水防涝系统设施效率提升的若干途径研究

姜　勇　周　诚　游志康

（武汉市规划研究院（武汉市交通发展战略研究院））

摘要： 分析基于现状基础设施条件下，武汉排水防涝系统面临的问题和挑战，主要包括湖泊调蓄水位难以控制、湖泊调蓄与水环境保护矛盾突出以及建设的排水设施难以达到设计工况等问题。提出提升排水防涝系统韧性的方案，主要包括湖泊多级水位控制、雨水水质水量协同控制和排水管网效率提升等措施。

关键词： 湖泊调蓄水位；水质水量协同控制；排水管网控污

武汉市近年来经历了多次大暴雨的侵袭，影响最为严重的是 2013 年 7 月 7 日和 2016 年 7 月 2 日两场降雨，日最大降雨量分别达到 258.5mm 和 240.1mm，渍水点个数达 59 个和 75 个。2016 年 7 月武汉汤逊湖流域渍水问题爆发后，武汉启动灾后重建计划，经过近五年建设，武汉中心城区泵站抽排能力由"十三五"末期的 953m^3/s 提升至目前 2021m^3/s，极大提升了城市防涝能力，保障了城市在应对近三年降雨过程中未出现影响较大的渍水情况。但是系统梳理发现，武汉在基础设施大提升之后城市排水系统面临新的问题和挑战，本文着重分析基于现状基础设施条件下，武汉排水防涝系统通过提升设施效率的方式进一步提升系统韧性的措施。

1　现阶段武汉市排水系统突出问题诊断

1.1　湖泊调蓄水位控制问题

作为"百湖之市"，武汉为协调湖泊调蓄和湖泊周边建设的竖向问题，结合长期以来的管理经验和设施建设情况，形成了调蓄湖泊的规划最高控制水位和最低控制水位。但受每年降雨量、湖泊汛前水位等因素影响，实际汛前调度水位与调蓄预控水位存在较大差异，造成湖泊调蓄能力低于预期能力。以蔡甸东湖水系近两年运行调度情况为例进行分析，后官湖、龙阳湖、墨水湖等部分湖泊汛前（3月底）水位高于规划最低水位，实际约减少319.13万 m^3 调蓄量（以2021年调度方案计）。

汛前调度水位与调蓄预控水位存在差异的原因主要是两个方面：①受湖泊生态景观影响。一般研究认为，在水质较差情况下，降低水位会导致水体环境容量降低、底泥上浮，水质更加恶化，甚至发臭，特别是对于生态能力差的港渠更加如此。而对于诸如东湖等景观要求高的湖泊，水位对景观的影响较大，由于超前预报难以精准，水位一旦降低，难以短期恢复，湖泊管理单位对水位降低同样慎之又慎。②受水体功能及权属影响。由于历史原因，武汉部分湖泊作为渔场，承担一定养殖功能，渔场权属单位出于养殖需要，不愿低水位运行。

1.2 湖泊调蓄与湖泊水环境保护冲突问题

湖泊是武汉城市雨水的天然调蓄空间，但由于雨污混流、雨水径流污染等现实问题的存在，降雨时，雨水将地面沉积污染物、管渠沉积污染物、混入雨水管渠的污水带入水体，形成水体污染。为避免湖泊水质恶化，湖泊周边、港渠沿线设置了大量的节制闸和截污管。平常为防止污水入湖入渠，关闭节制闸，一旦遇大到暴雨难以及时开启，开早了污水入湖，开晚了周边渍水。加之湖泊生态水位的控制要求，一般水环境容量偏低、景观要求较高的湖泊，汛期之前难以降低湖泊水位。水环境保护、生态水位控制与调蓄功能矛盾突出，导致湖泊调蓄功能难以充分实现。

1.3 管道排水效率偏低问题

排水管网建设通常根据暴雨强度公式，按照行业设计标准进行测算，实际运行中，武汉大部分城市建设区地势平缓，地面坡度小，管道坡度相对较缓，容易淤积，排水效率难以充分发挥。加之社会对排水设施的重视和认知不足，部分城市建设中损坏原有排水设施未予以及时修复，或者各单位各自为政，仅解决其局部排水问题，未统筹解决系统问题，整体导致排水管道效率并未达到设计状态。

2 排水系统优化提升方案

2.1 湖泊水位控制优化方案

2.1.1 构建湖泊多水位管控体系，强化湖泊调蓄能力

结合湖泊实际情况，优化湖泊特征水位，基于原有常水位、最高控制水位、最低控制水位，在精准预报前提下增加汛前抢排水位（超低），利用岸线超高增加防涝水位（超高），最终形成 5 种特征水位，如图 1 所示。在此基础上，综合历史数据和配套设施，适当降低汛前水位，强化空腹度汛，提高库容，平均可降低抢排 0.2～0.3m。为进一步提高湖泊调蓄库容，可利用超高短期调蓄，平均可短期超高 0.3～0.5m，但必须加强水位的快速调度。

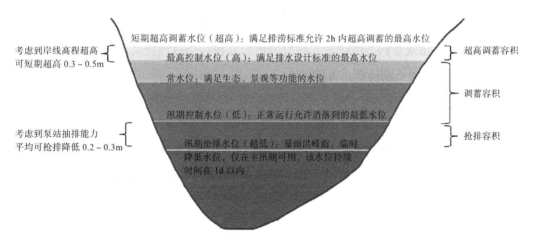

图 1　湖泊调蓄 5 种水位控制模式示意图

采用多级水位调控方式，可极大增加湖泊应急调蓄容积，充分发挥武汉市湖泊调蓄防涝潜力，是武汉市防涝最经济有效的措施。

2.1.2 完善湖泊泄流通道，强化湖泊调度能力

通过扩建、新增通道，在现有排水通道基础上，构建湖泊外排"N+1"通道，使得出流能力匹配湖泊调蓄水平，保证蓄后水位可在限定时间内降低至预控水位。差异化控制不同湖泊以及湖泊不同位置水位，提升湖泊与湖泊、渠道和泵站等联合调度水平。建立湖泊洪涝防治调度制度，确保在汛期降雨后，能在要求的时间内把

水位降低到相应控制水位。例如，针对 2016 年汤逊湖水系湖泊水位下降慢的问题，新增巡司河向北出口通道、打通汤逊湖第二出江通道，作为汤逊湖水系排水的快排通道。

2.1.3 结合湖泊功能定位，强化湖泊统筹管理

结合湖泊功能，加强生态景观水位研究，统筹旅游、养殖、排涝等多种功能，强化湖泊水位管理。对复合功能的调蓄湖泊，必须解决好功能与权属的关系，调蓄调度方案应取得利益相关方的共识，以保证调蓄功能得到有效发挥。为充分发挥湖泊调蓄功能，解除湖泊管理单位后顾之忧，还应强化提升湖泊水质，加强排口污染控制，保障排蓄通畅。

2.2 雨水水质水量协同控制方案

结合雨水径流路径，分别从源头、雨水管网和入湖排口三个节点，通过源头海绵城市建设、排水管网分级清淤、排口因地制宜控污全过程控制入湖径流污染物，保障雨水能够及时入湖调蓄，入渠排放。

2.2.1 源头海绵控污

对接海绵城市专项规划，控制径流污染。综合考虑武汉市降雨特征、径流污染特征、系统内部用地布局、受纳水体水质管理目标等因素，确定源头海绵城市控制目标，保证年径流污染外排浓度低于受纳水体水质管理目标或环境容量允许排放限值。

2.2.2 末端排口控污

对于排水管渠排往湖泊的末端排口，落实流域水环境治理方案和相关专项中关于径流污染控制的要求，推进水环境治理设施建设。具体污染控制过程中，还应因地制宜，结合排口特点，实行不影响排涝功能的末端控污工程。

2.3 排水管网效率提升方案

针对武汉大部分地势平，管道坡度缓的特点，运用模型软件，采用 1 年重现期降雨，对雨水管网流速进行模拟，甄别低流速区，作为管道清淤控污、保障过流能力的重要依据。

2.3.1 管道清淤等级识别

在流速判断基础上，结合排水体制，流域区位（湖泊上游 / 下游），将雨水管道分为沉积污染高、中、低风险区，具体划分原则如表 1 所示，并据此，结合模型对雨水管道流速模拟情况，形成管道沉积污染风险分区图，如图 2 所示。

排水管道沉积风险等级划分一览表　　　　　　　　　　　　表 1

序号	管道沉积风险等级	原因
1	管道沉积污染高风险区	①管道内雨水流速较慢区域，污染物容易沉积；②雨污合流区域，沉积物污染较大，需截污
2	管道沉积污染中风险区	管道流速居中区域
3	管道沉积污染低风险区	管道内雨水流速较快区域，不易产生管道沉积

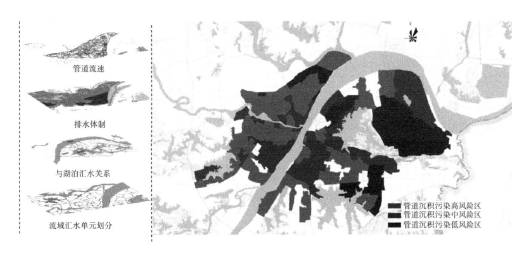

图 2　雨水管道沉积污染风险分区图

2.3.2 管道清淤方案

为实现管道精准清淤，强化排水管网控污，充分发挥排水管道的设计能力，根据雨水管道沉积污染风险分区，制定不同的清淤频率，如表 2 所示，以控制污染，保障排水通畅。此外，在城市新建排水设施中，应尽量采用粗糙系数较低、性能更好的新型管材，强化管道输送能力，提升排水效率。

管道分级清淤建议表   表 2

	高风险区	中风险区	低风险区
清淤频率	一年 2~4 次	一年 1~2 次	一年 1 次

3 结语

城市防涝能力提升既要通过排水泵站、管网等基础设施建设实现，也涉及城市管理的多个环节及城市的多部门协作，综合性较强。在城市大规模排水防涝基础设施建设之后，为进一步提升城市防涝系统韧性，需要从城市防涝提升的核心需求出发，结合城市特点，挖掘各个环节的潜能，梳理城市内涝的控制手段及升级方案，并为后续科学管控，全面落实提供依据和思路。

应对极端暴雨天气的"点、线、面"洪涝统筹对策研究

——以郑州防洪排涝专项体检为例

韩晨曦

（北京清华同衡规划设计研究院有限公司河南分公司）

摘要： 近年来极端天气频发，城市内涝作为一种"城市病"，已经严重影响人民群众的生活生产，危及人民群众的生命财产安全。国内外超大特大城市在防洪排涝的规划中顾此失彼，难以做到洪涝统筹。郑州市汲取"7·20"特大暴雨灾害的深刻教训，在2022年城市体检中增加防洪排涝专项体检，通过综合评价郑州市城市排水防涝系统的建设状况，由"点"及"线"到"面"地诊断出郑州超大城市防洪排涝系统存在的关键问题和症结所在，提高城市防洪排涝目标、补齐设施建设短板，并针对性地提出郑州市解决"内涝城市病"问题的建议和举措，推动建设科学的洪涝统筹体系，全面提升城市排水防涝系统收集排放能力和管理效率，推动城市人居环境高质量发展，满足海绵城市、韧性城市的建设要求。

关键词： 郑州"7·20"；防洪排涝；城市体检；韧性城市

1 引言

随着城市化的发展，城市下垫面硬化面积加剧，雨水入渗减少，洪峰时间提前，城市型洪水灾害频发，凸显了城市的"脆弱性"[1]。2021年郑州"7·20"特大暴雨经济损失占2020年自然灾害经济总损失17.7%，死亡人数占全年的64.3%，农业受损严重，以农业为主的河南省遭受重创。2012年北京市特大暴雨的经济损失也高达116.4亿元，死亡人数达79人[2]。

在2022年住房和城乡建设部进行的城市体检中，明确指出韧性城市理念是城市未

来发展和治理的趋势，而其中城市防洪排涝安全正是城市安全体系中的重要内容。城市洪水与内涝往往相互影响、相互转化，但在以往的城市规划中却容易相互孤立，导致防洪盲目加高防洪堤，不顾及排涝，而排涝没有考虑防洪高水位等现象，易出现极端暴雨天气下的洪涝交织现象。因此，《"十四五"城市排水防涝体系建设行动计划》中提出要加强洪涝统筹体系建设，为城市体检中的防洪排涝提供了明确的整治方向。

郑州市经历了"7·20"特大暴雨灾害后，为更好地解决城市雨水安全问题，保障人民群众生命财产安全，开展了"郑州市防洪排涝专项体检"。在对城市防洪排涝体系"点、线、面"的全方位体检中发现城市部分积水点尚未得到有效治理、部分河道防洪标准偏低、排水设施能力相对欠缺、雨水蓄滞空间不足等关键问题，加剧了城市洪涝灾害[3]。因此，针对上述体检中发现的问题，由"点"及"线"到"面"地提出了针对性的整治措施，助力郑州市洪涝统筹体系建设，对提升城市的洪涝治理水平具有重要的指导意义。

2 思路与方法

2.1 评价标准

根据《河南省城市防洪排涝能力提升方案》及《郑州市自然资源和规划局关于加强防洪防涝规划管理工作》要求，构建完善的城市防洪防涝工程体系，排水防涝能力与海绵城市、韧性城市要求更匹配，力争城市内涝防治重现期达到特大城市要求，超标准降雨下保障城市安全运行。

根据《郑州市城市防洪规划》，明确郑州主城区防洪标准达到 200 年一遇。近期2025年，贾鲁河干流主城区段防洪标准达到 200 年一遇、中牟段防洪标准达到 100 年一遇；金水河、七里河等主城区河流防洪标准达到 100 年一遇。

根据《郑州市排水（雨水）防涝综合规划（2021—2035 年）》，2025 年主城区重要地区达到 52.7mm/h（5 年一遇），一般地区达到 41.4mm/h（3 年一遇）降雨不积水。全面消除严重影响生产生活秩序的易涝积水点，基本形成"源头减排、管网排放、蓄排并举、超标应急"的城市排水防涝工程体系；超出城市内涝防治标准的降雨条件下，城市生命线工程等重要市政基础设施功能不丧失，基本保障城市安全运行。

2.2 技术路线

以发现问题、明确目标、实现对策为基础思路，制定的"点、线、面"专项体检技术路线如图 1 所示。

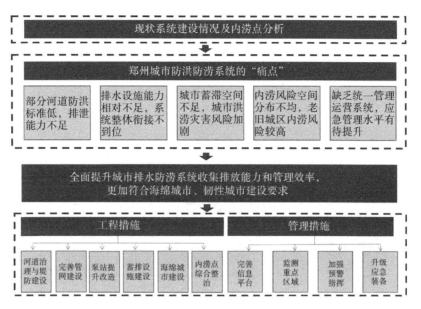

图 1 郑州市防洪排涝专项体检技术路线

3 基本情况梳理

3.1 "点"上内涝点治理取得初步成效

为有效解决城市内涝，保障城市道路安全通行，各部门强力推进城市道路积水点治理工作，针对"7·20"特大暴雨灾害中暴露出的问题短板，系统梳理辖区内城市道路积水情况，开展拉网式排查，形成《郑州市城市道路较大积水点排查治理台账》，并印发《关于郑州市城市道路积水点治理工作实施方案的通知》，明确各相关责任单位要按照"规划统筹，突出重点，因地制宜，一点一策"的要求，结合规划部门相关管线改造意见，制定合理可行、彻底解决积水问题的治理方案。目前已完成139处，消除严重影响生产生活秩序的易涝积水点率为78%，剩余待处理40处（图2）。

3.2 "线"上雨污分流的排水系统已基本形成

郑州中心城区现状为雨污分流制。经过近年来雨污水分流改造，现已基本实现大部分雨污管网分流。老城区、城中村现存的 34.8km 雨污合流管道正在改造中。

中心城区主要涉及黄河、淮河两个流域。枯河是黄河流域主要雨水收集渠道，收水范围为古荥镇。淮河水系是郑州市的主要排水出路，收水范围为索须河、贾鲁河、金水河、魏河、东风渠、熊耳河、七里河及潮河等郑州市大部分区域（图3）。

图 2　2021 年郑州市城市道路积水点分布图

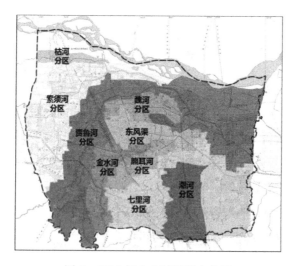

图 3　2021 年中心城区排水分区

3.3　"面"上防洪排涝设施能力建设稳步提升

按照河南省《城市排水（雨水）防涝综合规划编制大纲》的要求，正加快防洪防涝"31382"规划体系建设，目前已编制完成《郑州市防洪规划》《郑州市城市防洪规划》《郑州市排水（雨水）防涝综合规划（2021—2035 年）》等专项规划，制定出台了《郑州市系统化全域推进海绵城市建设实施方案（2022—2024 年）》等政策文件。

全面贯彻落实海绵城市建设理念，推动海绵城市建设取得初步成效，海绵城市建设达标面积逐年增加，至 2021 年，全市海绵城市达标区面积达到 144.2km²，占建成区面积的 23.7%。先后完成贾鲁河综合整治和四环线绿化及再生水环线建设，金水河综合整治工作正在加快推进，帝湖、大学北路桥、北闸口等多个防洪卡口改造已完成，市政道路排水能力明显增强。

4 问题诊断

4.1 "点"诊断

中心城区内涝中风险及以上的面积约 65.9km²，占建成区总面积 10.8%，其中内涝高风险区域面积约 56.1km²，占比 9.2%（图 4）。在 100 年一遇 24h 设计降雨条件下，内涝风险在空间分布上存在一定差异，其中索须河、贾鲁河、金水河流域建成区内涝风险影响相对较大，高风险区主要集中在下穿京广铁路及陇海铁路沿线、河医片区、白沙片区、五龙口片区、汇水面积较大的南三环、航海路等区域。

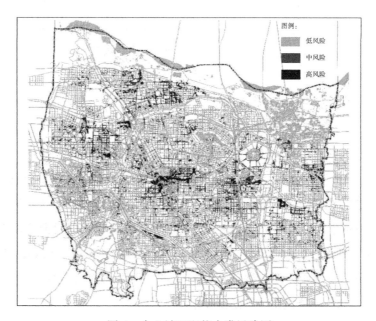

图 4　中心城区现状内涝风险图

如图 4 所示，中心城区建成区内涝风险主要集中于区域内建成较早区域，以及城区河道下游低地势区域。近年新建城区及河道上游区域，内涝风险总体较小。其中降雨过程中的路面积水程度，是影响相应区域内涝风险等级的重要因素，而较低的雨水管渠建设标准，则是影响城区排水能力，引发路面积水的重要诱因。这一关联现象，客观上造成中心城区内雨水管渠能力较低的区域，往往内涝风险较高。

4.2 "线"诊断

4.2.1 排水设施

管渠系统是城市防洪排涝的"生命线"，提高管渠的排涝能力需从三个方面考虑：设计标准、覆盖程度、附属设施建设。

中心城区现状雨水管渠建设标准总体较低，其中 61% 排水能力小于 3 年一遇，且各排水分区排水能力分布不均。现状雨水泵站 106 座，总排放能力约为 154.1m³/s，现状雨水泵站达标率仅 40.2%，部分立交雨水泵站抽升能力不足。建成区应急排涝能力为每平方公里 79.2m³/h，与每平方公里 100m³/h、高风险地区每平方公里 150m³/h 仍存在一定差距。

部分地区配套管网系统施工建设时序安排不当，下游雨水管渠、明沟建设不及时，导致排水不畅或上游雨水无出路；道路建设缺乏系统性竖向规划，与排水防涝设施建设竖向要求衔接不紧密；受道路、地铁等施工影响，部分区域形成低洼点，导致防洪排涝系统运行效率较低。

4.2.2 防洪设施

河道是城市中主要的泄洪通道，起着承接内涝与泄洪的双重作用，是洪涝统筹中的关键"连接线"，需要足够的蓄洪承载力以应对极端暴雨天气。如图 5 所示，郑州中心城区建成区内已治理河道基本能满足 50 年一遇以上设计洪水过流。其中重要防洪河道七里河下游段、索须河上游段、金水河市区段现状河道泄流能力偏小，仅能满足 20 年一遇设计洪水过流。中心城区范围内已建堤防总长 386km，其中金水河市区段、七里河下游段（陇海铁路至万三公路）等共 43.8km 堤防防洪标准仅为 20 或不足 20 年一遇，不能满足城区防洪要求。

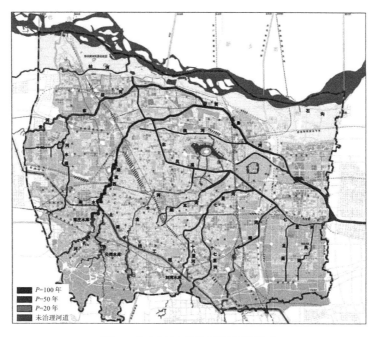

图 5　中心城区现状河道防洪标准

4.3　"面"诊断

4.3.1　内涝防治设施

城市滞蓄空间对极端暴雨天气的缓冲具有重要作用，有力削减洪峰流量，减小河道过流压力，是防洪排涝的"中转站"，可从"面"上有效降低城市的受灾程度。然而，郑州市中心城区尚未建设排水防涝专用调蓄池。除河道、湖泊自身的调蓄外，缺乏大型公园和开敞空间等调蓄设施，且未与周边区域径流有效衔接，总体调蓄能力不足，加剧城市洪涝灾害。如图 6 所示，现状明沟共 27 条，排涝标准为 3～20 年一遇普遍偏低，且因土地的集约高效利用以及对明沟的防涝作用认识不足等历史原因，二里岗明沟等 17 条明沟已全部或部分改为暗涵，不能满足防洪排涝需求。海绵城市建设虽已取得初步成效，占建成区比例 23.7%，但仍不能满足应对极端暴雨天气的要求（图 7）。

4.3.2　组织管理

实现"点""线""面"的洪涝统筹离不开高效的组织管理体系。郑州市防洪排涝指挥系统已初步建立，但汛期水务和城管部门分别负责各自管理的防洪工程管理，难以实现统一高效的指挥调度。设施运营管理体系不健全。城市管网、明

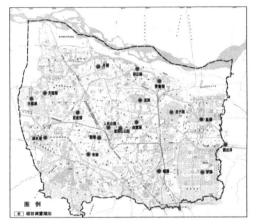

图 6　雨水滞蓄设施

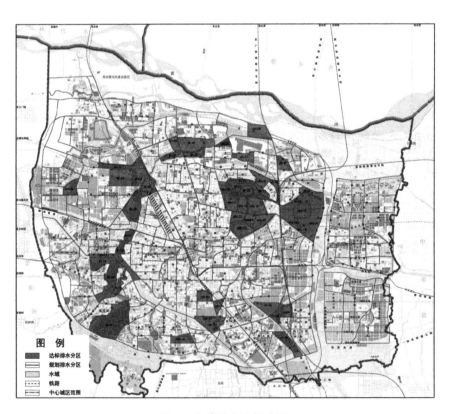

图 7　海绵城市达标分区

沟等市政防洪排涝设施管理维护工作由市城管局牵头,涉及 18 个主管单位和 22 个管理责任单位,存在管理分散、权属不清、管养水平不一等问题。未建立城市防洪排涝应急处置系统和数字城市防洪地理信息系统。防涝除险设施配置能力不足。特大暴雨时缺乏大型抽水泵车、发电车、防汛车等可调配力量,通信缺乏应急保障。

5 建议与对策

5.1 "点"治理

持续推进易涝点综合治理,消除安全隐患针。对中心城区未完成治理的 40 处城市易涝点,并针对不同原因形成"一点一策"治理方案。通过临时增设移动抽排设备,改造原有排水管渠和新增排水管渠、提高泵站能力、改造原有排水管渠坡度及排口位置和调整雨水排放系统、加快雨水排水系统建设等手段消防易涝点安全隐患。

5.2 "线"改造

5.2.1 加强河道治理与堤防建设,提升城市防洪能力

需加快推进金水河、东风渠、索须河、魏河、七里河等主要河道的防洪提升综合治理,结合河道治理规划,同步完善两岸堤防工程建设。除贾鲁河干流、索须河、金水河、七里河等需采取综合措施提高防洪标准外,其余河道均可通过单一河道治理和堤防工程建设达到规划防洪标准,贾鲁河中心城区干流段的河道治理标准为 50~100 年一遇,金水河、七里河为 20~50 年一遇。

5.2.2 完善雨水管渠系统,系统提升排水能力

1)提高管渠设计标准

根据《河南省城市防洪排涝能力提升方案》(豫政办〔2022〕22 号)、《郑州市排水(雨水)防涝综合规划(2021—2035 年)》,充分考虑城镇类型、积水影响程度和内河水位变化等因素,郑州市新建、改造雨水管渠参照超大城市标准进行规划建设。新建地区应严格按新规划标准进行规划、设计,已建地区应综合考虑可实施性,结合城市更新改造建设计划,先主干后支管,逐步完善更新排水系统,使雨水管渠设计重现期达到规划标准(表 1、表 2)。

城市防护对象重要性分级 表 1

防护对象重要性等级	评价要素	
	路段	地区
重要	城市主干道及以上等级道路、地铁、过江（湖）地下隧道	医院、学校、档案馆、行政中心、重要文物地、下沉式广场等重要建构筑物、交通枢纽等重要公共服务设施用地、保障性大型基础设施用地、省市防洪救灾指挥机关用地
	下穿（道路、铁路等）通道、立交桥	
一般	一般的次干路和支路	其他地区

中心城区新、改建雨水管渠设计重现期标准（年） 表 2

区域	一般地区	重要地区	道路立交、隧道、下沉式广场
中心城区	3 ~ 5	5	50

2）完善排水管网

新建地区严格按照新标准要求规划设计，坚持系统化思维，确保新建区域雨水安全排放，避免出现上下游管道不衔接，下游排水无出路造成局部积水等问题，同时保障新建地块内部雨污水完全分流，与市政排水管网衔接得当。已建地区结合易涝点整治、城市更新、老旧小区改造、城市道路建设等工程顺势推进，上下联动，统筹现状与规划新建管线之间的关系，打通排水瓶颈管段，突出建设重点，优先对问题突出的、对民生影响大的管渠进行提标改造。对不满足最低设计标准排水管渠的区域，通过增建或翻建雨水管渠进行提标改造，对于暂时改造难度较大的区域，可以通过建设截流—分流管道、源头减排设施、调蓄设施等方式实现地面无明显积水等目标，远期再按规划标准进行改造。

3）改造完善管网附属设施

升级改造 61 座泵站、规划新建 77 座泵站，开展雨水排出口整治行动，增强收水能力，解决下穿地段低洼区域的雨水排放问题。

5.3 "面"提升

5.3.1 增强综合防涝措施，系统提升防涝能力

1）加快海绵城市建设，从源头削减雨水径流总量

贯彻海绵城市建设理念，构建低影响开发雨水系统，加强城市雨水径流控制，缓解城市内涝，提高城市韧性和宜居性，促进城市可持续发展。根据用地功能与布

局，除水系外可将用地划分为绿化及广场、建筑与小区、道路 3 类，结合各类用地特点相应地进行径流控制措施选择。新建小区可通过合理设计场地竖向，有效组织雨水径流，合理构建低影响开发设施体系，采用绿色屋顶、透水铺装、下凹式绿地、雨水花园等措施加强雨水源头滞蓄及径流污染控制，减少经由地块进入市政雨水管渠的径流总量。老旧小区可结合城市更新，持续推动老旧小区综合改造工程，根据小区的实际条件，采取安全、有效和合适的低影响开发体系布局，提高老旧小区整体的径流源头控制能力，满足相关地块总体径流控制指标要求。城市绿地与广场的海绵性设计应优化道路及广场路面坡向与毗连绿化及水体间的竖向衔接，经截污等预处理排入低影响开发设施处理[4]。充分利用大面积的绿地与景观水体，设置雨水渗滞、调蓄、净化为主要功能的低影响开发设施，消纳自身及周边区域的雨水径流，达到相关规划提出的控制目标与指标要求。配套布局绿化用地，推荐采用透水铺装地面，对下沉式广场、湿塘、雨水湿地和蓄水池等以调蓄为主要功能的设施，应设置溢流排放系统，并与城市雨水管渠系统和超标雨水径流排放系统相衔接。在完善与更新城市主干道路及区级支小路网的同时，落实海绵城市系统理念及相关径流控制要求，建设市政道路低影响开发设施体系，实现道路路面径流总量控制及污染削减。

2）综合整治明沟系统

综合考虑明沟在郑州市排水防涝工程体系中的作用、区域实际的建设条件以及与河道防洪除涝体系的衔接等因素，进行现状明沟改造与规划明沟建设，使明沟防涝能力尽可能达到 30～50 年一遇。同时，做好明沟的日常管理、监督执法。每年汛期前，对现状明沟进行全面开展疏挖整治，及时科学开展清淤疏挖、整治修复工作。清理明沟内影响行泄的积存垃圾、淤泥、渣土，排查拆除侵占明沟的各类建（构）筑物和擅自设置的闸、坝设施，修复明沟沿线的存在裂缝、沉陷、倾斜、缺损、风化、勾缝脱落的护坡、挡土墙和压顶。重视日常管理，明确具体管理单位，责任到人，组建明沟专班养护队伍，落实明沟及附属设施的网格化巡查工作，确保明沟功能完善，加大执法力度，认真清查破坏填埋、排放污水等侵占明沟的违法行为。

3）着力建设雨水蓄排设施

雨水调蓄设施宜优先利用天然洼地或池塘、公园水池等作为雨水调节池，结合城市湿地、公园、下凹式绿地和下凹式广场等，合理布局雨水调蓄空间。通过设置系统雨水泵站解决雨水管渠设计重现期标准范围内雨水系统的排水问题，同时兼顾内涝防治标准下系统的涝水排放。并设置排涝泵站解决内涝防治标准下系统的涝水排放问题，来水除了雨水管渠外，还包括排放不畅的上游地表涝水或明沟涝水。根据《郑州市排水（雨水）防涝综合规划（2021—2035年）》，中心城区共规划建设调蓄设施57座，有效调蓄容积181.1万m³，雨水、排涝泵站71座，规划流量690.58m³/s（图8、图9）。

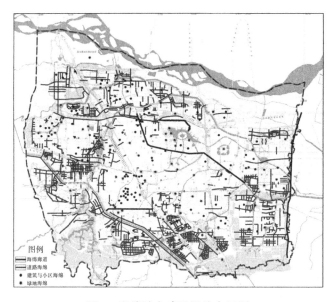

图8　海绵城市建设设施布局图

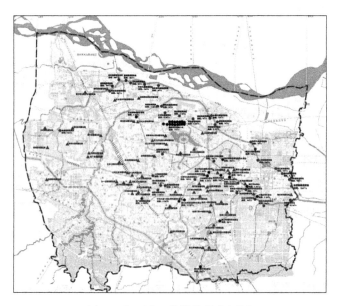

图9　中心城区蓄排设施布局图

5.3.2 加快内涝预警平台建设，提升应急管理水平

1）完善信息平台，强化精准分析预报

加快推进"新城建"城市智能管理系统建设，完善城市三维全息CIM基础平台，开展内涝监测预警信息平台建设，全方位体现隧道、低洼区域及重点地区积水的实际参数情况，保证监测信息全面、及时、准确。

2）关注重要区域，优化监测设备点位布置

重点关注城市交通干道、低洼区域等易涝点、内涝高风险等区域，合理布局监测设施。

3）加强预警指挥，提升应急决策能力

完善应急指挥平台，建设灾情信息数据库，实现资源共享、业务协同、互联互通，提升研判决策效率。

4）升级应急装备，提高救援保障能力

足量配备移动泵车、抽水设备等排涝抢险专用设备，急排涝能力不低于100m³/（h·km²）[高风险地区不低于150 m³/（h·km²）]。推动防汛物资装备优化升级，增强电力、通信保障，强化重点区域、高风险部位重点设备布置建设，进一步增强防汛抢险保障能力。

6 结语

基于对郑州"7·20"特大暴雨灾害的思考与总结，在郑州市防洪排涝专项体检中，全面梳理城市防洪排涝体系的现存问题，运用"点、线、面"的洪涝统筹手段，从源头治理，到设施整治，到管理统筹，形成了应对极端暴雨天气的洪涝统筹对策，为治理城市洪涝灾害提供了指导。

参 考 文 献

[1] 刘兰.全球极端天气走向常态化[J].生态经济，2021，37（9）：5-8.

[2] 郑园园.高密度人口城市应对极端暴雨的韧性优化分析[J].中国防汛抗旱，2022，32（6）：82-88.

[3] 孔锋.我国城市暴雨内涝灾害风险综合治理初探[J].中国减灾，2021（17）：23-27.

[4] 张利娟.理性认识海绵城市[J].中国报道，2021（10）：69-71.

市政规划
与实施篇

基于气候变化背景的雨洪韧性城市构建规划实践

——以卫辉市内涝治理系统化方案为例

王宏彦　高　艳　胡　晗

（武汉设计咨询集团有限公司）

摘要： 近年来，随着全球气候变暖、海平面上升，极端气候导致的暴雨、洪涝、公共卫生等城市安全风险事件频繁发生，严重威胁了人民群众生命财产安全，如2021年7月河南发生极端特大暴雨造成郑州等城市严重内涝导致重大人员伤亡和财产损失。党的二十大报告提出打造"宜居、韧性、智慧"城市，"十四五"规划更是将城市内涝治理工作作为重点加以推进。笔者通过河南省卫辉市灾后城市内涝防治系统化规划方案编制实践为例，提出构建流域防洪、城市防涝、多措并举、系统施策的内涝防治规划方案，以建设适应气候变化背景的雨洪韧性城市，并为广大中小城市韧性城市构建及雨洪管理规划工作提供借鉴。

关键词： 卫辉；韧性城市；内涝防治；雨洪管理；规划实践；系统施策

1　前言

近年来，随着全球气候变暖、海平面上升、极端天气的黑天鹅事件增强趋强，由此引发的暴雨、洪涝、公共卫生等城市安全风险事件频繁发生，严重威胁了人民群众生命财产安全。习近平总书记提出"要统筹发展和安全，善于预见和预判各种风险挑战，不断增强发展的安全性"。党的二十大报告中也强调："加快转变超大特大城市发展方式，实施城市更新行动，加强城市基础设施建设，打造宜居、韧性、智慧城市。"

2021年7月河南省中北部遭遇大范围极为严重的强降雨天气，多地出现严重内涝，受强降水影响，省内多条河流水位持续上涨并出现险情，多座水库超汛限水位，造成重大人员伤亡和财产损失，直接经济损失超 600 亿元。为深入贯彻习近平总书记关于城市内涝治理和防汛救灾工作重要指示精神，落实《国务院办公厅关于加强城市内涝治理的实施意见》（国办发〔2021〕11 号），对标国内先进地区和国家最新要求，聚焦"7·20"特大暴雨灾害中暴露的问题短板，加快推进城市排水防涝设施和应急管理能力建设，全面提升全省城市防洪排涝能力，河南省人民政府制定并印发了《河南省城市内涝治理实施方案》（以下简称工《方案》）。《方案》提出，到 2025 年，各城市基本形成"源头减排、管网排放、蓄排并举、超标应急"的城市排水防涝工程体系，能够有效应对城市内涝防治标准内的降雨，超出城市内涝防治标准的降雨条件下城市生命线工程等重要市政基础设施功能不丧失，基本保障城市安全运行。

城市内涝治理事关人民生命财产安全，为积极落实党中央和省政府的决策部署，卫辉市作为河南省第一批实施百城建设提质工程的市县之一，启动了城市内涝治理系统化方案的编制工作，以期从根本上解决城市内涝顽疾，提升城市防灾减灾水平，推动城市高质量发展，逐步建立气候适应性韧性城市的目标。

2　卫辉市基本概况

卫辉市地处河南省北部、太行山东麓，古黄河北岸；东连浚县，西靠辉县，北接淇县，西北和林州接壤，西南与新乡市市区、新乡县毗邻，素有"南通十省、北拱神京"之称，全市总面积 862km²，约占河南省全省总面积的 0.5%。卫辉市历史悠久，也是姜子牙故里，境内水资源丰富，水域面积 5900 亩，素有"豫北水城"之美誉。

2.1　城市定位及规模

根据在编的《卫辉市国土空间总体规划》（2021—2035 年），卫辉市定位为历史文化名城，豫北水城，郑州大都市区南北发展轴上的节点城市，以绿色低碳循环产业和文化旅游为支撑的生态宜居城市。中心城区规划至 2025 年，城市建设用地控制在 24.8km² 以内，规划人口为 24.8 万人。截至 2035 年，城市建设用地控制在 35km² 以内，规划人口为 35 万人。

卫辉市的地形地貌自西北向东南主要分为太行山基岩山丘区、山前倾斜平原、黄卫河冲积平原；总体地势呈西北高东南低的态势，高差较为显著；西北部为山区，高程在 400 ~ 1000m，中心城区主要位于东南部的平原区，高程多在 65 ~ 75m 之间。

2.2 流域及防洪防涝概况

卫辉市属于海河流域漳卫水系中卫河子流域的一部分，海河流域面积约 32 万 km²，其中漳卫水系面积约为 3.8 万 km²，而卫河子流域为海河流域的三级子流域，其面积约为 1.5 万 km²。卫辉位于流域水系中部，总体呈现上压、下顶、中山洪的特征，卫河上游为大沙河，共产主义渠原为引黄济津（天津）大型灌溉工程，1962 年停止引黄后变为防洪除涝河道，合河镇以上的洪水不再进入新乡市区，由共产主义渠承泄，大幅分担了卫河防洪压力。卫辉上游洪水来势迅猛，下游河道渲泄不畅，市内面临北部山洪。卫河（河南段）有良相坡、柳围坡、长虹渠、共渠西等 9 个蓄滞洪区。卫辉市属暖温带大陆性季风气候，四季分明；年均降水量 576.5 毫米，降水高度集中于 7 月（27%）。

卫辉市域现状防洪体系主要由七河流六水库二滞洪区构成，水体水库防洪标准较高，河道防洪标准偏低，现状河道除共渠无左堤外，其余均设有堤防。

中心城区排水现状分为 5 大排水分区，汛期通过泵站排入上述三河。老城区现状排水体制主要为合流制，管网系统建设不完善，部分地区尚未建设雨污水管道，已建管网的设计标准普遍偏低，90% 以上的管道设计重现期小于 1 年一遇，未达到《室外排水设计标准》中规定的 2 ~ 3 年设计标准，无法满足现状排水需求。已建成区大部分内涝防治标准仅达到 5 年一遇，翔宇大道沿线不足 2 年一遇，远低于国家标准规定的 20 年一遇。内涝积水情况主要集中在老城区的地势低洼处，现状城区内有较严重的内涝积水点多达 10 余处。

2.3 卫辉 7.20 雨情及受灾情况

2023 年 7 月 20—21 日，新乡、卫辉经历极端特大暴雨，卫辉北最大日降雨量超 250mm，共渠等三条主要河流超保证水位 2m 左右。7 月 22 日，共渠决堤洪水漫溢进入卫河，再经村庄进入城区，卫辉城区积水面积达 79%，积水量达 2000 万 m³，紧急转移安置 20 余万人。7 月 31 日，卫辉城区内涝基本排完，卫辉内涝被淹长达 10d（图 1）。

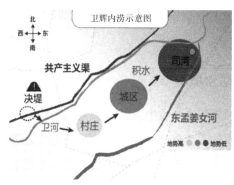

图 1 卫辉中心城区内涝积水图

3 洪涝灾害成因及问题

3.1 洪涝灾害成因

1）系统层面

基于历史沿革，卫辉市的过境河流如共渠、东孟姜女河等由灌溉河道演变为区域行洪排涝及城区排水河道，此外还兼有部分农田灌溉及引水功能，导致洪水涝水不分，城排农排不清，雨水污水不明，系统较为混乱。

2）流域层面

城市地所处流域中游，外洪内涝风险叠加，加之卫辉位于新乡东北，整体地势低洼，上游三条河道洪水过境，洪水位超过城市地面高程，同时城市西北部有山洪来水，区域洪涝风险较高。卫辉市虽初步构建了防洪排涝工程体系，但城区未形成独立闭合的防洪圈，城区防洪标准偏低，仅能抵御 20 年一遇的洪水，防洪体系有待健全。

3）城市层面

城市建筑密度高，径流系数大，蓄滞空间小；涝污问题交织。现状建成区不透水下垫面占比超 85%；现状护城河、人工湖水面面积仅 53hm²；老城区占比面积大，现状合流制导致水污染较为突出；多数排口设闸门，雨季时开闸则会对污染水体，开闸滞后则容易引发内涝，水污染和水安全较难统筹。

4）设施层面

排水防涝设施标准较低，排水管涵及泵站能力严重不足。中心城区汛期排涝主要依靠泵站强排，现状泵站规模普遍偏小，远低于排涝需求。城市排水管道建设标准普遍偏低，大部分管网设计重现期小于等于1年。

5）运维管理层面

智慧化管理较为欠缺，系统化调度运行及应对极端暴雨能力有待加强。由于经费等原因，卫辉市的排水设施维护养护不足且缺乏先进的管理调度手段，难以进行远程监控、统一调度、联动运行。超标应急预案有待进一步完善，应对极端暴雨能力薄弱。

3.2 问题解析

卫辉市现状防洪排涝问题可归纳以下几个方面：①外洪与内涝相互影响，极易导致洪涝叠加而致灾；②排水设施建设标准低，历史欠账较多；③城市下垫面硬化度高，源头径流强度较大；④对排水防涝系统性认识不够，局部地段排水先天不足；⑤雨污未分流改造，排水与调蓄功能难以有效发挥；⑥部分区域雨水排除设施不完善；⑦排水设施的维护管理不到位，预报预警有待加强；此外，应对大暴雨的预测预警机制仍需完善，预警预报信息的发布、渍水风险实时更新的相关信息化平台建设有待加强。卫辉市现有排水系统排涝标准和能力远低于国家要求，难以满足地区排水需求和与地区发展趋势相匹配。

4 城市内涝防治规划实践

4.1 规划策略及目标

构建源头减排、传统排水（管渠排放）、综合防涝、应急防灾相结合的排水防涝体系，保障城市基础设施生命线工程体系安全运行，建设蓝绿灰管维相统筹的雨洪优先韧性城市。内涝防治目标：至2025年，建成区有效应对10年一遇暴雨，最大允许退水时间2h。超标应急目标：有效应对类似"7·20"特大暴雨极端恶劣天气和其他恶劣情况引发的各类内涝灾害（图2）。

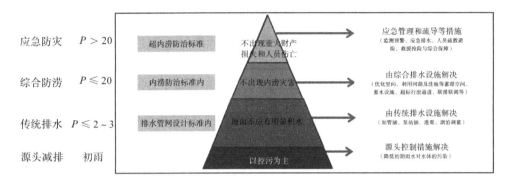

图 2 规划策略及目标

4.2 洪涝治理系统方案

1）优化流域防洪格局及分区，防范"客水"进城

提出两个比选方案，方案一（图 3）：维持原有与流域防洪格局及分区，对卫河、共渠、东孟姜女河原堤岸进行加固改造，形成三个防洪保护圈。方案二（图 4）：鉴于卫辉主要发展区域位于共渠南部且有过境河流东孟姜女河穿城而过，系统防洪风险以及面对未来气候不确定性的风险均较高，规划东孟姜女河局部改道沿郑济高铁走向布置并新建堤防，原市内段改为内河，整个城区形成 2 个独立防洪圈并对卫河、共渠原堤岸进行加固改造。经过综合比选且最新的卫辉国土空间总体规划正在编制中可结合调整用地，规划确定方案二作为推荐方案（表 1）。

图 3 方案一示意图

图 4 方案二示意图

方案对比   表1

方案对比维度	方案一	方案二
城市防洪安全保障	较安全，有一定系统风险	更安全（闸口更少）
对城市道桥影响	对城内跨河桥梁及道路竖向等要求较高	对城内影响更小
对东孟河两岸排涝影响	需10~12座分散泵站，排涝规模要求更高	可集中设置1~2个泵站
泵站用地及管理	泵站用地需求较大，多泵站管理更复杂	泵站用地需求更小，管理更方便
投资及实施难度	投资略小，实施难度略小	投资略大，实施难度略大

2）防洪提升工程

结合现有堤防及高地高标准建设城市防洪圈、山区水库、蓄滞洪区及安全区，将城市防洪标准提高到50年。加强城市周边引洪排洪工程建设并清淤疏浚共渠、卫河及东孟姜女河；利用北部山区6座中小型水库蓄滞北部山区洪水；城北设置截洪沟渠及安全缓冲带，防御山洪及泥石流等自然灾害，来水排至共产主义渠（图5）。

3）流域生态治理与保护

维护自然生态空间结构，严格保护城市蓝、绿空间；加强流域山水林田湖生态保护，留足蓄滞洪区空间。北部加强山体生态保护及水土保持，科学调度水库调蓄，调节山洪径流（图6）。

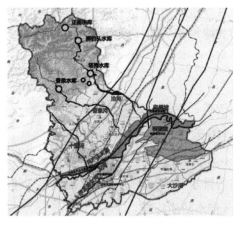

图5　防洪提升工程方案图　　　　　图6　流域生态治理与保护方案图

4.3　城市内涝防治体系

1）畅通城市行泄通道

区内主要排涝通道为河道、道路。排洪外河为共渠、卫河、东孟姜女河；排涝内河规划主要有6处排涝通道，连接雨水管网至泵站，用于收集并排出规划区内的涝水（图7）。

图 7　城市洪涝行泄通道方案图　　　　图 8　城市调蓄空间方案图

2）挖掘城市调蓄空间

预留蓝绿空间，推动雨洪公园建设，发挥蓄滞功能；优先利用7处天然河湖等作为雨水调蓄设施。结合城市公园、下凹式绿地和下凹式广场等其他工程，布局临时性的雨水蓄滞空间（图8）。

3）优化调整城市局部竖向

规划对7片建设区的低洼地进行竖向改造，规划5处绿地作为雨水蓄滞空间，有效降低部分高风险区的积水和内涝风险（图9、图10）。

4）优化中心城区排水分区

调整降低中心城区中老城区卫河以南的排水分区的汇水面积，通过设置连通管涵分流片区雨水，提升老城区卫河以南片区排水防涝标准。

5）整治城区历史易涝积水点

根据现状易涝积水点的类型、积水原因等情况结合模型模拟开展一点一策，制定相应的整治方案；整治工程类型分为系统补短板工程（关联易涝积水点）和易涝积水点局部整治工程（图11、图12、表2）。

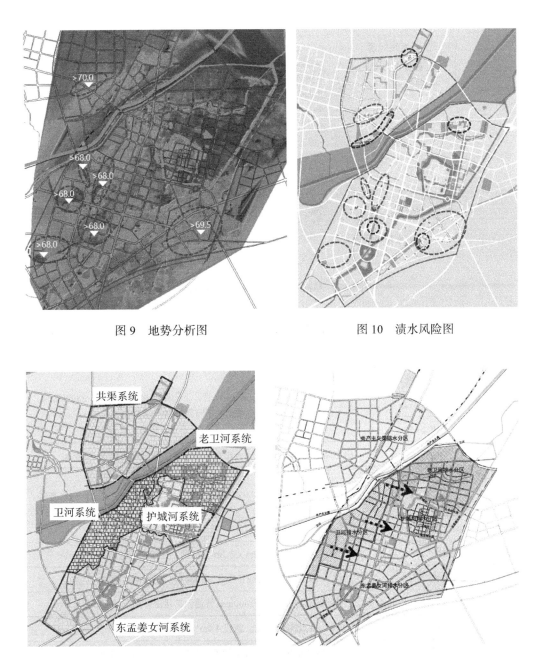

图 9　地势分析图　　　　　　　　　图 10　渍水风险图

图 11　中心城区排水分区及调整方案图

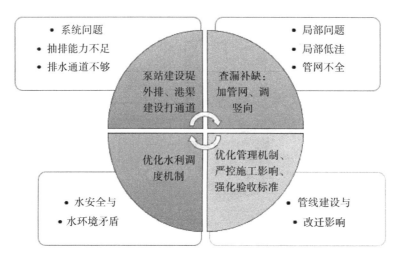

图12 易涝积水点治理技术路线图

整治城区历史易涝积水点 表2

编号	渍水点位置	"一点一策"整治方案
1	电机厂家属院	翔宇大道新建$d1000 \sim d1800$mm雨水管，下园路新建2个$B \times H$=2800mm × 1830mm的雨水箱涵，下园路泵站扩建至21m³/s
2	下园路	
3	卫辉火车站	
4	辛庄村	唐屯路新建2条$d1400$mm雨水管，比干大道泵站扩建至9.5m³/s
5	新华医院	优化局部地区竖向高程，完善区域排水管网，拓宽疏浚股护城河，与东孟河道相连接，形成畅通的城内排水体系
6	实验中学	
7	比干大道	
8	宝塔东路	宝塔东路新增$B \times H$=1.2m × 2.5m盖板涵，扩建司湾泵站至19.5m³/s
9	贺生屯小区	随地块开发时同步优化竖向高程，完善排水管网
10	卫州路	卫州路新建$d700 \sim d1400$mm管道，扩建击磬路泵站至5m³/s
11	代庄村	优化竖向高程，新建4.4m³/s击磬路（南）泵站
12	水晶城	新增$d1400 \sim d1800$mm管道，扩建振兴路泵站至4.7m³/s
13	阳光华府	随地块开发时同步优化竖向高程，新建6m³/s振兴路泵站（西）
14	中源小区	比干大道—振兴路新增$d1400 \sim d1800$mm管道，随地块开发优化竖向高程，扩建振兴路泵站（东）至4.7m³/s

4.4 高标准建设中心城区排水系统

根据卫辉市城市规模及发展趋势，确定中心城区内雨水管网规划设计标准为

2～3年一遇，中心城区重要地区为3年一遇，中心城区地下通道为10～20年一遇。重点针对城市影响面广的易涝区段，优先提高排水标准，进行排水设施的改造与建设。卫辉灾后重建城区排水项目达30余个，涉及河道、堤防、泵站、排水管网、闸门等各方面（图13、表3）。

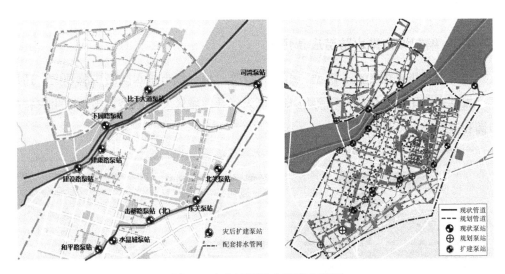

图13　中心城区排水系统方案图

卫辉灾后重建排涝泵站建设一览表　　　　　表3

排水分区	排涝泵站	流域面积（km²）	规划规模（m³/s）
共产主义排水分区	下园路泵站	6.13	21
	比干大道泵站	2.64	10
卫河排水分区	建设路泵站	1.29	7.2
	健康路泵站	0.61	6.2
老卫河排水分区	司湾泵站	5.50	19.5
	北关泵站	0.22	3
护城河排水分区	东关泵站	4.26	3
东孟姜女河排水分区	和平路泵站	1.06	5.9
	水晶城泵站	0.62	3.4
	击磐路泵站（北）	1.07	5

4.5 综合治理城市水环境

在上述工程措施的基础上，开展城市水环境开展综合治理，建构以提高水质水生态位目标，基于点源、面源和内源一体综合治理体系并加强与污水专项、海绵城市专项规划的衔接。

4.6 编制城市排水防涝应急预案

结合卫辉市降雨特点、雨型、雨峰系数等，编制城市排水防涝应急预案，适用于突发性强降雨、连续强降雨等极端灾害天气导致城区发生内涝灾害及次生灾害的防御和应急处置（图14）。

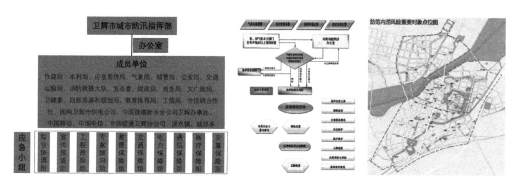

图 14   应急预案

建立四级应急响应级别，明确政府机关、客运站、学校、医院等重要场所及重点防护对象，应加强内涝风险防范，做好相应应急预案。交管、民政、房管、卫健等部门应结合内涝风险梳理职责内的重点防范对象。结合渍水风险点的位置及周边空地情况，依据就近原则部署包括龙吸水、移动泵车、排渍抢险车、固定泵等各类应急抢险设备、设施及物资等。推进公众防御指引，加强公众安全教育。推进强降雨内涝灾害的科普宣传，促进公众参与和响应，切实提高公众防灾避险意识和自救互救能力。

4.7 规划方案实施效果评估

系统化方案实施后，根据模型评估显示，规划范围内总体内涝风险显著降低，能够满足规划内涝防治标准范围的降雨要求，中心城区可有效应对30年一遇降雨（图15、图16）。

图 15　规划区积水深度分布图　　　　图 16　规划区排水管涵过流能力评估图

5　结论与反思

（1）在全球气候变暖、海平面上升、极端气候频发的当下，城市内涝治理规划工作应结合城市本底条件、因地制宜、因城施策、系统构建、不能拘泥或生搬硬套相关标准和导则文件，应立足于流域视角和全面站位，坚持"生命至上、人民至上"的理念，做实做细规划，构建基于气候适应性的雨洪韧性城市防洪排涝体系。

（2）城市防洪排涝规划应坚持防洪优先，内涝与防洪相统筹，坚持外水外排，高水高排，蓄排并举、多措兼施的理念，城市洪涝治理要统筹好上下游、左右岸、地上和地下，强排和蓄排，空间与时间、近期与远期，分散和集中，应急与谋远的关系，要深刻认识到水量不可压缩，要给水以出路和空间的重要意义。

（3）规划方案编制要系统谋划，厘清城镇三区空间、各类用地、河道泵闸、排水管网，海绵设施以及自然蓄滞空间等的相互关系，做好工程措施、城市竖向和非工程措施的有机衔接，构建蓝绿灰管维五位一体的防涝内涝应对体系，根据城市实际情况适当提高涉及城市生命线工程（供水、供电、供气、通信、重要设施和建构物以及弱势群体区域）的内涝防治标准和保障措施，才能有效应对气候不确定变化的极端天气，并通过建设雨洪优先的韧性城市实现构建宜居、韧性、智慧城市的目的，实现生命至上、人民至上的目标。

参 考 文 献

[1] 中华人民共和国住房和城乡建设部. 室外排水设计标准：GB 50014—2021[S]. 北京：中国计划出版社，2021.

[2] 中华人民共和国住房和城乡建设部. 城镇内涝防治技术规范：GB 51222—2017[S]. 北京：中国计划出版社，2017.

[3] 武汉市市场监督管理局. 武汉市排水管网建设管理技术规程：DB4201/T 649—2021[S]. 2021.

城市更新背景下老城区市政规划的探索

沈泽君　　王晖晖

（厦门市城市规划设计研究院有限公司）

摘要： 一座城市可以被看作一个有机的生命体，随着城市不断发展壮大，如同生命体的躯体不断地长大。在地表，城市建设区的建筑如细胞不断地脱落更新，但城市下的生命线在城市生长的过程中经常被忽略无视，这导致了城市病频频出现。提高老城区的市政化水平是非常必要且急迫的工作，为了使老城区市政更新改造有切实可靠的规划设计依据，有必要组织进行市政专项及管线综合规划的编制工作。针对市政规划与城市更新应该如何相结合的问题，本文以厦门市某片区市政专项更新规划为例展开讨论。文中对本规划的规划目标、规划原则、规划策略及技术路线提出观点，对各专业管线工程更新规划提出与城市更新相结合的规划策略。简要论述了厦门市政规划在城市更新背景下的一些探索，以及构建"市政一张图"智慧平台的创新思路。

关键词： 城市更新；老城区；市政规划；规划策略；智慧平台

1 规划概述

1.1 规划背景

一座城市可以被看作一个有机的生命体，随着城市不断发展壮大，如同生命体的躯体不断地长大。在地表，城市建设区的建筑如细胞不断地脱落更新，但城市下的生命线在城市生长的过程中经常被忽略无视，这导致了城市病频频出现。提高老城区的市政化水平是非常必要且急迫的工作，为了使老城区市政更新改造有切实可靠的规划设计依据，有必要组织进行市政专项及管线综合规划的编制工作。

2021 年 12 月，厦门市人民政府办公厅印发城市更新试点工作实施方案的通知，按照"政府引导、市场参与、分类施策、试点先行"的总体思路，探索具有厦门特色的城市更新模式，推动城市更新从单一目标走向多元综合更新、从局部地区改造走向整体统筹，逐步实现城市空间结构优化、产业转型升级、居住环境条件改善、公共配套水平提升、历史文化街区保护活化、新型城市基础设施落地、城市防洪排涝能力增强，促进城市高质量发展。

2022年1月，厦门市委、市政府贯彻落实习近平总书记提出的"提升本岛、跨岛发展"重大战略，成立岛内大提升指挥部，进一步统筹推进岛内大提升工作，加速推动城市更新、城市建设品质提升。因此，急需加快补齐市政设施短板，保障片区发展，积极将岛内大提升工作落到实处。

1.2 规划目标

1.2.1 总体目标

研究编制单元现状市政系统主要短板，针对片区发展实际，提出市政各专业规划提升要求，指导编制单元的市政设施建设。最终通过片区市政管线设施的有序建设，提高市政承载力水平，增强基础设施安全，改善道路沿线景观，做到"六个有"："安全有提高、积涝有缓解、环境有改善、生活有便利、景观有提升、资源有统筹"。

1.2.2 技术目标

落实上位规划要求，结合老城区的自身特点、现状实际情况和部门需求，统筹利用道路地下空间，明确各类市政管线规模、线位，落实市政设施的具体位置，为工程设计和实施提供切实可靠的规划设计依据。

同时编制成果可纳入"厦门市市政管线一张图"，为老城区市政提升改造提供切实可靠的规划设计依据。

1.2.3 建设目标

（1）完善市政系统，为片区提升改造提供市政承载力支撑；
（2）落实上位规划要求，实现规划目标；
（3）整合管线实施方案，提出管线设施立体控制要求。

1.3 规划原则

（1）坚持问题导向，提出针对性的方案指导项目实施。

（2）因地制宜，结合老城区现状条件确保可操作性。

（3）在充分考虑管线单位需求的同时加大管线统筹，优先保障燃气、给水等补民生短板的管线敷设。

（4）以片区最新上位规划为依据，结合相关部门有关意见、建议，处理好局部与整体的关系。

（5）符合国家现行规范和规定，做到各专业间紧密配合，统筹兼顾，通盘考虑，发挥最佳组合。

（6）充分发挥自然条件的优势和现有市政设施的作用。注重景观，集约用地，增加自流排水，节约投资及市政设施运营费用。

（7）应注重调研，尊重现实，统一规划，分期实施，合理考虑近远期发展需要，处理好近、远期衔接和过渡问题。

1.4 规划策略

1.4.1 系统梳理，方案提出

（1）落实上位规划要求，确保管线改造满足远期需求；

（2）坚持问题导向，提出针对性的方案指导项目实施；

（3）对接城市更新计划，提出市政规划方案。

1.4.2 现状资料衔接，管线设施落位

（1）以现状普查资料为基底，核对雨污水管道溯源排查资料、管养单位矢量资料等，完善现状资料。

（2）衔接已开展或正在开展项目，包括工程规划许可证入库资料、竣工图资料等，统筹地下空间。

（3）各专业现状、规划管线设施落位，整合形成管线综合规划图，融入"市政一张图"编制体系。

1.5 技术路线

本项目技术路线如图1所示。

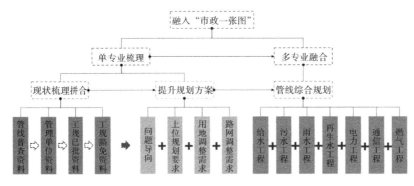

图 1   技术路线

2   各专业管线工程规划

2.1   现状问题分析

老城区市政系统现状的主要问题体现在以下几个方面：①给水管线老化、管网漏损严重，室外消防系统极不完善，安全隐患大；②自然地势低洼，防潮标准低，内涝隐患多；③雨污合流，雨季合流污水溢流排入海域，对海域造成污染；④燃气管线缺乏，部分高层住宅未接入燃气管线，存在安全隐患；⑤变电站建设及进出线通道建设困难，架空线架设杂乱，路边户外环网柜、箱式变、杆上变众多，占用道路及绿地等公共资源，影响城市景观，危及社区安全；⑥多家通信管线单位分别铺设管线，不但占用过多地下空间且管线杂乱；⑦市政设施用地不足，难以提升改造。

由于管线需求的增长以及管线建设无序，一方面造成"拉链路"的现象，另一方面造成地下管线散乱，在路幅较窄的情况下，规划管线已无敷设空间。此外，现状管线普遍覆土不足，在车辆长时间荷载的情况下，部分老旧管网存在老化破损现象。因此，从空间上亟需对现状管线进行重新梳理整合，协调现状与规划管线的关系，为规划管线提供敷设空间。

2.2   各专业更新规划

2.2.1   用地更新规划

根据用地更新规划梳理出用地更新区域位于本片区中部及北部，用地更新区域是市政工程更新的主要区域（图2）。

图 2   用地规划更新比对图

2.2.2   道路系统更新规划

网络织补，构建高效运行均衡服务的道路系统（图 3）：

（1）完善骨架路网，提升交通承载力：提升完善骨干路网体系，适时启动快主干路建设，强化对外交通联系效率与承载力。

（2）加强次支路通达性，打通一批断头路：完善路网"毛细血管"、提高次支路网密度，促进交通微循环，提高路网通达性。

（3）落实街区发展理念，推进道路空间品质提升：落实完整街道设计、推进道路空间品质提升，考虑老人、儿童、残障人士等各类对象服务提升场所体验功能、打造富有活力的街区，提升出行体验。

2.2.3   给水工程更新规划

（1）水源规划构建"外引内蓄、以蓄补引、全面联网、优化配置、以供定需"的水源布局，构建"布局合理、质量并重、高效利用、全面节约"的水资源保障

图3　道路系统更新规划图

体系。

（2）综合现状情况、用地规划、交通规划及上位规划等要求判定现状给水设施保留与否，对保留设施进行规模和用地范围核算，预留扩容空间。

（3）给水管网以系统提升需求、老旧管网更新改造需求、新建道路敷设需求、内部管网扩容补齐需求提出更新方案。

（4）整合给水普查现状管线一张图，权属单位资料与资规局2016—2022年已批复工规资料，形成现状管线一张图，在此基础上完成给水更新规划管线一张图，后期纳入"市政一张图"智慧平台（图4）。

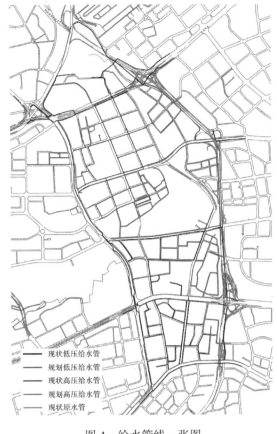

图 4　给水管线一张图

2.2.4　污水工程更新规划

（1）明确排水体制，现阶段除城中村外均未采用雨污分流制，有条件逐步将合流区排水体制更新为分流制。

（2）加快进厂干管建设，推进管网补齐，提升分流改造效果，在源头和管网实现提质增效目标之后，逐步清退末端截污设施。

（3）逐步对老旧管网更新修复，结合雨污混接改造缩紧合流区，减轻管网系统负担，减少雨水排口溢流污染。

（4）核算污水设施规模和用地规模，预留扩容空间，在完全分流改造后完成功能转换。

（5）整合正本清源溯源排查资料、权属单位资料及工规资料，形成现状管线一张图，在此基础上完成污水更新规划管线一张图，后期纳入"市政一张图"智慧平台（图 5）。

現状污水重力管
規划污水重力管
現状污水压力管

图 5 污水管线一张图

2.2.5 雨水工程更新规划

（1）总体改造优先考虑从源头降低城市内涝风险；对未建的易涝风险区提出场地竖向调整的建议，对已建易涝区提出改造对策。

（2）规划区内排水以分散就近排放自然水体的形式为原则，规划排水分区结合地形地势、水系布局、场地竖向规划和雨水主干管等因素进行合理划分。

（3）雨水管网保留现状主干市政雨水管道系统，核算现状管道对管道破损或管径不足的进行更新扩容，随城市更新和道路改造适当更新雨水支状管道，新建道路下规划雨水系统按照分散布置、就近排放的原则进行布置。

（4）整合正本清源溯源排查资料、权属单位资料及工规资料，形成现状管线一张图，在此基础上完成雨水更新规划管线一张图，后期纳入"市政一张图"智慧平台（图6）。

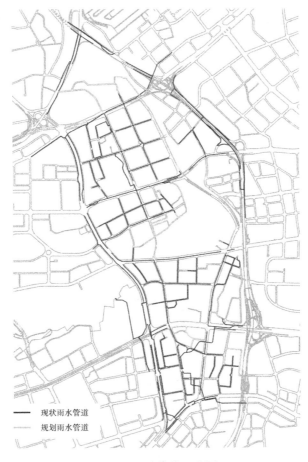

图 6　雨水管线一张图

2.2.6　燃气工程更新规划

结合上位专项规划要求和本片区燃气供应现状、未来建设需求，提出以下提升策略：

（1）燃气气源供应安全：依据上位专项规划，需加快中压调压站的建设和中压燃气主干管道的连通，确保片区双气源供应。

（2）提高管道燃气普及率：推进片区市政道路燃气管道建设，并为保留村庄预留管道燃气接入；实时推动人员密集场所用户"瓶改管"工程，减少瓶装液化气的使用。

（3）老旧管道更新：加强老旧管网筛查，及时更换老旧燃气管道，确保燃气管道的运行安全。

（4）整合燃气普查现状管线一张图，权属单位资料与资规局 2016—2022 年已批复工规资料，形成现状管线一张图，在此基础上完成燃气更新规划管线一张图，后期纳入"市政一张图"智慧平台（图7）。

图例：
- 现状中压燃气管道
- 现状低压燃气管道
- 规划中压燃气管道

图7 燃气管线一张图

2.2.7 电力工程更新规划

结合上位专项规划要求和本片区中压配电网供应现状、未来建设负荷增长需求，提出以下提升策略：

（1）供电电源保障：遵循市级上位规划关于变电站的布局，片区不新增电源点，区内三座变电站可馈出容量达到450MVA，容载比1.9，满足电力规范要求。

（2）高压网络：遵循上位规划的高压电网网架布局，着重考虑片区的高压架空线缆化入地的可能性，结合现有的电缆管沟、新建道路，预留缆化管沟路径。

（3）中压配电网络：基于现有中压配电设施布置和供电负载良好情况，主要通过站前网络改造实现负荷转移，进一步优化网络结构，从空间布局上则考虑片区城市更新片区的供电配套。

（4）中压电力管沟：结合配电网络改造，梳理部分道路现状电力管沟，并结合新增配电设施完善或扩容电力管沟。

（5）整合电力普查现状管线一张图，权属单位资料与资规局2016—2022年已批复工规资料，形成现状管线一张图，在此基础上完成电力更新规划管线一张图，后期纳入"市政一张图"智慧平台（图8）。

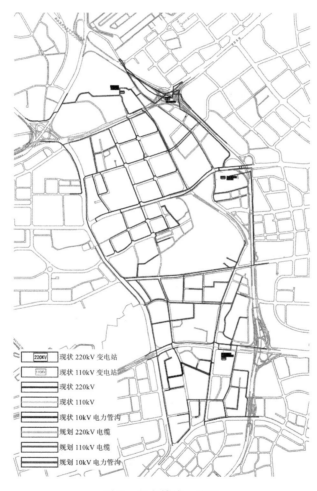

图例

220KV	现状 220kV 变电站
110KV	现状 110kV 变电站
	现状 220kV
	现状 110kV
	现状 10kV 电力管沟
	规划 220kV 电缆
	规划 110kV 电缆
	规划 10kV 电力管沟

图 8　电力管线一张图

2.2.8　通信工程更新规划

结合上位专项规划要求和本片区通信覆盖现状、未来建设新型通信业务增长需求，提出以下提升策略：

（1）通信机楼：基于片区现状通信机楼现状，遵循市级上位规划关于通信机楼布局，主干通信机楼的设置较为充足，无须新增。

（2）通信接入网络：考虑通信新业务增量需求，需预留片区级的通信基础设施。

（3）管网系统：遵循上位规划对主干管网的安排，片区主干通信管道较为完善，均保持现状。考虑5G、智慧城市等通信新业务增量的覆盖要求，完善片区新建道路的通信管网。

（4）5G通信基站：沿用全市专项关于2025年5G移动通信基站布局，建议单独编制移动通信详细规划，保证落地。

（5）整合通信普查现状管线一张图，权属单位资料与资规局2016—2022年已批复工规资料，形成现状管线一张图，在此基础上完成通信更新规划管线一张图，后期纳入"市政一张图"智慧平台（图9）。

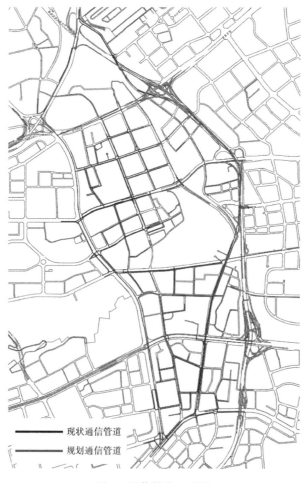

图9　通信管线一张图

3 "市政一张图"构建

"市政一张图"智慧平台作为市政设施更新改造的大脑，目前仍处于基础数据构建阶段，主要分三步形成：

（1）形成各专业现状管线一张图。

首先，以现状普查资料或溯源勘测资料为基底，比对权属单位管养资料，查缺补漏及更新管道信息，随后与资规局2016—2022年已批复工规资料进行拼合，最终形成较为完善的现状管线一张图。

（2）形成系统规划方案。

规划系统方面，以市、区级专项规划为基底，根据片区用地规划、道路平面竖向规划，提出系统提升方案，并进一步细化各专业管线系统图至详细规划层面，最终形成各专业系统规划图，并确保现状和规划数据的无缝衔接。

（3）编制管线综合规划，提取形成各专业规划管线一张图。

在系统规划基础上进一步进行管线综合编制，明确各规划管线三维空间，完成各专业管线矢量规划数据。最终，从管线综合规划图中将各专业管线规划数据提取出来，形成规划管线一张图，纳入各专业市政管线规划数据库，替代数据库中原有数据，填补片区详细规划数据空白，为进一步加强地下管线空间管控，为规划编制和管理提供支撑。

"市政管线一张图"长期有效运行主要分为两个阶段，第一阶段为系统整合阶段；第二阶段为数据长期更新维护阶段（图10）。本次工作主要为第一阶段，各专业系统

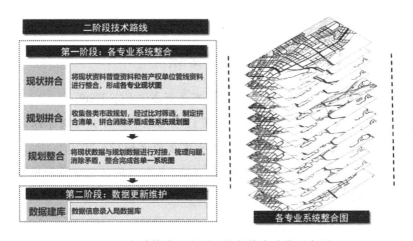

图10 "市政管线一张图"编制技术路线示意图

整合阶段，也是就"市政管线一张图"基础数据构建阶段，主要分三步形成：第一步将现状资料普查资料和各产权单位管线资料进行整合，形成各专业现状图；第二步收集各类市政规划，经过比对筛选，制定拼合清单，拼合消除矛盾成各系统规划图；第二步将现状数据与规划数据进行对接，梳理问题，消除矛盾，整合完成各专业系统图。

4 结论

本次将市政专项规划与城市更新相结合仍处于探索阶段，对片区内的各专业管线工程进行了较完整的梳理和更新，为构建"市政管线一张图"管线基础数据提供了可复制可推广的模板。但与传统市政规划相比更新重点不够突出，如管道损坏情况不清楚无法评估老旧管道是否需更新，智慧市政平台打造尚处于基础数据构建阶段无法在实际中发挥效用。

对后期市政专项更新规划的一些设想：严格管线入库流程，现状及规划管线及时上"市政一张图"平台，基于完善的"市政一张图"平台，对管龄、管道损坏程度、管道规模是否满足使用的情况等实现自动监测及核算，以此作为判定依据实现管道的动态更新，定期体检，保障使用安全。因国土空间用地规划及交通规划等变动而导致的管道更新，可以随市政专项更新规划入库"市政一张图"，单一管线规划应在平台比对无冲突后入库，"市政一张图"平台推广为主管单位审批工具，加快审批效率。

注 释

文中插图均来自厦门市城市规划设计研究院有限公司。

参 考 文 献

[1] 广东省深圳市人民政府. 深圳市城市更新办法 [Z]. 2009.

[2] 福建省厦门市人民政府办公厅. 厦门市人民政府办公厅关于深化城市更新投融资体制改革加快推进岛内大提升岛外大发展的通知 [Z]. 2020.

[3] 中华人民共和国国家发展改革委. 2022年新型城镇化建设和城乡融合发展重点任务 [Z]. 2022.

城市市政水系统基础设施优化策略研究

——以长春市净月区为例

张　婧　张文鹏

（长春市规划编制研究中心）

摘要： 市政水系统基础设施是城市供给保障、安全提升、环境改善的重要环节，应在城市存量提升发展中抓住机遇，在充分调查基础上，统筹考虑基础设施承载力及区域发展需求，找短板补弱项，推动精细化管理，落实韧性城市、海绵城市、"双碳"理念优化市政水系统基础设施。本文结合我国城市基本情况、水系统基础设施发展方向提出改造策略，并以长春市净月区为例提出改造方案，以期为城市更新中水系统基础设施改造方向提供参考。

关键词： 市政基础设施；水系统基础设施；城市更新；市政规划

1　引言

城市更新是积极落实党中央、国务院重要文件精神，适应新形势、推动城市高质量发展的必然要求。党的十九届五中全会通过《中共中央关于制定国民经济和社会发展第十四个五年规划和二〇三五年远景目标的建议》，首次提出实施城市更新行动，提出以高质量发展为目标、以满足人民宜居宜业需要为出发点和落脚点、以功能性改造为重点的城市更新工作要求[1]。

城市基础设施是保障城市正常运行和健康发展的物质基础，也是实现经济转型的重要支撑、改善民生的重要抓手、防范安全风险的重要保障[2]。水系统基础设施是城市供给保障、城市安全提升、城市环境改善的重要环节，应在城市更新中抓住机遇，落实韧性城市、海绵城市、"双碳"理念，助推城市转型发展。

2 国内水系统基础设施现状

"十三五"期间，我国城市基础设施投入力度持续加大。城市基础设施建设与改造工作稳步推进，设施能力与服务水平不断提高，城市综合承载能力逐渐增强。同时，城市基础设施领域发展不平衡、不充分问题仍然突出，体系化水平、设施运行效率和效益有待提高，安全韧性不足，这些问题已成为制约城市基础设施高质量发展的瓶颈。给水系统方面，城市应急供水保障能力有待加强，城市供水承载能力不足，二次供水保障水平有待提升，供水管网设施配套滞后，节水型城市建设有待增强。排水系统方面，我国城镇污水收集处理短板弱项依然突出，特别是污水管网建设改造滞后、污水资源化利用水平偏低、污泥无害化处置不规范，设施可持续运维能力不强等问题[3]。城市雨水排涝工程体系存在薄弱环节，城市防洪和排涝体系缺少统筹考虑，应急处置体系有待完善。

3 水系统基础设施改造优化策略

3.1 加强市政系统承载能力，协同保障性与功能性更新

充分调研配套基础设施承载力，依托大型基础设施新建、扩建及主干管线完善改造，提升供水保障、排水安全。根据区域发展目标及问题调整市政基础设施的规模和布局方案，保障区域开发与设施配套的协调发展。

3.2 找短板补弱项，助力城市安全提升

实施内涝系统治理，推进城市污水处理提质增效。重点关注因城市开发建设带来的内涝积水，污水排放问题，通过源头、过程、末端控制优化雨污水排放系统。进行基础信息普查，普查市政地下管线的运行状况，关注可能影响管线安全运行、引发事故发生的隐患。实施管线更新改造和隐患治理，制定管线更新改造计划，分期分批逐步提高管线运行能力。

3.3 落实新理念，推进基础设施高质量发展和功能融合

采取低影响开发、分流、截流等综合措施改进现状合流排水系统。采用下凹绿地、透水铺装、雨水花园等综合措施对小区、公共建筑、公园、绿地及市政道路进行海绵化改造，在源头控制雨水径流外排量。响应"双碳"理念，推动节水城市建

设、非常规水资源利用等降碳措施实施，并通过政策支撑调动企业对节水改造、再生水利用的积极性。

3.4 推动精细化管理，全周期管控方案实施

在城市更新过程中，方案有效实施涉及多个管理部门协同管控，应建立信息化管理平台，深化数据共享，完善管理长效机制。

4 净月区水系统基础设施基本情况与分析

净月高新技术产业开发区（以下简称"净月区"）成立于1995年，于2012年晋升为国家高新技术产业开发区，2022年国务院同意长春净月区建设国家自主创新示范区。区域面积478.7km²，常住人口41万人，先后获得国家服务业综合改革试点区等多项"国家级称号"。作为长春市"六城联动"文化创意城建设的核心区域，净月区高标准建设六大影视基地，带动区域经济发展。净月区东部为净月潭森林生态区，南部有长春第二大水源新立城水库，资源丰富，环境优美，是长春市民眼中宜居宜业的典型区域。

净月区市政基础设施配备基本完善，大型设施承载力能够满足基本需求，多数为近5～10年建成并投入使用，但存在局部节点污水排水不畅、局部地势低洼点内涝积水、供水能力保障不足等隐患。

4.1 给水系统工程现状

区域供水采用以由区域供水泵站为主，主干线为沿线少量地块服务为辅的供水格局。水源引自长春市第一净水厂及第五净水厂，区域供水干线基本形成，城市更新范围内已建成四座区域供水加压泵站保障供水压力。供水范围内以新城大街为界，分为东西两个供水分区。西侧地势低，主要由柳宇供水加压泵站供水，供水主线引自生态大街供水管线。东侧紧邻大黑山脉，地势偏高，供水主线引自净月大街供水管线，分布三座给水泵站，由净月市政给水加压泵站、小合台供水加压泵站、康诗丹顿加压泵站为东侧供水。

东西两区相对独立，由于供水压力的限制，供水管线未形成成环网布置，供水能力保障不足。从水源供给角度，长春市第一、第五净水厂水源均引自长春市石头口门水库，缺少多水源互备互联工程，供水水质保障不足。

4.2 污水系统工程现状

净月区市政排水系统采用雨污分流制规划设计，区域内污水经市政污水管线收集后通过生态东街—南四环路、临河街污水主干线排入东南污水处理厂。东南污水处理厂现状处理规模 15 万 t/d，旱季处理水量约 13.5 万 t/d，雨季存在厂前溢流情况。

经评估污水主干线满足远期发展需求，区域内基本不存在管网空白区、污水直排口。但东南污水处理厂主干线雨后连续多日高水位运行，经初步调查净月区合流制小区有 92 个，雨季导致市政排水管线合流制运行。

4.3 雨水系统工程现状

净月区紧邻大黑山脉，东高西低，城市更新范围内从北到南分布 5 条水系，由东向西汇入伊通河，分别为鲇鱼沟截沟、小河沿子河、农大明沟、后三家沟、靠边王支沟。水系南北两侧雨水通过市政雨水管线排入水系支沟，最终排入伊通河。其中，农大明沟位于农大水库下游，连通后三家沟，具有水库泄洪通道的功能，由于历史原因，存在压占、填埋的情况，存在安全隐患。

区域内有两处积水隐患点，其中聚业大街与银杏路交汇处为地势低洼点，四面汇水至道路交汇处，下游雨水管道接入小区内明渠，后排入某高校，小区及高校内均建设有排水明渠，过路处为暗涵连接。经调查，路口汇水后下游雨水管道规模不足，管道、明渠、暗涵之间连接高程不当，造成雨水排水不畅。同时，由于雨水排放通道位于小区、高校内，存在管理维护困难的情况。另一处位于天工路，为道路地势低洼点。

5 优化提升方案

围绕净月区战略定位，以保障优化、短板提升、先进示范、新理念落实为主线，在现状分析基础上提出城市更新系统改造方案。

5.1 给水系统优化方案

5.1.1 提高供水能力保障，优化供水安全保障

加强水源互备互联建设，在建长春市第六净水厂水源引自新立城水库，投产后与第一、第五净水厂联合为净月区服务，沿临河街新建 DN1600 六厂供水主干线为

区域联合供水，形成多水源供水格局。连通四座区域供水泵站，形成环状供水管网体系，在临河街、天工路、金城街等市政道路新建 DN600~DN1400 供水管线。城市更新过程中，统筹考虑市政管线空间布局，在街路提升改造中保障供水管线实施条件。

统筹实施市政、庭院供水老旧管网设施改造，强化二次供水设施及管网的维护管理，保障"最后一公里"供水安全；

5.1.2 推进节水型城市建设，打造分质供水示范区

加强水循环利用，实施节水技术改造，对污水"零排放"企业减免污水处理费等政策支撑。推动供水计量设施（用户端）更新改造，提高计量标准，降低供水漏损。提供公共建筑节水器具普及率、节水型单位（小区）覆盖率，推进节水型城市建设。

示范推广分质供水，在中央公园等核心公共建设区建立三套供水系统（直饮水系统、杂用水系统、再生水系统），实现"优水优供、低水低供"，提升供水品质。

5.2 污水系统优化方案

5.2.1 强化源头控污截留，全面启动合流制小区改造

以实现"雨污分流、各行其道、污水进厂、雨水入河"为工作目标，全面推进合流制小区改造。城市更新区域合流制小区共计 117 个，计划于 2022—2024 年分三年完成小区雨污分流改造，2024 年净月区全面实现雨污分流。

5.2.2 完善污水全收集、全处理系统

推进区域污水管网全覆盖，对老旧污水管网改造及破损修复，对运行不畅的管线进行改造。城市更新范围内污水管线需要提升改造共 24 处，主要问题为管线规模不足、管道竖向衔接不当、管线破损淤堵等。通过现场调查及管网流量、结构监测情况，总结管线实际运行情况，提出管线原位翻建、新建污水提升泵站、管线清淤修复等相应的解决方案，以保证排水管线安全运行。

另外，为支撑近期用地开发及项目落位，实现基础设施配套建设，合理预测近期建设用地污水量，在城市更新中进行管线配套建设。

5.2.3 鼓励应用尽用，分类推进再生水利用

推进非常规水资源的使用，充分利用东南污水厂尾水作为区域再生水源，污水

厂设计出水标准为北京 B 级标准，满足城市杂用水、景观用水等多类污水再生利用水质标准。再生水供水管线引自东南污水处理厂，敷设至小合台工业集中区，沿路设置多处取水点，分别为景观、环卫、消防、绿化等城市杂用水取水点，同时为小河沿子河及后三家沟进行生态补水。鼓励区域内工业企业用再生水替代自来水生产，并提供减免水费等政策支撑。

5.3 雨水系统优化方案

净月区大部分排水管网建设时间为近 5～10 年，雨水重现期设计标准为 1～3 年，低于《室外排水设计标准》GB 50014—2021 要求的 3～5 年。以中央公园片区 4.54km² 建设用地为例，现状管线 30.1km，通过雨水管网过流能力评估，未达到 3 年重现期的雨水管线长度约为 8.6km，总长度超过 28%。全部改造经济成本高，过渡期长，且近五年雨水排放情况基本稳定，未出现人员伤亡及重大财产损失事件。雨水系统中以保留提升为原则，逐步改造雨水管线，近期以问题为导向，聚焦区域积水隐患点，推进源头削峰减排，优化雨水排放系统。

5.3.1 强化雨水自然渗滞，推进源头削峰减排

建成区：结合"十四五"期间老旧小区改造、城市公园、绿地建设，优先建设源头低影响开发设施，落实海绵城市建设理念，加强源头雨水径流减排。

新建区：选取 43 个沿水系的未开发地块，采用雨水直排水系，或通过雨水浅表排放系统[4] 排放至水系或周边绿地等生态排放方式，既可降低市政管道雨水负荷，也可为河道水系提供多点、连续的生态补水，以保证景观需求。

为保障方案的有效实施，建立管理平台，对此类项目进行全周期管理。在实际操作中，规划部门在建设用地出让审批时要求其雨水排放方式及排向，并结合海绵城市规划控制其年径流总量控制率。建设单位结合场地竖向设计、园区内管线综合设计、海绵城市设计保证雨水有序就近排放至周边绿地及水系，且应重点关注雨水吐口与河道水位的高程衔接。水务部门提供雨水吐口审批绿色通道，为方案落地提供政策保障。在项目验收阶段，建设行政主管部门应在验收中重点检查雨污水系统规划落实，避免管道混错接情况，以保证雨水排放水质。在后期管理运行中，市政管线运维单位加强雨水排放通道的巡检、清淤，保证小区外雨水排放畅通（图 1）。

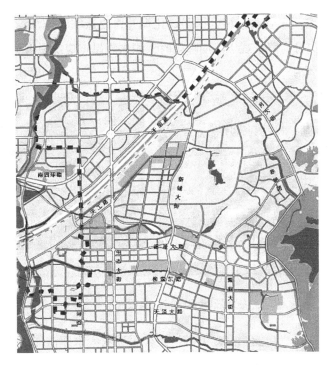

图 1　规划采用雨水生态排放的小区布局

5.3.2　以问题为导向，聚焦积水隐患点

聚业大街与银杏路交汇处积水隐患点，保留现状雨水管线，在道路西南角绿地内建设生态旱溪，协同雨水管线共同排放雨水。改造绿地为海绵雨水花园，结合微地形及"海绵体"功能，调蓄消纳路面积水。打通绿地与伟峰小区水系通道，畅通排水通道，为积水点雨水行泄提供出路（图 2）。

图 2　聚业大街与银杏路积水隐患点改造方案

保留原天工路雨水管线，结合街路绿化提升，改造临时排水沟为生态植草沟，缓解积水的同时提升街路景观。汛期降雨时，积水隐患点应加强人员看守（图3）。

图3 天工路积水隐患点改造方案

5.3.3 恢复历史水系，加强行泄通道建设

恢复农大明沟行泄功能，修复下游河道，保证农大水库溢流雨水及新城大街雨水安全排放，修建生态护岸，在保障雨水排放通道顺畅的基础上提高水生态环境。

水利规划中水系穿过农大科研试验田与下游水系衔接，近期难以实施。为打通雨水排放通道，结合新城大街道路提升改造，沿道路西侧新建雨水明渠800m，沿试验田边界新建明渠1740m，与农大明沟下游相接，同时，改造既有农大明沟段护坡为生态护坡，修复下游河道。

6 结语

城市更新是细微、庞杂的系统工程，涉及补齐短板弱项、存量资源整合、完善协调发展等层面，应提出承上启下、可操作性强的优化方案。本文以长春市净月区为例，提出城市更新中水系统基础设施的改造策略，充分调查其设施承载力、现状问题及需求后提出改造方案，以期为城市更新中水系统基础设施改造方向提供参考。

参 考 文 献

[1] 中共中央关于制定国民经济和社会发展第十四个五年规划和二〇三五年远景目标的建议 [Z].

[2]"十四五"全国城市基础设施建设规划 [Z].

[3]"十四五"城镇污水处理及资源化利用发展规划 [Z].

[4] 陆利杰，杨鹏，张亮，等 . 绵城市导向下雨水浅表排放系统规划路径探索——以沣西新城理想公社为例 [J]. 给水排水，2021，47（9）：94-99.

面向精细化管理的交通市政景观三位一体规划

孙　涛　杨玉奎　刘明宇　邵利明　姚　睿　吴　娇

（广州市城市规划勘测设计研究院）

摘要： 针对当前控制性详细规划不能有效指导区域基础设施实施的问题，本文提出面向实施，介于控制性详细规划与工程设计之间的交通市政景观三位一体规划（含规划咨询），包含地上（景观）、地面（交通和景观）、地下公共基础设施（市政管线、管廊、轨道、地下空间等）三大板块 N 个子专业规划；规划编制方法是协同规划、支撑保障、细化完善、要素标准。规划编制主要内容是以道路为"纲"，市政管线、景观风貌与之互相反馈、校正，宏观区域层面开展支撑保障分析，聚合优化系统，强化保障能力；中观项目层面精细化规划，分类补充设施，实现分期动态系统；微观节点要素精细化设计，工程设计有章法，提升规划管控效能；成果输出形成 1 张道路红线图，N 项分期实施图、1 系列设计指引和咨询。

关键词： 三位一体；实施；精细化；详细规划

市政工程规划在城市高速和高质量发展时期，一直备受关注，目前已形成较成熟的体系。《中共中央 国务院关于建立国土空间规划体系并监督实施的若干意见》的出台，市政专项规划、详细规划的地位进一步得到了提高。长期以来，市政专项规划作为城市基础设施的顶层设计，发挥了巨大作用；随着城市建设速度加快，规模的扩张，在园区、片区开发建设中，市政综合类专项规划应运而生，强调市政基础设施的协同、协调、融合，指导了区域基础设施的整体建设。2015 年，中央城市工作会议中首次提出城市精细化管理，近年国家层面出台"关于加强城市基础设施建设的意见""关于加强城市地下管线建设管理的指导意见""关于进一步加强城市规划建设管理工作的若干意见"等一系列指导文件加强市政基础设施规划、建设与管理，市政工程详细规划、市政工程实施性规划在行业内也形成了百家争鸣、百花齐放的局面。

当前，政府、企业、建设单位等多方集中优势力量以 EPC、PPP 模式来主导、参与园区、片区公共基础设施建设逐渐增多，建设速度、质量得到了有力保障，同样对市政规划提出新的要求。在国家政策要求、建设模式多元化的双重背景下，本文以广钢、庆盛项目为例，探讨交通市政景观"三位一体"实施性规划发挥规划龙头作用，渗透入设计，在满足市场诉求同时，保障公共基础设施有序建设，实现多方共赢局面。

1　片区基础设施规划存在问题

控制性详细规划中的交通市政景观基础设施规划内容一方面侧重指标、标准控制，构建了一张基础设施的愿景、蓝图，与项目开发时序不匹配，面对分阶段、分期开发，实施指导性弱；另一方面基于相关标准确定了道路断面、管线规模、景观风貌等控制要素，控制要素颗粒度、深度不足以指导高质量的工程设计；再者无法应对多管理部门、多建设单位的诉求，面对外部条件变化时，统筹融合性缺失。

2　三位一体规划特点

交通市政景观三位一体规划（含规划咨询）以指导基础设施实施为目标，是基础设施建设实施的"多规合一"规划，介于控制性详细规划与工程设计之间（图1）。

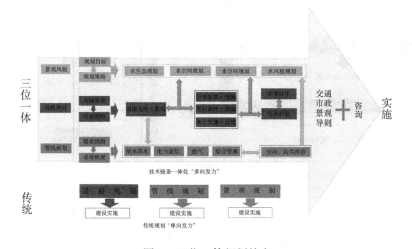

图 1　三位一体规划特点

横向统筹协调各相关规划、各方多样诉求、统一各方设计标准；纵向多专业融合、多维度论证、多要素叠加深化控规、弥补实施所需的微要素；以规划为基础，开展"全生命周期"规划实施咨询，确保了基础设施工程设计"不走样"，实现城市高品质建设、精细化管理需求。三位一体规划是由传统的单专业规划发力转变为多专业融合、协调同向发力，保障实施。

3 三位一体规划编制内容

空间角度：包括地上（景观）、地面（交通景观）、地下公共基础设施（市政管线、管廊、轨道、地下空间等）。

专业角度：包含交通、市政、景观三大板块 N 个子专业规划，具体包含了交通、道路、轨道、竖向、给水、雨水、污水、防洪排涝、电力、通信、燃气、综合管廊、城市应急避难、消防、路名、人防、地下空间、水生态、水空间、水活动、水风貌等专业。

4 三位一体规划编制创新探索

协同规划：统筹政府、运营企业、实施主体、若干分支实施单位和若干动态入驻项目单位的"供给"与"需求"（图2）。

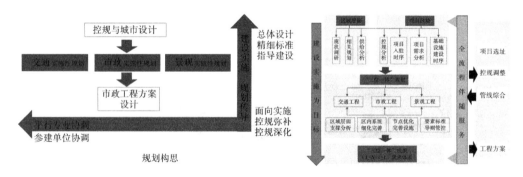

图 2 规划编制方法

支撑保障：区域层面统筹分析基础设施对项目开发的"支撑性""保障性"。
细化完善：优化区内自身设施系统，结合项目入驻特点，多维规划，满足项目实施。

要素标准：细化、弥补控规中面向实施的交通、市政、景观的微要素。制定系列导则，指导工程方案设计。

道路为"纲"，市政管线、景观风貌与之互相反馈、校正、多维协同，选取可实施性最优方案、制定管控图则。

4.1 宏观区域层面：区域支撑保障分析，聚合优化系统，强化保障能力

交通：重点梳理区域交通、规划骨干架路网，以项目交通需求分析、交通运作分析为基础，优化区域交通组织形式，实现项目与区域交通的快速、顺畅衔接。

市政：重点梳理区域水、电、气等市政骨架系统，结合项目对市政容量、系统需求，研判区域市政设施对项目"支撑"作用，基于项目开发进度，理清区域设施对项目的"保障"性，提出区域市政基础设施优化方案。

景观：重点通过与上位规划要求、城市色彩及区域景观风貌定位衔接，结合项目基地、场地文脉、人群特质、空间需求，确定项目景观风貌需求、定位、目标。

广钢新城、庆盛结合项目道路交通、给水、污水、雨水、电力等基础设施的需求分析，对项目外基础设施系统的系统性、保障性、支撑性开展研究，提出项目外基础设施系统的优化和建设建议（图3）。

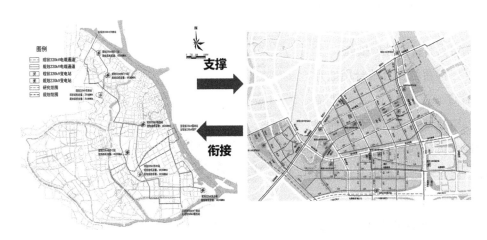

图3 广钢新城电力系统衔接支撑研究

4.2 中观项目层面：精细化规划，分类补充设施，实现分期动态系统

交通：以控制性详细规划为依据，结合交通需求分析和整体交通组织分析，确

定交通组织模式，明确道路功能，对交通系统进行优化。交通系统优化核心内容包括道路系统优化、道路红线优化、横断面优化、节点组织优化、公交系统优化、慢行系统优化、停车设施优化等。结合项目开发建设时序，分析各地块交通组织，合理制定道路系统、公交系统、慢行系统、停车系统等各类交通子系统的分期实施方案，支撑项目有序开发建设。

市政：以控制性详细规划为依据，结合动态入住项目需求，精细化预测各类市政设施容量，查漏补缺必要的市政设施，细化各管线系统。以防洪排涝，安全为前提，细化竖向控制要素。以"动态入住项目"为中心，形成"先开发、先运行"即可"可独立"，有可"再生"的市政系统。

景观：根据区域内影响景观风貌的因子及相关规划进行叠加分析，形成景观风貌控制分区，对区域内各要素进行分类分级控制。针对不同场地类型按照其自身特有的风格风貌进行规划与设计，同时结合周边用地情况与城市规划建设采取不同级别的整治与规划手段并制定具有针对性的措施。

广钢新城项目结合用地开发时序、工业遗产、在建项目、市政管线等因素明确四期交通、市政基础设施的建设时序、内容和建设标准，形成一套完善的系统、一个实施计划表、一系列项目设计指引（图4）。

图4 广钢新城道路、市政管线分期动态系统

4.3 微观节点要素：节点精细化设计，工程设计有章法

交通：以项目整体交通组织为基础，结合交通系统优化方案，进一步落实交通

设施的具体点位、建设标准与相互关系，针对道路红线内的各个设计要素，如道路横断面、交叉口、公交站点、行人过街等具体的交通基础设施展开交通微观详细设计，达到修建性详细规划深度，以指导项目片区的道路报建工作以及后续的工程方案设计，并形成建设指引。

市政：在各类市政管线系统及布局基础上，结合道路横断面、竖向规划，平面上控制市政管线在道路下准确位置，竖向上确定各类管线之间、管线与轨道之间、管线与河涌等地下设施交叉点方案。

景观：根据规划区域所在的城市用地性质、上位规划目标、建筑风格及材质、本土文化、设计规范、使用需求等方面综合分析，对区域内重点要素进行细化分类，提出目标策略，对其风格、形式和色彩进行细则指引。

庆盛项目落实道路交叉口展宽和港湾式公交站等精细化设计要求，调整道路红线；结合道路功能、用地布局和红线宽度等因素，落实以人为本、因地制宜、精细化设计要求，形成3级11类标准横断面形式（图5）。

图5　庆盛道路红线图

4.4　提升规划管控效能，要素设计标准化

交通市政景观设施设计形成统一设计指引，明确人行道、自行车道、车行空间、交叉口转弯半径、公交站台、过街设施、路内停车、地块出入口、慢行系统、城市驿站、桥梁景观、公共艺术、城市家居等14类要素设计标准，对道路、景观设计进行全面指导（图6、图7）。

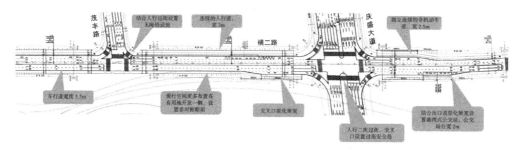

图6　庆盛道路方案图

图7　庆盛节点规划示意图

4.5　成果输出："1+*N*+1"设计、建设、管理各取所需

道路红线管控1张蓝图为纲领性文件，各专业*N*张系统和分期实施图作为实施的顶层设计，1系列设计导则要点和系列咨询保障规划实施落地（图8、图9）。

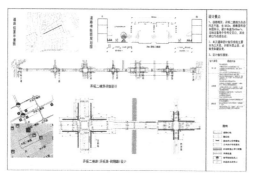
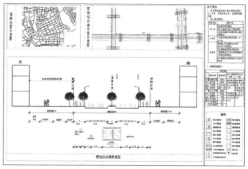

图8　广钢道路交通设计指引和管线综合设计指引

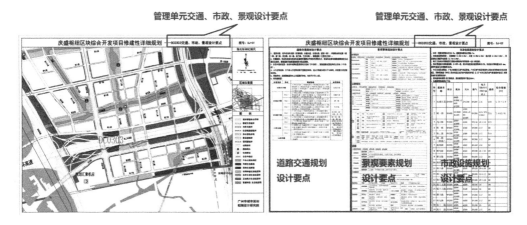

图 9　庆盛交通市政景观设计要点

5　总结与展望

交通市政景观三位一体规划仅对政府投入的市政公共基础设施，未覆盖至道路红线以外的地块，条件容许情况下，规划范围可涵盖市政公用用地＋开发地块，实现全域规划，全域管控。交通市政景观三位一体规划开展的最佳时机应与控制性详细规划同步，规划内容可以与控制性详细规划无缝对接，所需基础设施建设的条件可以有效落地；如在控制性之后开展，会反作用于控规，倒逼进行控规调整（图 10）。

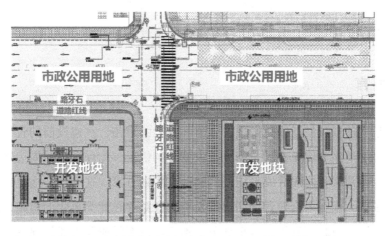

图 10　全域范围（市政公用用地＋开发地块）

浅析市政需求对道路宽度及断面的反向制约

——以中车地块为例

刘世瑛

（天津市城市规划设计研究总院有限公司）

摘要： 规划的审批程序一般都是先明确道路宽度及断面，而后以此为依据进行管线综合规划，在实际工作中，会出现道路宽度及断面无法满足管线敷设的要求，需要修改管线系统或重新调整道路规划方案的情况，特别是在窄路密网或有地道、桥梁的地区，这种现象尤为突出。在地块出让之前，对宽度较窄且没有绿化带或管线敷设有限制条件的道路进行有针对性的分析，针对管线和道路间存在的问题提前提出解决方案，能够避免到实施道路时再发现问题，影响周边地块的开发进度。本文以中车地块周边道路为例，结合地块对市政专业的需求和管线实际敷设情况，反向对地块周边道路的路宽及断面形式提出要求，通过分析各类市政系统及管线排布，在满足道路通行需求的前提下，尽力将道路断面压缩到最小，增大地块面积，减少配套投资的同时也能将政府供地的收入提高到最大。

关键词： 管线综合；制约；道路宽度；断面形式

1 引言

对于路宽较窄且没有绿化带或有地道、桥梁的道路，在建设前的管线综合规划中时常会出现道路宽度无法满足管线敷设要求的情况，为保证道路周边地块的市政配套需求，通常需要修改管线系统或调整道路规划方案，这不仅会拖延道路的建设进度，还在很大程度上会导致增加建设投资。针对存在此类风险的道路，在周边地块出让之前增加市政配套综合分析环节，不仅可以有效避免上述情况的发生，还可以结合配套管线实际敷设情况，在满足道路通行需求的前提下调整道路断面形式、压缩道路宽度，提高地块的整体经济效益。

2 中车地块项目概述

中车地块位于天津市河北区，地块周边主要道路共有 6 条，分别是津浦南路、春熙路、南口东路、志康路、博学道和博远道，由于津浦南路北侧有铁路，春熙路和博学道均以地道形式下穿津浦南路（图 1）。地块周边道路均为城市支路，道路两侧均无绿化带，再加上有地道的阻隔，对管线敷设影响很大。为确保道路宽度能满足地块对市政配套的需求，且同时要考虑尽可能减少建设投资，达到配套需求和经济效益相互平衡，河北区政府牵头在地块出让前进行管线综合统筹分析，按照分析结论调整控规中道路红线宽度及断面形式，保证地块出让后的各项程序顺利进行。

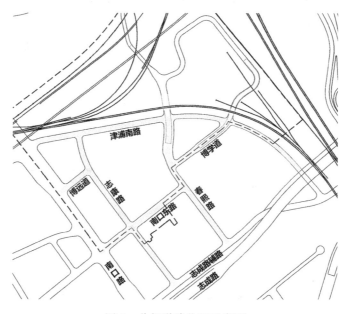

图 1 分析道路位置示意图

3 市政配套方案综合分析

通过前期对地块及周边车流量的测算，交通专业对各条道路车行道推荐宽度为：津浦南路车行道最小宽度 10m；春熙路地道最小宽度 11m；春熙路一般段车行道最小宽度 12~14m；南口东路车行道最小宽度 19m；志康路车行道最小宽度 14m；博学道地块最小宽度 18m；博学道一般段车行道最小宽度 18m；博远道车行道最小宽度 14m。本次管线方案在此基础上进行综合分析。

3.1 管线及道路初步方案综合分析

结合专业部门对各条道路上管线提出的需求，参考交通专业对各条道路给出的建议断面形式，综合分析满足市政配套可行性和存在的问题（图2、图3）。

（1）津浦南路（南口路—志成路辅路）：无法满足再生水管线敷设需求。

（2）春熙路（津浦南路—志成路辅路）：地道段无法满足污水管、再生水管、供热管线敷设需求，通信管线需采取技术措施随地道同步敷设；一般段可满足所有管线敷设需求。

（3）博学道（春熙路—津浦南路）：地道段无法满足再生水管线敷设需求，雨污水管线位置无法全部满足，通信管线需采取技术措施随地道同步敷设；一般段可满足所有管线敷设需求。

（4）南口东路（南口路—春熙路）、志康路（津浦南路—志成路辅路）、博远道（南口路—志康路）可满足所有管线敷设需求。

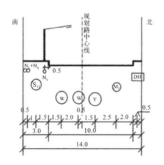

津浦南路（南口路—志成路辅路）管线分析断面

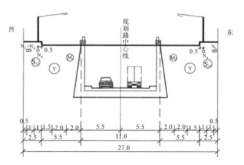

春熙路地道段管线分析断面

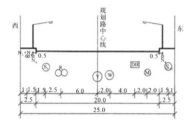

春熙路（博学道—南口东路）管线分析断面

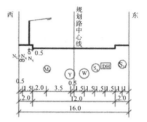

春熙路（南口东路—志成路辅路）管线分析断面

图2 初步方案综合分析图（一）

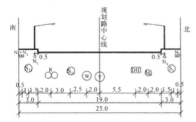

南口东路（南口路—志康路）管线分析断面

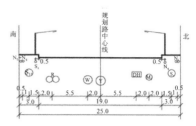

南口东路（志康路—春熙路）管线分析断面

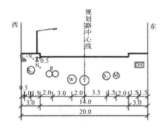

志康路（津浦南路—南口东路）管线分析断面

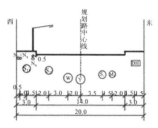

志康路（南口东路—志成路辅路）管线分析断面

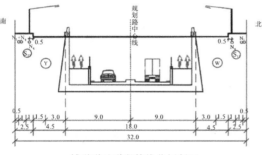

博学道地道段管线分析断面

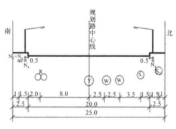

博学道一般路段管线分析断面

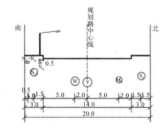

博远道（南口路—志康路）管线分析断面

图 3　初步方案综合分析图（二）

3.2　反向调整市政配套专业方案

为解决上面分析中存在的问题，保障各地块市政配套使用需求，同时在满足交通需求的前提下尽量缩减道路红线宽度，增加经济效益，推荐将部分专业方案调整如下：

（1）污水专业：推荐将原沿津浦南路、春熙路、博学道、津浦南路敷设的DN1000污水主干管调整至津浦南路、志康路、南口东路、春熙路、博学道、津浦南路；取消原津浦南路（春熙路—博学道）污水管线，要求地块污水由博学道及春熙路侧排出地块（图4）。

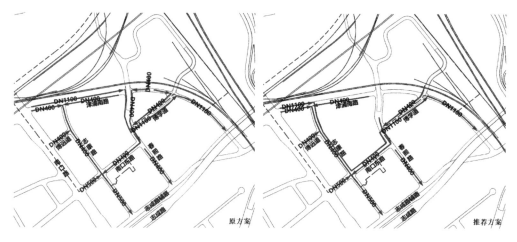

图4　污水方案调整对比图

（2）燃气专业：调整津浦南路与春熙路交口附近部分燃气管线成环网连接方式（图5）。

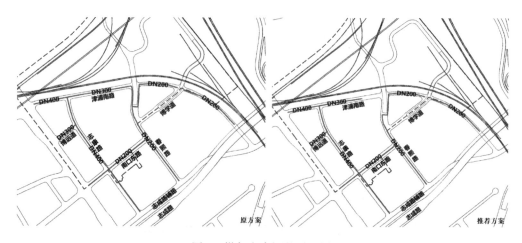

图5　燃气方案调整对比图

（3）再生水专业：取消津浦南路、志康路、春熙路（南门东路—志成路辅路）再生水管线，保证每个地块有两个方向可接入再生水（图6）。

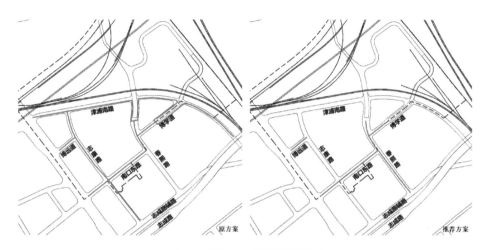

图6 再生水方案调整对比图

3.3 提出推荐道路断面方案

参考调整后的各专业管线推荐方案，综合考虑管线敷设位置、周边地块车流量需求、道路建设经济成本等因素，推荐调整道路红线宽度及断面如下：

（1）津浦南路（南口路—志成路辅路）（图7、图8）。

结合北侧铁路无市政配套需求的实际情况，推荐道路红线宽度由原规划16~20m调整至全线14m，规划道路横断面调整为（南）3（人行道）—10（车行道）—1（人行道）（北）。

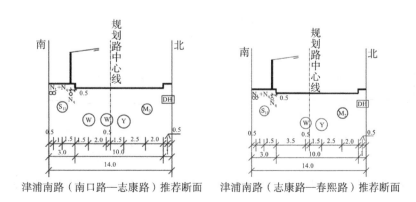

图7 津浦南路推荐断面图（一）

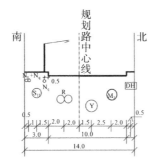
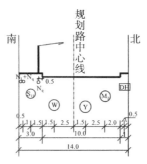

津浦南路（春熙路—博学道）推荐断面　　津浦南路（博学道—志成路辅路）推荐断面

图 8　津浦南路推荐断面图（二）

（2）春熙路（津浦南路—志成路辅路）（图 9）。

推荐春熙路地道段红线宽度由原规划 36m 调整至 32m，规划道路横断面调整为（西）2.5（人行道）—5.5（地面辅道）—11（地道）—10.5（地面辅道）—2.5（人行道）（东）；博学道至南口东路段红线宽由原规划 20m 调整至 25m，规划道路横断面调整为 2.5（人行道）—20（车行道）—2.5（人行道）；其他路段红线宽度及断面保持不变。

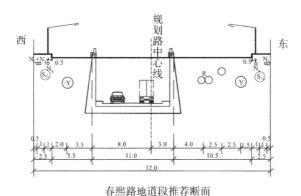

春熙路地道段推荐断面

春熙路（博学道—南口东路）推荐断面　　　　春熙路（南口东路—志成路辅路）推荐断面

图 9　春熙路推荐断面图

（3）博学道（春熙路—津浦南路）（图10）。

推荐博学道地道段道路红线宽度由原规划27m调整至34m，规划道路横断面调整为（南）2.5（人行道）—6.5（地面辅道）—18（地道）—4.5（地面辅道）—2.5（人行道）（北）；一般段道路红线宽度由原规划20m调整至23m，规划道路横断面调整为2.5（人行道）—18（车行道）—2.5（人行道）。

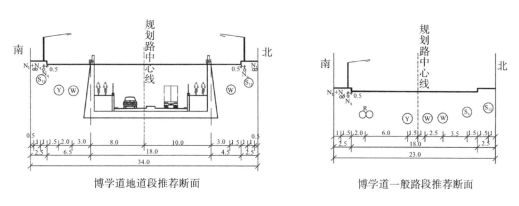

博学道地道段推荐断面　　博学道一般路段推荐断面

图10　博学道推荐断面图

（4）南口东路（南口路—春熙路）、志康路（津浦南路—志成路辅路）、博远道（南口路—志康路）道路红线宽度及断面保持不变（图11、图12）。

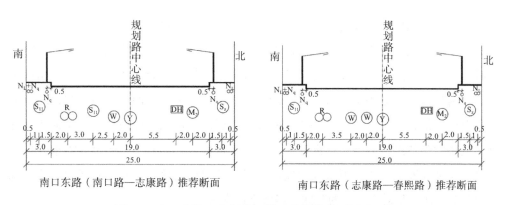

南口东路（南口路—志康路）推荐断面　　南口东路（志康路—春熙路）推荐断面

图11　南口东路、志康路、博远道推荐断面图（一）

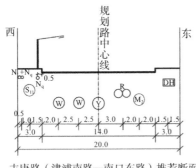

志康路（津浦南路—南口东路）推荐断面

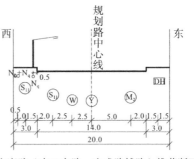

志康路（南口东路—志成路辅路）推荐断面

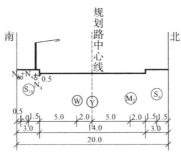

博远道（南口路—志康路）推荐断面

图12　南口东路、志康路、博远道推荐断面图（二）

4　结语

通过对各地块市政配套需求的综合分析，规划建议对津浦南路、春熙路、博学道的道路红线宽度及断面形式进行调整，其中津浦南路和春熙路地道段的红线宽度缩减4～6m，春熙路一般段和博学道的红线宽度增加3～7m。从整个地块的角度来看，在满足市政配套和交通流量需求的前提下，市政道路总面积有所减少，地块总面积有所增加，不仅减少了道路建设的投资，还因为增加了地块的总建筑面积，提升了地块的整体经济效益，帮助政府增加了供地收入。同时，按照市政需求分析调整路网宽度及断面形式，可最大限度地保障后期建设的落地，减少到建设时才发现市政配套无法满足需求带来的时间和经济上的损失。

青岛市"新基建"海底数据中心建设研究

林晓红

（青岛市城市规划设计研究院）

摘要：以数据中心为代表的算力基础设施是"新基建"的信息基础设施，是"新基建"的重要组成部分，是数字经济发展的关键基础设施。海底数据中心是将数据中心建于海底，利用海水降温制冷的新型绿色数据中心。随着疫后经济的持续强力复苏，胶东半岛区域算力需求增长空间较大，启动青岛海底数据中心建设能够补充青岛市以及胶东半岛地区的算力需求，可逐步替代 PUE 值较高的存量数据中心，强化新基建的底座支撑作用。通过加快推进海底数据中心项目统筹规划、加大综合性配套政策支持、加强技术攻关和标准建设、支持海底数据中心相关产业融合，可助力青岛市乃至全省"碳达峰碳中和"、数字经济核心产业倍增发展、海洋强市强省建设行动计划等重大战略的推进实施。

关键词：海底数据中心；新基建；东数海算

习近平总书记在重要文章《不断做强做优做大我国数字经济》中指出"加快新型基础设施建设，推动数字经济和实体经济融合发展"。随着数字经济时代全面开启，算力正以一种新的生产力形式，为各行各业的数字化转型注入新动能，成为经济社会高质量发展的重要驱动力。算力基础设施作为算力的主要载体，是支撑数字经济发展的重要资源和基础设施，对于实现数字化转型、培育未来产业，以及形成经济发展新动能等方面具有重要作用。随着"碳达峰碳中和"的深入推进，算力基础设施的数据中心高速增长带来的能耗问题备受关注，国内一线城市土地、电力以及能耗指标政策趋紧。而海底数据中心（UDC）位于海平面之下、利用海水作为自然冷源，可将产生的热量通过冷却系统散入海水中，相比传统的陆上数据中心

（IDC），有明显的成本优势，符合国家"碳达峰、碳中和"的战略目标。

目前国内海底数据中心业务正处于建设期，"十四五"期间仅海南地区的部署目标就达100个。中航证券预计，到2025年底国内海底数据中心市场规模将达到276.52亿元。"东数海算"也将成为沿海省市的"新基建"热点。与"东数西算"相比，"东数海算"具有距沿海城市近、时延低、节地、节水、节能，建设运维成本低等综合优势。在满足选址要求的海域，通过布局海底数据中心，可以满足200km范围时延10ms以内的中低时延业务需要，与高时延的"东数西算"和低时延的边缘数据中心，组成满足不同时延要求的数据中心体系。在场景应用上，与"东数西算"分工协作，可共同助力青岛市"碳达峰碳中和"及海洋强市建设等重大战略的推进实施[1]。

1　海底数据中心概念及发展现状

海底数据中心概念是2014年由美国微软公司首次提出，并于同年7月启动相关实验工作。微软用时12个月完成概念原型机的制作并部署在加州附近海域。经过105天海底稳定运行，原型机验证了海底数据中心设想的可行性。2018年微软在苏格兰奥克尼群岛海底布放了装载12个机架和864台服务器的"海底数据舱"，开展第二阶段测试。该"海底数据舱"长12.2m、直径2.8m，是为欧洲海洋能源中心部署一个五年免维护的海底数据中心而设计的。2020年9月，该"海底数据舱"被取回进行测试，结果显示海底数据中心的故障率极低，864台服务器中仅有8台出现问题，相当于岸上服务器故障率的1/8，平均电能利用效率（PUE）为1.07，海底数据中心的可靠性得到证实。

国内海底数据中心起步较晚，但发展迅速。2022年12月，首例商用海底数据中心在海南省陵水成功启用，该项目设计结构稳定，主要由岸站基地、海底光电复合缆、分电站及数据舱四个部分组成。"海底数据舱"进行数据的计算和存储，通过海底光电复合缆接入互联网。每个数据舱部署24个15kW的42U标准机柜，单舱功率360kW，总出口带宽为800G。该项目暖通系统实现全年海水自然冷却，匹配重力热管技术、海水泵变频技术、空调群控技术等节能措施，运行PUE值低至1.1，较传统数据中心节能40%以上。此外，由于大部分设施建在海底，占用土地极少，仅为传统数据中心的1/10。深圳市也正研究推进海底数据中心建设项目，目前已在宝安海洋新城、大铲湾、南山、前海、大鹏海洋大学、深汕小漠港实地勘察海域深度、收集温度等信息，拟选址落地海底数据中心建设项目。

2 建设"新基建"海底数据中心的意义

2.1 促进实现绿色低碳发展目标

2021年12月国家发展改革委和国家能源局在《贯彻落实碳达峰碳中和目标要求推动数据中心和5G等新型基础设施绿色高质量发展实施方案》中提出，到2025年全国新建大型、超大型数据中心PUE值降到1.3以下，国家枢纽节点进一步降到1.25以下。鼓励探索利用山洞、山体间垭口、海底、河流湖泊沿岸等特殊地理条件发展数据中心，因地制宜促进数据中心节能降耗。建设海底数据中心，利用海水对数据中心服务器进行冷却散热，运行PUE值可达到1.07~1.1，可降低能量消耗和促进碳减排[2]。

2.2 提供高性能低延时数据处理服务

我国正在推行的"东数西算"工程是通过新型算力网络体系，将东部算力需求有序引导到西部，促进东西部协同联动。然而，对于时效性要求较高的自动驾驶、智慧城市等业务，西部算力所产生的高时延将无法满足用户需求。而海底数据中心是布局在东部沿海区域，其数据在海底传输过程中，响应速度更快、传输效率更高，可满足沿海城市距离200km范围时延10ms以内的中低时延业务需要，与高时延的"东数西算"和低时延的边缘数据中心，可组成满足不同时延要求的数据中心体系[3]。

2.3 节水、节地优势明显且安全可靠

与传统的陆地数据中心相比，海底环境温度更加稳定，数据中心的故障率仅相当于岸上服务器故障率的1/8，具有更稳定可靠的数据存储和处理环境，数据的安全性和可靠性能更好地得到保障。此外，与陆地数据中心相比，海底数据中心省去了冷却塔，可节约大量水资源。以一座20MW的数据中心为例，海底数据中心每年节水可超过60万 m³。如海底数据中心的市场渗透率按10%计算，则可节水5700万 m³ 以上。同时，由于数据中心建在海底，不占用陆地资源，其岸上场站仅为陆地数据中心占地的1/3，节地效果明显。

3 青岛市建设"新基建"海底数据中心的条件分析

3.1 数字产业基础较好

青岛市高标准推进新型智慧城市试点工作，算力基础设施不断提升，已建成大中型数据中心、智能计算中心、边缘数据中心共36个，标准机架总数达4.1万架。2022年，青岛市创建省级算力网络核心区，联通和移动数据中心入选省级核心区数据中心，与国家级互联网骨干直联点贯通，不断赋能各行各业数字化转型升级。随着青岛市多元协同算力体系的不断完善、产业基础更加夯实，建设"东数海算"海底数据中心的算力需求也会更加强烈。

3.2 海域地质条件优良

青岛市所辖的1.22万 km² 海域位于黄海西北部，特征是：靠近滨海平原的岸段，海底地形平缓开阔，平均坡度1‰~1.5‰。此外，青岛市海水温度较低，对海底设施制冷效果明显。海域全年平均表层水温约为13℃，海水温度的季节性变化较为明显，各海域水温冬季最低月份，近海表层水温平均约4.9℃。夏季最高海域表层水温最高为26~28℃。

3.3 地域区位优势明显

青岛市位于海陆双向辐射的重要枢纽节点，是古代海上丝绸之路北线的发源地，也是国家赋予的新亚欧大陆桥经济走廊主要节点城市和海上合作战略支点的双向开放的桥头堡。作为我国北方唯一一个国际海底光缆登陆城市，青岛市具备打造国际通信数据港、实现"一带一路"国家的国际通信业务在青岛汇聚和交换的条件，也具有探索建设离岸数据中心，以海底数据中心的形式建设跨境大数据存储处理基地和国际数据枢纽港的优势。

3.4 海洋产业优势突出

2022年全市海洋生产总值5014.4亿元，同比增长7.5%，占全市 GDP 比重为33.6%；占全省和全国 GOP（海洋生产总值）的比重分别为30.8% 和5.3%。15个主要海洋产业中，海洋工程装备制造业等80%的产业规模居山东省前列，部分海洋产业在全国处于领先地位。海洋工程建筑业、海洋交通运输业、海底电缆制造等新兴行业发展势头强劲，为建设"东数海算"海底数据中心提供了强大的技术支撑。然而，与"东数西算"相比，"东数海算"的选址相对要求比较高，还需用海审批程序，技术成熟度低、维修难度较大及长期安全性等问题的解决方案也需要在实践中不断探索。因此，要扬长避短，与"东数西算"相配合，组成满足不同时延要求的数据中心体系，以新基建新业态为数字城市现代化发展赋能。

4 青岛市"新基建"海底数据中心建设对策

随着疫后经济的持续强力复苏，山东省尤其是胶东半岛地区的算力需求增长空间较大，启动海底数据中心建设既可以补充胶东半岛地区的算力需求，强化新基建的底座支撑作用，同时也可以逐步替代 PUE 值较高的存量数据中心，与"东数西算"在场景应用上分工协作，共同助力全省"碳达峰碳中和"、数字经济核心产业倍增发展、海洋强省建设行动计划等重大战略的推进实施。

4.1 加快统筹规划、推进海底数据中心"统"起来

建议结合《山东省 2023 年数字经济"全面提升"行动方案》及胶东半岛地区的算力供需趋势、空间布局、绿色低碳和数据安全等要求，突出"东数海算"与"东数西算"协同发展，对青岛市海底数据中心建设的必要性、可行性等进行综合研判，前瞻性地开展青岛海底数据中心建设可行性研究工作[4]。

选取海底地形平坦、洋流稳定、距应用场景 200km、经济性较好且具有用海可批性的海域，综合考虑时延要求、安全防护、用海审批等因素，初步确定青岛市可以建设海底数据中心的区域，规划创建国家级大型海底数据中心并融入国家算力枢纽网络，突出青岛市在"东数海算"与"东数西算"协同发展战略中的位置。

4.2 出台支持政策、推动海底数据中心"建"起来

建议加强顶层设计，尽快出台青岛市促进海底数据中心开发的指导意见，将海底数据中心建设纳入科技研发、节能减排、新型数据中心、海洋经济、新产业和新基建等重点领域的相关配套政策，明确在用能指标、用海用地、人才建设、配套资金、产业协同等多领域对海底数据中心建设给予支持。同时，在"十四五"规划中期评估阶段，明确海底数据中心建设的主要任务和重点工作，并将海底数据中心建设纳入新型智慧城市建设、海洋经济高质量发展、新旧动能转换和城市基础设施更新改造等相关项目。

4.3 加强技术攻关、支持关键核心技术"硬"起来

海底数据中心作为数字经济与海洋经济的融合领域，有望成为新经济增长点。建议加大对海底数据中心关键核心技术应用研发的支持力度。组建海底数据中心国家级研发中心，结合陆上数据中心实际需求，在初步确定的海底数据中心建设区域，开展以海底数据中心为主要内容的海洋综合试验场建设。除"海底数据舱"试验外，还应在相关的海洋工程、海洋环境、海洋装备、高端材料等领域开展核心技术攻关，通过在海上风力发电、海上储能、海洋牧场等领域抢占技术制高点，完善海底数据中心配套设施建设，在青岛市建成国内一流、长江以北首个"海底数据中心"。

4.4 促进产业融合，服务海洋经济"强"起来

海底数据中心与海上新能源、海洋监测、海洋旅游、超算中心等多领域融合创新，将有力促进海洋资源的集约利用，形成海岸、海面与海底基础设施的有机协同与立体开发。应加强与海南、深圳等地的技术合作与产业协同，支持建设海底数据中心创新联盟，开展海底数据中心项目深度融合与创新发展的可行性研究，完善行业生态建设。

应进一步深化研究以重大装备建设为牵引的海洋装备制造产业体系，以海底数据舱研发和制造为核心，积极延伸上下游产业链供应链，大力发展海洋工程装备产业；以"海底数据舱"施工建设为关键，大力发展海洋工程建筑业；以海底数据中心常规检修服务为抓手，大力发展海洋现代服务业，通过不断提升对海上生产设备的服务能力，更好地推动青岛市海洋经济和数字经济高质量融合发展，强化"新基建"对半岛地区乃至全省算力需求的底座支撑作用，全面助力青岛市的海洋强市建设。

参 考 文 献

[1] 农工界别小组.加快推进我国海底数据中心发展[J].前进论坛，2023（6）：32.

[2] 郭倩.加码布局"东数西算"巨量投资空间开启[N].经济参考报，2022-2-24（6）.

[3] 蒋永建，王熙.关于在青岛市建设海底数据中心的探讨[J].中国工程咨询，2022（10）：41-44.

[4] 尚华，杨硕，张一星.绿色低碳化发展视角下数据中心电算网融合分析[J].信息通信技术与政策，2023，49（5）：59-64.